전기실무자의 E-CAD 설계· 내역(견적) 작성 및 검토를 위한

전기설비CAD 설계

박종복 저

도서출판 태영문화사

머리말

본서는 CAD를 활용하여 전기설비설계 업무를 담당하게 될 전기, 소방, 통신 분야의 공학자 등을 대상으로 제도의 개념을 정립하고 기초적인 명령어 사용법은 물론 현장에 적용되는 실무를 학습할 수 있도록 종래의 Auto CAD서적에서 볼 수 없는 전기 CAD의 독특한 내용을 가미하여 체계적으로 기술하였으므로 Auto CAD를 처음 접하는 분들도 전기 CAD를 짧은 시간에 마스터하고 설계도서를 작성할 수 있도록 하였다. 이에 대학교의 교재로서 유용할 것이며, 현장 설계 발주자나 설계 실무자 및 자격증 취득을 위한 독자는 참고도서로서 활용이 용이할 것으로 생각된다.

본서는 전기설계업계 및 전기공사업계 등에서 많이 사용하고 신뢰도가 높은 사차원소프트가 개발한 프로그램인 Elect CAD 및 Elect Panel을 응용하여 기술하였는데, 내용은 전 7편으로 Elect CAD를 활용하여 전기설비설계를 할 수 있도록 다음과 같이 구성하였다.

제1편에서는 Auto CAD의 기본으로서 제도의 규격과 개념 및 CAD의 기본 명령어를 사용할 수 있도록 구성하였다.

제2편에서는 Elect CAD의 디자인 설정, 심벌, 배선, 시퀀스도 작성과 건축도면 그리기 및 Elect CAD 따라하기 등을 이용하여 건축의 평면 작성, 전기설비 도면 작성은 물론 물량을 산출할 수 있도록 구성하였다.

제3편에서는 Elect Panel의 기본설정과 차단기 배치 및 배선을 할 수 있도록 구성하였다.

제4편과 제5편에서는 Elect CAD 및 Elect Panel을 활용하여 작성한 도면을 산출서, 내역서, 원가계산서 및 견적서를 작성 할 수 있도록 구성하였다.

제6편에서는 견적서 공통부문으로서 자재마스터관리에서 공종계산 및 산출데이터 읽기와 엑셀로 작성된 내역서를 읽어 들여 견적서를 작성할 수 있도록 하였다.

제7편에서는 작성한 설계도서를 기준으로 공사별 물량의 산출 및 내역서를 작성하고 전기 공사비를 산출할 수 있도록 하였다.

본서가 더 많은 독자들에게 도움이 될 수 있도록 미흡하거나 개선이 필요한 부분이 있을 경우 많은 조언을 부탁드리며, 또한 동시에 Elect CAD가 많은 공학자들에게 사용될 수 있도록 기술의 발전과 함께 개선할 것을 약속드립니다.

끝으로 본서가 출판될 수 있도록 수고해 주신 도서출판 태영문화사 임직원 여러분 및 사장님께 심심한 감사를 드립니다.

2019년 8월

저자 씀

차 례

●・제1편 Auto CAD・●

제1장 Auto CAD 기본 ······ 13
1.1 개 요 ······ 13
1.1.1 도면작성의 개요 ······ 13
1.1.2 도면의 크기와 양식 ······ 15
1.1.3 SCALE ······ 16
1.1.4 도면의 종류 및 구비조건 ······ 16
1.1.5 선의 종류와 용도 ······ 19
1.1.6 Lettering ······ 19
1.1.7 표제란 ······ 19
1.1.8 도면의 배치 방향 ······ 20
제2장 파일 관리 및 그리기 ······ 21
2.1 파일 관리 ······ 21
2.1.1 NEW : 새 도면 작성 시작하기 ······ 21
2.1.2 저장 또는 다른 이름으로 저장(Save or Save As) ······ 22
2.1.3 OPEN ······ 23
2.2 LIMITS 도면범위 설정 ······ 23
2.2.1 도면의 한계영역을 지정 ······ 23
2.2.2 옵 션 ······ 24
2.3 그리드(GRID)와 스냅(SNAP) ······ 24
2.3.1 GRID ······ 24

2.3.2 SNAP ······ 24
2.4 ZOOM ······ 25
2.5 PAN ······ 26
2.6 REGEN ······ 26
2.7 UNDO ······ 27
2.8 REDO ······ 27
2.9 ORTHO MODE(직교 모드) ······ 27
2.10 OSNAP ······ 27
2.11 Slect Object ······ 29
2.12 좌표(COODINATE) 및 각도 입력 ······ 30
2.13 LINE ······ 32
2.14 CIRCLE ······ 34
2.15 RECTANGLE ······ 36
2.16 POLYGON ······ 36
2.17 ELLIPSE ······ 37
2.18 ARC ······ 38
2.19 PLINE(POLYLINE) ······ 39
2.20 PEDIT ······ 41
2.21 TRACE ······ 41
2.22 SOLID ······ 42
2.23 FILL ······ 42
2.24 DONUT ······ 43
제3장 수 정 ······ 45
3.1 ERASE ······ 45
3.2 COPY ······ 46
3.3 MOVE ······ 46
3.4 MIRROR ······ 48
3.5 OFFSET ······ 49
3.6 EXPLODE ······ 50

3.7 ARRAY ··· 51
3.8 ROTATE ··· 53
3.9 SCALE ··· 54
3.10 STRETCH ··· 54
3.11 TRIM ··· 56
3.12 EXTEND ··· 57
3.13 BREAK ··· 57
3.14 CHAMFER ··· 58
3.15 FILLET ··· 59
제4장 기타 편집 명령 ··· 61
4.1 LAYER 및 특성 ··· 61
4.2 PURGE ··· 64
4.3 LTSCALE ··· 64
4.4 PROPERTIES ··· 64
4.5 Match Properties ··· 65
4.6 CHANGE ··· 66
4.7 STYLE-문자 유형 ··· 67
4.8 TEXT ··· 68
4.9 MTEXT ··· 68
4.10 DDEDIT ··· 69
4.11 Dimension-DIMSTYLE ··· 70
4.12 DIMENSION ··· 75
4.13 BHATCH(Boundary hatch) ··· 80
4.14 Block과 WBlock ··· 81
4.15 INSERT(삽입) ··· 83
4.16 DDPTYPE ··· 84
4.17 DIVIDE ··· 84
4.18 MEASURE ··· 85
4.19 POINT ··· 85

4.20 Image 이미지 삽입(Xref : External Reference-외부 도면 참조) ············ 86
4.21 조회 명령 ············ 89
4.22 PLOT ············ 90
4.23 EPLOT-Elect CAD를 활용한 출력 ············ 93

●・제2편 Elect CAD・●

제1장 Elect CAD 설정 및 심벌배치 ············ **103**
1.1 Elect CAD 디자인 설정 ············ 103
1.2 조명심벌 범례집 ············ 105
1.3 일반 심벌 범례집 및 상세도 범례집 ············ 109
1.4 심벌배치 방법 ············ 111
제2장 Elect CAD 배선 ············ **133**
2.1 배선 범례집 ············ 133
2.2 배선방법 ············ 138
제3장 Elect CAD 물량 산출 및 환경설정, 기타 기능 ············ **147**
3.1 데이터 분류 ············ 147
3.2 도면 데이터 작성 데이터 내보내기(BOM) ············ 148
3.3 산출조서, 판넬 물량집계, 전체 물량집계, 물량 체크표시 삭제 ············ 148
3.4 범례집 설정 ············ 150
3.5 배선 기초값 설정 ············ 151
3.6 지원파일 검색경로 설정 ············ 152
3.7 단축키 설정 ············ 153
3.8 CAD 시스템 변수 관리 ············ 154
3.9 Layer 관리 ············ 155
3.10 편집관리 ············ 156
제4장 Elect CAD 시퀀스도 작성 ············ **157**
4.1 시퀀스 심벌 범례집 ············ 157
4.2 임의 배치 ············ 158
4.3 다중선 그리기 ············ 159
4.4 접속점 ············ 159

4.5 그리드, 스냅 설정 ······ 160
제5장 건축 도면 그리기 ······ 167
5.1 중심선 그리기 ······ 167
5.2 사면벽체 ······ 168
5.3 연속 벽체 그리기 ······ 169
5.4 외 여닫이문-한쪽 문 ······ 169
5.5 쌍 여닫이문-두쪽 문 ······ 170
5.6 창 문 ······ 171
5.7 벽체 끊기 ······ 171
5.8 계 단 ······ 172
5.9 개구부 ······ 172
제6장 Elect CAD 따라하기 ······ 175

●·제3편 Elect Panel[Elect CAD]·●

제1장 기본 설정 ······ 237
1.1 배치도 등록 설정 화면 설명 ······ 237
1.2 공종등록(분전반 입력) ······ 238
1.3 배치도 작성 화면 기능 설명 ······ 240
1.4 분전반 승인 도면 작성하기 예 ······ 246
1.5 기타 기능 ······ 249
1.6 Pull Down 메뉴 ······ 254
1.7 도구막대 설명-1 ······ 258
1.8 도구막대 설명-2 ······ 261

●·제4편 견적서 작성 [Elect CAD]·●

제1장 공종등록 및 내역서 작성 ······ 267
1.1 공사 등록 및 환경 설정 ······ 267
1.2 산출관리-CAD 데이터 활용(000.cwg) ······ 276
1.3 산출관리-CAD 도면을 읽어들여 물량 산출서 작성 ······ 280
1.4 견적서 작성 ······ 298

1.5 기타 견적서 작성 기능[총괄표, 원가계산서] ··· 303

● · 제5편 Elect Panel 견적서 작성 · ●

제1장 공종등록 및 내역서 작성 ··· 309
1.1 공사 등록 및 환경 설정 ··· 309
1.2 견적서 작성 ··· 318
1.3 기타 견적서 작성 기능[총괄표, 원가 계산서 작성] ··· 327

● · 제6편 견적서 공통(Elect CAD, Elect Panel) · ●

제1장 견적서 공통 [Elect CAD, Elect Panel] ··· 335

● · 제7편 전기공사 적산 · ●

제1장 전기 적산의 개요 ··· 387
제2장 물량산출 ··· 391
제3장 전기공사 물량산출 ··· 395
제4장 물량산출 예제 ··· 403

제1편

Auto CAD

Auto CAD 기본

제1장

1.1 개 요

1.1.1 도면작성의 개요

CAD(Computer Aided Design)는 Computer내에 설치된 소프트웨어를 이용하여 2D/3D 등 각종 설계의 기획에서부터 도면작성, 수정, 검토 등을 수행할 수 있다. 또한 각종 설계 자료를 Database화 하여 표준화된 작업이 가능하며, 제작자가 도면을 보고 작업할 때 설계자가 별도 설명을 하지 않아도 의문이나 해석의 오류가 발생하지 않는다. 이는 설계의 해석이나 오류가 발생하지 않도록 설계 제도상의 규약이 제정되어 있기 때문이다.

따라서 각국에서는 표 1-1과 같이 표준규격을 제정하여 운영하고 있으며, 우리나라는 한국산업표준규격(KS)을 정하여 표 1-2와 같이 각 부문별로 정하여 운영하고 있다.

표 1-1 국제 및 국가별 규격 명칭

표준 규격 명칭	기호 및 영문 명칭
한국 산업 표준 규격	KS(Korean Industrial Standards)
국제 표준화 기구	ISO(International Organization for Standardization)
영국 규격	BS(British Standards)
독일 규격	DIN(Deutsches Institute fur Normung)
미국 규격	ANSI(American National Standards Institutes)
스위스 규격	SNV(Schweitzerish Norman-Vereinigung)
프랑스 규격	NF(Norme Francaise)
일본 공업 규격	JIS(Japanese Industrial Standards)

표 1-2 KS의 부문별 기호

분류기호	부 문	분류기호	부 문	분류기호	부 문
KSA	기본	KSF	토목, 건축	KSM	화학
KSB	기계	KSG	일용품	KSP	의료
KSC	**전기**	KSH	식료품	KSR	수송 기계
KSD	금속	KSK	섬유	KSV	조선
KSE	광산	KSL	요업	KSW	항공

Auto CAD를 이용한 도면의 작성시 다음과 같은 장점이 있다.

(1) Auto CAD 장점

① 도면의 정확성과 품질향상

② 도면 작성 비용의 절감

③ 설계시간의 단축

④ 설계의 표준화

⑤ 도면변경의 신속화

⑥ 전문분야별 도면 작성의 동시 작업가능

⑦ 기록, 보관이 용이

1.1.2 도면의 크기와 양식

도면용지의 크기는 KS규격(KS B ISO 5457(2014))에서 정하고 있으며, 필요에 따라 크기를 선택하여야 하며 크기가 서로 다르면 보관 및 관리에 불편하기 때문에 도면은 반드시 일정한 크기로 작성되어야 한다.

도면의 크기는 아래 표 1-3을 참고로 하여 도형의 크기와 척도에 따라 결정한다.

도면의 가로와 세로의 비는 1.4 : 1이다.(태극기의 가로 : 세로 비 3 : 2 연관)

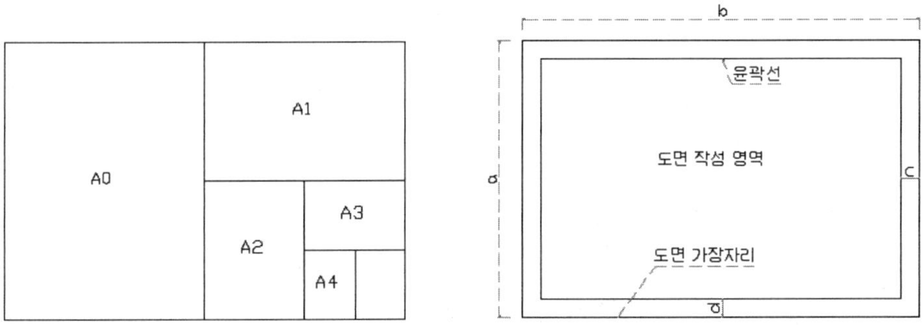

(a) 도면의 연장 크기 (b) 도면 설정

그림 1-1 도면 크기 및 설정

표 1-3 도면의 호칭 및 크기

<table>
<tr><th colspan="3">크기의 호칭</th><th>A0</th><th>A1</th><th>A2</th><th>A3</th><th>A4</th></tr>
<tr><td rowspan="4">도면의 윤곽</td><td colspan="2">a×b
(도면작성공간)</td><td>841×1189
(821×1159)</td><td>594×841
(574×811)</td><td>420×594
(400×564)</td><td>297×420
(390×277)</td><td>210×297
(180×177)</td></tr>
<tr><td colspan="2">c</td><td>20</td><td>20</td><td>10</td><td>10</td><td>10</td></tr>
<tr><td rowspan="2">d</td><td>제본하지 않을 시</td><td>20</td><td>20</td><td>10</td><td>10</td><td>10</td></tr>
<tr><td>제본 할 시</td><td>25</td><td>25</td><td>25</td><td>25</td><td>25</td></tr>
</table>

1.1.3 SCALE

실물의 크기와 이것을 도면에 그린 때의 크기와의 비율을 척도라고 하며 다음 3종으로 구별한다.

① 실척(Full-Size) : 실물과 같은 크기로 그린 것인데, 모양과 크기를 잘 이해할 수 있으며, 오 작도를 하는 일이 없으므로 널리 사용된다.

② 축척(Contractic Scale) : 실물의 크기보다 축소해서 그린 것인데, 주로 도면 요소가 크거나 또는 모양이 간단한 때에 사용된다. 실물의 크기와 복잡한 정도에 따라 척도를 택한다.

③ 배척(Enlarged Scale) : 실물의 크기보다 확대해서 그린 것인데, 모양이 부품을 상세하게 표시할 때에 사용된다.

척도는 도면의 표제란에 기입하고 사용되는 척도는 아래 표 1-4와 같다. 척도는 각 도면마다 기입하고 도면의 요소가 치수에 비례치 않을 경우는 “N/S (None Scale)”라고 기입하며, 어떠한 척도를 사용하여도 치수는 실치수를 도면에 기입하여야 한다.

표 1-4 도면의 척도

종 류	척 도
실척	1/1
축척	1/5, 1/10, 1/20, 1/50, 1/100, 1/200, 1/400, 1/500, 1/600, 1/700, 1/1000, 1/2000, 1/5000, 1/6000, 1/10,000, 1/20,000
배척	2/1, 5/1, 10/1, 20/1, 50/1, 100/1

1.1.4 도면의 종류 및 구비조건

① 도면의 종류 : 설계자의 의도를 제작자 또는 시공자에게 전달하는 도면의 종류는 그 용도 및 내용에 따라 다음 표 1-5와 같이 분류할 수 있다.

표 1-5 도면의 종류

도면 종류	내 용
제작도	제품을 제작할 때 설계내용이 제작자에게 완전히 전달하고자 작성한 도면
계획도	설계자의 계획을 주요부분의 구조나 특징을 표시한 도면
주문도	제품을 주문할 때 발주자 요구의 개요를 표시한 도면
승인도	제작자가 주문자 또는 다른 관계자의 승인을 얻은 도면
견적도	견적서와 함께 주문자에게 제품의 형상과 기능을 담은 도면
설명도	제품의 구조, 원리, 취급법 등의 설명을 목적으로 하는 도면
조립도	부품의 전체 조립상태를 표시
부분조립도	몇 개의 부분으로 나누어서 부품의 부분 조립상태를 표시
부품도	부품에 대해 가장 상세하게 그린 도면으로 이것에 의해 실제로 제품이 제작된다.
상세도	필요한 개소를 부분적으로 확대하여 상세하게 표시
공정도	제작공정의 중간상태를 표시하는 제작도 또는 제조공정을 표시하는 계통도
접속도	전기기계, 기구간의 전기적 접속 상태, 기능을 표시
배선도	전선의 배치를 구체적으로 표시
배관도	관의 배치를 구체적으로 표시
계통도	배관의 작동 계통을 표시
기초도	기계, 구조물의 기초공사에 필요한 도면
설치도	보일러, 기계 등의 설치에 관계되는 도면
배치도	여러 가지 기계의 설치 위치를 표시한 도면
외형도	외형만을 표시
장치도	각 장치, 각 기기의 설치 상황, 장치의 배치 및 제조공정 등의 관계를 표시
구조선도	기계, 건축 등의 구조를 표시
곡면선도	선박, 자동차의 차체 등에 나타나는 복잡한 곡면을 표시

② 전기설비 도면의 종류 : 전기설비 도면의 종류는 다음 표 1-6과 같다.

표 1-6 전기설비 도면의 종류

도면 종류	내 용
도서목록	설계도서를 도면번호, 도면명 등 순서대로 철한 도면 명칭을 표시
배치도	설계대상의 건축물, 통로, 구내도로, 전력인입선로, 전화인입선로, 보안 등의 배선도를 표시
범례	설계도면에 사용하는 심벌을 관계자가 이해하기 쉽게 표시
계통도	전기공급설비의 기능을 계통적으로 표시
단선결선도	수·변전설비, 자가발전설비, 배전반, 분전반, MCC반 등 주회로의 전기적 접속도를 단선으로 표시하고, 그 기기의 정격을 표시
접지계통도	고압·특고압 및 저압기기의 접지 종별과 규격 접지단함 결선도 표시
단면도	단면도는 건축물의 단면도에는 기준 지반명, 각층 바닥면, 천장 높이, 처마 높이, 지붕 높이 등을 기입하고, 피뢰침과 공청 안테나 등을 표시 장비 및 기계기구 단면도는 장비기초, 앵커볼트, 기기 장착 등을 표시
배선도	전기인입구로부터 부하설비에 이르는 배선의 종류와 규격 및 접속을 표시
전등·전열설비 평면도	각 실의 전등, 스위치, 콘센트의 배치, 높이 및 배선 등을 표시
기기 상세도	공사에 사용하는 기기의 구조 및 결선도 표시 조명기구, 피뢰침, 안테나, 분배전반 등 작성

③ 도면의 구비조건

㉠ 대상물의 도형과 함께 크기, 모양, 자세, 위치의 정보를 표현할 것.

㉡ 이해하기 쉽게 표현할 것.

㉢ 애매하지 않고 명확한 표현을 할 것.

㉣ 가능한 넓은 분야와 정합성, 보편성을 가질 것.

㉤ 국제교류의 입장에서 국제성을 가질 것.

㉥ 도면의 보존, 검색 이용이 확실히 되도록 내용과 양식을 구비할 것.

1.1.5 선의 종류와 용도

도면 작성시에는 KSA ISO 128-20. 제도-표준의 일반원칙-제20부 선에 대한 기본규약, KSA ISO 128-24. 제도-표시의 일반원칙, 제24부 기계 제도에 사용하는 선 등의 규정을 따르며, 선의 종류에는 실선, 파선, 점선, 일점쇄선, 이점쇄선 등으로 나누며 선의 표시와 용도는 다음과 같다.

선의 종류	표 시	용 도
굵은 실선	━━━━━━━━━━	외형선, 도표, 절단 단면의 화살표선
가는 실선	──────────	상관선, 지시선, 치수선, 해칭선
파선	- - - - - - - - - -	보이지 않는 윤곽을 나타내는 선
장파선	— — — — — — — —	평면도, 입면도의 단면부분을 표시하는 선
점선	………………………	가구의 유동성 있는 부분, 회전문틀 표시
일점쇄선	—·—·—·—·—·—·—	중심선, 물체 또는 도형의 대칭선
이점쇄선	—··—··—··—··—	인접부품의 윤곽선, 가동 물체의 회전 위치선

1.1.6 Lettering

도면상에 도형이 아닌 비도형 정보를 도면상에 쓰는 과정으로서 비도형 정보를 쓰기 위하여 사용할 수 있는 모든 도형문자를 KSA ISO3098-1(2015)에 레터링의 적용에 대한 일반 요구사항을 규정하고 있다. 글자의 종류에는 한글, 로마자, 숫자 등이 사용되며 도면에 사용하는 문자는 알아보기 쉽도록 규격에서 정해진 대로 분명하고 깨끗하게 표시한다.

1.1.7 표제란

모든 도면은 작성과 관리에 필요한 표제란을 두는데 그 구성요소로는 설계기관, 설계자, 개정관리 정보, 프로젝트 정보, 도면 정보, 도면 번호, 발주기관 정보 등을 기술할 수 있도록 한다. 표제란 위치는 오른쪽 하단에 위치시키는 것을 원칙으로 하고 있으나 기관별로 도면의 오른쪽 또는 도면의 하단에 위치하기도 한다.

1.1.8 도면의 배치 방향

도면의 배치는 장변방향을 수평으로 배치하는 것을 원칙으로 한다. 단, 필요시 단변방향을 수평으로 배치 할 수 있다.

제2장

파일 관리 및 그리기

2.1 파일 관리

2.1.1 NEW : 새 도면 작성 시작하기

▶ 명령 : NEW
▶ ICON : 

① CAD를 실행하면 Drawing1.dwg 새 도면이 생성된다.

② 템플릿에는 단위, 문자 크기, 도면 영역이 미리 설정되어 있으며 사용자는 사용자에 맞게 설정을 변경을 할 수도 있다.

③ 도면은 템플릿으로서 새로 사용될 수 있으며 템플릿으로 설정함으로써 새로운 도면 작성시 많은 단계를 줄일 수 있다.

④ 사용자 정의의 템플릿으로부터 생성된 새 도면을 열면서 기존 설정을 수정하거나 필요없는 객체를 삭제할 수 있다.

⑤ 또는 오른쪽 아래 열기 템플릿-미터법 없이 열기(M)를 하여 A3 사이즈 도면을 사용할 수 있다.

2.1.2 저장 또는 다른 이름으로 저장(Save or Save As)

현재 도면을 저장 또는 먼저 저장된 상태에서 새로운 이름으로 현재 도면의 사본을 저장한다.

▶ **명령** : Save **또는** Save As

▶ ICON : 

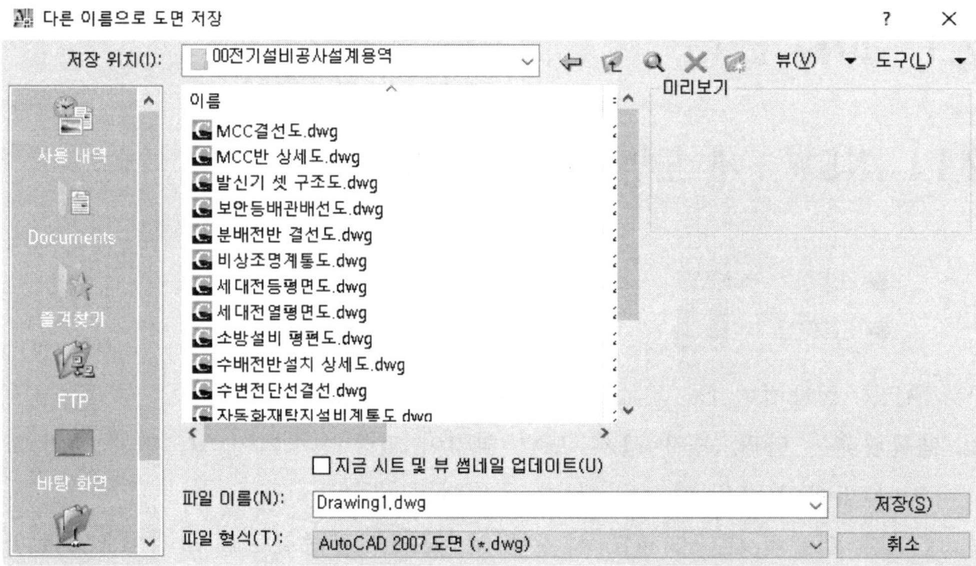

(1) Back Up 파일로 도면 만들기

① 도면은 확장자 *. DWG로 저장되며, 다시 저장하면 기존 파일의 확장자는 *. Bak이 되고 새로 저장 할 파일이 *. DWG가 된다.

② 저장하면 *. Bak는 삭제되고 *.Dwg가 *. Bak으로 변환된다.

③ 파일 유형(T)을 현재 버전보다 낮은 버전으로 저장하면 저장한 파일은 저장 버전 이상에서 열수 있으며, 수정 등 또 다른 작업을 수행할 수 있다.

④ *. Bak파일은 *. DWG로 Rename 시키면 도면으로 사용할 수 있다.

2.1.3 OPEN

도면 작업을 위하여 저장된 파일을 열기한다.

▶ **명령** : OPEN

▶ ICON : 

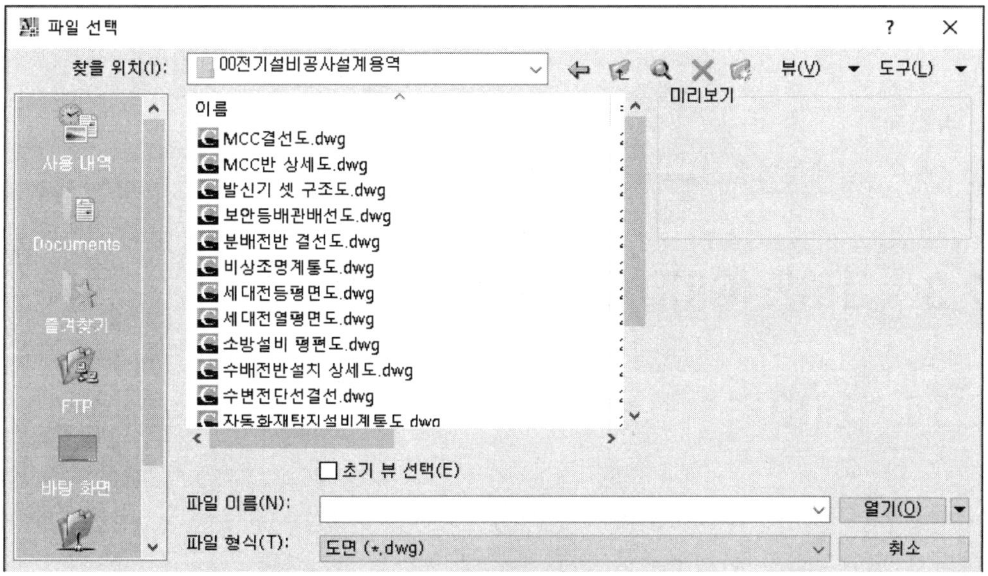

파일선택 대화상자(DCL)에서 작업 할 도면을 선택하면 선택한 파일이 열리게 된다.

2.2 LIMITS 도면범위 설정

2.2.1 도면의 한계영역을 지정

도면의 작업영역을 지정하는 명령

▶ **명령** : Limits

① 왼쪽 아래 구석 지정 또는 [켜기(ON)/끄기(OFF)]<0.0000,0.0000> : 0,0 

② 오른쪽 위 구석 지정 <420.0000,297.0000> : 420,297 (A3) Enter

③ "Z"(ZOOM)입력 후 Enter

④ 윈도우 구석을 지정, 축척 비율(nX 또는 nXP)을 입력, 또는 : "a" 입력 후 Enter를 하면 4각형 도면영역 전체가 작업영역에 나타난다.

2.2.2 옵 션

① ON : 한계 영역 내에서만 도면작업을 하고, 한계 영역 밖에서 입력되는 것은 취소된다.

② OFF : 한계영역을 체크하지 않는다.

2.3 그리드(GRID)와 스냅(SNAP)

2.3.1 GRID

Grid는 일정한 간격으로 점들이 퍼져있는 형태이며 도면 한계의 영역내에서만 표시되며 도면작업의 한계영역을 시각적으로 확인할 수 있다.

▶ **명령** : GRid

① 모눈 간격 두기(x) 지정 또는 [켜기(ON)/끄기(OFF)/스냅(Snap)/주(M)/가변(D)/한계(L)/종횡비(A)] : 모눈간격을 입력한다. : 10 Enter

② ON/OFF : 키보드의 F7 또는 상태 바의 "모눈"을 선택하면 된다.

③ Grid값이 0일 때는 Snap간격을 따라간다.

2.3.2 SNAP

Snap은 객체의 정밀한 점을 추적 지정하며 Snap을 켜면 Point 선택은 미리 정의한 Snap에 따라 객체의 점을 추적한다.

▶ **명령** : SNAP(SN)

스냅 간격 두기 지정 또는 [켜기(ON)/끄기(OFF)/종횡비(A)/기존(L)/스타일(S)/유형(T)/형태(T)]<10.0000> : 스냅간격을 입력한다. : 10 Enter

① ON/OFF : 키보드의 F9 또는 상태 바의 Snap을 선택하면 된다.
② Snap을 지정해 주면 도면작업을 용이하게 할 수 있다.

2.4 ZOOM

대상물의 크기 변경없이 화면에서 확대하거나 축소할 때 사용한다.

▶ **명령** : Zoom(Z)

▶ ICON : 

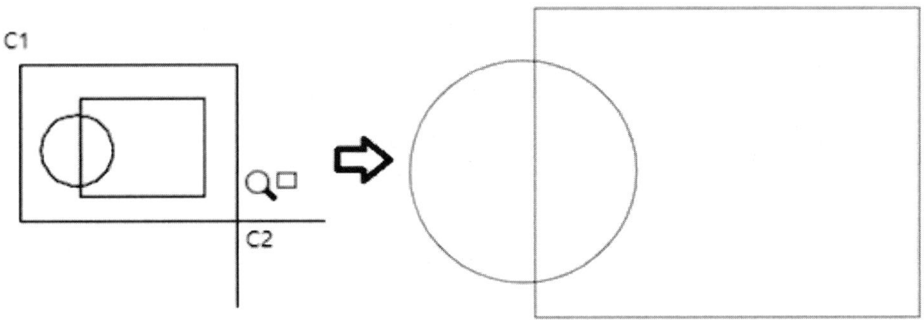

① 윈도우 구석을 지정, 축척 비율 (nX 또는 nXP)을 입력, 또는 [전체(A)/중심(C)/동적(D)/범위(E)/이전(P)/축척(S)/윈도우(W)/객체(O)]

<실시간> : C1 Click

② 반대 구석 지정 : C2 Click

㉠ 전체-All(A) : 도면 영역(Limits)내 모두를 표시
㉡ 중심-Center(C) : 지정 Point가 다음 화면 가운데로 이동
㉢ 동적-Dynamic(D) : 도면영역을 모두 보여준 후 임의 부분을 확대하여 표시
㉣ 범위-Extents(E) : 작업한 대상물 전체를 화면상에 꽉 차게 표시

ⓜ 이전-Previous(P) : 이전 화면으로 이동
ⓑ 축척-Scale(S) : 현재 화면을 1로 하여 지정비율에 따라 화면을 확대/축소 함
ⓢ 윈도우-Window(W) : 두 점(사각형)을 지정한 영역 확대
ⓞ 객체-Object(O) : 선택한 객체를 최대한 크게 화면에 확대

2.5 PAN

작업 화면상의 도면을 축척 변화없이 다른 부분으로 이동(실시간 이동)시킨다.

▶ **명령** : Pan

▶ ICON : 

① 작업 화면을 마우스 휠로 누른() 상태 또는 왼쪽마우스 누른 상태()에서 드래그하면 된다.
② CAD 변수 중 "Mbuttonpan"의 값을 <1>로 하여 마우스 휠을 눌러서 "Pan"으로 활용을 할 수가 있다.(값이 <0>인 경우는 Osnap으로 사용한다.)

2.6 REGEN

화면상의 그려진 도면 요소 중 ARC, CIRCLE 등 곡선부분이 부드럽게 보이지 않을 경우 화면을 깨끗하게 정리하여 보여주는 재생성 명령이다.

▶ **명령** : REGEN(RE)

① Zoom/Window 등은 이미 계산된 화면 출력 데이터만을 확대함으로 빠르게 처리되지만 원(Circle) 등은 다각형 등으로 보이게 된다.
② 빠른 Zoom 처리를 위한것 이므로 꼭 필요한 경우를 제외하면 Regen을 실행할 필요는 없다.

2.7 UNDO

명령을 취소할 때 사용하는 명령으로 바로 전의 상태로 거꾸로 하나씩 되돌아간다.

▶ **명령** : Undo(U)

① 취소할 작업의 수 또는 [자동(A)/조정(C)/시작(BE)/끝(E)/표식(M)/뒤(B)] 입력<1> : 3Enter(최종 작성도면의 세 번째 앞의 상태로 돌리는 명령)

② Command 창에 "U"를 입력 후 Enter 하면 바로 전의 상태로 돌아간다.

③ Undo를 반복할 경우는 Enter 를 반복한다.

2.8 REDO

Undo명령을 취소하는 명령이며 1회에 한하며, Undo명령과 같이 반복하여 REDO 명령은 사용할 수 없다.

▶ **명령** : REDO

2.9 ORTHO MODE(직교 모드)

① Function Key F8 또는 상태 바의 **직교**를 이용하여 ON 또는 OFF할 수가 있으며 ON하게 되면 마우스가 직각으로만 움직인다.

② 또는 키보드의 Shift를 눌러서도 직교를 ON 또는 OFF할 수 있다.

2.10 OSNAP

도면 작업 전 또는 작업 중 객체의 원하는 부분을 선택할 때 객체 스냅 모드를 미리 설정하여 사용하는 명령이다.

▶ **명령** : OSNAP

- ENDpoint : 끝점
- CENterpoint : 중심점
- QUAdrant : 원의 사분점
- INSertion : 삽입점
- TANgent : 접점
- MIDpoint : 중간점
- Node : Point의 위치
- INTersection : 교차점
- PERpendicular : 직교(수직점)
- NEArest : 근처점

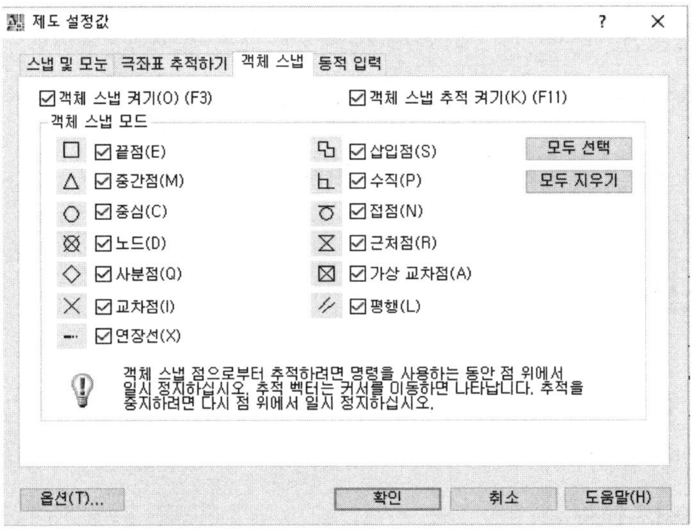

① 작업중 설정된 모드 외의 다른 모드가 필요한 경우는 “Shift+오른쪽 버튼”을 Click 하여 필요한 객체스냅 모드를 체크하여 사용한다.

② <객체스냅 켜기>, <객체스냅 끄기>는 F3 또는 OSNAP를 사용한다.

③ 마우스 휠은 Pan기능을 제공하는데 “MbuttonPan”의 값을 <0>로 하여 마우스 휠을 누르면 “Osnap”의 창이 펼쳐져 사용할 수 있으며, 다시 <1>로 설정하면 Pan기능으로 된다.

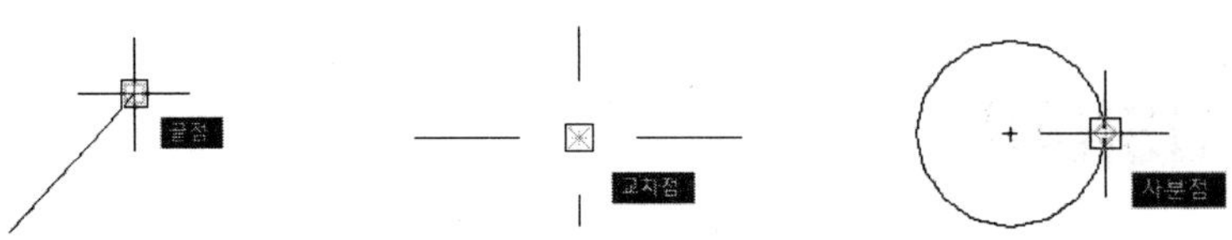

끝점 교차점 사분점

2.11 Slect Object

도면요소 선택(slect object)**은** Erase, Copy, Move 등의 대부분의 편집 명령을 실행하면 객체선택을 요구한다. 객체를 선택 또는 Select Object에서는 기본적으로 하나씩 객체를 선택할 수도 있지만 다음의 옵션을 이용하면 원하는 객체를 쉽게 선택할 수 있다.

(1) 단일선택

수정할 객체를 각각 선택하거나 복잡한 작업에서 수정시 편리하게 사용할 수가 있다.

(2) Window선택

좌측상단에서 우측하단(화살표 방향)으로 선택하면 실선의 박스에 완전히 포함이 된 도면 객체만 선택된다. 다음 원은 박스 내에 완전히 들어가 선택되게 된다.

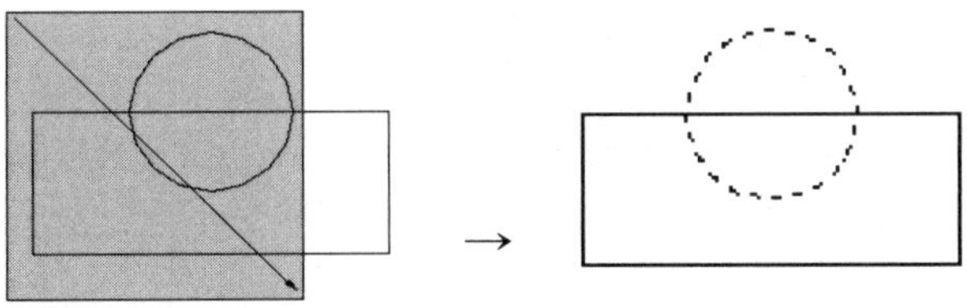

(3) Crossing선택

우측아래에서 좌측상단(화살표 방향)으로 선택하면 점선의 박스에 걸친 도면의 모든 객체가 선택된다.

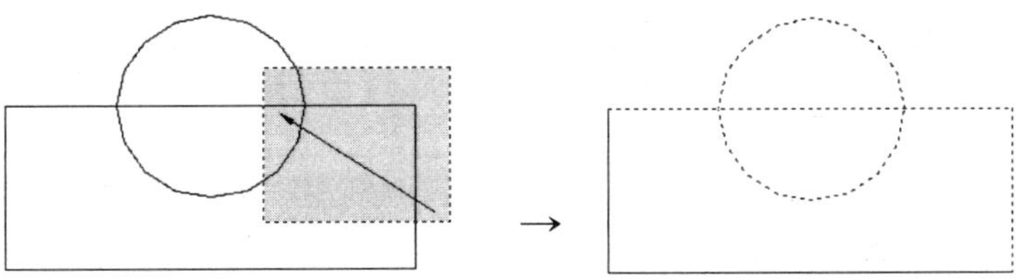

2.12 좌표(COODINATE) 및 각도 입력

좌표는 작업 공간상에서의 위치를 지정하는 기준이다. 상태 표시줄에 나타나는 좌표는 현재 커서가 위치한 좌표이다.

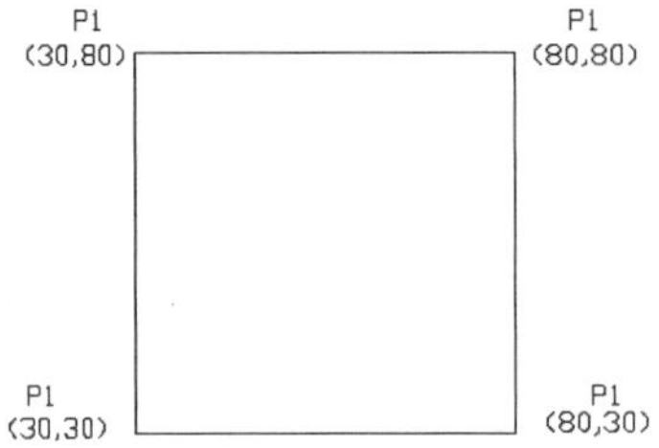

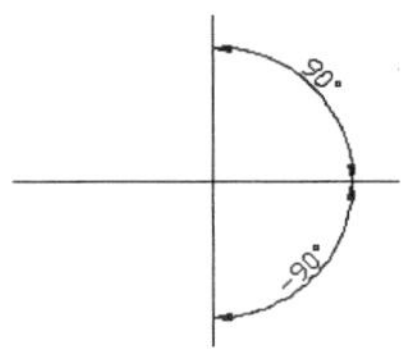

① 절대좌표 : 원점 (0,0)을 기준으로 좌표값 지정. 단, 2D에서의 좌표 기준임.

② 상대좌표 : 현재 선택한 점 또는 마지막 점에서 원하는 점 좌표(@X, Y)를 지정, command 창에 @기호를 먼저 입력한 후 좌표값을 입력한다.

③ 상대극좌표 : 현재 선택한 점 또는 마지막 점을 기준으로 각도와 거리 표현(@거리<각도)를 지정 command 창에 @기호를 먼저 입력한 후 좌표값을 입력한다. 일반적으로 극좌표를 많이 사용한다.

④ 절대극좌표 : 현재 선택한 점 또는 마지막 점을 기준으로 각도와 거리 표현(거리<각도) 일반적으로 극좌표를 많이 사용한다.

⑤ 각도는 기준점을 기준으로 X축 오른쪽이 0도이며 시계 반대 방향이 "+"이고 시계방향이 "−"이다.

	P1점	P2점	P3점	P4점
절대좌표	30, 30	80, 30	80, 80	30, 80
상대좌표	30, 30	@50, 0	@0, 50	@−50, 0
극 좌 표	30, 30	@50<0	@50<90	@50<180

상대좌표와 상대극좌표는 첫 번째 점(P1)을 선택할 때 임의의 점을 선택해도 된다.

(1) 절대좌표를 이용한 사각형 그리기

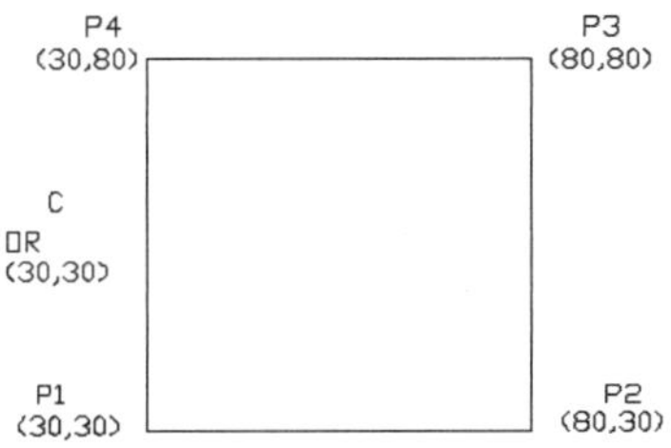

① 선 그리기 명령을 실행한다. : L Enter

② 첫 번째 점 지정 : 30, 30 Enter - P1지점

③ 다음 점 지정 또는 [명령취소(U)] : 80, 30 Enter - P2지점

④ 다음 점 지정 또는 [명령취소(U)] : 80, 80 Enter - P3지점

⑤ 다음 점 지정 또는 [닫기(C)/명령취소(U)] : 30, 80 Enter - P4지점

⑥ 다음 점 지정 또는 [닫기(C)/명령취소(U)] : C Enter

- U : 바로 직전의 단계로 돌아가게 된다.
- C : 시작점과의 끝점을 연결(닫기) 할 때 "C" 입력 후 Enter

(2) 상대좌표를 이용한 사각형 그리기

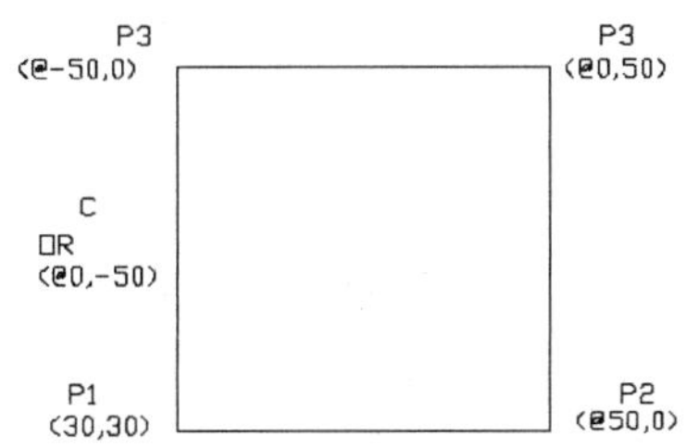

① 선 그리기 명령을 실행한다. : L Enter

② 첫 번째 점 지정 : 30, 30 또는 임의의 점을 선택하여도 된다. - P1지점

③ 다음 점 지정 또는 [명령취소(U)] : @50, 0 Enter - P2지점

④ 다음 점 지정 또는 [명령취소(U)] : @0, 50 Enter - P3지점

⑤ 다음 점 지정 또는 [닫기(C)/명령취소(U)] : @-50, 0 Enter - P4지점

⑥ 다음 점 지정 또는 [닫기(C)/명령취소(U)] : C Enter

(3) 극좌표를 이용한 사각형 그리기

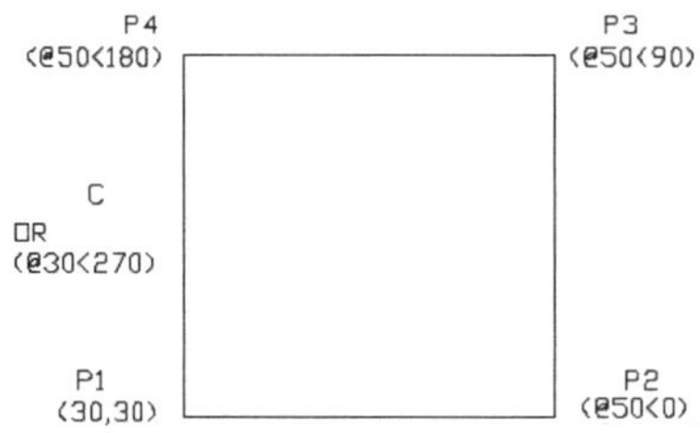

① 선 그리기 명령을 실행한다. : L Enter

② 첫 번째 점 지정 : 50, 50 또는 임의의 점을 선택하여도 된다. - P1지점

③ 다음 점 지정 또는 [명령취소(U)] : @50<0 Enter - P2지점

④ 다음 점 지정 또는 [명령취소(U)] : @30<90 Enter - P3지점

⑤ 다음 점 지정 또는 [닫기(C)/명령취소(U)] : @50<180 Enter - P4지점

⑥ 다음 점 지정 또는 [닫기(C)/명령취소(U)] : C Enter

2.13 LINE

가장 기본적인 명령어로 직선을 그릴 때 사용한다.

▶ **명령** : LINE

▶ ICON : 

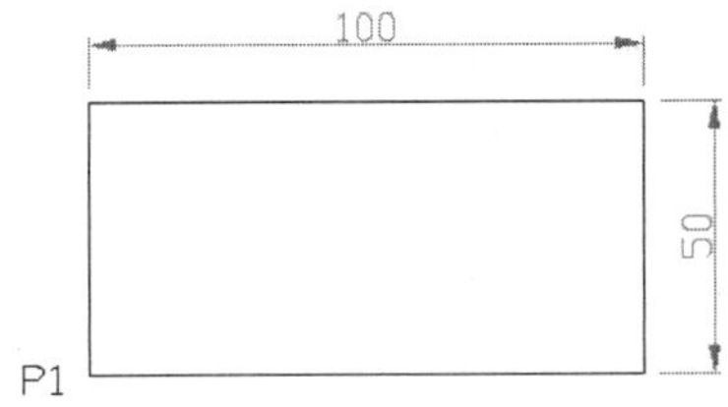

선 그리기

① 첫 번째 점 지정 : 임의의 점 선택 - P1 지점

② 다음 점 지정 또는 [명령취소(U)] : @100<0 Enter

③ 다음 점 지정 또는 [명령취소(U)] : @50<90 Enter

④ 다음 점 지정 또는 [닫기(C)/명령취소(U)] : @100<180 Enter

⑤ 다음 점 지정 또는 [닫기(C)/명령취소(U)] : @50<270 Enter
또는 처음 시작점과 연결(폐곡선)을 할 경우는 “C”(Close의 약자)를 입력

⑥ 다음 점 지정 또는 [닫기(C)/명령취소(U)] : Enter

(1) 직교모드를 이용하여 그리는 방법

직교모드는 F8을 이용 ON/OFF하여 사용하는 방법과 Shift 키를 누르고 사용하는 방법이 있다.

① 첫 번째 점 지정 : 임의의 점 선택 - P1지점

② 다음 점 지정 또는 [닫기(C)/명령취소(U)] : 마우스 방향을 오른쪽으로 이동 100입력 Enter

③ 다음 점 지정 또는 [닫기(C)/명령취소(U)] : 마우스 방향을 위로 이동 50입력 Enter

④ 다음 점 지정 또는 [닫기(C)/명령취소(U)] : 마우스 방향을 좌로 이동 100입력 Enter

⑤ 다음 점 지정 또는 [닫기(C)/명령취소(U)] : C를 입력 Enter

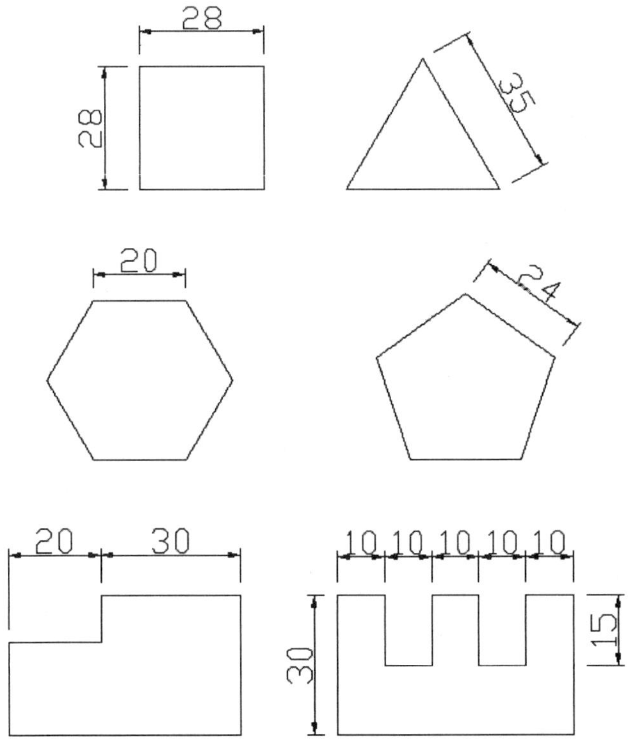

2.14 CIRCLE

원 그리기 명령으로 중심점과 반지름(Radius) 또는 지름(Diameter)을 사용하여 원을 그리거나 3점, 2점, 선의 접선 반지름(tan tan radius)으로 원을 그릴 수 있다.

- ▶ **명령** : Circle(C)
- ▶ ICON : 

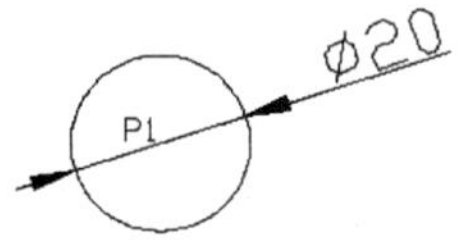

(1) 반지름으로 그리기

① CIRCLE 원에 대한 중심점 지정 또는 [3점(3P)/2점(2P)/Ttr-접선 접선 반지름 (T)] : P1 Click

② 원의 반지름 지정 또는 [지름(D)] <194.5903> : 10 Enter

(2) 지름으로 그리기

① CIRCLE 원에 대한 중심점 지정 또는 [3P/2P/Ttr(접선 접선 반지름)] : P1 Click

② 원의 반지름 지정 또는 [지름(D)] <100.0000> : "d" Enter

③ 원의 지름을 지정함 <200.0000> : 20 Enter

(3) 3P

원을 구성하는 세 점을 지나는 원을 그린다.

(4) 2P

원을 구성하는 두 점을 지름으로 하는 원을 그린다.

(5) Ttr

두 접선과 맞닿은 일정 반지름이 있는 원을 그릴 때 두 접선과 반지름을 이용하여 원을 그린다.

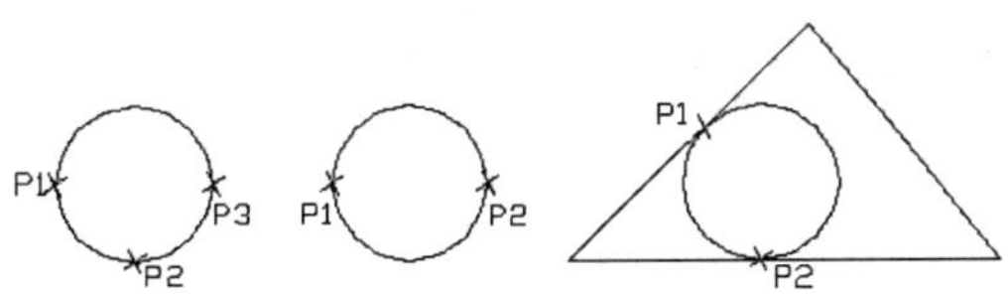

3P 2P Ttr

2.15 RECTANGLE

사각형의 객체를 그릴 때 사용한다. 수정을 할 경우는 Explode명령을 이용하여 분해 후 사용을 한다.

▶ **명령** : RECtang(REC)

▶ ICON : 

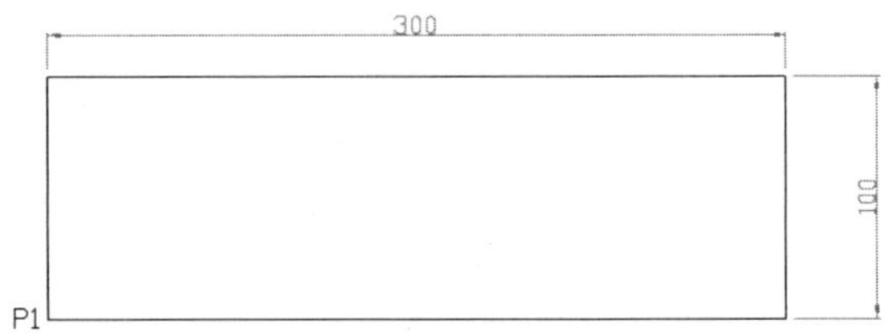

① 첫 번째 구석 점 지정 또는 [모따기(C)/고도(E)/모깎기(F)/폭(W)] : 임의 (P1) Click

② 다른 쪽 구석 점 지정 또는 [영역(A)/치수(D)/회전(R)] : @300, 100 Enter

2.16 POLYGON

N개의 변을 가진 다각형 도형을 그릴 때 사용한다.

▶ **명령** : POLygon(POL)

▶ ICON : 

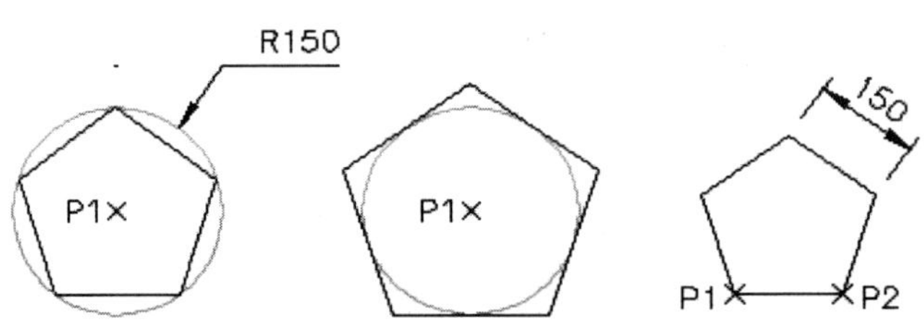

내접(I) 외접(C) 모서리(E)

(1) 원에 내접으로 그리기(I) - Inscribed

① 변의 수 입력 <4> : 5 Enter

② 다각형의 중심을 지정 또는 [모서리(E)] : 원의 중심 선택 P1 Click

③ 옵션 입력 [내접원(I)/외접원(C)] <C> : Enter

④ 원의 반지름 지정 : 150 Enter

(2) 원에 외접으로 그리기(C) - Circumscribed

① 변의 수 입력 <4> : 5 Enter

② 다각형의 중심을 지정 또는 [모서리(E)] : 원의 중심 선택 P1 Click

③ 옵션 입력 [내접원(I)/외접원(C)] <C> : "C" Enter

④ 원의 반지름 지정 : 150 Enter

(3) 한변의 길이 값을 이용 경우(E) - Edge

① POLYGON 변의 수 입력 <5> : 5 Enter

② 다각형의 중심을 지정 또는 [모서리(E)] : "E" Enter

③ 모서리의 첫번째 끝점 지정 : P1 Click

④ 모서리의 두번째 끝점 지정: @150<0 Enter

· Pline으로 그려지므로 Center point가 표시되지 않는다.

2.17 ELLIPSE

타원을 그릴 때 사용한다. 원통 또는 원뿔을 대각선으로 자른 단면을 그릴 때 많이 사용한다.

▶ **명령** : ELlipse(EL)

▶ ICON :

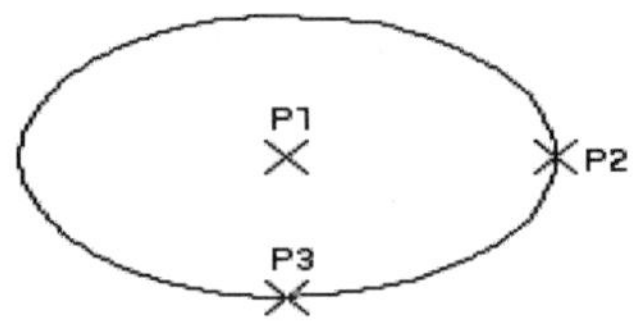

① 타원의 축 끝점 지정 또는 [호/중심] : (P1) Click

② 축의 다른 끝점 : (P2) Click

③ 다른 축으로 거리를 지정 또는 [회전 (R)] : (P3) Click

(1) 타원 그리기 옵션

① Center : 중심선과 두 축에 의한 타원

② Rotation : 중심선과 회전축에 의한 타원
0=원, 90=그려지지 않는다.(최대 타원 각도 : 0−89.4도)

③ Isocircle : Snap 명령에서 Style을 Isometric으로 지정할 경우 이 옵션이 나오며 ISO형태의 원을 그린다.

2.18 ARC

호를 그릴 때 사용하는 명령으로 기본값은 호의 시작점과 끝점으로 설정되어 있다.

▶ **명령** : Arc

▶ ICON : 

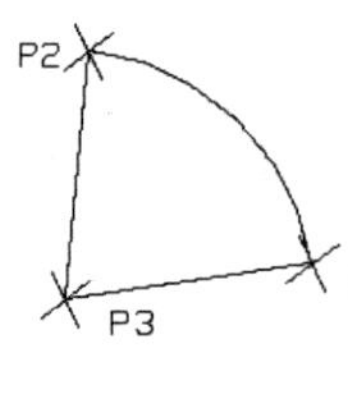

SER

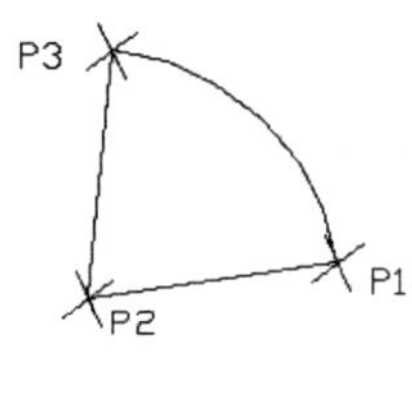

SCE

(1) 중심점, 시작점, 끝점인 경우(C, S, E)

① a ARC 호의 시작점 또는 [중심(C)] 지정 : c입력 후 Enter 호의 중심점 지정 : P1 Click

② 호의 시작점 지정 : P2 Click

③ 호의 끝점 지정 또는 [각도(A)/현의 길이(L)] : P3 Click

(2) 시작점, 중심점, 끝점인 경우(S, C, E)

① ARC 호의 시작점 지정 또는 [중심(CE)] : P2 Click

② 호의 두 번째 점 지정 또는 [중심(CE)/끝(EN)] : "C"입력 후 Enter

③ 호의 중심점 지정 : P1 Click

④ 호의 끝점 지정 또는 [각도(A)/현의 길이(L)] : P3 Click 한다.

(3) 호 그리기 옵션

- CSE : 중심점, 시작점, 끝점
- CSL : 중심점, 시작점, 현의 길이
- CSA : 중심점, 시작점, 사잇각
- SEA : 시작점, 끝점, 내부각
- SER : 시작점, 끝점, 반지름
- SCE : 시작점, 중심, 끝점
- SCA : 시작점, 중심, 내부각
- SCL : 시작점, 중심, 현의 길이
- SED : 시작점, 끝점, 접선방향

☞ 좌표 및 각도에서 설명했듯이 각도 방향은 반시계 방향이다.

2.19 PLINE(POLYLINE)

POLY는 많은 또는 복합이란 뜻으로 LINE과 합쳐져 있는 합성어로 POLY-LINE은 많은 수로 이루어진 선이라고 표현할 수 있는데 두께의 변화를 가지면서 직선과 호를 연속적으로 그린다.

▶ **명령** : Pline

▶ ICON : 

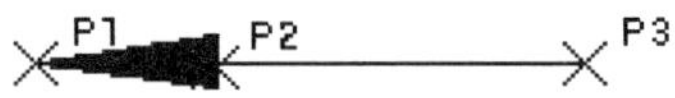

① 시작점 지정 : (P1) Click

② 다음점 지정 또는 [호(A)/닫기(C)/반폭(H)/길이(L)/명령 취소(U)/폭(W)] : "W" Enter

③ 시작 폭 지정 <50.0000> : 0 Enter

④ 끝 폭 지정 <0.0000> : 50 Enter

⑤ 다음점 지정 또는 [호(A)/닫기(C)/반폭(H)/길이(L)/명령 취소(U)/폭(W)] : (P2) Click

⑥ 다음점 지정 또는 [호(A)/닫기(C)/반폭(H)/길이(L)/명령 취소(U)/폭(W)] : "W" Enter

⑦ 시작 폭 지정 <50.0000> : 0 Enter

⑧ 끝 폭 지정 <0.0000> : Enter

⑨ 다음점 지정 또는 [호(A)/닫기(C)/반폭(H)/길이(L)/명령취소(U)/폭(W)] : (P3) Click

⑩ 다음점 지정 또는 [호(A)/닫기(C)/반폭(H)/길이(L)/명령취소(U)/폭(W)] : Enter

<옵 션>

① 호(Arc) : Pline, Arc, 연속인 자유곡선

② 닫기(Close) : 마지막 점과 시작점을 직선으로 연결한다.

③ 반폭(Half width) : Pline 전체 넓이의 중간까지의 두께를 지정

④ 길이(Length) : 길이를 지정하여 같은 각도로 직선을 그린다.

⑤ 폭(Width) : 선의 두께 지정한다.

2.20 PEDIT

POLYLINE EDIT 명령은 POLYLINE으로 그린 객체를 수정한다.

▶ **명령** : PEdit(PE)

① Pedit 폴리선 선택 또는 [다중(M)] : 원하는 객체를 선택하여 아래 옵션을 이용하여 수정을 한다.

② 옵션 입력 [닫기(C)/열기(O)/결합(J)/폭(W)/맞춤(F)/스플라인(S)/곡선삭제(D)/선 종류 작성(L)/명령 취소(U)] :

<옵 션>

① 닫기(Close) : 열린 Pline을 닫는다.

② 열기(Open) : Close로 닫은 것만 열린다.

③ 결합(Join) : Pline의 끝점과 만나는 선을 연결하여 하나의 단일 요소가 된다.

④ 맞춤(Fit curve) : 정점을 지나가는 곡선으로 변경

⑤ 스플라인(Spline curve) : 면의 중간쯤 지나가는 곡선
(시스템 변수 - 명령 : SPLTYPE<6> : 5로 바꿔주면 면에 닫는 곡선으로)

⑥ 비 곡선화(Decurve) : 곡선을 직선으로 변경

⑦ 폭(Width) : 전체 pline에 두께값 변경

⑧ 선 종류 생성(Ltype-gen) :
- ON - LINE의 모양을 고르게 해줌
- OFF - 선이 연결된 객체이다.

2.21 TRACE

두께를 가진 선을 그릴 때 사용하는 명령어로 단축키는 없다.

▶ **명령** : TRACE

① 두께선 폭 입력 <10.0000> : 선의 두께를 입력한다.

② 시작점을 지정 : 시작할 지점을 선택 후 Enter 한다.

③ 다음 점 지정 : 다음 점을 선택 후 Enter 한다.

· 두께를 가진 선을 Fill 명령을 사용하여 속을 채우거나 비우기가 가능하다.

2.22 SOLID

내부가 채워진 다각형을 그리는 명령으로 지그재그로 Point를 찍어야 한다.

▶ **명령** : SOlid(SO)

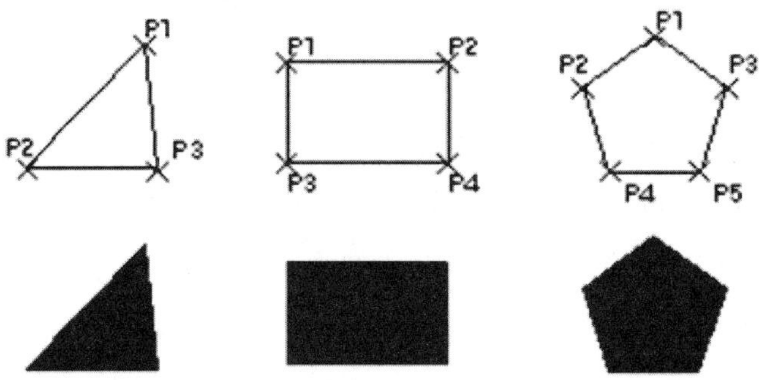

삼각형을 제외한 다각형의 경우 선택 점의 순서에 유의하여야 한다. 다음 순서는 사각형을 그리는 경우 순서이다.

① 첫 번째 점 : (P1) Click

② 두 번째 점 : (P2) Click

③ 세 번째 점 : (P3) Click

④ 네 번째 점 : (P4) Click 후 Enter

2.23 FILL

Pline, Solid, Trace 등의 면을 채울 것인지 비울 것인지 결정한다.

▶ **명령** : FILL

모드 입력 [켜기(ON)/끄기(OFF)] :

① 켜기(ON) : 속을 채운다.

② 끄기(OFF) : 속을 비운다.

③ 명령 실행 후 꼭 REgen 명령을 해야만 결과값이 나타난다.

2.24 DONUT

내부가 채워진 원이나 도넛모양 그리기

▶ **명령** : Donut(DO)

다음은 도넛의 내부를 채워서 그리는 순서이다.

① 도넛의 내부 지름 지정<10> : 0 Enter

② 도넛의 외부 지름 지정<100> : 100 Enter

③ 도넛의 중심 지정 : 입력할 지점을 선택한다.

· 도넛의 안쪽지름이 0일 경우 내부가 채워진 상태가 되고 안쪽지름을 지정하면 내부가 비워진 상태로 그려진다.

제3장

수 정

3.1 ERASE

도면의 객체 요소를 지우는 명령으로 선택된 요소는 삭제되고 명령은 자동으로 종료된다.

▶ **명령** : Erase(E)

▶ ICON : 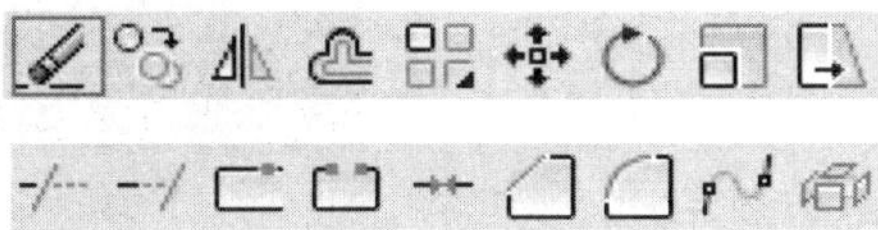

① 객체 선택 : (P1) Click 1개를 찾음

② 객체 선택 : (P2) Click 1개를 찾음, 총 2

③ 객체 선택 : (P3) Click 1개를 찾음, 총 3

④ 객체 선택 : (P4) Click 1개를 찾음, 총 4

⑤ 객체 선택 : Enter

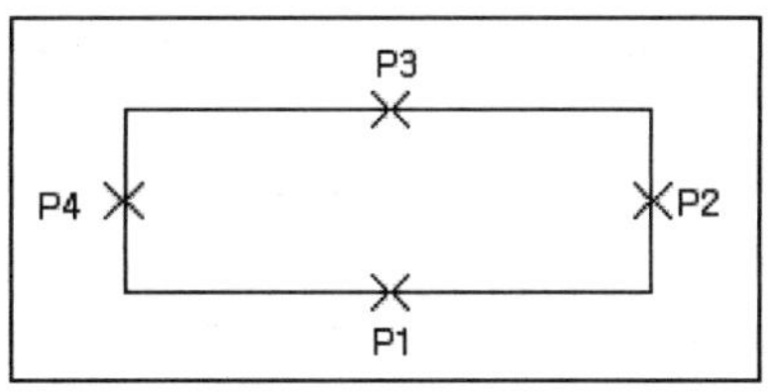

☞ 객체 선택 방법은 SELECT OBJECT(도면요소 선택)을 참고한다.

3.2 COPY

복사할 객체를 선택하여 복사한다.

- ▶ **명령** : Copy(CO)
- ▶ ICON :

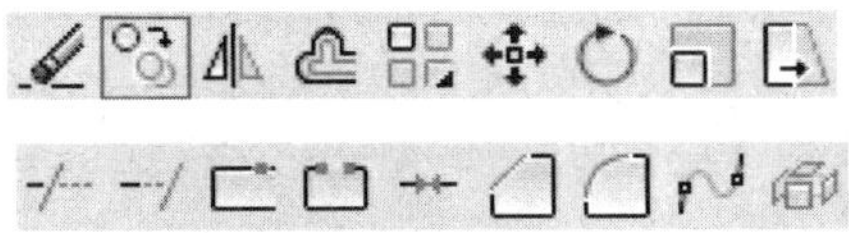

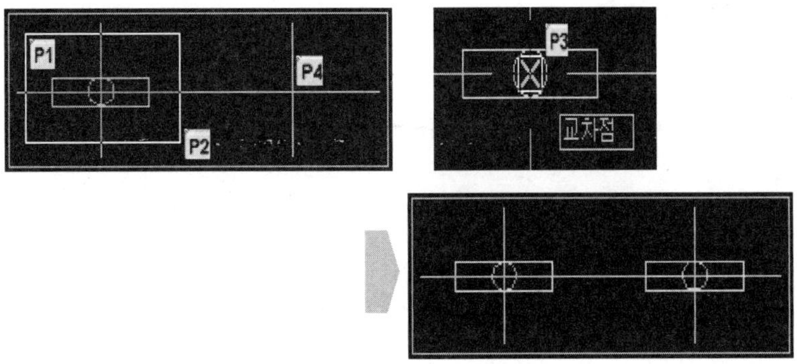

① 객체 선택 : P1 Click 후 P2 Click

② 객체 선택 : 객체 선택이 완료(객체가 점선으로 변함) 되었으면 Enter

③ 기본점 지정 또는 [변위(D)/모드(O)] <변위(D)> P3 Click

④ 두 번째 점 지정 또는 <첫 번째 점을 변위로 사용> P4 Click 또는 **극좌표** @**거리**<**각도**를 이용한다.

3.3 MOVE

객체를 이동할 때 사용한다. 객체 이동시 객체를 선택한 후 기준점을 선택하여 이동한다.

▶ **명령** : Move(M)

▶ ICON : 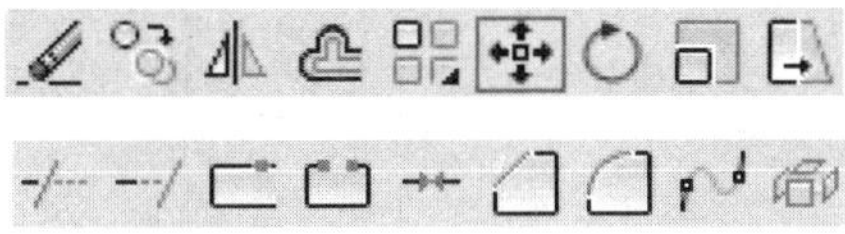

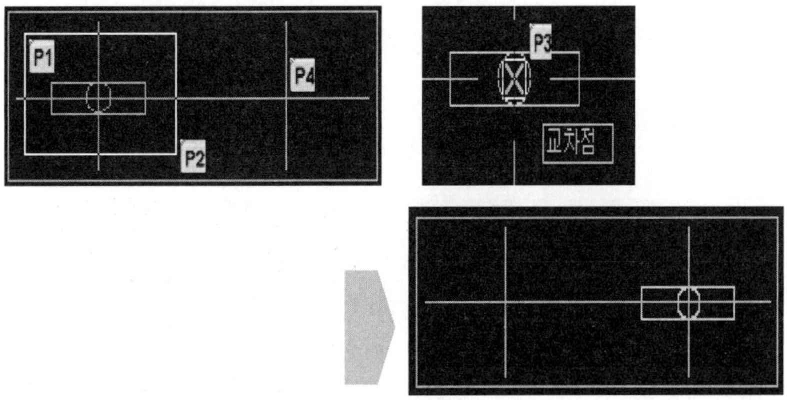

① 객체 선택 (P1) Click 후 (P2) Click

② 객체 선택 : 객체 선택이 완료되었으면 Enter

③ 기준점 또는 [변위(D)] <변위> : 객체의 한 부분을 선택 (P3) Click

④ 두번째 점 지정 또는 <첫 번째 점을 변위로 사용> (P4) Click

예제 복사 및 이동 연습하기

심벌 및 보조선을 작도 후 심벌을 복사하여 4곳에 붙여넣기한 후 이동명령을 이용하여 중간으로 옮긴 후 다시 4곳에 복사명령으로 붙여넣기 동작을 반복하여 연습한다.

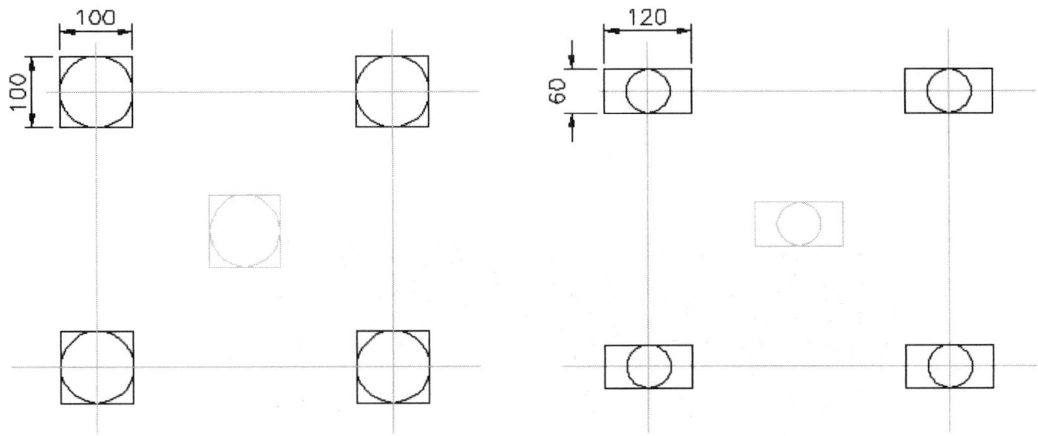

3.4 MIRROR

선택된 객체를 두 개의 대칭선을 기준으로 거울에 비친 모습처럼 대칭형(선대칭)으로 복사하여 그리는 명령으로서 원본을 삭제할 수 있다.

▶ **명령** : Mirror(MI)

▶ ICON : 

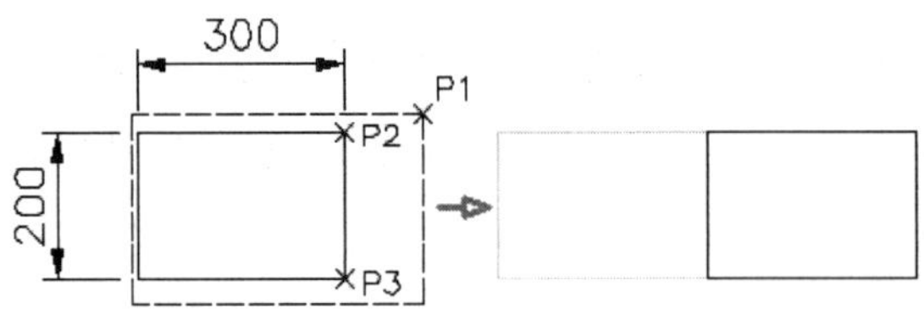

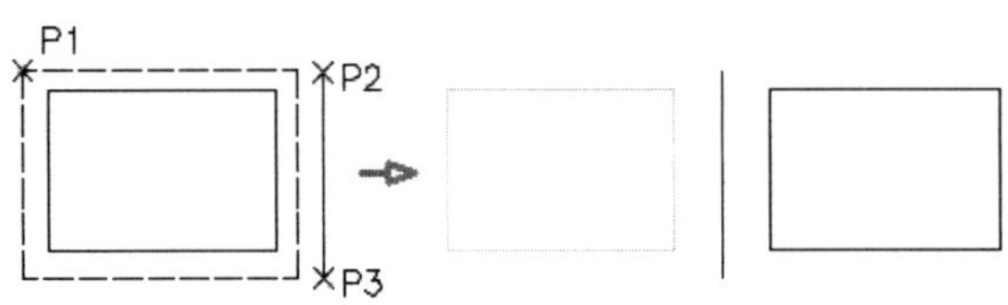

① 미러할 객체를 선택한다. (P1) Click

② 객체 선택 : 객체 선택이 완료(객체가 점선으로 변함) 되었으면 Enter

③ 대칭선의 첫 번째 점 지정 P2 Click

④ 대칭선의 두 번째 점 지정 P3 Click

⑤ 원시 객체를 삭제합니까? [예(Y)/아니오(N)] <N> : Enter

- 예(Y) : 원시 객체를 삭제한다.
- 아니오(N) : 원시 객체를 보존한다. - 기본값은 (N)로 되어 있음.

(1) Mirror 명령을 사용하여 문자가 뒤집어지는 경우

① Command bar에 "MirrText"를 입력 후 Enter

② MirrText에 대한 새 값 입력 <1> : 0입력 Enter 후 Mirror 재실행 한다.

㉠ 값이 <0>인 경우 - 문자가 정상적으로 쓰여진다.

㉡ 값이 <1>인 경우 - 문자가 뒤집어진다.

(2) 대칭은 ORTHO(직교) 모드에서 작업을 하면 편리하다.

3.5 OFFSET

선택된 객체를 지정한 간격만큼 평행하게 복사하는 명령으로 Offset 하고자 하는 객체를 선택한 후 띄우고자 하는 방향으로 점을 찍으면 그 방향으로 Offset이 된다.

▶ **명령** : Offset(O)

▶ ICON : 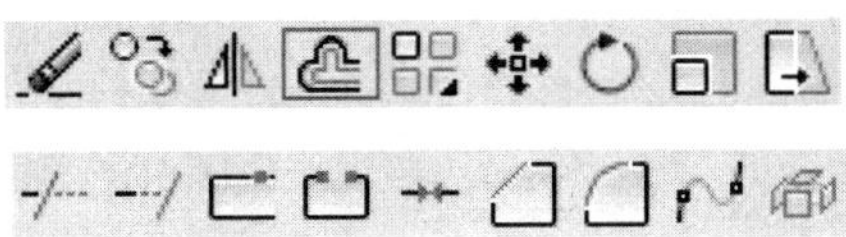

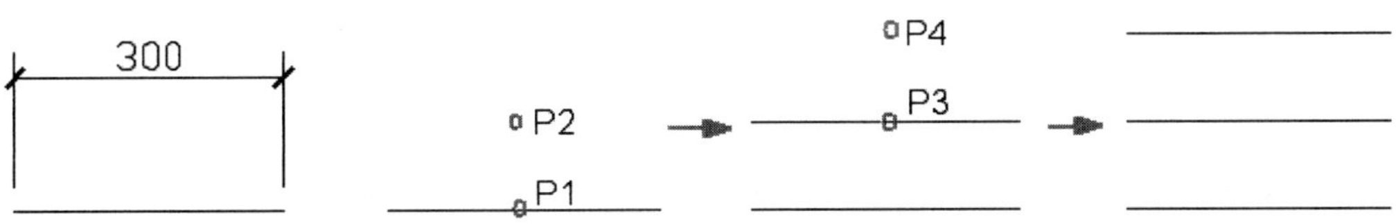

① 간격 띄우기 거리 또는 [통과점(T)] <10.0000> : 100 Enter

② 간격 띄우기 할 객체 선택 또는 <나가기> : (P1) Click

③ 간격 띄우기 할 쪽으로 점 지정 : (P2) Click

④ 간격 띄우기 할 객체 선택 또는 <나가기> : (P3) Click

⑤ 간격 띄우기 할 쪽으로 점 지정 : (P4) Click

⑥ 간격 띄우기 할 객체 선택 또는 <나가기> : Enter

3.6 EXPLODE

Block 또는 다각형으로 그려진 도면요소를 실제의 객체수로 분해하는 명령

▶ **명령** : EXplode

▶ ICON :

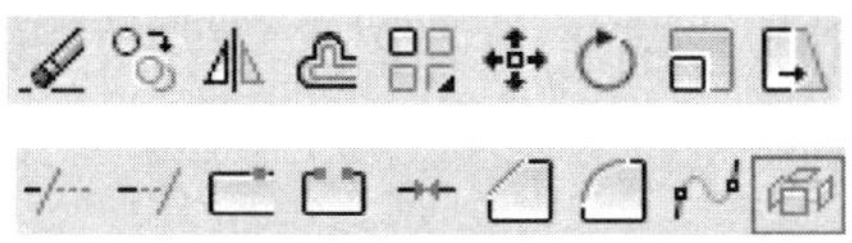

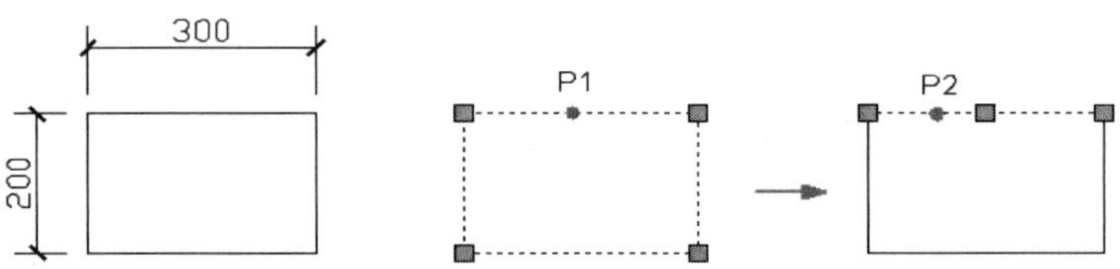

REC을 이용하여 사각형을 그린다.

① 객체 선택 : (P1) Click

② 객체 선택 : 선택을 완료하였으면 Enter

③ 객체가 분해되었는지 확인하여 본다. (P2) Click

3.7 ARRAY

선택한 객체를 직사각형 또는 원형으로 일정한 간격으로 한 번에 여러개로 복사하여 배열하는 명령

▶ **명령** : Array(AR)

▶ ICON : 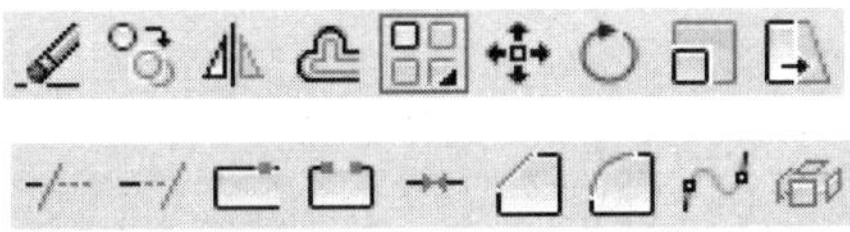

(1) 사각형 배열

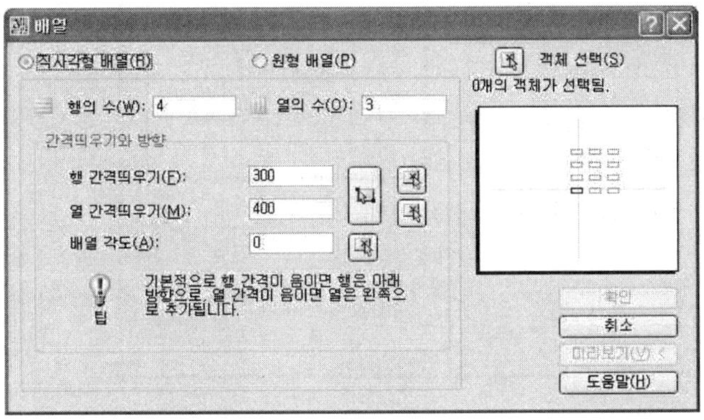

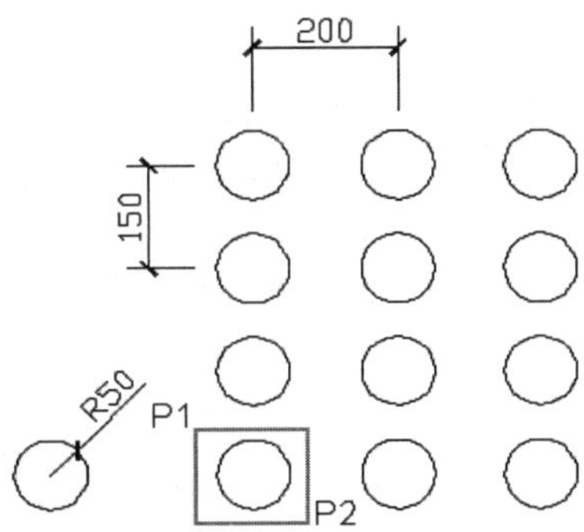

① 직사각형 배열을 선택한다.

② 객체 선택: 배치할 객체를 선택한다. : (P1) Click 후 (P2) Click

③ 배열 할 행과 열의 수를 입력한다. :
행(가로)의 수 4, 열(세로)의 수 3을 입력한다.

④ 행과 열의 간격값을 입력한다.
행(가로)의 간격 150, 열(세로)의 간격 200을 입력한다.
· 작업 화면을 선택하여 행과 열의 간격을 직접 입력할 수 있다.

⑤ 선택 및 입력을 완료한 후 확인을 하면 배치가 완료된다.

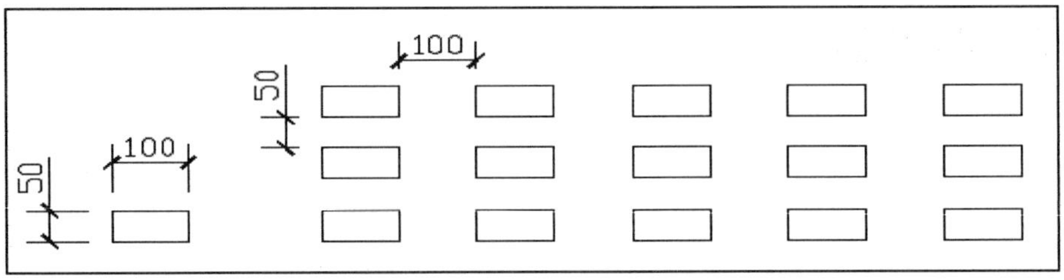

(2) 원형 배열

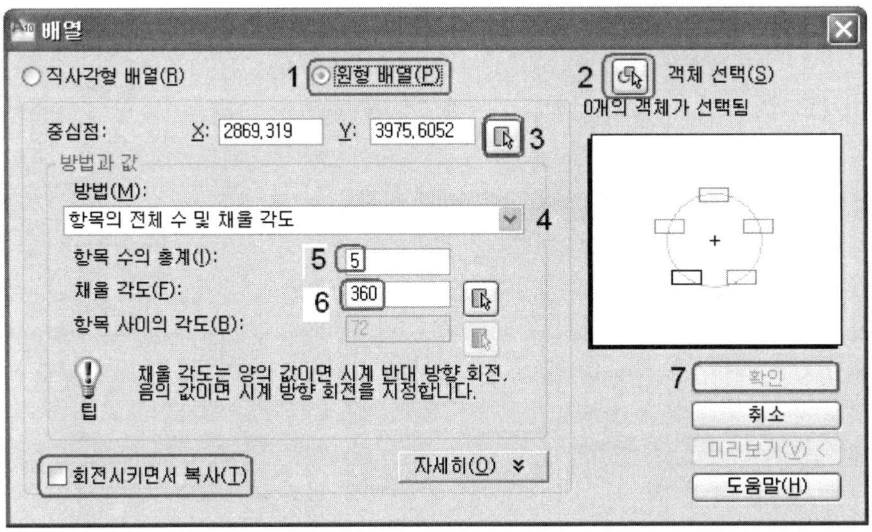

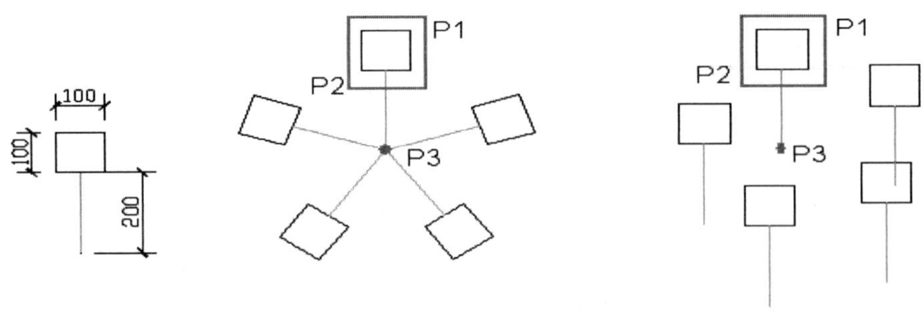

회전시키면서 복사　　　　회전시키면서 복사 해제

① 원형 배열 선택

② 객체 선택 : 배열할 객체를 선택한다 : (P1) Click 후 (P2) Click

③ 원형 배열의 중심점을 선택 : (P3) Click

원형 배열의 중심점을 작업도면에서 선택한다.

④ 배열방법을 선택한다. : 채울각도(기본값)

⑤ 배열할 수를 입력(자기 자신도 개수에 포함) : 5

⑥ 채울 각도를 직접 입력 또는 작업도면에서 선택한다. : 360

각도는 반시계 방향이며 “0”도를 기준으로 한다.

⑦ 선택 및 입력을 완료한 후 확인을 하면 배치가 완료된다.

· 복사형식으로 항목 회전 배치는 위 그림을 참고한다.

3.8 ROTATE

객체를 회전시키는 명령으로서 선택 기준점을 기준으로 지정한 각도만큼 회전시킨다.

▶ **명령** : ROtate(RO)

▶ ICON : 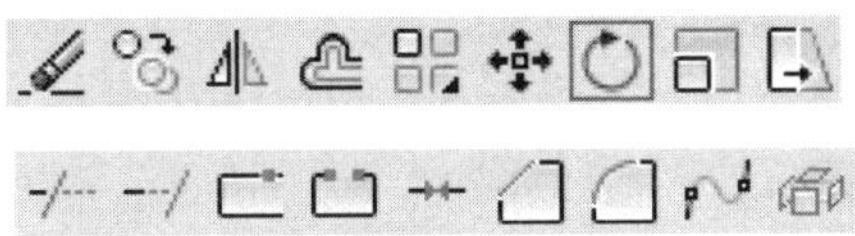

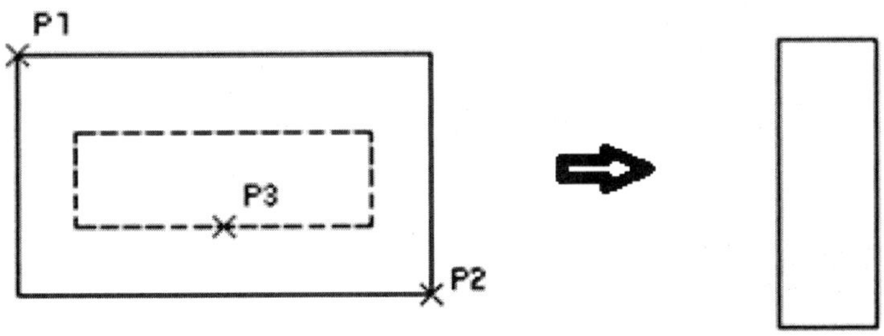

① 객체 선택 (P1) Click

② 반대 구석 지정 (P2) Click

③ 객체 선택 : 객체 선택이 완료(객체가 점선으로 변함) 되었으면 Enter

④ 기준점 지정 (P3) Click – 객체의 회전시 기준점

⑤ 회전각도 지정 또는 [복사(C)참조(R)] 90 Enter

3.9 SCALE

객체를 비례적으로 크게 하거나 작게하는 축척 명령

▶ **명령** : Scale(SC)

▶ ICON : 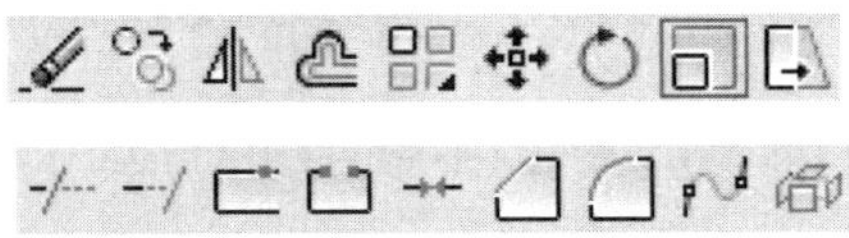

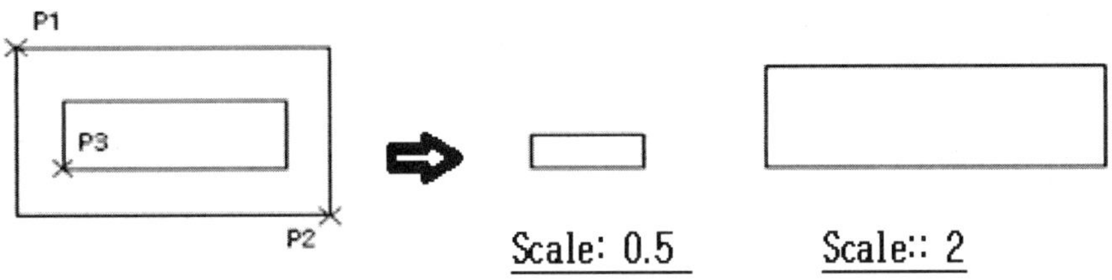

① 객체 선택 (P1) Click

② 반대 구석 지정 (P2) Click

③ 객체 선택 : 객체 선택이 완료(객체가 점선으로 변함) 되었으면 Enter

④ 기준점 지정 (P3) Click

⑤ 축척 비율 지정 또는 [참조(R)] : 0.5입력 후 Enter

3.10 STRETCH

신축할 객체의 일부분을 줄이거나 늘릴 때 사용되는 신축 명령

▶ **명령** : Stretch

▶ ICON : 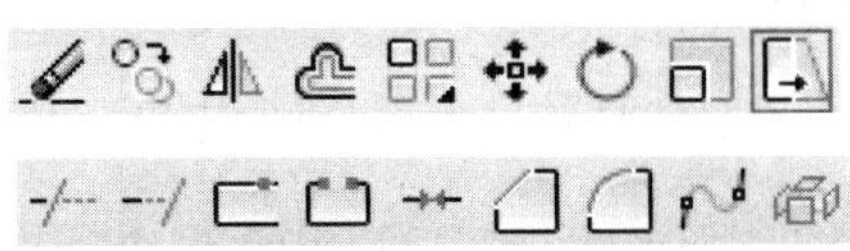

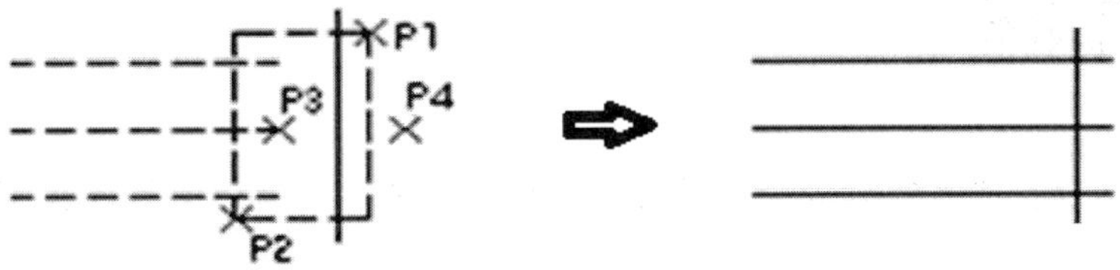

① 걸침 윈도우 또는 걸침 다각형만큼 신축할 객체 선택 (P1) Click

② 반대 구석 지정 (P2) Click

③ 객체 선택 : 객체 선택이 완료(객체가 점선으로 변함) 되었으면 Enter

④ 기준점 또는 변위 지정 (P3) Click

⑤ 변위의 두 번째 점 지정 또는 <변위로 첫 번째 점 사용> (P4) Click

· **객체선택은 반드시 우측에서 좌측으로 객체의 끝부분을 포함하여 선택하여야 한다.**

(1) 형광등 FL 2/20W 만드는 과정

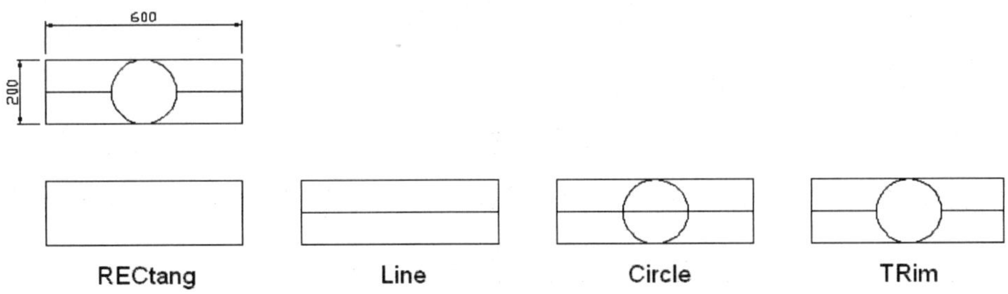

3.11 TRIM

객체가 다른 한 객체의 경계선 밖으로 튀어 나온 필요없는 부분을 잘라 삭제하는 명령

▶ **명령** : Trim(TR)

▶ ICON : 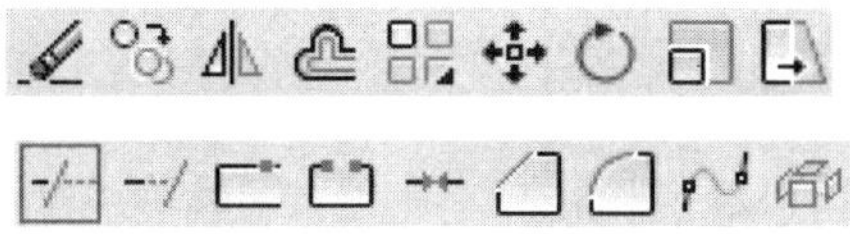

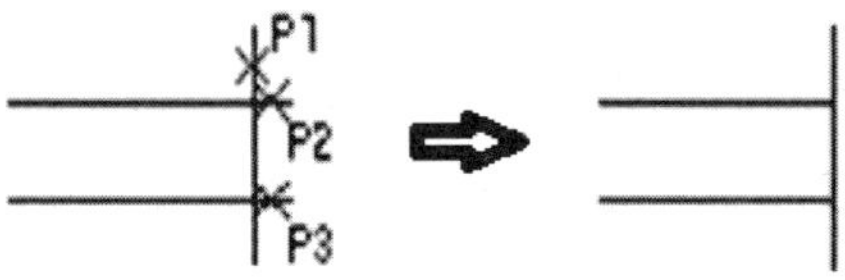

일반적인 방법

Fence 사용 방법

(1) 일반적인 방법

① 객체 선택 (P1) Click

② 객체 선택: 객체 선택이 완료(객체가 점선으로 변함) 되었으면 Enter

③ 자르기 할 객체 선택 또는 연장을 위한 shift+선택 또는 [투영(P)/모서리(E)/명령취소(U)] : (P2) Click (P3) Click 후 Enter

(2) Fence 사용 방법

① 객체 선택 : (P1) Click (P2) Click 후 Enter

② 자르기 할 객체 선택 또는 연장을 위한 shift+선택 또는 [투영(P)/모서리(E)/명령취소(U)] : (P3) Click (P4) Click 후 Enter

3.12 EXTEND

객체(arc포함)의 끝점을 기준선까지 연결시켜주는 연장 명령

▶ **명령** : Extend(EX)

▶ ICON :

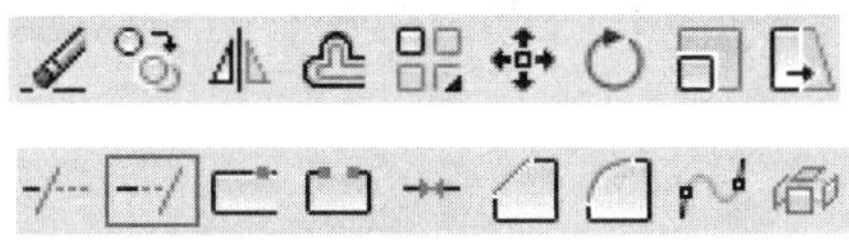

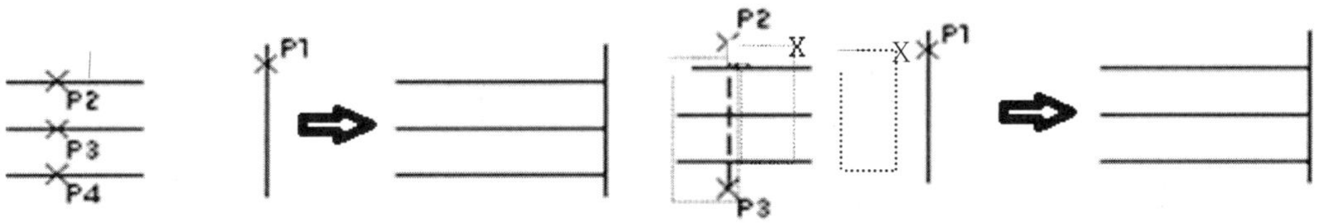

일반적인 방법   Fence 사용 방법

① 객체 선택 (P1) Click 후 Enter

② 연장할 객체 선택 또는 자르기를 위한 shift+선택 또는 [투영(P)/모서리(E)/명령취소(U)] (P2) Click (P3) Click (P4) Click 후 Enter

- Fence 사용 방법의 경우는 객체 선택시 (P1) Click 후 Enter 한 다음 (P2) Click (P3) Click
- 한 개 구간을 연장할 경우 명령 실행 후 Enter 를 한번 더한 후 대상물을 선택하면 된다.

3.13 BREAK

도면에 절단할 객체의 두 점을 선택하여 선택한 영역을 절단하는 명령

▶ **명령** : Break(BR)

▶ ICON :

① 객체 선택 (P1) Click

② 두 번째 끊기 점을 지정 또는 [첫 번째 점(F)] (P2) Click

3.14 CHAMFER

교차된 선을 지정된 거리만큼 "모따기"를 하여 새로운 직선으로 이어주는 명령

▶ **명령** : ChAmper(CHA)

▶ ICON : 

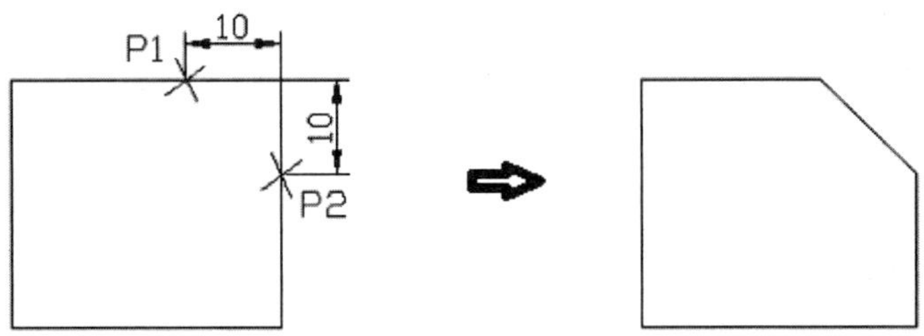

(1) 현재 설정값으로 모따기 하기

초기 설정값이 TRIM 모드이므로 객체는 모따기 부분이 삭제된다.

① 현재 모따기 거리1=50.0000, 거리2=50.0000
현재의 모따기 값을 나타내어 준다.

② 첫 번째 선 선택 또는 [폴리선(P)/거리(D)/각도(A)/자르기(T)/방법(M)] : (P1) Click

③ 두 번째 선 선택 : (P2) Click

(2) 가로 10, 세로10으로 모따기 하기

초기 설정값이 TRIM 모드이므로 객체는 모따기 부분이 삭제된다.

① 현재 모따기 거리1=50.0000, 거리2=50.0000
현재의 모따기 값을 나타내어 준다.

② 첫 번째 선 선택 또는 [폴리선(P)/거리(D)/각도(A)/자르기(T)/방법(M)] : "d" 입력 후 Enter

③ 첫 번째 모따기 거리 지정 <50.0000> : 10 Enter

④ 두 번째 모따기 거리 지정 <100.0000> : 10 Enter

⑤ 첫 번째 선 선택 또는 [폴리선(P)/거리(D)/각도(A)/자르기(T)/방법(M)] : (P1) Click

⑥ 두 번째 선 선택 : (P2) Click

· Distance가 모두 "0"인 경우는 직각 모따기 되어 원상태와 같다.

3.15 FILLET

설정하는 반지름만큼 모서리를 모깎기 하는 명령

▶ **명령** : Fillet(F)

▶ ICON : 

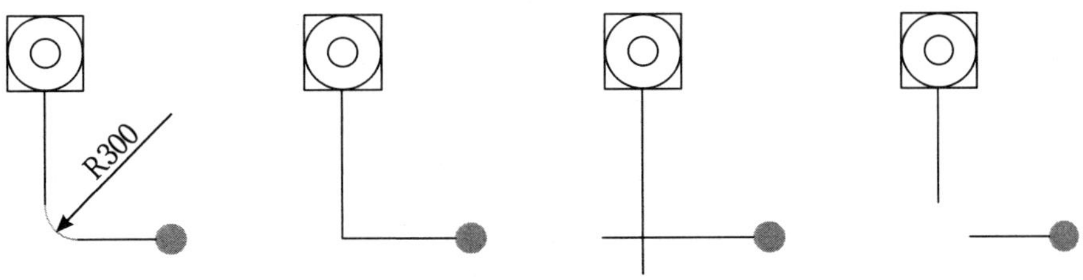

(1) 현재 설정값으로 모깎기 하기

① 현재 설정값 : 모드=TRIM, 반지름=200
현재의 모깎기 값을 나타내어 준다.

② 첫 번째 객체 선택 또는 [폴리선(P)/반지름(R)/자르기(T)] : (P1) Click

③ 두 번째 객체 선택 : (P2) Click

(2) 반지름(Radius) 50 모깎기 하기

① 현재 설정값 : 모드=TRIM, 반지름=100
현재의 모깎기 값을 나타내어 준다.

② 첫 번째 객체 선택 또는 [폴리선(P)/반지름(R)/자르기(T)] : R Enter

③ 모 깎기 반지름 지정<100> : 50 Enter

④ 첫 번째 객체 선택 또는 [폴리선(P)/반지름(R)/자르기(T)] : (P1) Click

⑤ 두 번째 객체 선택 : (P2) Click

· Radius가 "0"일 때는 직각으로 모깎기가 된다.
· 모깎기 할 대상이 반지름 값보다 작은 경우는 모깎기 불가함.

제4장

기타 편집 명령

4.1 LAYER 및 특성

동일한 좌표 또는 부근에 많은 객체들이 겹치는 도면 작업이 이루어지는데 CAD에서는 Layer를 사용자화하여 편리하게 사용할 수 있는데 복잡한 단위요소를 Layer별로 색상과 선 유형을 관리하면 출력시 선의 굵기를 조정할 수 있고 Layer를 보이지 않게 하거나 편집기능을 제한 할 수 있다.

▶ **명령** : Layer(LA)

▶ ICON :

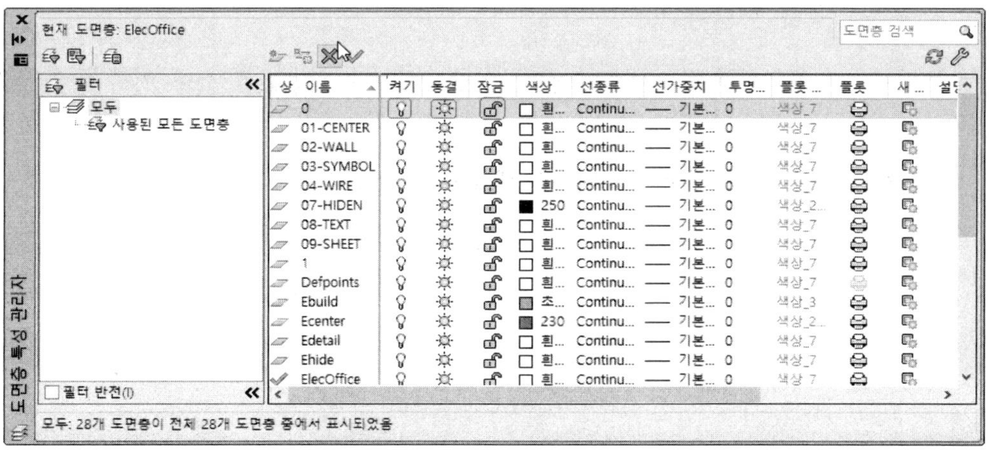

① 켜기(ON/OFF) : 모든 Layer를 ON/OFF할 수도 있으며 해당 Layer 만의 내용을 화면에 표시할 수도 있고 또는 보이지 않게 할 수 있다. OFF된 Layer는

인쇄시 출력되지 않는다.

② 잠금(Lock/UnLock) : 해당 Layer가 Lock인 경우 화면에는 표시되지만 수정할 수 없다. UnLock은 잠긴 도면층을 해제한다.

③ 동결(Thaw/Freeze) : 해당 Layer의 내용을 화면에 표시하거나 보이지 않게 동결하고, 동결된 Layer는 출력할 수 없다.

④ Layer “끄기(Off)”와 “동결(Freeze)”의 차이점은 ZOOM 또는 REGEN을 할 때 동결된 도면의 요소는 재생성 되지 않기 때문에 도면 재생성 시간을 단축할 수 있다.

⑤ 현재 Layer는 끄기(OFF)는 할 수 있으나 동결(Freeze)시킬 수는 없다.

⑥ 신규 Layer 만들기

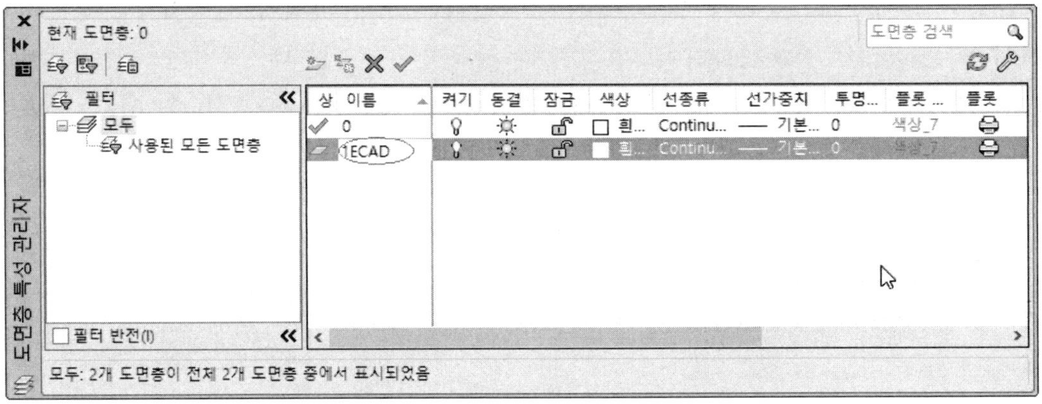

㉠ 새 도면층을 선택한다.

㉡ 이름을 “1ECAD”로 한다. Layer 이름을 더블 Click 하여 이름을 수정할 수 있다.

㉢ 색상(color) 선택 창에서 사용할 색상을 선택한다.

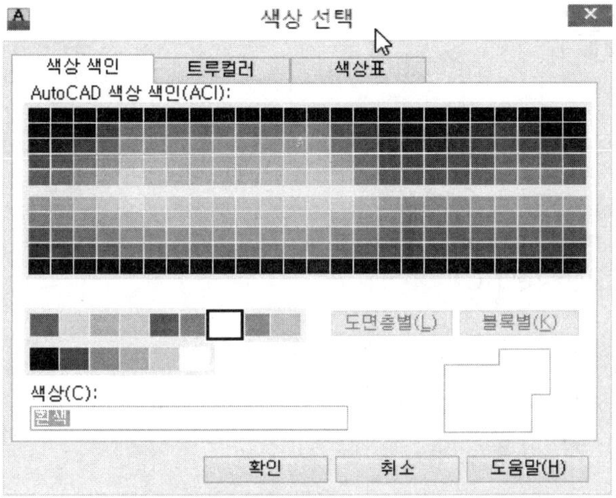

· 표준 색상인 초록색(3번)을 선택한다.

· 색상의 구분은 도면 출력시 선의 굵기를 조정시에도 사용된다.

㉣ 선 종류 : 선의 형태(중심선, 숨김선, 외형선 등등)를 선택한다.

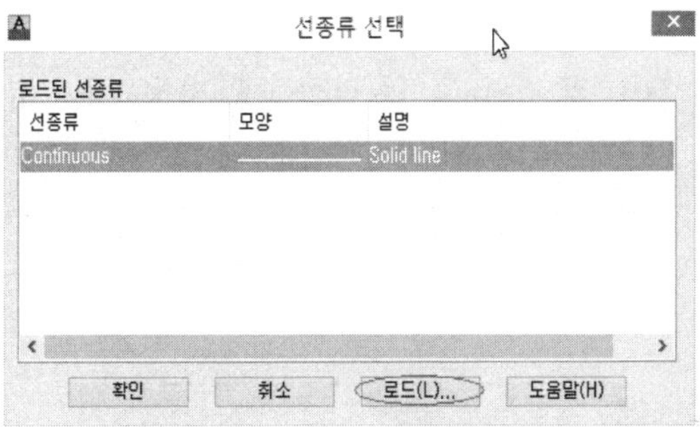

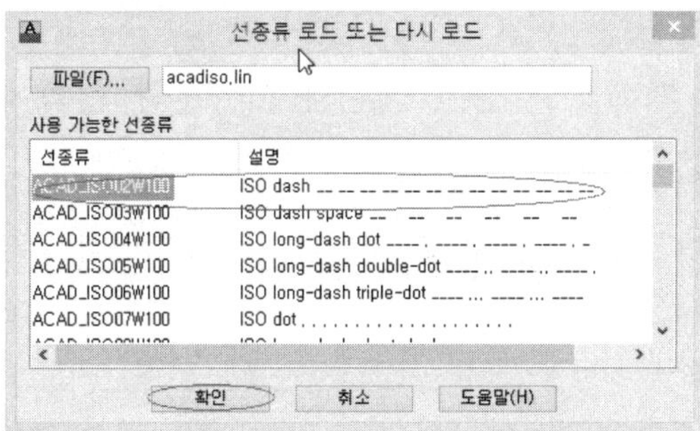

· 로드 : 현재의 창에 사용할 선 종류가 없는 경우 선의 종류를 불러온다.

㉤ 선 가중치 : 출력시 선의 굵기를 설정한다. - 출력할 때도 조정할 수 있다.

㉥ 설정을 완료하였으면 확인을 선택한다.

㉦ 작업화면의 도면층 도구막대에서 신규로 만든 Layer "1EACD" 를 확인한다.

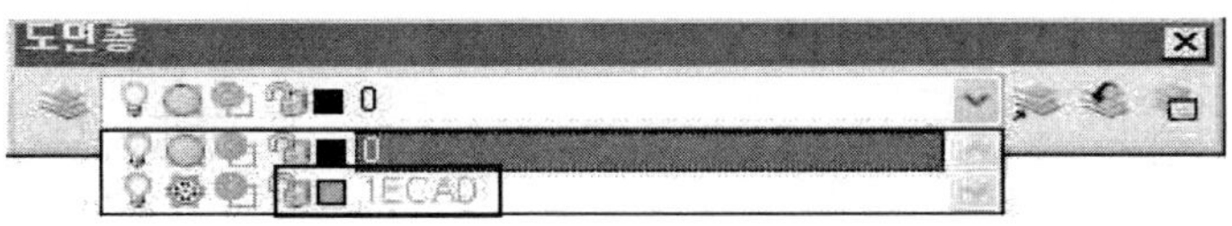

4.2 PURGE

Purge는 불필요한 도면층(Layer, Block, Text 등)을 소거하는 명령으로 불필요한 요소를 소거하면 도면용량이 줄어든다.

▶ **명령** : PUrge(PU)

① 현 도면에 사용중인 경우는 소거하지를 못한다.
② 여러 개의 Layer로 구성된 도면을 한 개의 Layer로 변경 후 사용하지 않는 Layer를 삭제할 때 사용한다.
③ 항목 소거(T)는 Y/N로 하나하나 항목을 선택 삭제되며 모든 항목 소거(A)는 일괄 삭제된다.

4.3 LTSCALE

객체가 작성된 공간의 Limits의 변화에 따라 선 종류를 축적할 때 사용하는 명령이다.

▶ **명령** : LTSale

LTSCALE :10　　　　LTSCALE :20

① 새로운 선 종류 축척 비율 입력 <10.0000> : 20 Enter

4.4 PROPERTIES

도면에서 선택한 객체의 특성(PROPERTIES)을 나타내어주며 수정할 수 있다.

▶ **명령** : PROPERTIES

▶ ICON : 

① 도면에서 확인 또는 수정할 객체를 마우스로 두 번 더블 Click 하면 특성창이 열리는데 이 창 안에서 특성을 수정할 수 있다.

② 특성 창에서는 색상(COLOR), 도면층(LAYER) 선 종류(LTYPE), 두께(THICKNESS) 문자(TEXT), 문자 높이(TEXT HEIGHT), 플롯유형 등을 확인 및 수정할 수가 있다.

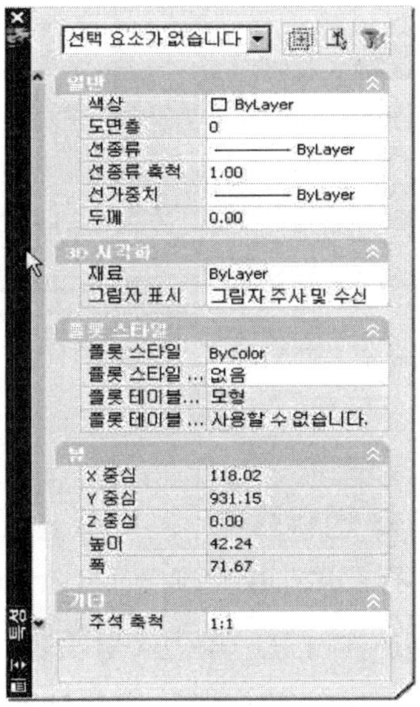

4.5 Match Properties

도면에 있는 객체들 중 원본과 일치시키고자 특성으로 바꿀 때 사용하는 특성일치 명령이다.

▶ **명령** : MAtchprop

▶ ICON : 

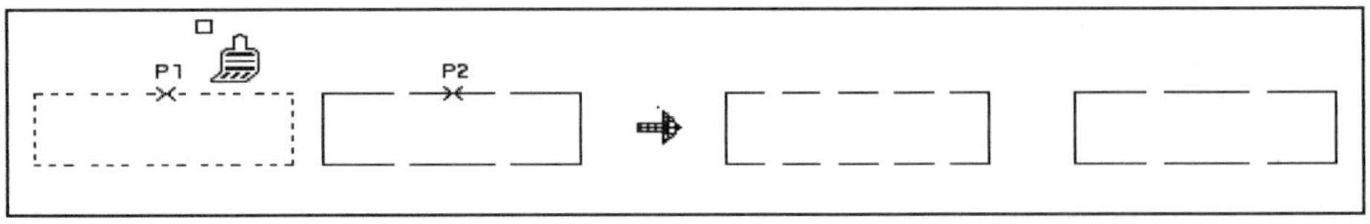

① 원시 객체 선택 (P1) Click - 특성 일치 아이콘 모양(빗자루 모양)이 생긴다.

② 대상 객체(들)를 선택 또는 [설정값(S)] (P2) Click - 수정할 객체를 선택한다.

③ 대상 객체(들)를 선택 또는 [설정값(S)] 수정할 모든 객체를 선택한다.

④ 선택이 완료되었으면 Enter 한다.

4.6 CHANGE

도면 요소의 특성(Properties)을 바꿔주는 명령이다.

▶ **명령** : Change

① 객체 선택 : 변경할 객체를 선택한다.

② 변경 점 지정 또는 [특성] : 변경할 객체를 선택하여 객체를 수정한다.

㉠ 색상(COLOR), 레이어(LAYER), 라인타입(LTYPE), 두께(THICKNESS), 고도(ELEVATION) <Change point>를 이용하면 line의 경우 가까운 끝점의 위치를 변경시키고 Circle의 경우 반지름을 변화시킬 수 있다.

㉡ Change를 이용하면 문자(text)의 각종 사항도 변화시킬 수 있다.

㉢ 여러 객체가 아닌 개별 객체의 특성을 변화시킬 경우에는 ddmodify가 편리하다.

4.7 STYLE – 문자 유형

문자에 대한 유형, 글꼴(Fonts) 높이 등을 지정한다.

▶ **명령** : Style

▶ ICON : 

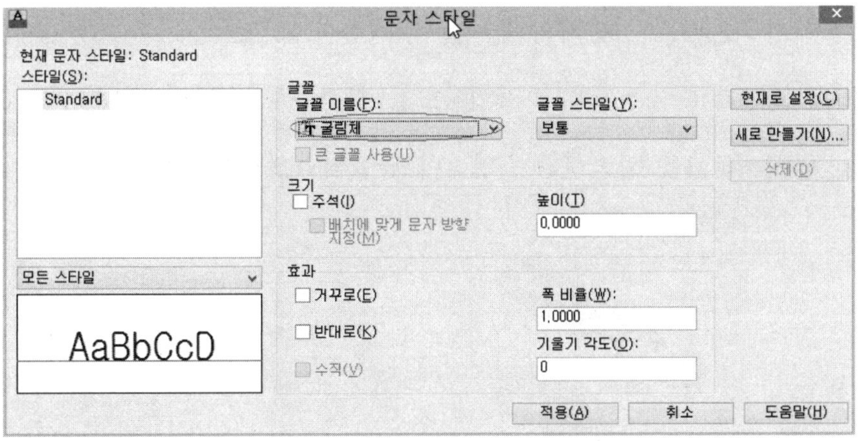

① 스타일을 선택한다.

② 글꼴을 선택한다. : 글꼴 이름은 가능한 @가 없는 글꼴을 사용한다. @가 붙어 있는 글꼴은 문자가 눕혀져서 입력이 된다.

③ 기타 필요한 부분을 설정 완료 하였으면 현재설정을 선택한 다음 닫기를 한다.

㉠ 신규 : 새로운 유형을 등록

㉡ 높이 : 문자의 높이

㉢ 거꾸로 : 좌우 반대 여부

㉣ 수직: 수직방향 표시 여부

㉤ 기울기 각도 : 글자의 기울기

㉥ 폭 비율 : 글자 폭

내용 이외의 각종 사항을 수정 할 경우는 PROPERTIES(특성)를 이용한다.

4.8 TEXT

여러 줄 문자입력과 같으나 입력 위치를 옮겨가면서 입력할 수 있다.

▶ **명령** : Text

① 명령 : text 현재 문자 스타일 : "Standard" 문자 높이 : 2.5000 주석 : No

② 문자의 시작점 지정 또는 [자리 맞추기(J)/스타일(S)] : 입력한 자리를 선택한다.

③ 높이 지정 <2.5000> : 문자의 높이를 입력한다.

④ 문자의 회전각도 지정 <0> : 삽입각도를 입력한다. - 기본값은 0이다.

⑤ 문자 입력 : 문자를 입력한다. - 입력이 완료되었으면

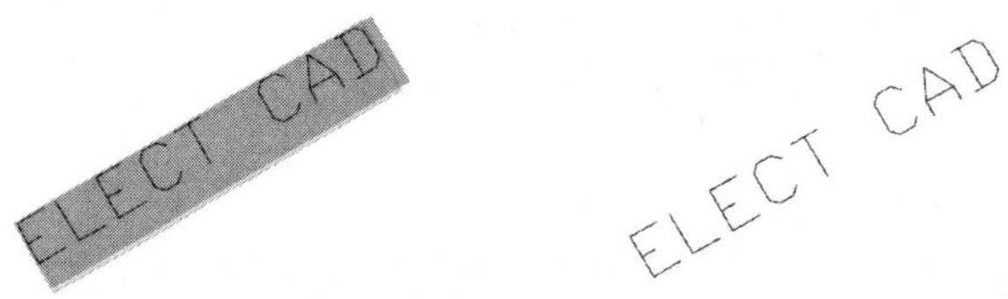

TEXT의 작성 예

한글 입력시 깨어지는 현상이 발생되면 Style명령(문자유형)을 참고한다.

4.9 MTEXT

도면에 문자를 여러 줄로 입력할 때 사용한다.

▶ **명령** : MText

▶ ICON :

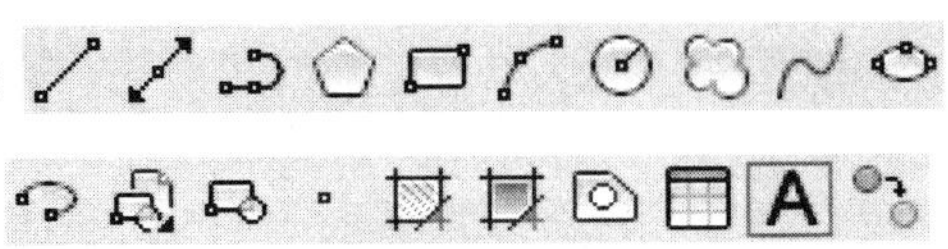

① 명령 : _mtext 현재 문자 스타일 : "Standard" 문자 높이 : 2.5 주석 : 아니오

② 첫 번째 구석 지정 : 문자를 입력할 첫 번째 자리를 Click 한다.

③ 반대 구석 지정 또는 [높이(H)/자리 맞추기(J)/선 간격두기(L)/회전(R)/스타일(S)/폭(W)/열(C)] : 문자의 시작점 지정 또는 [자리 맞추기(J)/유형(S)] : 두번째 지점을 Click 한다.

④ 문자를 입력한다. - 입력이 완료되었으면 확인을 선택한다.

㉠ Satndard : 스타일을 지정할 수 있다.

㉡ Txt.whgtxt : 글꼴을 선택할 수 있다.

㉢ 0.2000 : 문자의 높이를 선택할 수 있다.

4.10 DDEDIT

(1) MTEXT 문자의 수정

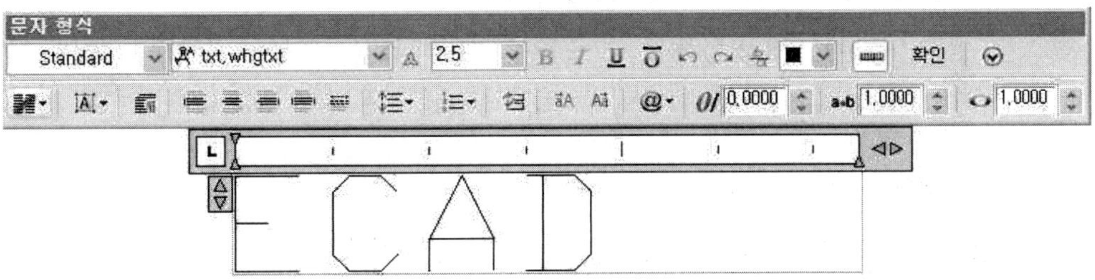

▶ **명령** : ddEDit **또는 문자 더블클릭**

▶ ICON : 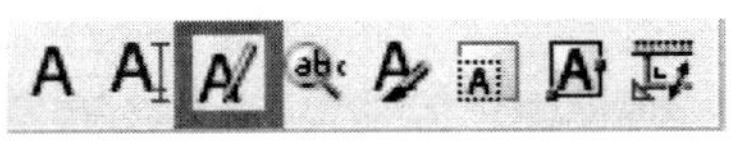

① "ddEDit" 입력하고 문자를 선택 Enter 또는 수정할 문자를 더블 Click 하

면 위와 같은 대화상자가 나타난다.

② 스타일, 글꼴, 높이 등을 수정 후 확인을 선택한다.

(2) TEXT 문자의 수정

▶ **명령** : ddEDit **또는 문자 더블클릭**

▶ ICON : 

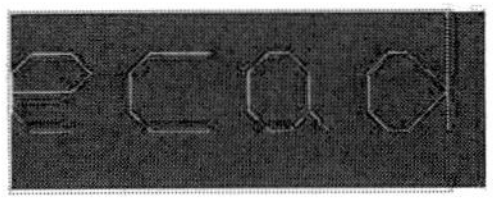

① “ddEDit” 입력하고 문자를 선택 후  또는 수정할 문자를 더블 한다.

② 문자를 수정 후 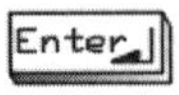

③ 내용 이외의 각종 사항을 수정할 경우는 PROPERTIES(특성)를 이용한다.

· Mtext 로 문자를 입력할 때 입력 영역이 너무 클 때 작게하는 방법
명령 : mtextfixed→0 또는 1 : 일반적인 문장 입력, 2 : 폭이 넓게 입력값을 0 또는 1로 바꾼다.

4.11 Dimension – DIMSTYLE

치수 스타일 관리자는 치수의 각종 유형을 설정 또는 수정한다.

▶ **명령** : Dimstyle

▶ ICON : 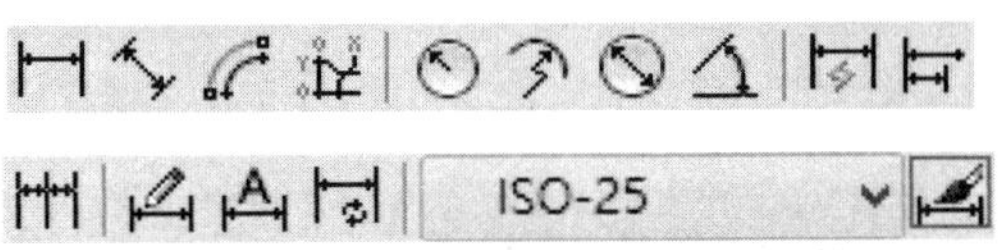

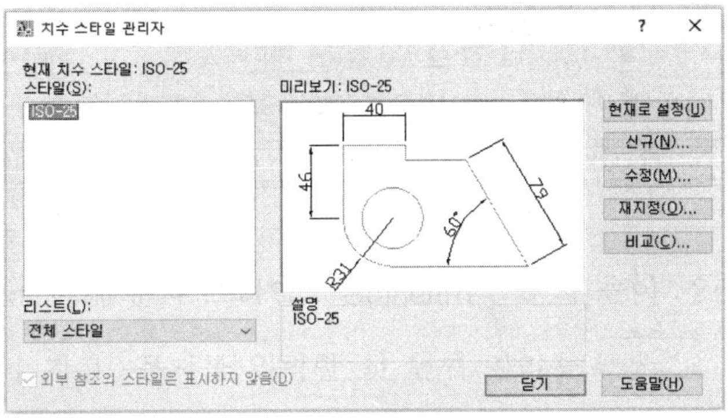

① 명령을 입력하면 위와 같이 치수 스타일 관리자 화면이 나타난다.

㉠ 현재설정 (U) : 사용할 스타일을 선택할 때 사용

㉡ 신규 (N) : 새로운 스타일을 만들 때 사용

㉢ 수정 (M) : 치수 스타일을 수정할 때 사용

(1) 치수 스타일 신규 만들기

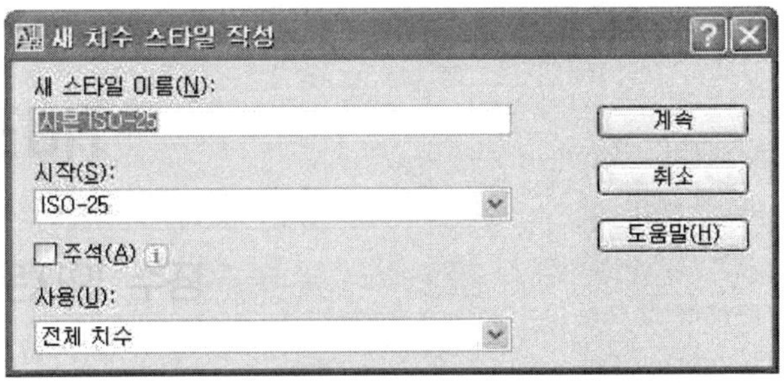

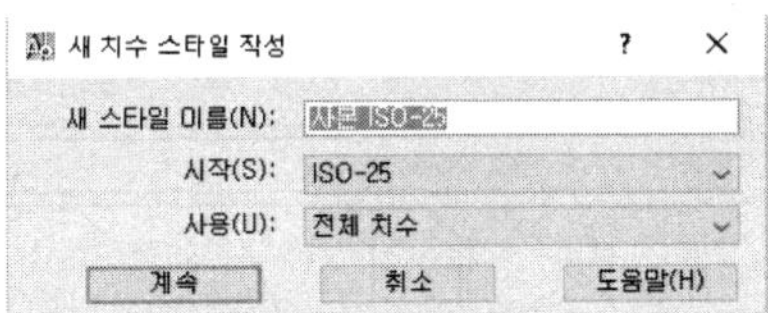

① 신규(N) 또는 새로 만들기(N)를 선택한다.

② 새 스타일 이름을 입력한다.

③ 시작 : 참조 할 스타일을 선택 후 계속을 선택하여 각종 스타일을 수정한다.

(2) 치수 스타일 선 수정하기

치수선, 치수 보조선에 대한 각종 내용을 수정할 수 있다.

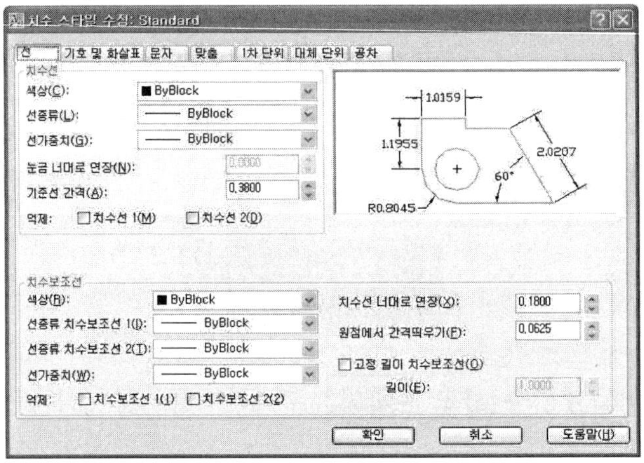

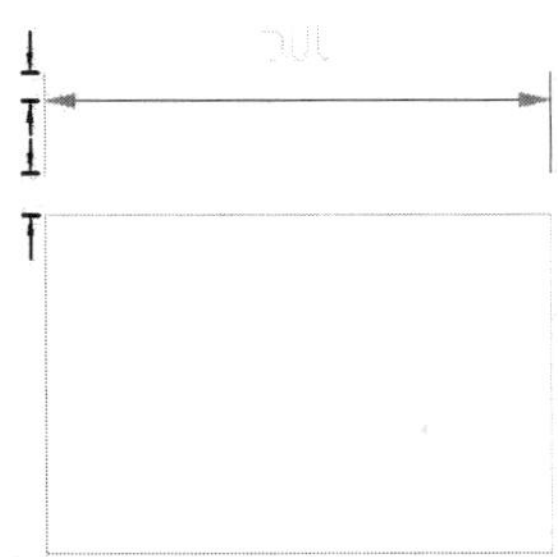

① 치수선 너머로 연장

② 원점에서 간격띄우기

(3) 기호 및 화살표 수정하기

문자 모양 및 문자 배치를 설정한다.

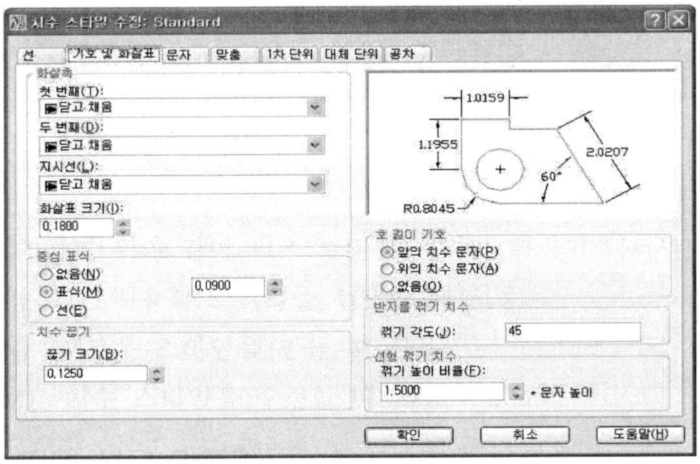

① 화살촉의 모양을 설정한다.

② 화살표의 크기를 설정한다.

(4) 문자 수정하기

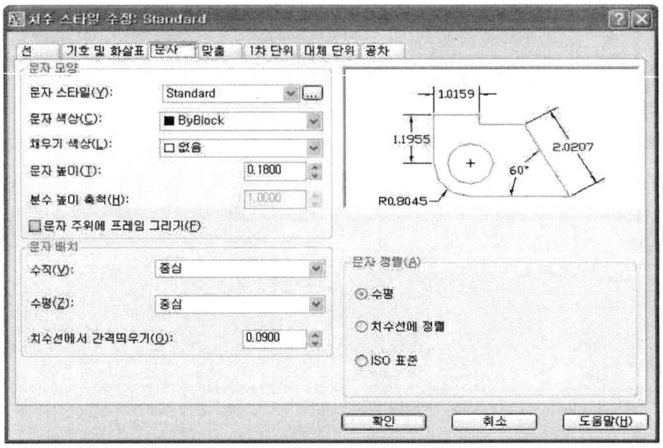

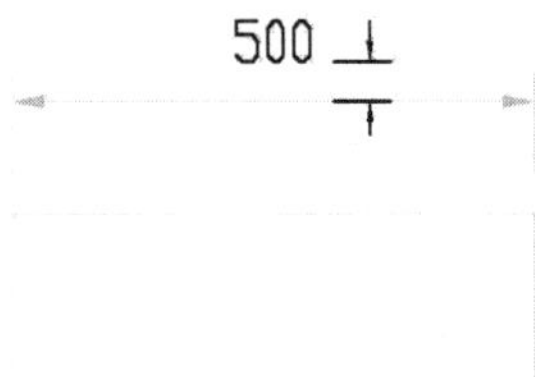

① 문자 높이를 설정한다.

② 치수선에서 간격 띄우기 값을 설정한다.

③ 문자배치 : 치수선에 문자 배치방법을 설정한다. - 위, 중심등(기본값은 위)

④ 문자정렬 : 치수선에 문자 정렬방법을 설정한다.

㉠ 수평 : 문자를 수평으로 정렬한다.

㉡ 치수선에 정렬 : 문자를 치수선 방향으로 정렬한다.(일반적인 방법)

㉢ ISO표준 : ISO 표준값으로 적용한다.

(5) 1차 단위 수정하기

정밀도 : 소수점 자릿수 표시를 설정한다.

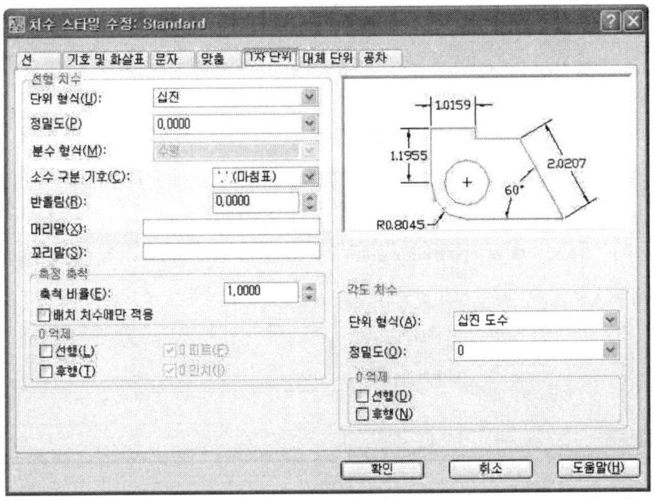

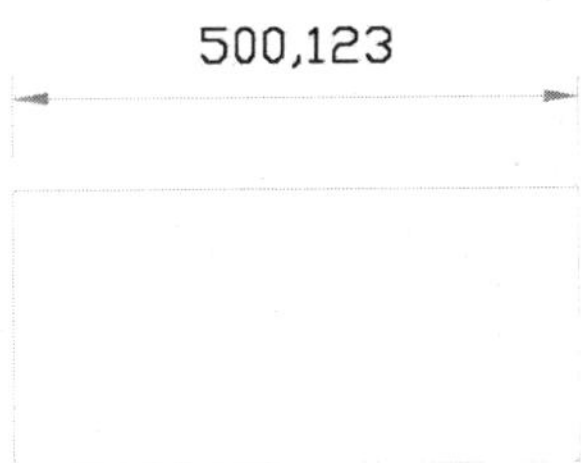

4.12 DIMENSION

도면에 치수를 기입하는 명령이다.

(1) 선형 치수

▶ **명령** : Dimlinear

▶ ICON : 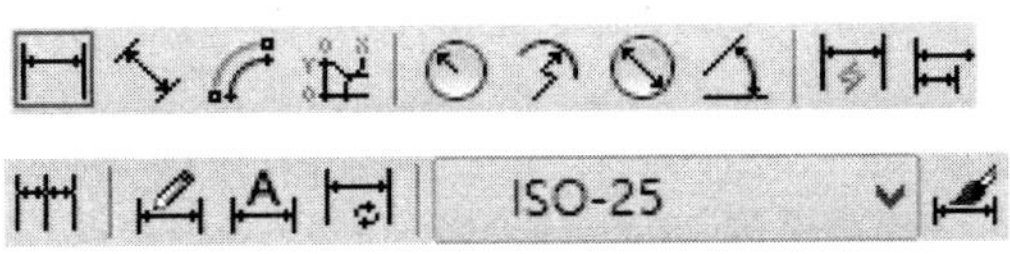

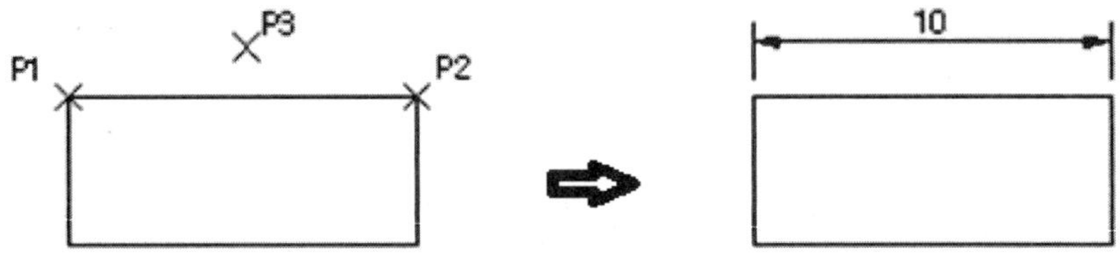

① 첫번째 치수보조선 원점 지정 또는 <객체 선택> (P1) Click

② 두번째 치수보조선 원점 지정 (P2) Click

③ 치수선의 위치 지정 또는 [여러줄문자(M)/문자(T)/수직(V)/회전(R)] : (P3) Click

치수 문자 =10

(2) 정렬 치수

경사진 객체의 치수를 나타낸다.

▶ **명령** : Dimaligned

▶ ICON : 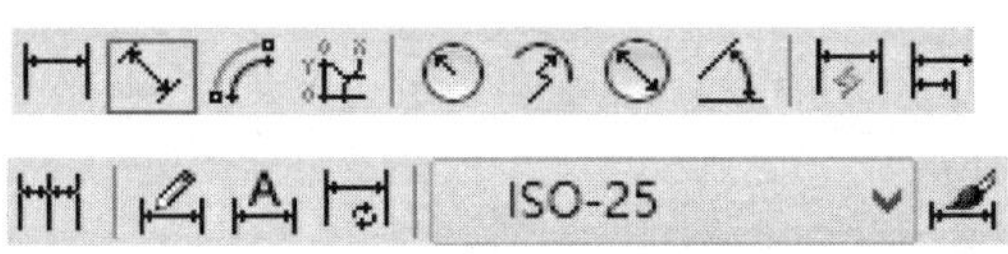

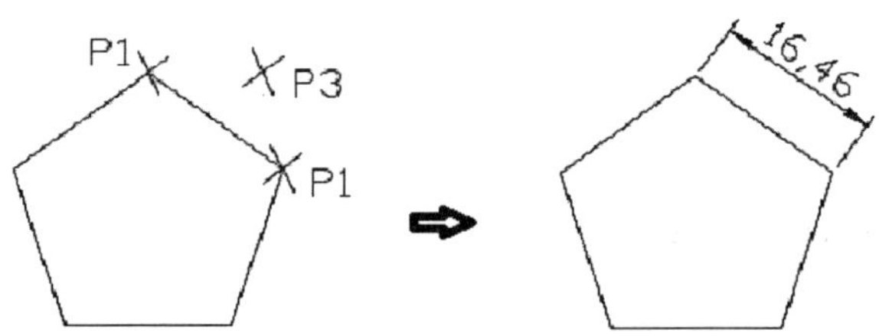

① 첫 번째 치수보조선 원점 지정 또는 <객체 선택> : <객체스냅 켜기> : (P1) Click

② 두 번째 치수보조선 원점 지정 : (P2) Click

③ 치수선의 위치 지정 또는 [다중행문자(M)/문자(T)/각도(A)] : (P3) Click

치수 문자=16.46

(3) 반지름 치수

▶ **명령** : Dimradius

▶ ICON :

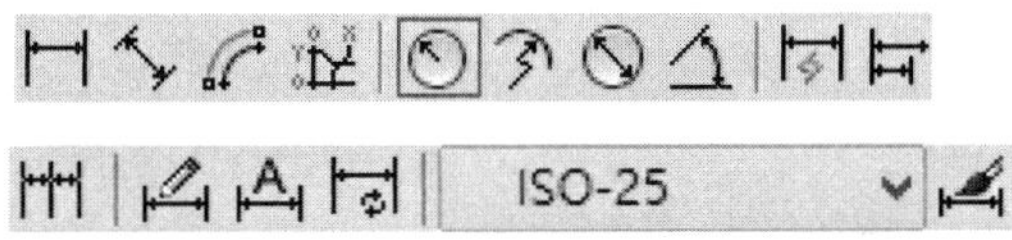

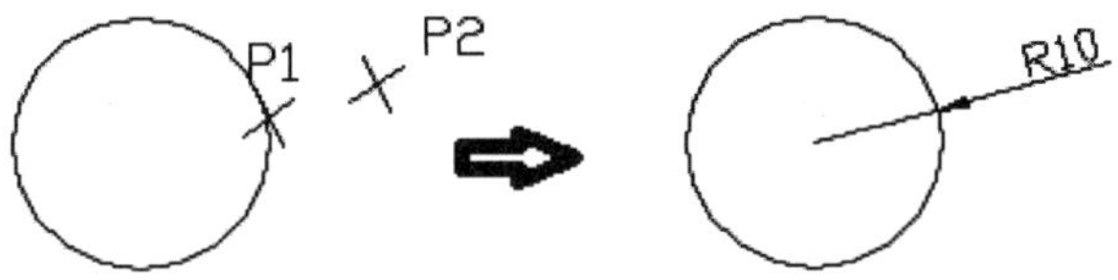

① 호 또는 원 선택 : (P1) Click

치수 문자=10

② 치수선의 위치 지정 또는 [다중행문자(M)/문자(T)/각도(A)] :

원 내부에 표기할 경우 : (P2) Click

원 외부에 표기할 경우 : (P3) Click

(4) 호 치수

▶ **명령** : dimdiameter

▶ ICON :

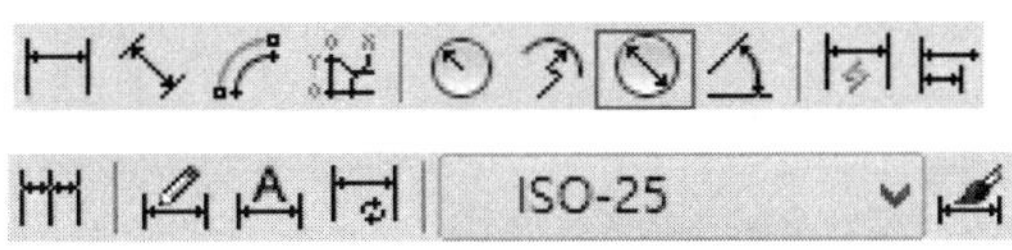

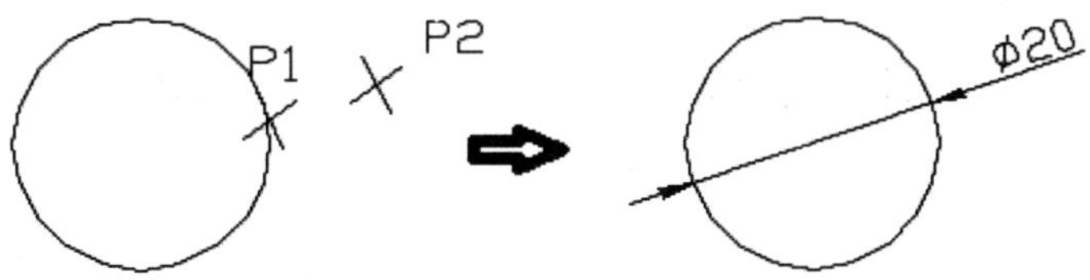

① 호 또는 원 선택 : (P1) Click

치수 문자=20

② 치수선의 위치 지정 또는 [다중행문자(M)/문자(T)/각도(A)] :

원 내부에 표기할 경우 : (P2) Click

원 외부에 표기할 경우 : (P3) Click

(5) 각도 치수

▶ **명령** : Dimangular

▶ ICON : 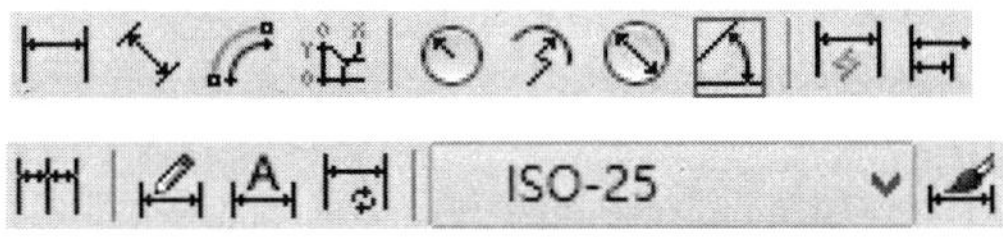

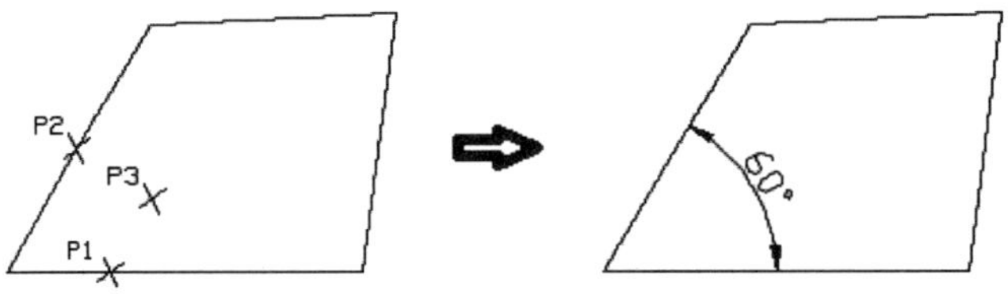

① 호, 원, 선을 선택하거나 <정점 지정> : (P1) Click

② 두번째 선 선택 : (P2) Click

③ 치수 호 선의 위치 지정 또는 [다중행문자(M)/문자(T)/각도(A)] : (P3) Click

치수 문자=60

(6) 연속 치수

▶ **명령** : Dimcontinue

▶ ICON : 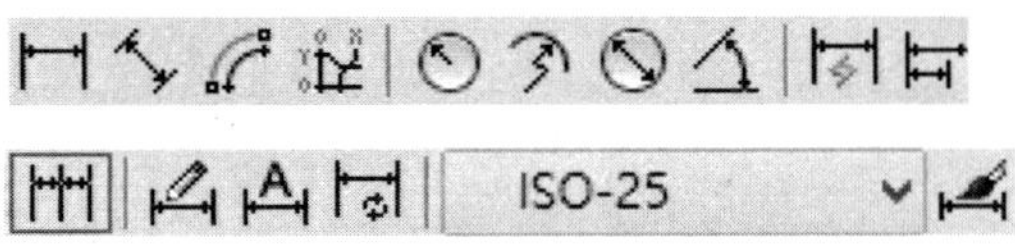

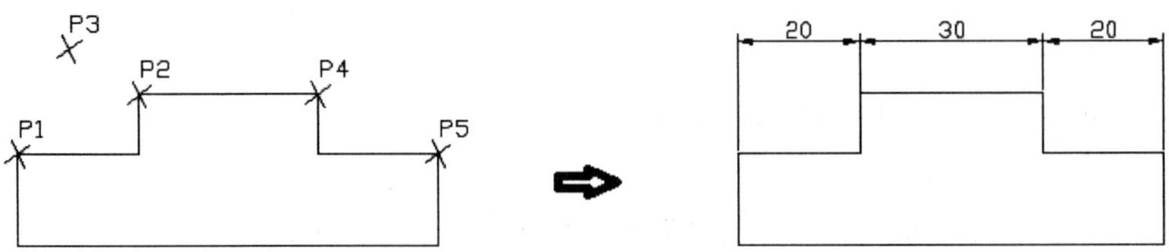

① 선형치수(Dimlinear)로 치수를 기입한다. : P1 Click P2 Click

P3 Click

치수 문자=20

② 두 번째 치수보조선 원점 지정 또는 [명령취소(U)/선택(S)] <선택(S)> :

P4 Click

치수 문자=30

③ 두 번째 치수보조선 원점 지정 또는 [명령취소(U)/선택(S)] <선택(S)> :

P5 Click

치수 문자=20

④ 두 번째 치수보조선 원점 지정 또는 [명령취소(U)/선택(S)] <선택 (S)> :

Enter

(7) 기준 치수

▶ **명령** : Dimbaseline

▶ ICON :

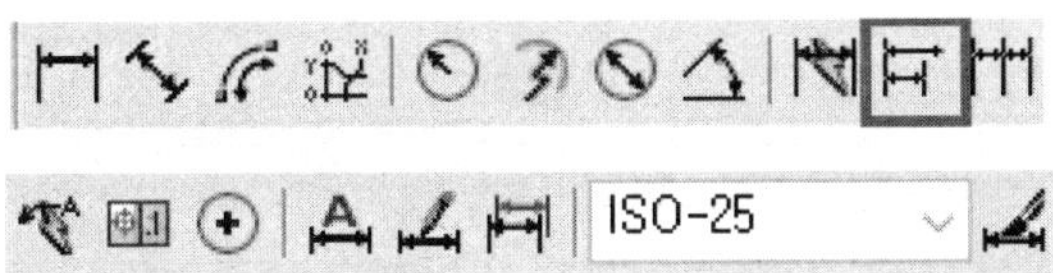

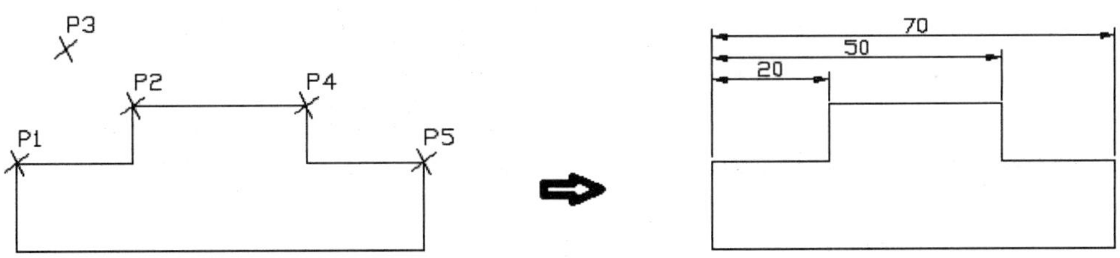

① 선형치수(Dimlinear)로 치수를 기입한다. : P1 Click P2 Click

P3 Click

치수 문자=20

② 두 번째 치수보조선 원점 지정 또는 [명령취소(U)/선택(S)] <선택(S)> :

P4 Click

치수 문자=50

③ 두 번째 치수보조선 원점 지정 또는 [명령취소(U)/선택(S)] <선택(S)>:

치수 문자=70

④ 두 번째 치수보조선 원점 지정 또는 [명령취소(U)/선택(S)] <선택 (S)>

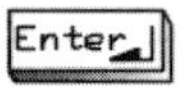

4.13 BHATCH(Boundary hatch)

(1) 해치 패턴으로 객체 내부를 채워줌

▶ **명령** : BHatch

▶ ICON : 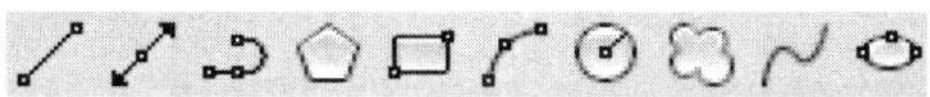

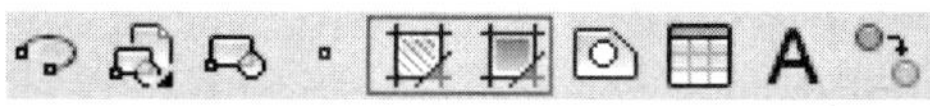

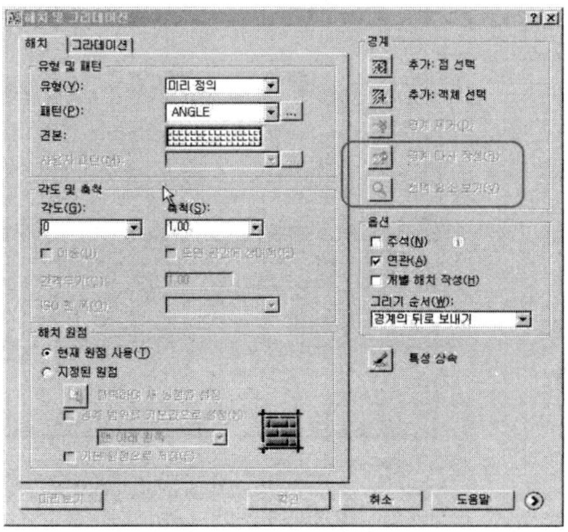

해치

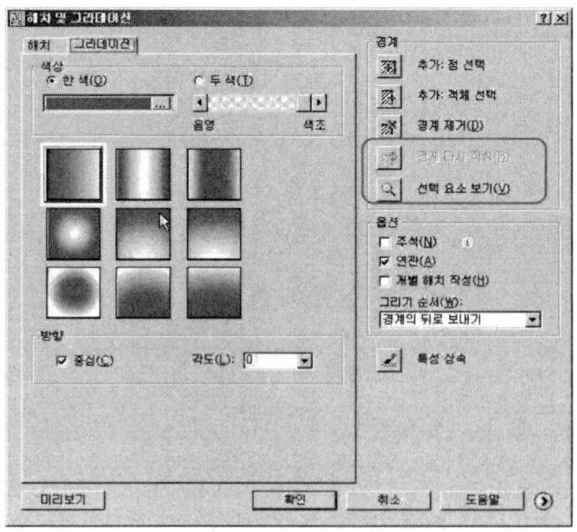

그라데이션

· 해치 : 같은 색 또는 무늬로 내부를 채울 때 사용 – 일반적인 방법

· 그라데이션 : 한가지 색 또는 두가지 색을 이용하여 색의 계층을 두어서 채울 때 사용

① 견본을 선택하면 아래와 같이 나타나는 패턴 창에서 대상을 선택한다.

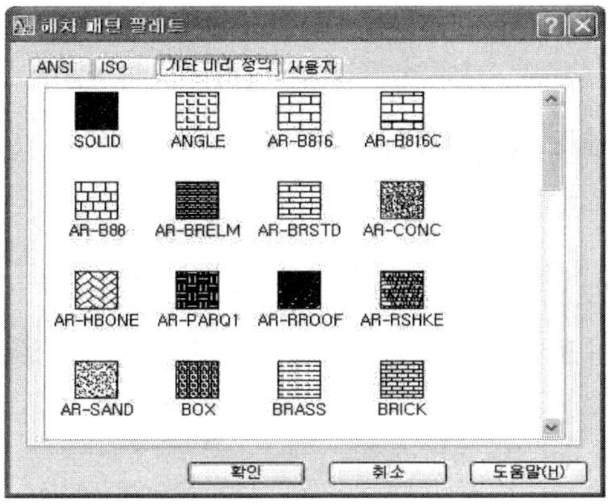

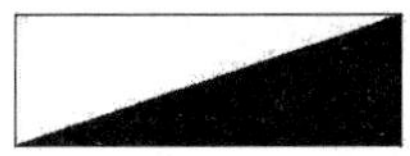

해치

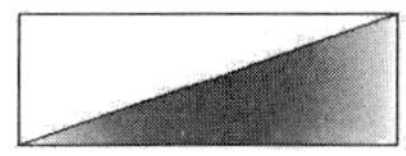

그라데이션

②경계를 선택한다.

㉠ 추가 : 점선택 - Click 하여 부분적으로 해치할 때 사용

㉡ 추가 : 객체선택 - 감싸서 전체를 해치할 때 사용

③ 미리 보기 : 해치를 실행하기 전에 미리 보고 확인 할 수가 있다.

㉠ 축척 : 값이 적을수록 간격이 좁아진다.

㉡ 그라데이션으로 할 경우는 패턴을 선택 후 그라데이션 창의 추가를 선택한다.

4.14 Block과 WBlock

도면 작성시 반복적으로 많이 사용하는 객체를 특정한 이름으로 미리 저장해 놓고 필요할 때 마다 다시 그리지 않고 언제든지 불러 사용할 수 있도록 하는 명령으로 전기도면 작성시 스위치, 전등, 콘센트, 분배전반, 차단기, 배선의 전선수 등 반복적으로 사용하는 심벌들을 미리 저장해 두면 도면작성을 매우 빠르게 그릴 수 있다.

· Block : 현 파일에서만 사용가능 새로운 파일에서는 사용 불가능하다.

· Wblock(Write Block) : 파일 형태(XXX.dwg)로 만들어지므로 현재 파일 및 다른 파일에서도 불러서 사용할 수가 있다.

- Block과 WBlock의 다른 점은 WBlock은 저장위치를 지정하여야만 한다.

▶ **명령** : Wblock **또는** Block

▶ ICON : 

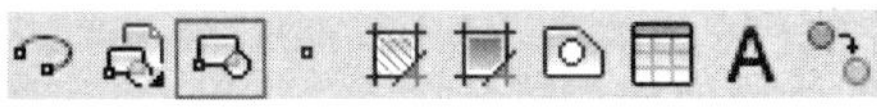

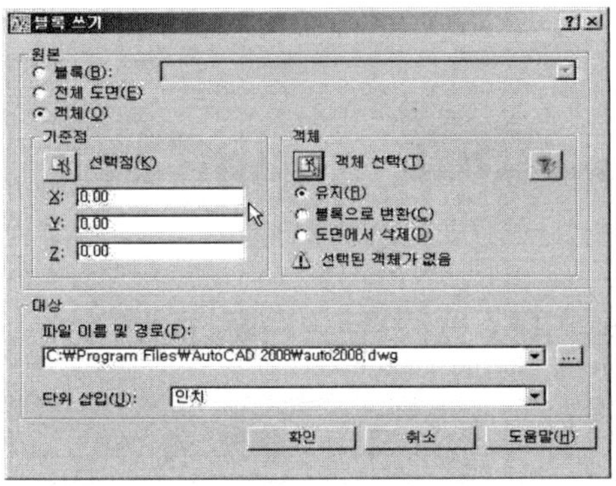

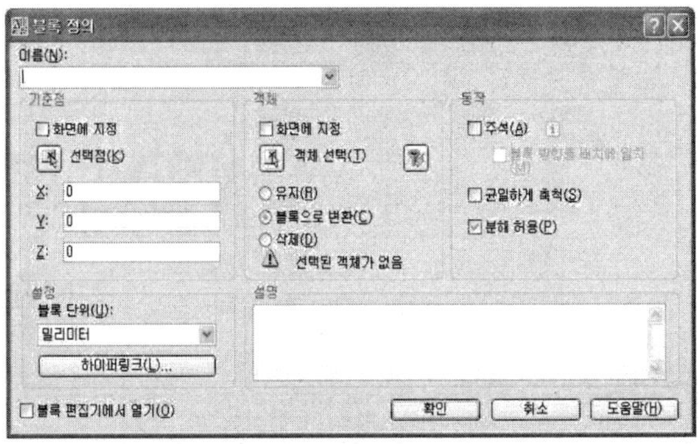

WBlock 화면　　　　　　Block 화면

① 기준점 선택 : P1 Click 또는 P2 Click 선택 : 블록 삽입시 기준점을 선택한다.

- 심벌을 삽입할 때 심벌을 잡는 지점이라고 생각하면 된다.

② 객체선택 : 블록으로 만들 객체를 선택한다.

③ 파일이름 및 경로 : 블록을 저장할 경로 및 이름을 입력한다.

- 블록이름은 가능한 블록과 유사한 이름으로 한다.

예) **다운라이트**, LED **면조명**

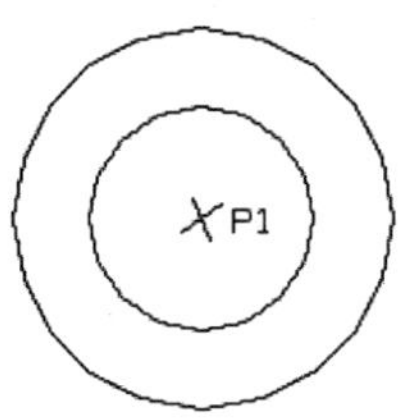

다운라이트

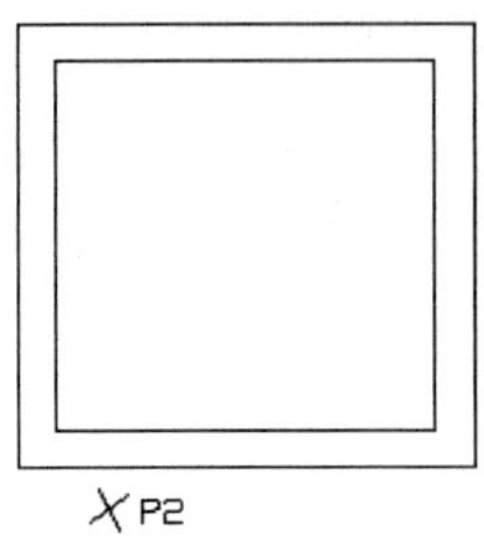

LED 면조명

4.15 INSERT(삽입)

Block 또는 Wblock으로 만든 객체를 도면에 삽입할 때 사용한다.

▶ **명령** : Insert

▶ ICON : 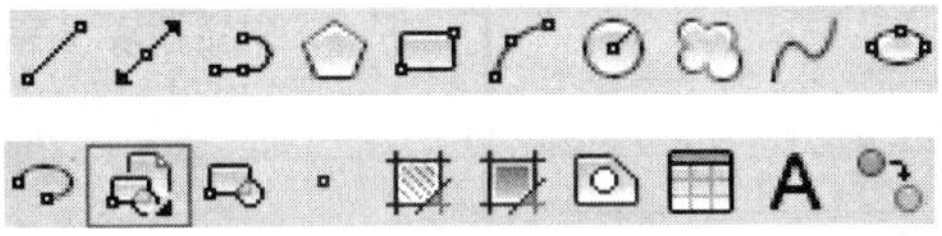

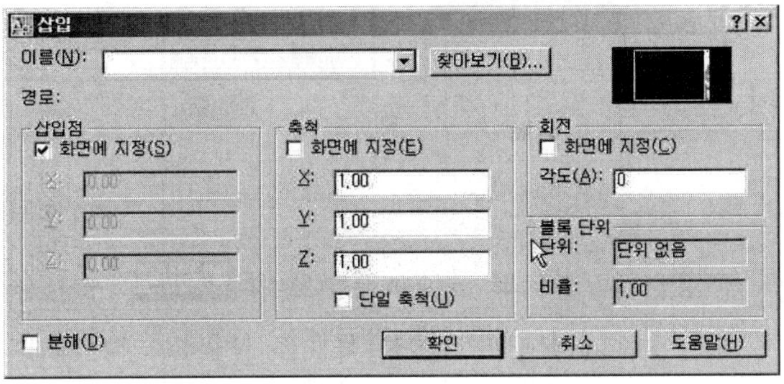

① 찾아보기 : 삽입 할 블록을 찾는다.

② 이름(N) : 항목 또 찾아보기를 이용하여 블록을 찾는다.

③ 삽입점 : 좌표값을 입력한다.

④ 축척(Scale) : 블록을 삽입하면서 줄이거나 늘릴 수가 있다.

⑤ 회전(Rotate) : 블록을 삽입하면서 회전시킬 수가 있다.

⑥ 분해(Explode) : 블록을 각각의 개별요소로 분해하여 삽입한다.

⑦ 확인 : 확인을 선택하여 심벌을 배치한다.

· 화면에 지정의 체크표시를 해제하면 사용자가 지정한 장소에 블록을 직접 삽입 또는 축척, 회전 등을 사용자화 할 수 있다.

4.16 DDPTYPE

새로운 포인트를 설정할 때 사용한다. - 점 유형 대화상자로 나타내어 준다.

▶ **명령** : DDPTYPE

- P1 : 최초 기본값
- P2 : 작업완료 후 설정(포인트가 사라짐)
- P3 : 기본값으로 설정

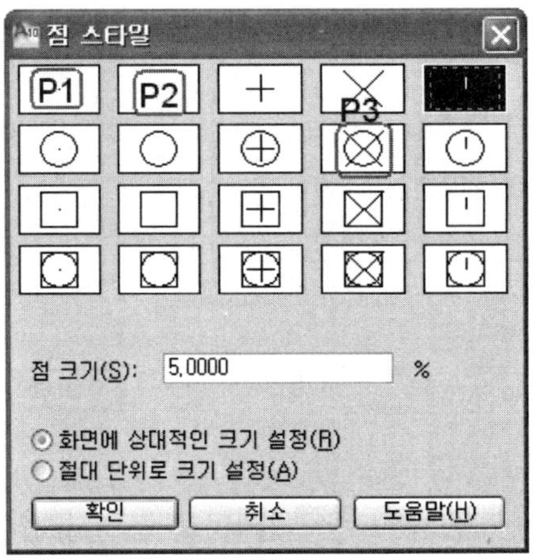

① 원하는 점 유형을 선택한다.

② 점 크기를 조정한다.

㉠ Point간의 연결은 Osnap모드 중 Node를 이용하여야만 한다.

㉡ 작업 중 포인트 크기가 커지면 REgen하면 원래대로 된다.

㉢ DIVide나 Measure 명령 실행시 Point형태를 설정 후 작업을 한다.

4.17 DIVIDE

도면요소를 원하는 수로 분할한다.

▶ **명령** : DIVide

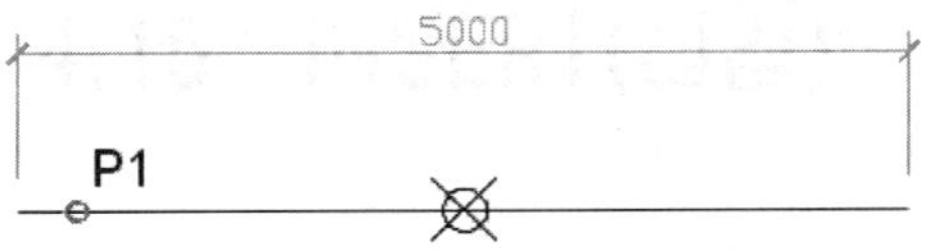

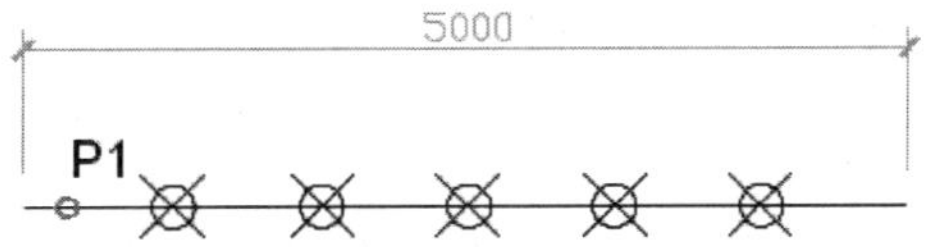

① 등분할 객체 선택 : (P1) Click

② 세그먼트의 개수 입력 또는 [블록(B)] : “5” 입력 후 Enter

4.18 MEASURE

도면요소를 원하는 길이 등간격 값으로 분할한다.

▶ **명령** : MEasure

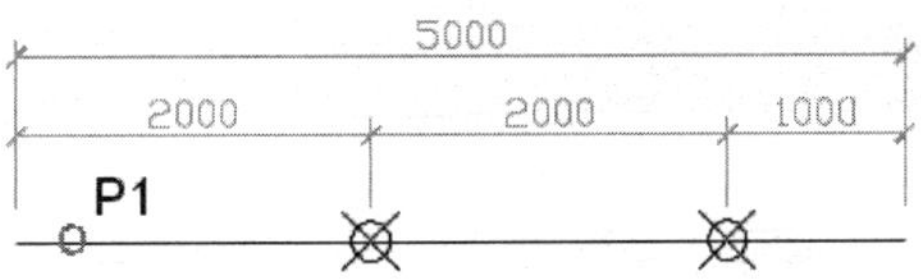

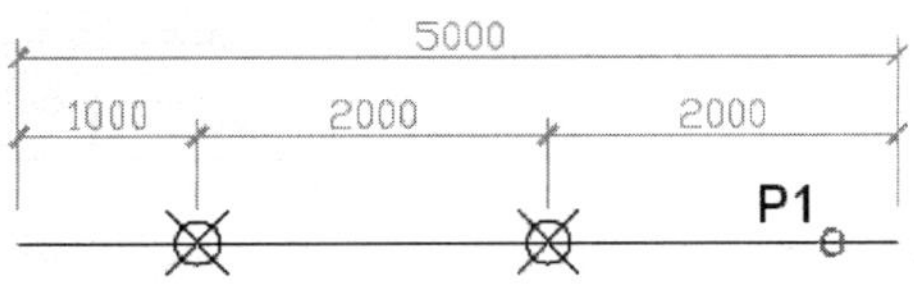

① 길이분할 객체 선택 : (P1) Click

세그먼트의 길이 지정 또는 [블록(B)] : “2000”입력 후 Enter

4.19 POINT

화면상에 점 찍기 명령으로 포인트는 특정한 지점을 표시할 때 사용한다.

▶ **명령** : Point

▶ ICON : 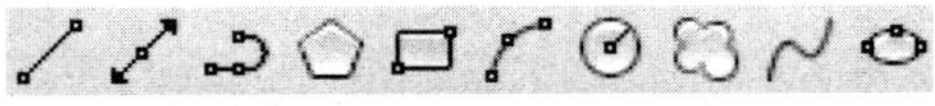

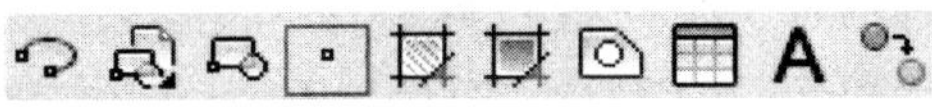

① 현재 점 모드 : PDMODE=3 PDSIZE=20

PDMODE=3 : Point 형태의 번호를 나타낸다. - DDPTYPE 참조

PDSIZE=20 : Point의 크기를 나타낸다.

② 점 지정 : 선택을 하면 “DDPTYPE”에 설정된 포인트의 모양이 삽입된다.

㉠ 새로운 포인트 모양을 삽입할 때는 DDPTYPE에서 포인트 모양을 설정한다.

4.20 Image 이미지 삽입 (Xref : External Reference-외부 도면 참조)

현재 도면에 외부 도면 및 그림파일을 삽입하여 공유하는 기능

▶ **명령** : IMage

(1) 부착(Attach)-현재 도면에 외부 도면 겹치기

아래 그림과 같이 “전기” 및 “설비” 도면을 만들어서 각각 저장한다.

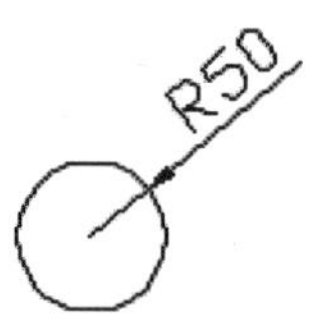

파일명 : 전기

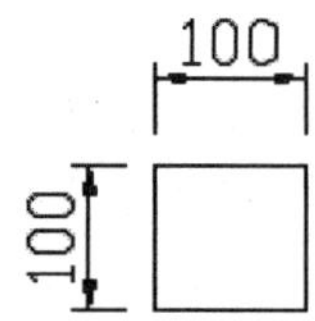

파일명 : 설비

① “**전기**” **파일**을 열어놓고 IMage 명령을 실행한다.

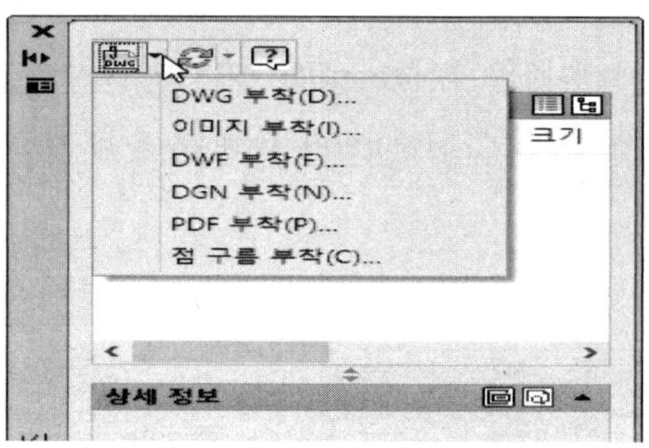

· DWG 부착을 선택한다.

② 첨부 할 “설비”를 찾아서 열기한다.

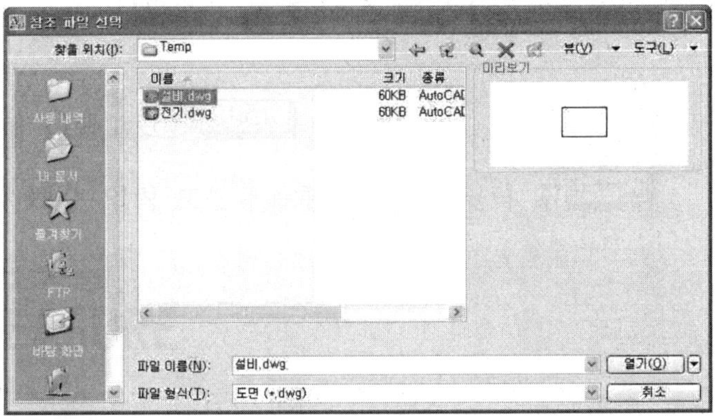

③ 이름에 “설비”파일이 선택되었다.

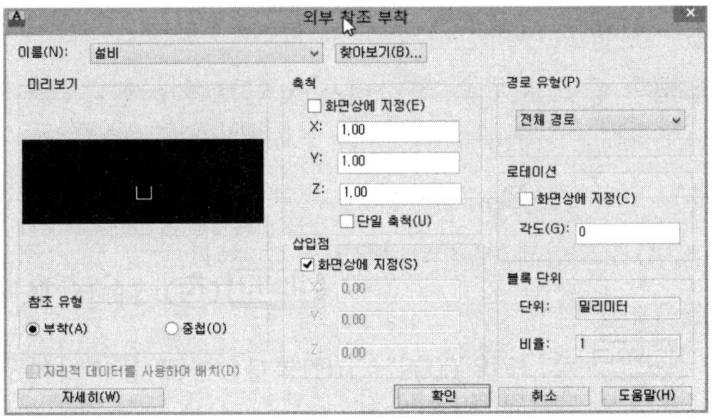

④ **확인**을 선택하면 아래 좌측 그림과 같이 설비파일이 화면에 나타난다.
삽입점, 축척, 회전은 삽입(Insert) 명령을 참조한다.

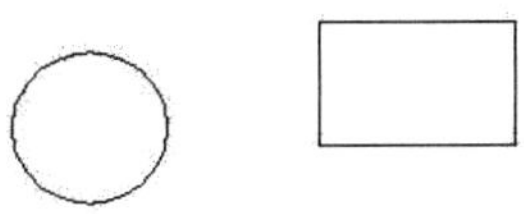

부착되기 전 도면

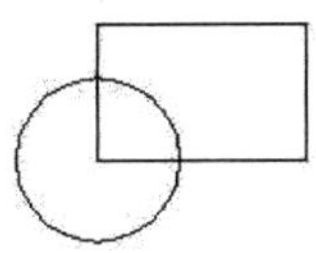

부착 완료된 도면

⑤ 첨부 시킬 도면과 기준점을 맞춘 후 도면을 삽입한다.

· 첨부 도면을 옆에 삽입한 다음 이동(Move) 명령을 이용하여 일치를 시킨다.

(2) 분리 및 결합

외부 참조를 이용하여 부착된 도면을 분리 또는 결합한다.

분리 또는 결합할 참조이름을 선택한 후 아래 사항을 참조하여 작업할 방법을 선택한 후 확인을 한다.

① 열기 : 해당 도면을 열기한다.

② 부착(Attach) : 도면을 부착한다.

③ 언로드(Unload) : 참조 도면을 화면에서만 안보이게 한다.

④ 다시 올리기(Reload) : 내리기 한 참조 도면을 다시 올린다.

⑤ 분리(Detach) : 현재 도면과 부착된 도면을 분리한다.

⑥ 결합(Bind) : 현재 도면과 부착된 도면을 합친다.

(3) 그림 첨부 방법

IMage 명령을 실행 후 "이미지 부착"을 선택한다.

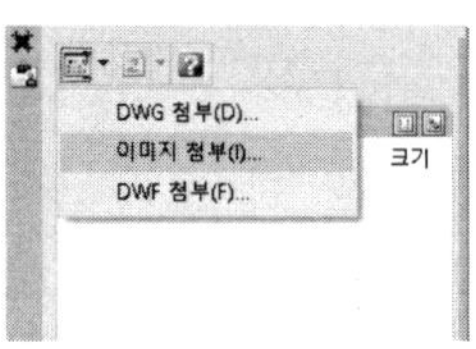

1. 이미지 첨부

2. 이미지 파일 찾기

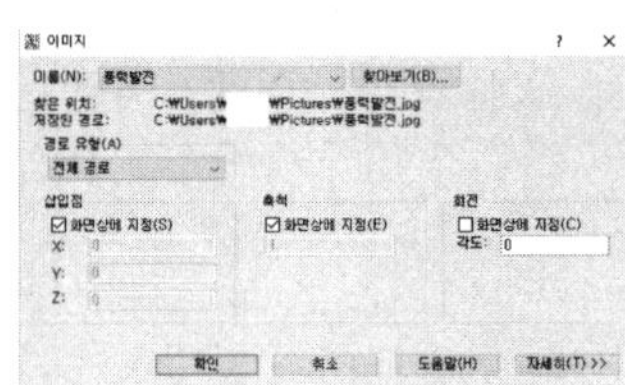

3. 이미지 파일 열기

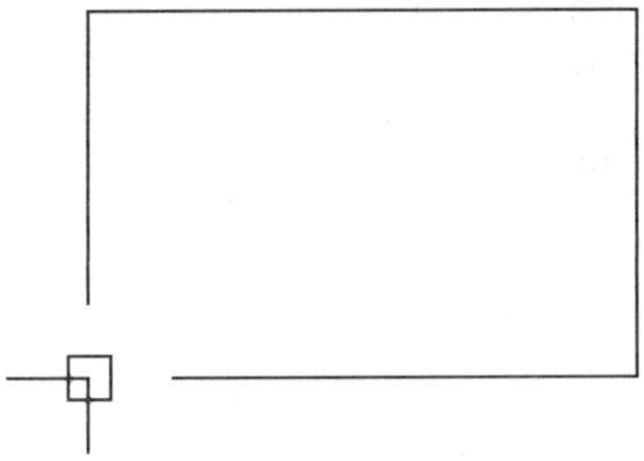

4. 이미지 화면상에 지정

5. 이미지 삽입 완료

♣. 외부 참조된 도면 및 이미지를 삽입하여 작도된 도면을 외부로 보낼 때는 첨부된 파일을 함께 첨부하여 같은 폴더에 넣어 두어야 한다.

4.21 조회 명령

(1) DIST

실제 치수를 확인할 때 두 점의 길이 및 각도 등을 표시한다.

▶ **명령** : DIST

① 첫 번째 점 지정 : 객체의 첫 번째 지점을 선택 한다.
② 두 번째 점을 지정 : 두 번째 지점을 선택하면 아래와 같은 형태로 나타난다.
거리=604.6312, XY 평면에서의 각도=0, XY 평면으로부터의 각도=0
X증분=604.6312, Y증분=0.0000, Z증분=0.0000

(2) AREA

AREA의 면적과 둘레를 계산하는 명령이다.

▶ **명령** : AREA

① 첫 번째 구석 점 지정 또는 [객체(O)/추가(A)/빼기(S)] :
② 다음 구석 점을 지정하거나 전체에 대한 결과는 엔터키를 누른다 :
계산 할 객체의 선택을 완료하였으면 Enter
면적=97451.9199, **둘레**=1288.3026

· 객체(O) : Pline, Circle 등의 Object 선택
· 추가(A) : 계산되는 면적을 Total에 더함
· 빼기(S) : 계산되는 면적을 Total에서 뺀다.

(3) LIST

선택한 도면 객체에 대한 정보를 표시한다.

▶ **명령** : LIST

① 객체 선택 : 정보를 볼 객체를 선택한다.

② 객체 선택 : 선택을 완료 한 후 Enter 하면 객체에 대한 정보가 나타난다.

4.22 PLOT

도면을 출력하는 명령이다.

▶ **명령** : PLOT **또는** PRINT

▶ ICON :

도면 출력시 고려할 사항 및 순서는 다음과 같다.

① 플롯 스타일 테이블 지정 - 펜 지정
② 단위 및 용지 방향 설정
③ PLOT 또는 PRINT 기종 설정.
④ 출력 용지의 설정 - A0, A1, A2, A3, A4 등등
⑤ 플롯(인쇄)영역 설정
⑥ 플롯 축척 (SCALE) 설정 : 용지에 맞춤, 1/100, 1/200, 1/300, 1/400 등등
⑦ 출력을 반복해야 할 경우 “페이지 설정 이름”의 <이전 플롯>을 선택한다.

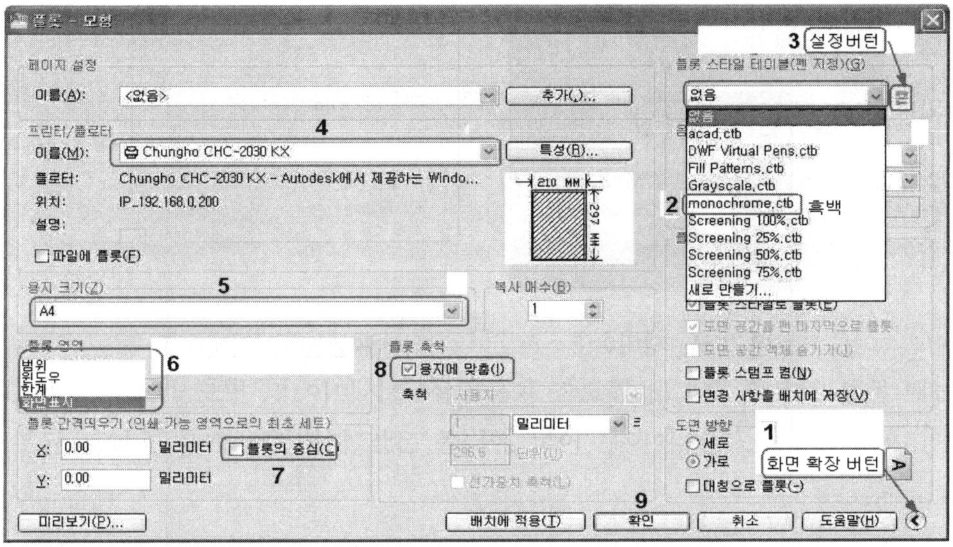

① 화면 확장버턴을 사용하여 플롯스타일 테이블 및 도면방향을 조정한다.

② 플롯 스타일 (펜 지정)을 지정한다.

㉠ 인쇄를 흑백으로 할 경우는 "Monochrome.ctb"를 선택한다.

㉡ 흑백 프린트에서 "없음"으로 설정하면 Layer 색상이 칼라인 경우 도면이 흐리게 출력이 된다.

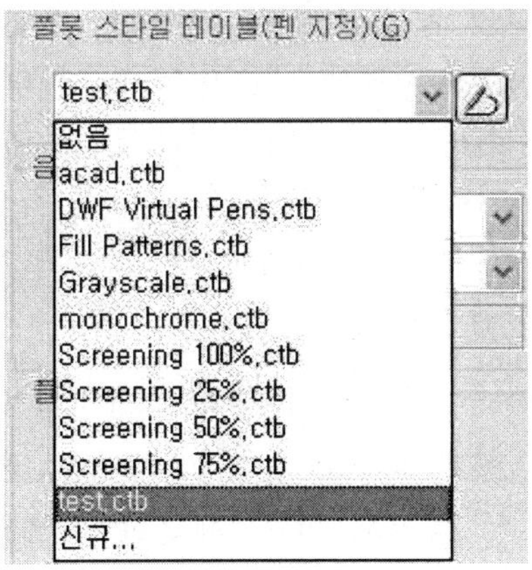

③ 새로운 플로터 유형을 만들때는 편집을 선택하여 아래 그림에서 편집한다.

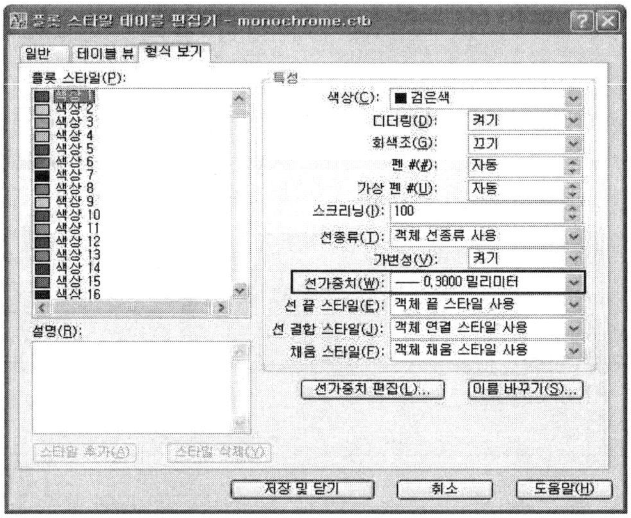

㉠ 플롯 스타일의 색 (캐드에 그려진 색상)을 선택한다.

㉡ 선가중치를 이용하여 도면에 그려질 선의 두께를 조정한다.

㉢ 이름 바꾸기(다른 이름으로 저장)를 하여 반복하여 사용한다.

④ 출력할 플로터 또는 프린트를 설정한다.

⑤ 출력할 용지를 설정한다.

⑥ 플롯 영역을 설정한다.

㉠ 범위(Extents) : 현 작업도면의 모든 요소를 출력 → 현재 파일에 도면이 한 장만 그려진 경우에는 곧바로 확인하면 출력이 된다.

㉡ 윈도우(Window) : Window로 선택한 영역의 요소만 출력 → 파일에 여러장의 도면이 있을 때 선택하여 출력한다.

㉢ 한계(Limits) : Limits로 설정된 영역에 존재하는 도면 요소를 출력

㉣ 화면표시(Display) : 현재 화면에 보이는 요소만 출력

⑦ 플롯 간격 띄우기 : 도면 출력시 가로, 세로의 여백을 조정할 수가 있다.
플롯의 중심을 체크하면 도면요소가 출력용지 가운데로 꼭 맞게 출력이 된다.

⑧ 플롯 축척을 설정한다.

㉠ 용지에 맞춤 : 출력할 내용을 용지에 강제로 꼭 맞게 출력한다.
견적용 도면으로 출력할 경우는 도면단위를 실제값으로 환산할 수 있는 값으로 적용하여야 한다. - 예) 89 → 100, 137 → 150, 178 → 200

㉡ 사용자 : 출력 용지의 축척값을 직접 입력하여 출력한다.

㉢ 단위를 설정한다. : 인치, 밀리미터

㉣ 미리보기 : 출력하기 전에 미리 본다. 용지에 도면이 출력될 모습대로 보여 준다.

⑨ 확인을 선택하여 출력을 한다.

4.23 EPLOT – Elect CAD를 활용한 출력

Elect CAD에서 제공하는 다중 출력 명령이다.

▶ **명령** : EPLOT

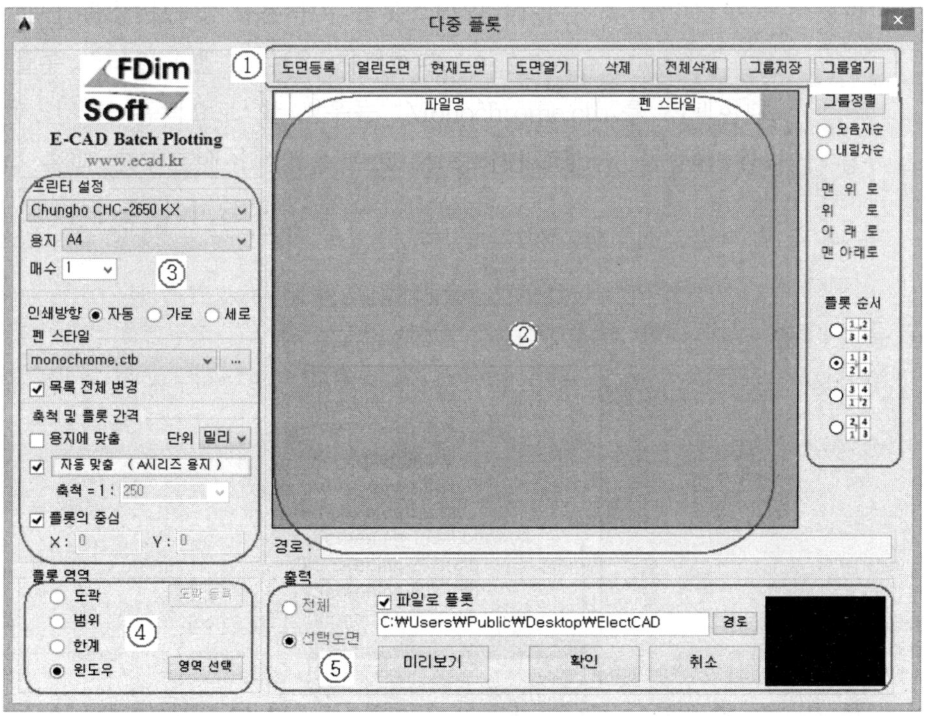

① 출력할 파일을 설정한다.

㉠ 도면 등록 : 출력할 파일을 선택하여 등록한다.

㉡ 열린 도면 : 현재 열려있는 파일 전체를 등록한다.

㉢ 현재 도면 : 현재 보여지는 작업 도면을 등록한다.

㉣ 도면 열기, 삭제, 전체 삭제 : 출력파일 목록 화면의 선택한 도면을 열기 또는 삭제한다.

㉤ 그룹저장, 그룹열기 : 출력파일 목록 화면을 저장하여 프로젝트별로 관리한다.

㉥ 목록정렬 : 오름차순 또는 내림차순으로 설정 후 정렬할 때 사용한다.

㉦ 아래로, 맨 아래 : 출력파일 목록 화면의 선택한 도면의 순서를 바꾼다.

㉧ 플롯순서 : 좌우, 상하 등 설정한 그림 순서대로 출력된다.

② 출력할 목록을 나타낸다.

㉠ 출력할 대상물을 전체 또는 선택하여 출력할 수 있다.

㉡ 경로 : 선택한 파일에 대한 경로를 나타낸다.

③ 프린터 기본 설정을 한다.

㉠ 출력할 프린트를 설정한다.

㉡ 출력할 용지를 설정한다.

㉢ 매수 : 인쇄할 매수를 설정한다.

㉣ 인쇄방향 : 인쇄방향을 자동 또는 가로, 세로로 설정한다.

㉤ 펜스타일을 설정한다. - 흑백인 경우 : monochchrom.ctb

- 목록 전체 변경 : 선택한 펜 스타일로 출력할 파일 목록의 펜 스타일이 설정된다.

㉥ 용지 맞춤 및 축척을 설정한다.

- 용지에 맞춤 : 설정된 용지에 축척과 상관없이 자동으로 꼭 맞게 출력된다.
- 자동맞춤(A시리즈) : 설정된 축척값으로 자동 출력된다.

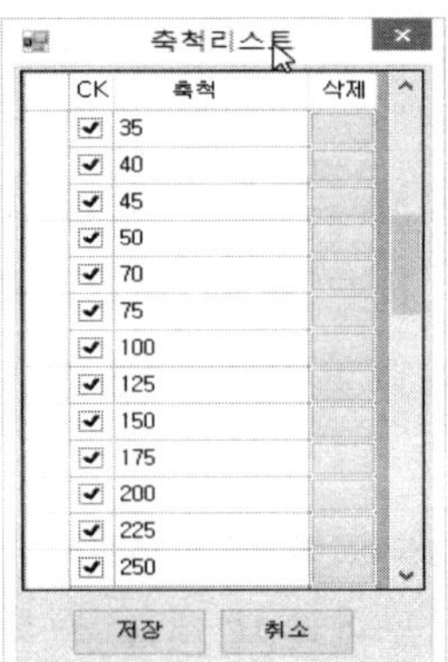

㉦ 플롯중심을 설정한다.

④ 플롯대상을 설정한다.

㉠ 도곽 : 도곽을 등록하여 출력한다.

"+" : 빈칸을 선택하여 출력할 파일의 도곽을 선택하면 도곽의 블록명이 등록되며 등록된 도곽명으로 작도된 대상물이 출력된다.(블록인 경우만 적용됨)

"−" : 삭제 할 도곽명을 선택하면 삭제된다.

㉡ 범위 : 출력할 파일에 있는 대상물 전체를 출력하며 한 개의 대상물만 있는 경우에 적용한다.

㉢ 한계 : 한계값대로 출력한다.

㉣ 윈도우 : 선택한 범위대로 출력한다.

⑤ 출력 : 출력할 파일을 설정한다.

㉠ 전체 : 체크와 상관없이 도면 전체를 출력한다.

㉡ 선택 도면 : 출력할 파일을 선택하여 등록한다.

㉢ 파일로 플롯 : PDF파일로 저장한다.(경로를 선택하여 저장위치 변경 가능)

㉣ 미리보기 : 출력하기전 미리보기를 한다.

㉤ 확인 : 출력을 한다.

예제1 다음의 태극기에 주어진 치수를 이용하여 그리고 색칠하시오.

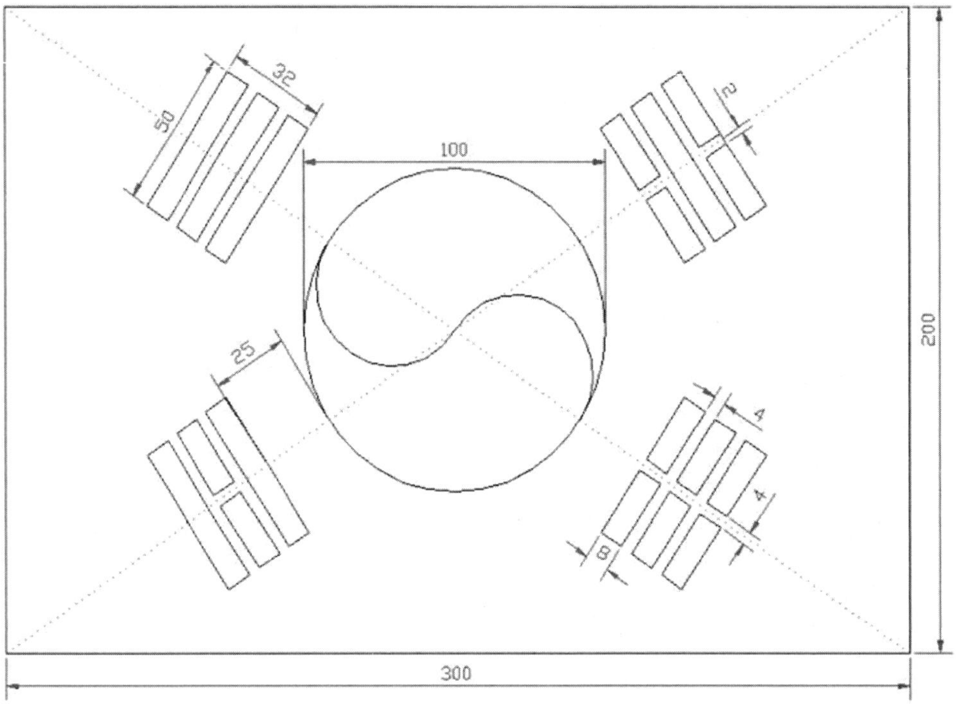

예제2 다음의 주택 전등·전열평면도를 작성하시오.

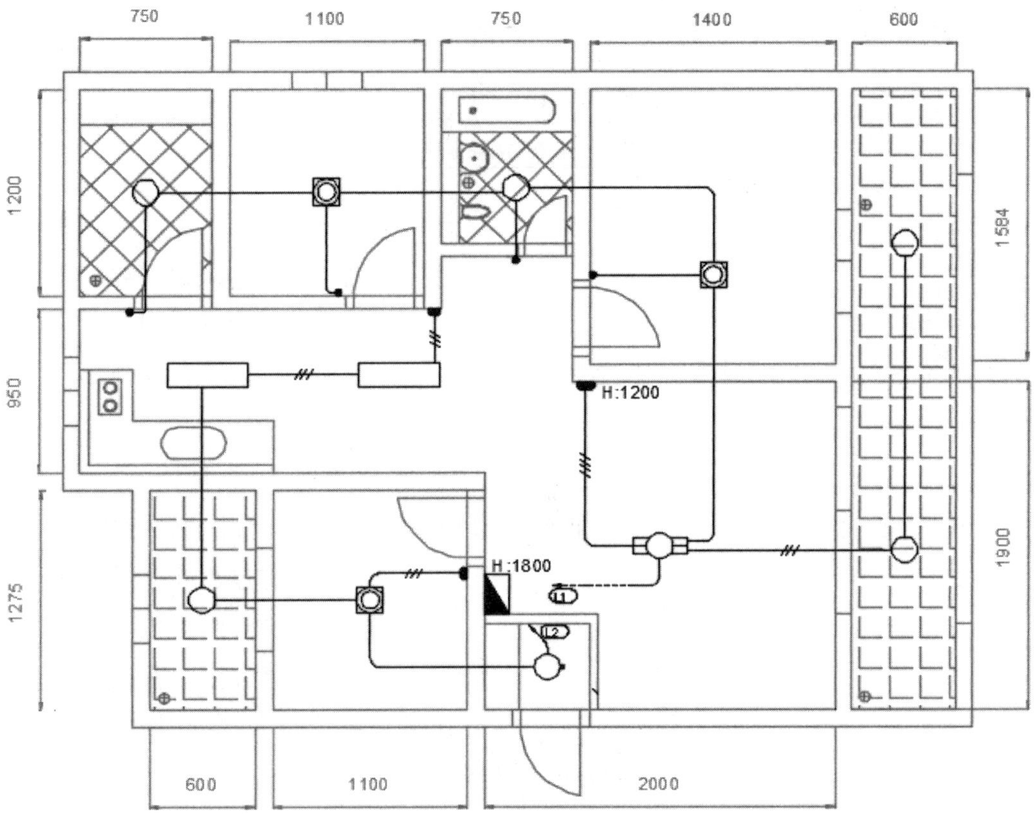

전등 평면도

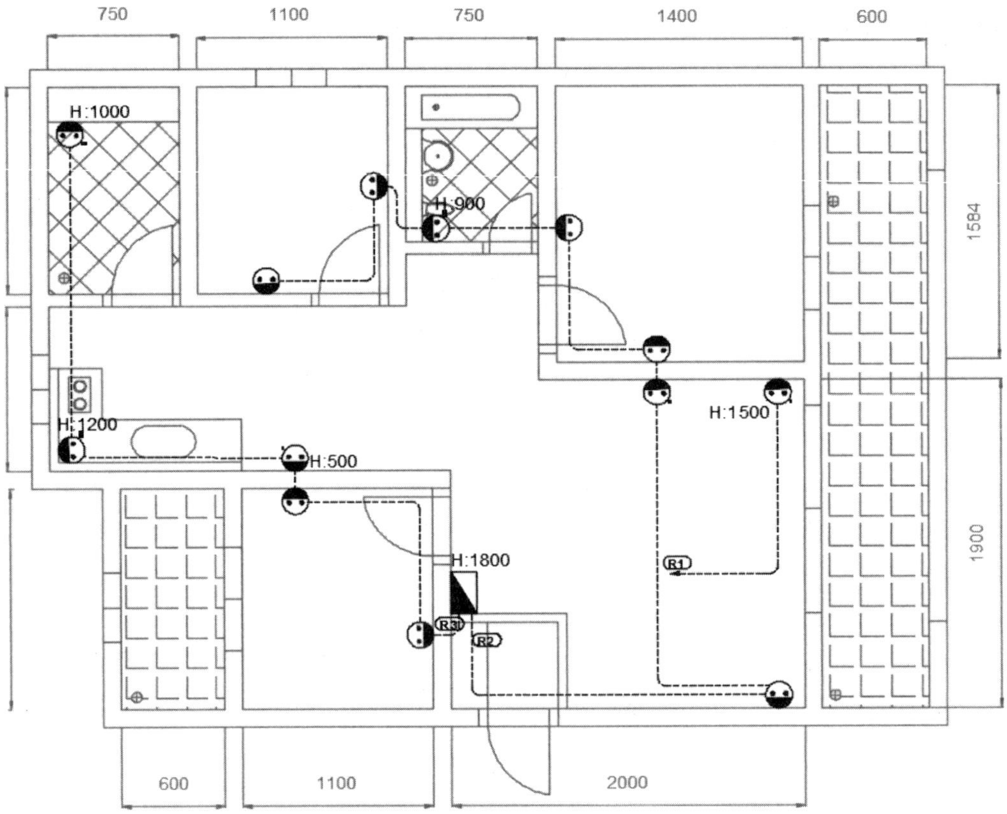
750
1100
750
1400
600
1200
950
1275
1584
1900
600
1100
2000
H:1000
H:900
H:1200
H:500
H:1500
H:1800
R1
R2
R3

전열 평면도

예제3 다음의 단선결선도를 작성하시오.(단, 기기는 블록 명령을 사용할 것)

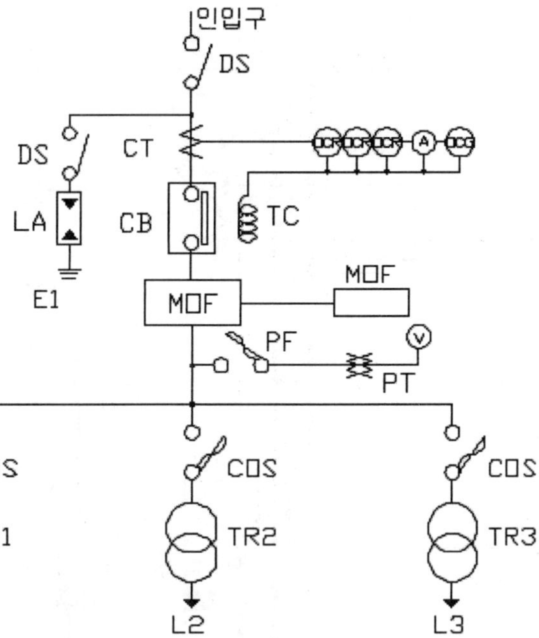

예제4 다음의 복선결선도를 그리시오.(단, 기기는 블록 명령을 사용할 것)

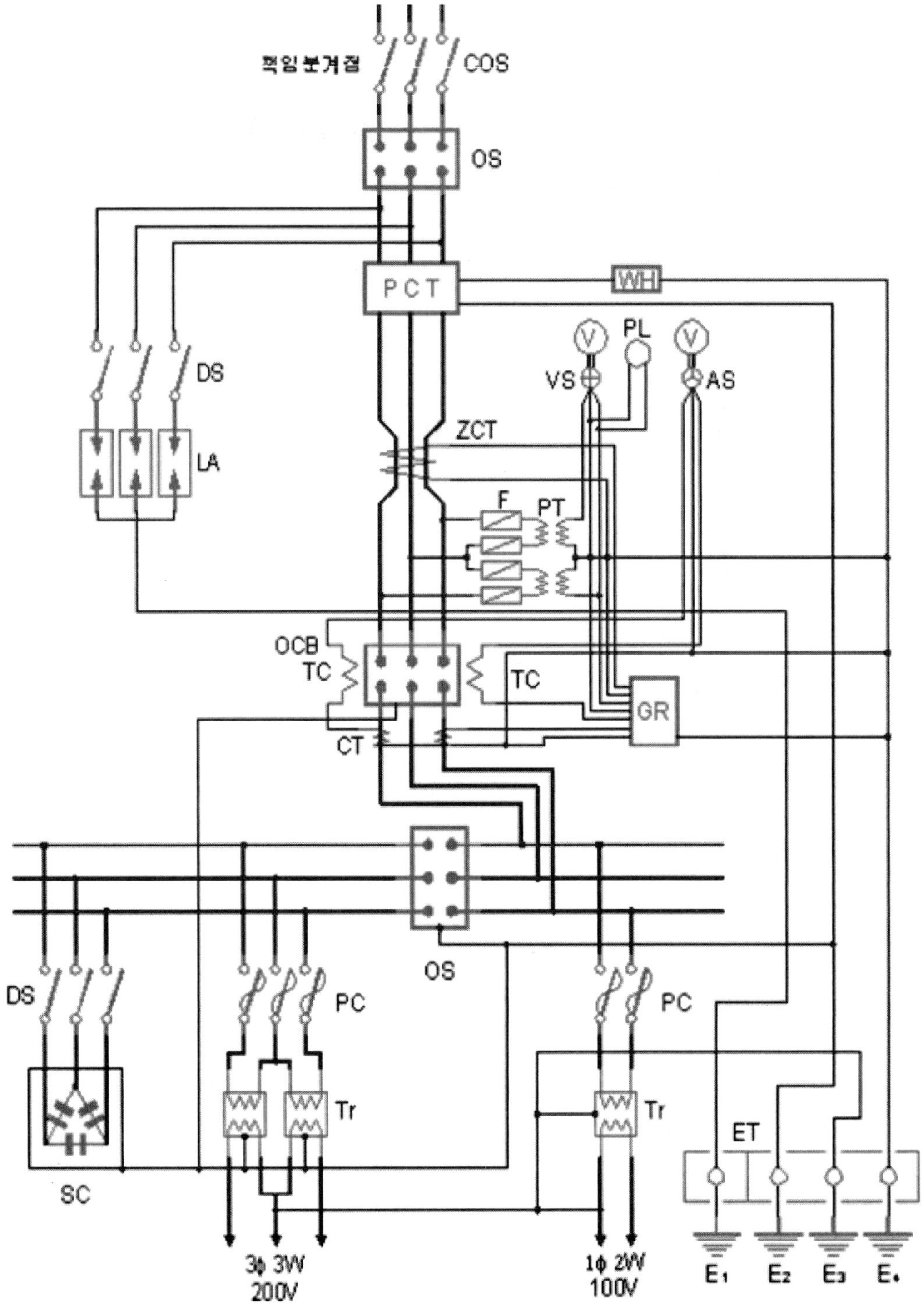

제2편

Elect CAD

Elect CAD 설정 및 심벌배치

제1장

1.1 Elect CAD 디자인 설정

신규도면 작성 및 CAD 물량산출 작업시 가장 먼저 디자인을 반드시 설정해야 하며 도면의 기본적인 데이터값인 도면양식, 용지크기, 축척, 물량산출시 필요한 건물의 층 높이 등을 설정한다.

▶ ICON :

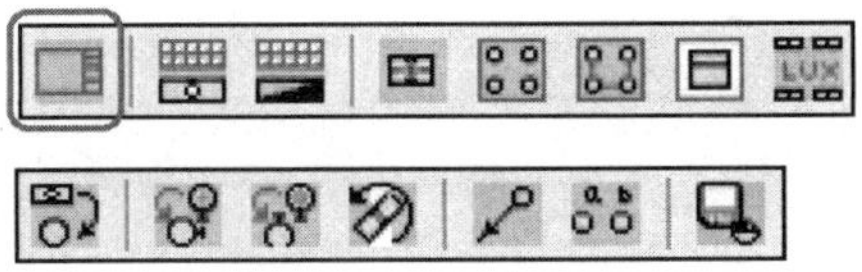

▶ **단축** : QQ

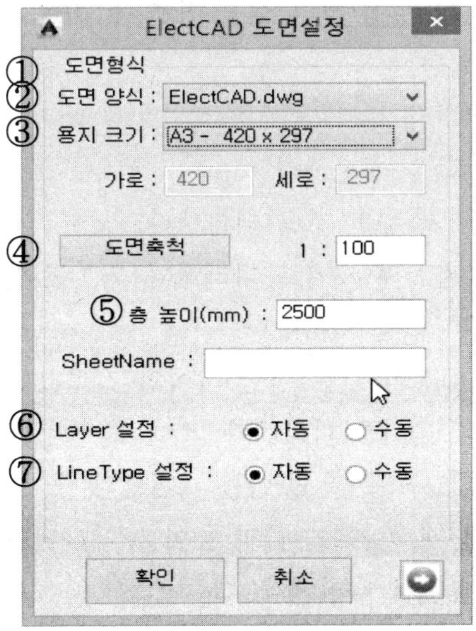

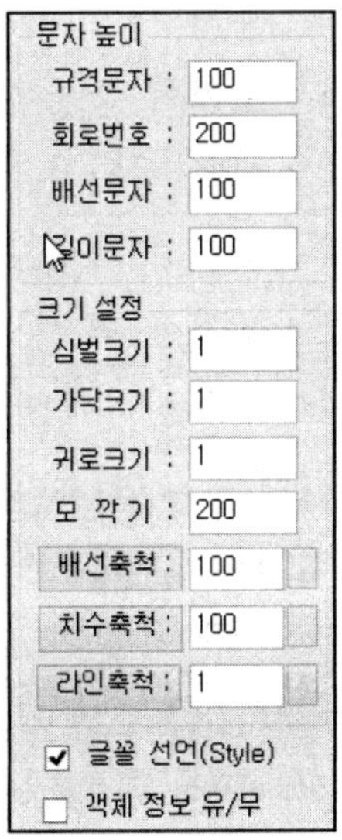

도면설정 화면의 우측하단 버튼을 선택하여 문자높이 및 크기를 수정한다.

① 도면양식(도각)을 미리 만들어 놓은 다음 사용한다.(양식 등록은 CAD 지원파일 설정의 도면파일 "**경로 설정법**"을 참조한다)

② 용지크기를 설정한다. - A5~A0**까지 설정할 수 있다**.(user를 선택하면 사용자가 임의 크기로 설정할 수 있다)

③ 설정된 용지의 크기를 나타낸다.

④ 도면 축적값을 입력한다. - 도면축척을 선택하면 나타나는 아래 DCL

⑤ 화면에 값을 미리 설정해 놓고 사용하면 편리하다.

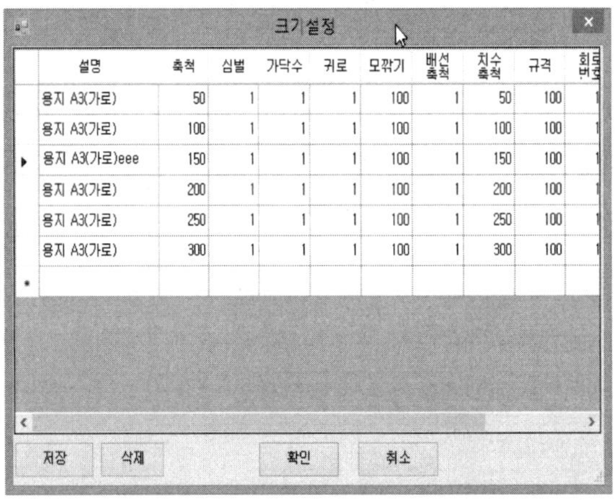

※ **용지를 입력한 후 데이터를 미리 설정(밑의 설명 참조)후 사용 할 수 있다.**

㉠ 설명 : 용지 크기(size)를 입력한다.

㉡ 축척 : 도면의 축척을 입력한다.

㉢ 심벌 : 심벌 삽입시 SCALE 값을 지정한다.

㉣ 가닥수 : 전선 가닥수 모양의 SCALE 값을 나타낸다.

㉤ 귀로 : 분전반 귀로 표시 '화살표'의 크기를 나타낸다.(기본값 1)

㉥ 모깍기(Fillet) : 배관의 모깎기 값을 나타낸다.

㉦ 라인(배선 축척) : 바닥 은폐배선과 같은 점선 사이의 간격값을 나타낸다.

㉧ 치수(치수 축척) : 치수문자의 높이를 나타낸다.

㉨ 규격 : 기구 type별 산출 등의 규격문자 높이를 나타낸다.

㉩ 회로문자 : 분전반 귀로 표시 때 "회로문자"의 높이를 나타낸다.

㉪ 배선 : 배선 규격표시 문자 높이를 나타낸다.

ⓔ 길이 : 배선 길이값 문자의 높이를 나타낸다.

※ 데이터 입력을 완료한 후 "저장"을 선택하면 저장된다.

※ 작업할 때는 해당용지를 선택한 후 확인을 선택한다.

⑥ 층 높이를 입력한다. - 작업할 부분의 높이

⑦ Layer를 설정한다.(기본값은 자동으로 설정되어 있다. → 권장)

⑧ Line Type을 설정한다.(기본값은 자동으로 설정되어 있다. → 권장)

⑨ 문자 입력에 대한 높이, 심벌 및 배선에 대한 크기값을 설정한다.

기구 type별 산출 등의 규격문자 높이 설정.

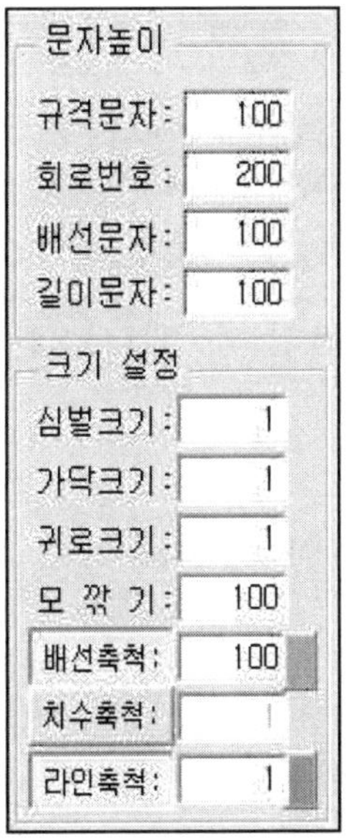

분전반 귀로표시의 회로문자 및 심벌기호 표시의 높이값 설정
배선 규격 문자 높이값 설정
배선 길이값 문자의 높이값 설정

심벌 삽입시 크기(scale)값을 설정(원본을 1로 본다.)
전선 가닥수 크기값 설정
분전반 귀로 표시 '화살표'의 크기 설정
배관의 모깎기값 설정
바닥은폐 배선과 같은 점선 사이의 간격값 설정(celtscale)
치수문자의 높이 설정 - 축척값과 같게 한다.
바닥은폐 배선에서 점선 사이의 간격값(ltscale)
문자 높이 및 심벌 배선 등의 크기 설정

1.2 조명심벌 범례집

조명기구 심벌을 배치할 때 사용한다.

▶ ICON : 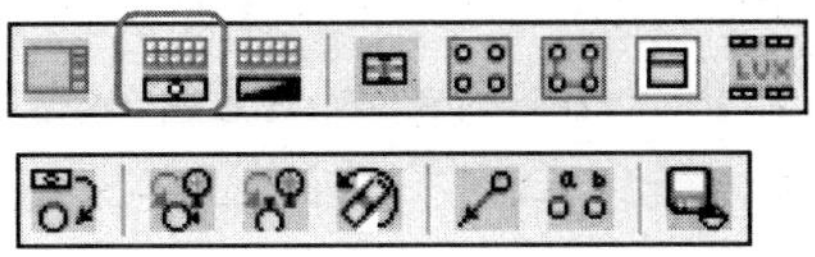

▶ **단축** : S1

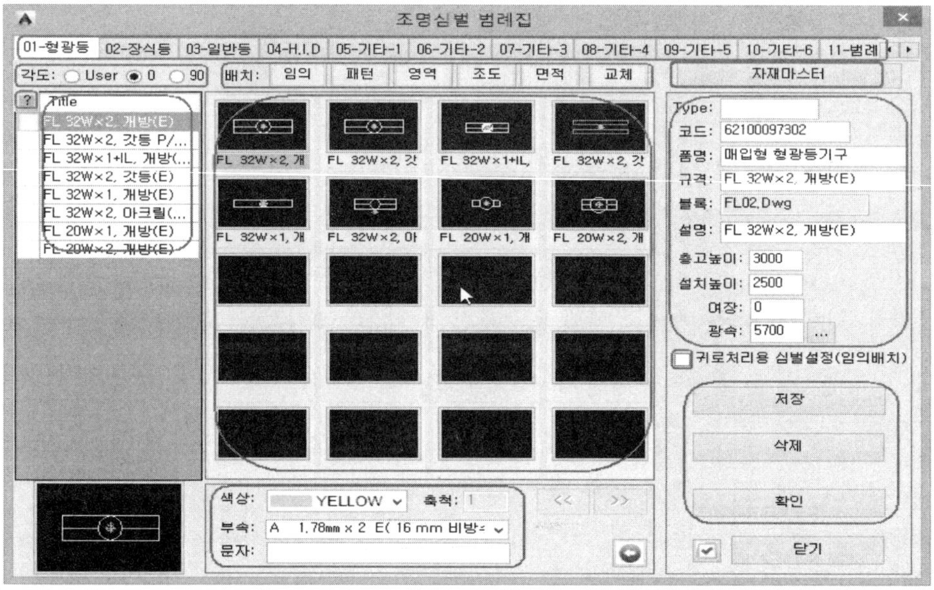

① 배치할 심벌의 항목을 선택한다.(항목을 사용자화하여 사용할 수 있다. : 환경설정 → 범례집 설정 참조)

② 심벌에 대한 삽입각도를 선택한다.

㉠ User : 사용자가 배치각도를 임의로 설정하여 배치한다.(전열, 전화, TV, 분전반 등)

㉡ 0, 90 - 심벌을 0도 또는 90도로 배치할 때 사용한다.

③ 배치할 심벌을 선택한다. : 명칭을 보고 선택할 경우 사용한다.

㉠ 명칭을 수정할 경우는 화면의 우측 심벌에 대한 설명란을 수정 후 저장한다.

④ 배치할 심벌을 선택한다. : 심벌 형태를 보고 선택할 경우 사용한다. 사용심벌에 대한 각종 사양을 나타낸다.

⑤ 심벌배치방법 및 심벌교체시 사용한다.(배치방법 참조)

⑥ 심벌에 대한 색상, 축척, 부속자재(후렉시블 관련), 문자를 적용한다.

㉠ 신규 후렉시블 등록은 심벌 → 후렉시블값 설정을 이용한다.

⑦ 심벌에 대한 각종 상세사항을 나타낸다. : 물량을 산출할 경우 사용.

㉠ Type, 코드, 품명, 규격 : 심벌에 대한 기본 사항으로 상부의 자재 마스터를 이용하여 해당자재를 선택하여 등록하고 저장을 한다.

㉡ 블록 : 심벌에 대한 블록이름을 나타낸다.

㉢ 설명 : 심벌에 대한 명칭으로 명칭을 수정 후 저장하여 변경 사용할 수 있다.

㉣ 건축의 층고 높이를 입력한다.(CAD 디자인 설정시 입력된 값이 나타난다)

㉤ 기구의 설치높이를 입력한다.

㉥ 심벌에 대한 전선의 여유길이를 입력한다. 등기구의 광속을 입력한다. 귀로처리용 심벌설정 : 체크를 하여 분전반, 전화 단자함 등의 배선시 귀로처리 모양을 만들 때 사용한다.

⑧ 심벌을 저장, 삭제할 때 사용한다.

⑨ 새로운 심벌에 Data(코드, 품명, 규격, 설명 등)를 등록하는 방법
[매달림형 형광등 FL32W×2→매입형 형광등 FL32W×2로 변경]

㉠ 등록할 심벌을 선택한 후 자재마스터를 선택하여 자재마스터 화면에서 교체할 자재를 찾아서 선택 후 확인을 선택한다.

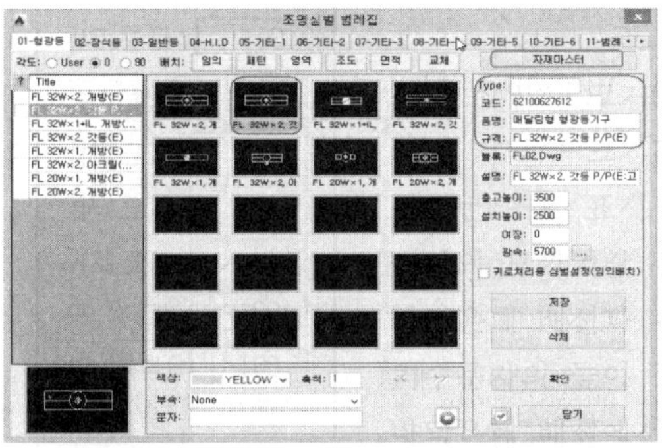

㉡ 우측 상세란에 값이 입력되고 하단의 “설명”을 사용자화하여 수정 후 저장을 선택하면 작업이 완료된다.

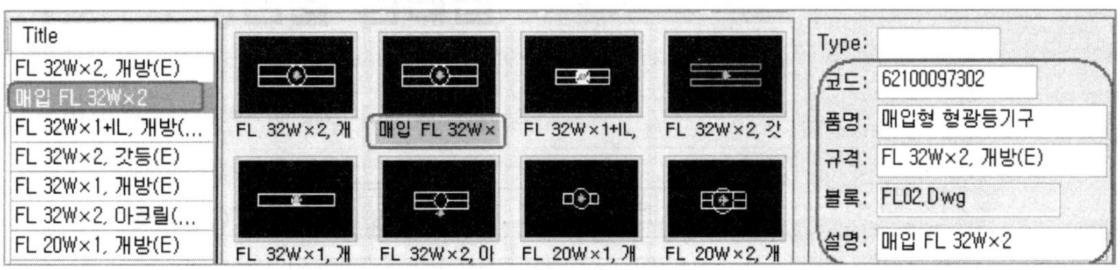

⑩ 심벌범례집의 심벌 복사방법

[매입개방 형광등→매입 프리즘으로 복사]

㉠ 심벌범례집 좌측 상단의 "?"를 더블클릭한다.

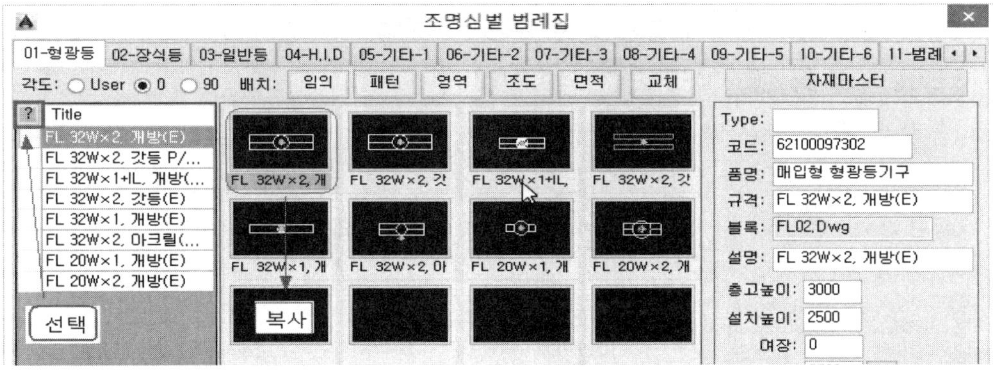

㉡ 복사 할 매입형 형광등기구를 선택 후 마우스 우측을 선택하여 복사를 선택한다. 심벌순서를 변경할 경우 "NO" 번호를 변경하여 바꿔서 순서를 변경 할 수 있다.

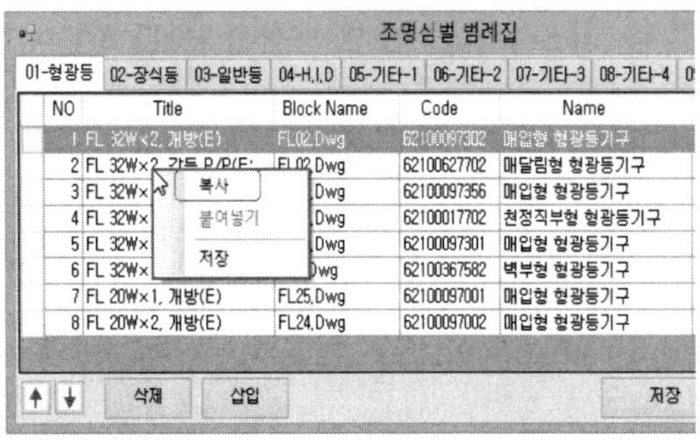

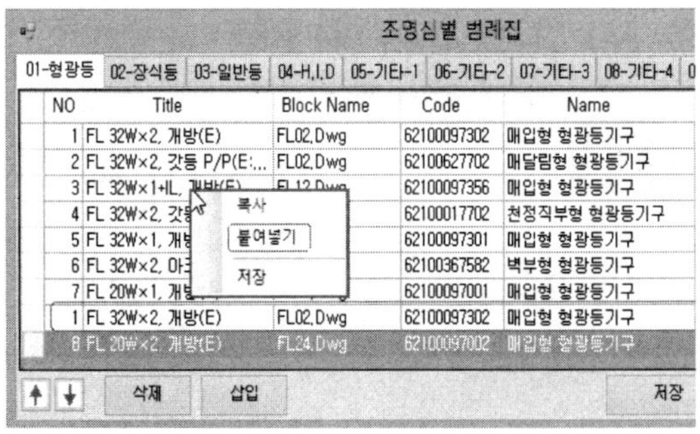

㉢ 우측의 자재마스터를 이용하여 심벌에 대한 Data 및 설명을 수정 후 저장을 한다. 새로운 심벌에 Data 등록은 심벌에 Data 등록방법을 참고한다.

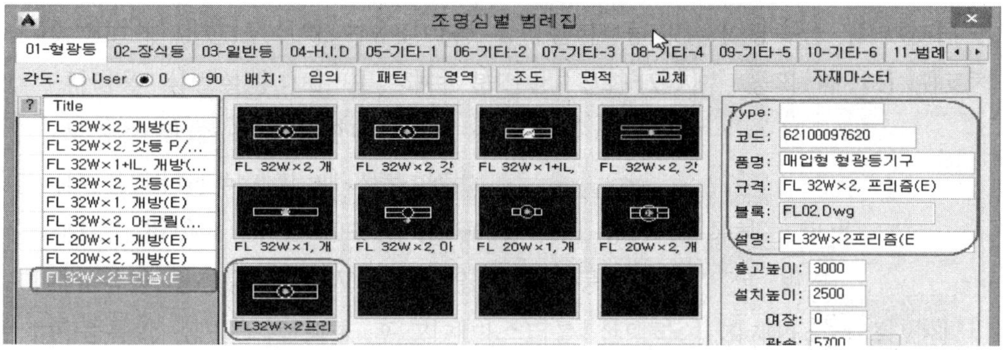

1.3 일반 심벌 범례집 및 상세도 범례집

일반 심벌 및 상세도를 배치할 때 사용하며 사용방법은 조명기구 범례집과 동일하다.(분전반, 전열, 전화, 각종 상세도 배치)

(1) 일반 범례집

▶ ICON :

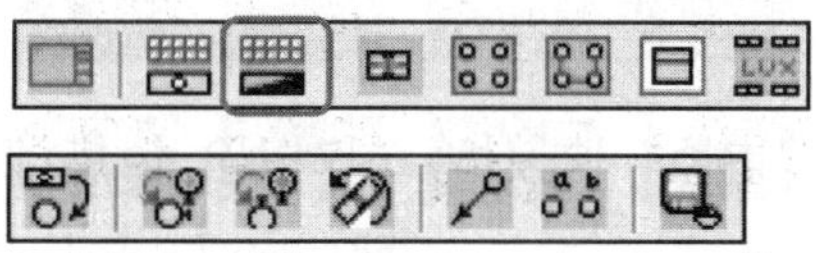

▶ **단축** : S2

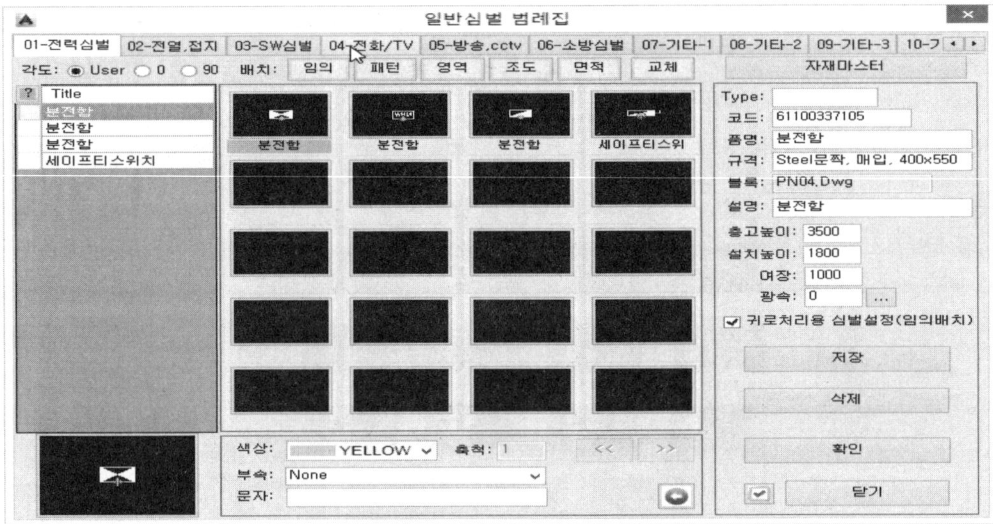

(2) 상세도 범례집

▶ ICON : 

▶ **단축** : S4

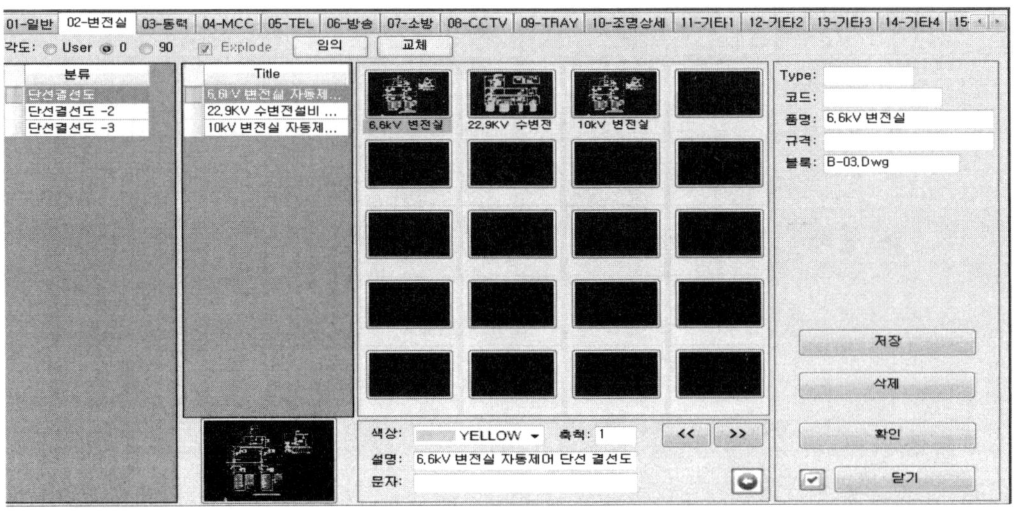

1.4 심벌배치 방법

조명 및 일반 심벌 범례집에서 배치할 심벌을 선택한 후 각종 배치방법을 이용하여 심벌 배치를 하고 동일한 심벌을 반복해서 배치할 때는 ECad-01 심벌 도구막대의 각종 배치방법 아이콘을 이용하여 배치하면 편리하다.

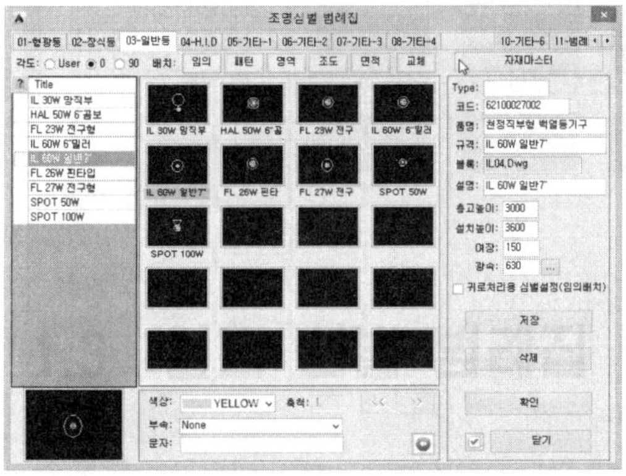

조명 심벌 범례집

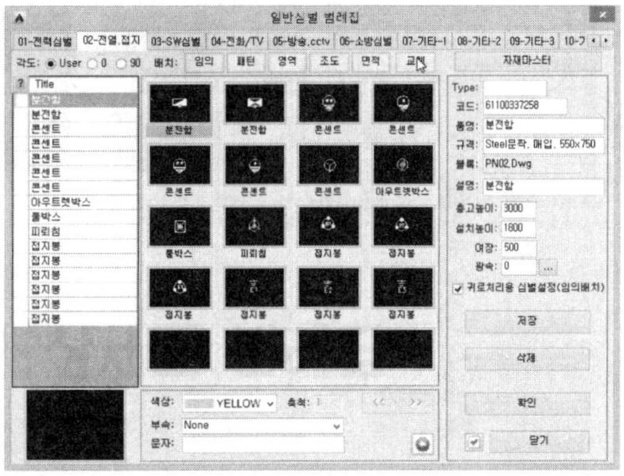

일반 심벌 범례집

(1) 임의 배치

심벌을 한 개씩 각각 배치할 때 사용(콘센트, 분전반 등등)한다.

▶ ICON : 

▶ **단축** : D2

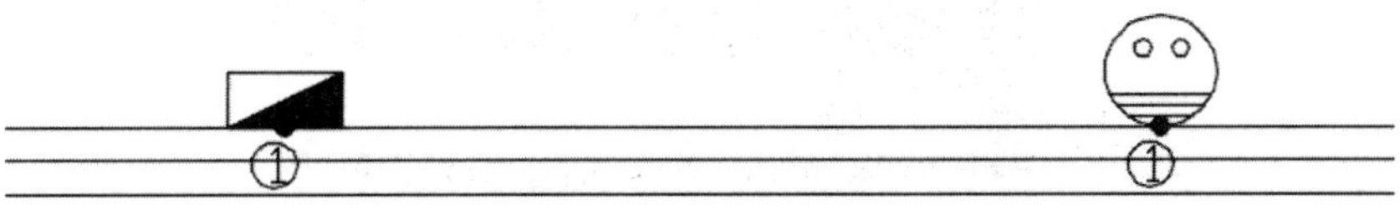

① 심벌 삽입점 지정 : 심벌 삽입점 지정 ①

② 심벌배치 방향선택은 각도 0, 90인 경우 SpaceBar를 터치하면 배치 방향을 바꾸면서 배치할 수 있다.

(2) 패턴 배치

사각형 형태의 영역에 설정된 패턴으로 심벌을 배치하면서 배관 및 배선을 동시에 작도한다. 배치하기 전에 배선범례집에서 작도할 배관 및 배선의 종류를 선택한 후 작도하여야만 한다.

▶ ICON :

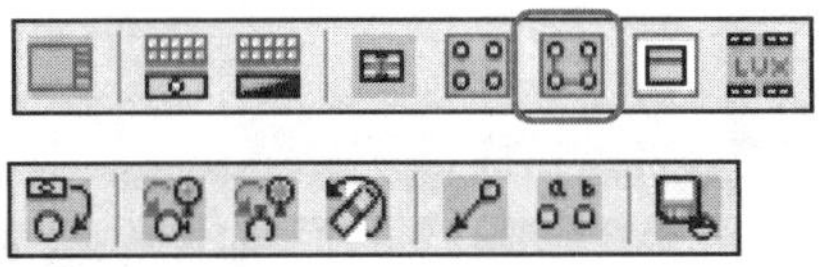

▶ **단축** : D5

(가) 배관 및 배선을 동시 작도

① 작업영역을 선택하면 아래와 같이 패턴화면이 나타난다. : ① Click 후 ② Click

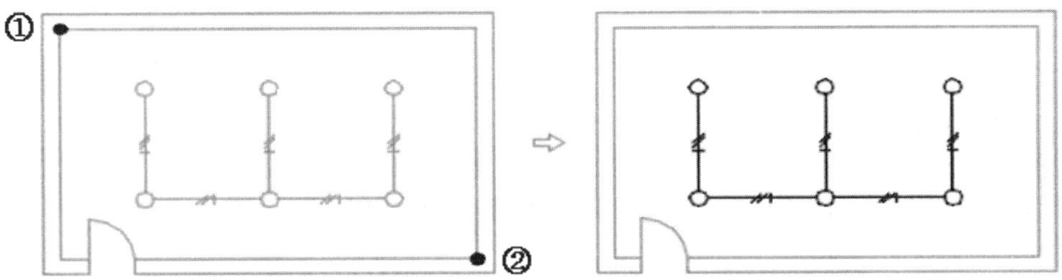

배치영역 선택 화면 결 과

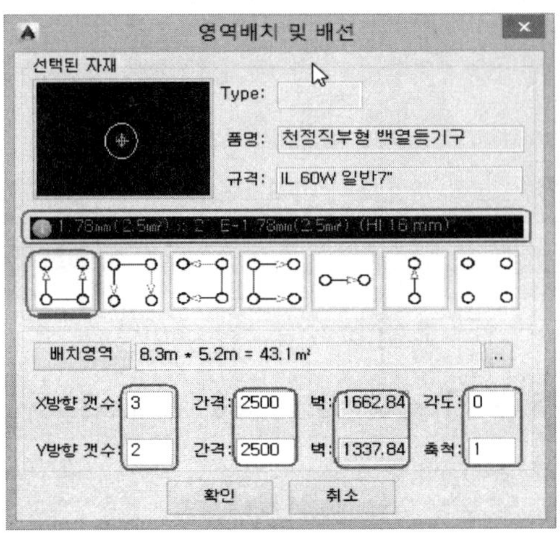

② 배관 및 배선 Data를 확인한다 : 변경할 경우 배선 범례집에서 다시 선택한다.
③ 패턴을 선택한다.
④ X방향 및 Y방향 개수를 입력한다. : 간격에 값이 있는 경우는 수량이 설정된 간격값대로 자동 입력된다.
⑤ 벽과 등기구간의 간격값을 나타낸다.
⑥ 배치에 대한 각도 및 축척값을 나타낸다.
⑦ 확인을 선택하면 작도가 완료된다.

(나) 패턴별 결과

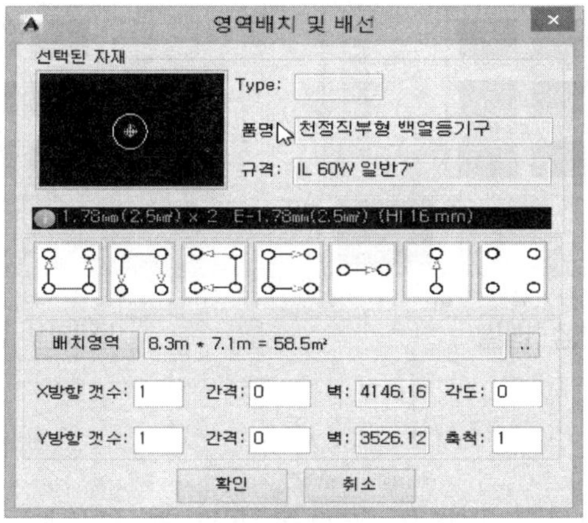

패턴선택 화면

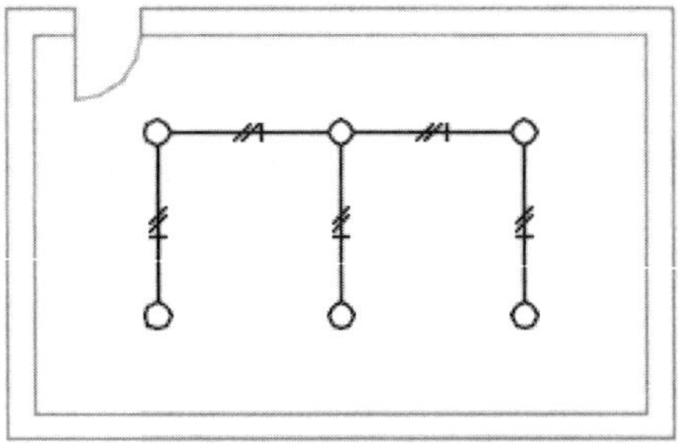

1번 결과

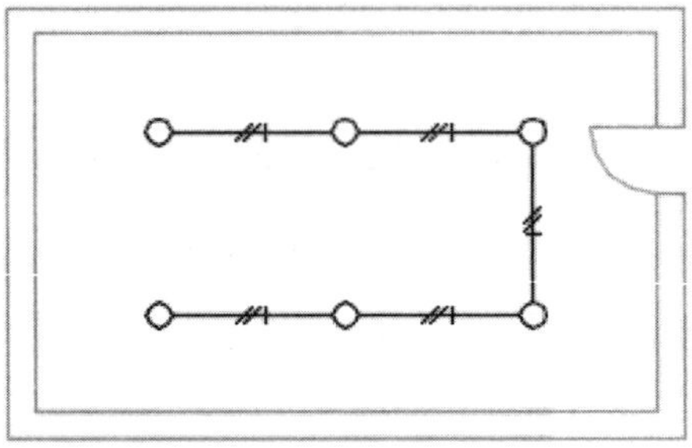

2번 결과

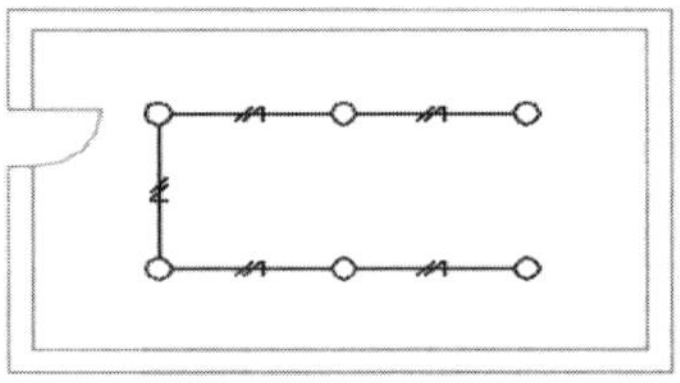

3번 결과

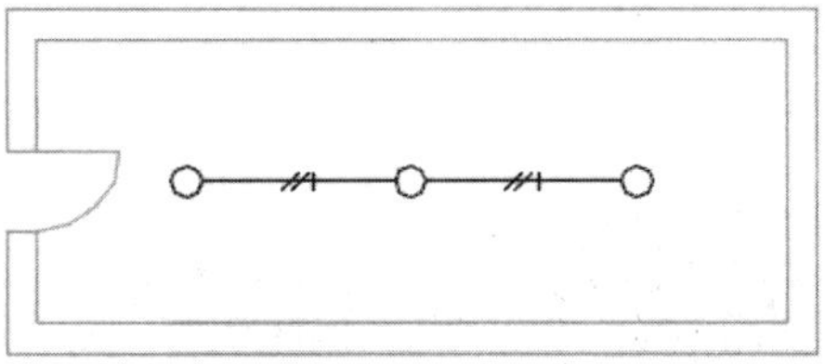

4번 결과

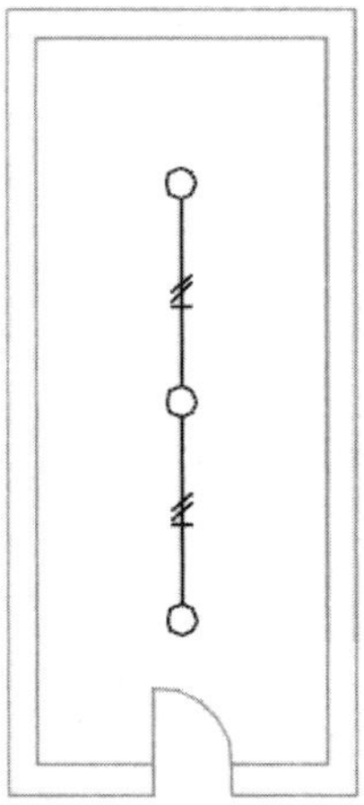

5번 결과

(다) 영역 배치(심벌만 배치하는 기능)

배관배선 없이 심벌만 배치할 경우 사용한다. 작업순서는 위의 패치배턴과 같다.

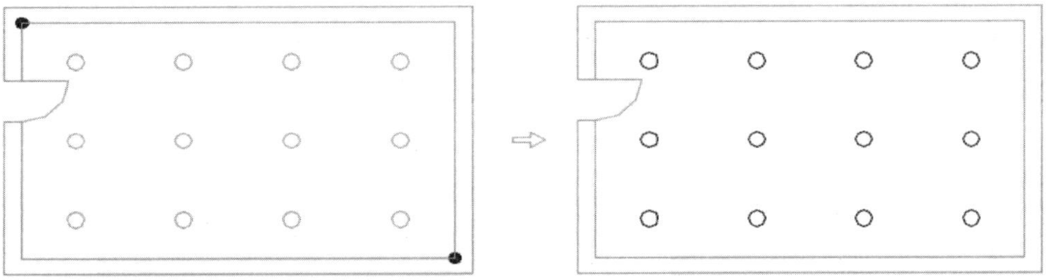

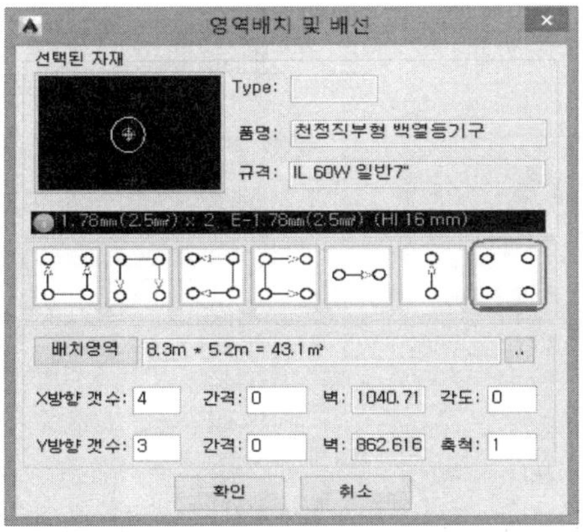

X방향 : 4개
Y방향 : 3개

(3) 영역 배치

사각형인 형태의 영역에 심벌을 일괄 배치할 때 사용하며 조명기구 범례집에서 배치할 심벌을 선택한 후 명령을 실행한다.

▶ ICON : 

▶ **단축** : D1

① 배치할 영역을 선택하면 아래와 같이 화면이 나타난다. : ① Click 후 ② Click

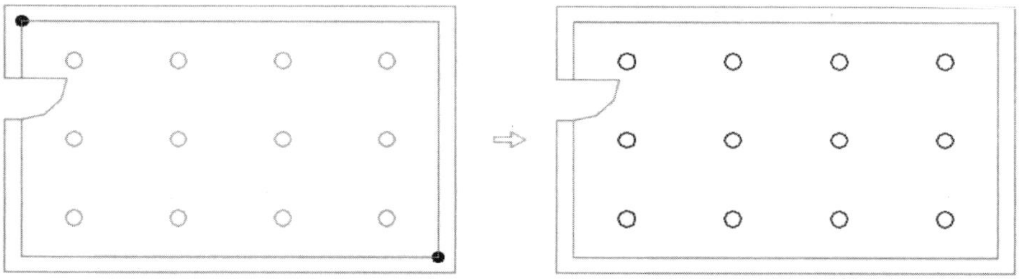

배치영역 선택　　　　　　결 과

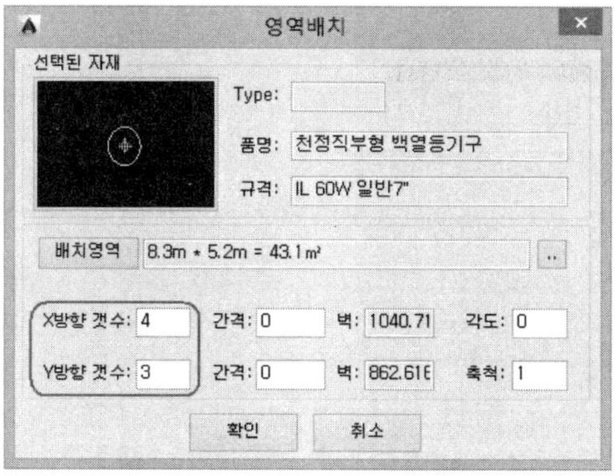

② X방향 및 Y방향 개수를 입력한다. : X방향 : 4개, Y방향 : 3개 간격에 값이 있는 경우는 수량이 설정된 간격대로 자동 입력된다.

③ 확인을 선택하면 작도가 완료된다.

(4) 조도 배치

작업영역에 조도계산을 하면서 심벌을 배치한다.

▶ ICON : 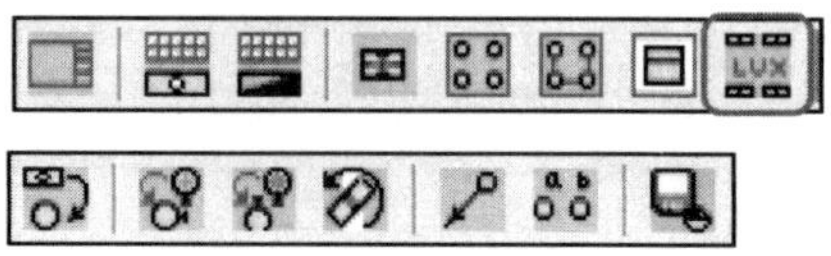

▶ **단축** : D3

① 구분 및 실명을 기입한다. - 1층, 사무실 등등

② 선택 : 배치할 영역을 선택한다.

③ 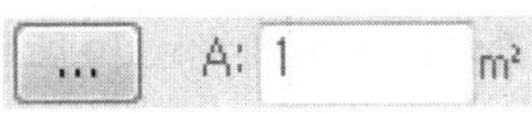

배치할 영역이 사각형이 아닌 경우에 사용.(배치 방법은 아래 (A) 실의 형태가 사각형이 아닌 장소 배치 방법을 참고)

④ 실지수 계산의 높이 선정에 대한 높이값 입력

- h1 : 심벌설치 높이
- h2 : 작업면 높이
- h3 : 조명기구가 P.P type인 경우의 파이프 길이

⑤ 

실지수를 보여주며 실지수값 옆의 버턴을 선택하면 아래와 같은 실지수가 나타난다.

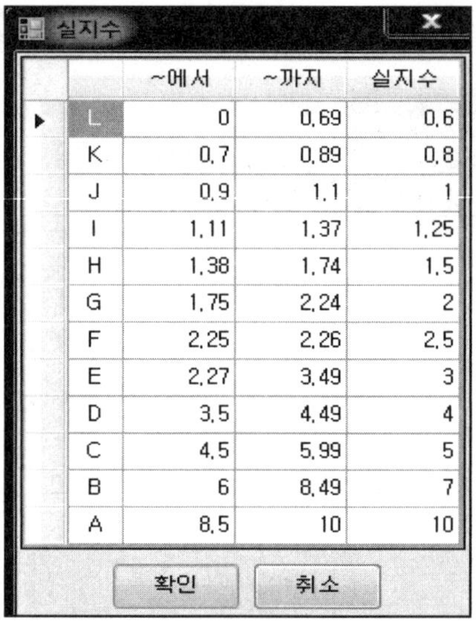

실지수

	~에서	~까지	실지수
L	0	0.69	0.6
K	0.7	0.89	0.8
J	0.9	1.1	1
I	1.11	1.37	1.25
H	1.38	1.74	1.5
G	1.75	2.24	2
F	2.25	2.26	2.5
E	2.27	3.49	3
D	3.5	4.49	4
C	4.5	5.99	5
B	6	8.49	7
A	8.5	10	10

확인 취소

⑥ 반사율을 설정한다. - 기본값은 일반 사무실로 설정 되어 있다.

⑦ 기구형태 : 아래 등기구 형태 선택창에서 기구를 선택하면 조명율 및 보수율이 자동으로 입력된다.

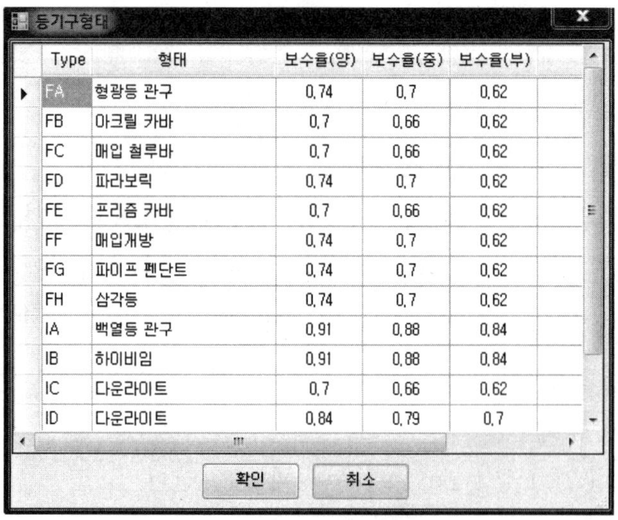

등기구형태

Type	형태	보수율(양)	보수율(중)	보수율(부)
FA	형광등 관구	0.74	0.7	0.62
FB	아크릴 카바	0.7	0.66	0.62
FC	매입 철루바	0.7	0.66	0.62
FD	파라보릭	0.74	0.7	0.62
FE	프리즘 카바	0.7	0.66	0.62
FF	매입개방	0.74	0.7	0.62
FG	파이프 펜단트	0.74	0.7	0.62
FH	삼각등	0.74	0.7	0.62
IA	백열등 관구	0.91	0.88	0.84
IB	하이비임	0.91	0.88	0.84
IC	다운라이트	0.7	0.66	0.62
ID	다운라이트	0.84	0.79	0.7

확인 취소

⑧ 보수상태를 설정하여 보수율을 설정한다.

⑨ 광속 : 조명기구의 광속값을 나타내며 심벌 범례집을 등록할 때 광속값을 함께 등록하면 편리하다. 광속값을 직접 입력할 경우는 광속을 선택하면 나타나는 아래 광속 MASTER 표를 참고하여 입력한다.

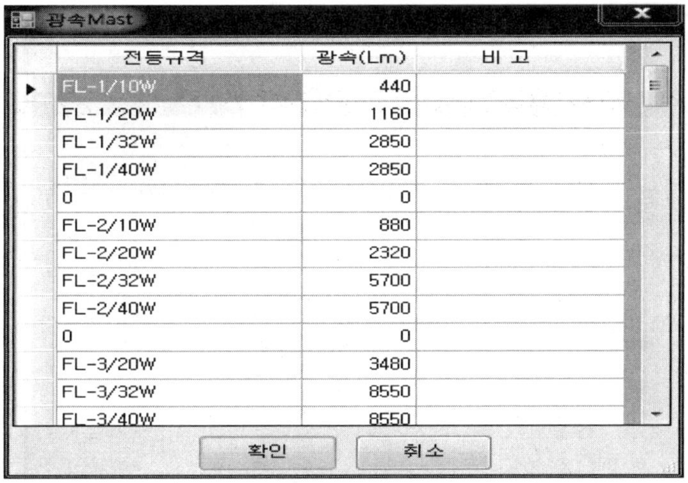

광속Mast

전등규격	광속(Lm)	비 고
FL-1/10W	440	
FL-1/20W	1160	
FL-1/32W	2850	
FL-1/40W	2850	
0	0	
FL-2/10W	880	
FL-2/20W	2320	
FL-2/32W	5700	
FL-2/40W	5700	
0	0	
FL-3/20W	3480	
FL-3/32W	8550	
FL-3/40W	8550	

⑩ 기준 조도 : 직접입력 또는 기준조도 선택하면 나타나는 아래 조도표를 이용하여 입력한다.

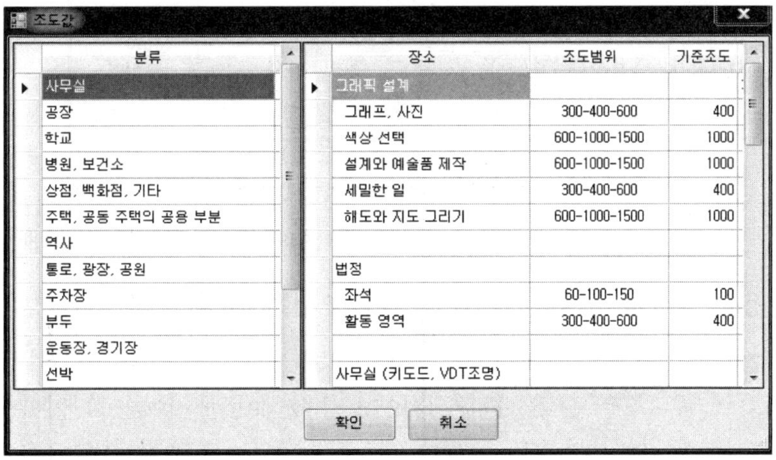

조도값

분류
사무실
공장
학교
병원, 보건소
상점, 백화점, 기타
주택, 공동 주택의 공용 부분
역사
통로, 광장, 공원
주차장
부두
운동장, 경기장
선박

장소	조도범위	기준조도
그래픽 설계		
그래프, 사진	300-400-600	400
색상 선택	600-1000-1500	1000
설계와 예술품 제작	600-1000-1500	1000
세밀한 일	300-400-600	400
해도와 지도 그리기	600-1000-1500	1000
법정		
좌석	60-100-150	100
활동 영역	300-400-600	400
사무실 (키도드, VDT조명)		

⑪ 계산수량 1 계산수량을 선택하면 배치 할 조명기구 수량이 표시된다.

⑫ 산출된 수량을 X, Y방향에 분배하여 수량을 입력한 후 확인을 선택한다. 실제 배치할 수량 및 조도를 확인 후 "확인"하면 심벌이 배치된다.

⑬ 적용조도 : 적용된 조도값을 나타낸다.

⑭ 적용수량 : 계산된 등기구 수량을 나타낸다.

⑮ 적용된 등기구 수량을 나타낸다.

⑯ 조명율 표를 나타낸다.

⑰ 조도값 데이터를 삭제 또는 조도값을 읽는다.

조명율

조명율 Type

FB ▾ 아크릴 카바 보수율: 양 0.7 중 0.66 부 0.62

천장	80%				70%				50%				30%				0%
벽	70	50	30	10	70	50	30	10	70	50	30	10	70	50	30	10	0%
바닥	10%				10%				10%				10%				0%
실지수	조명율																
0.6	36	35	34	33	35	34	33	31	30	33	32	31	33	31	30	28	24
0.8	37	36	34	33	32	30	28	27	30	29	28	27	29	28	27	25	25
1	38	37	36	35	37	36	34	33	37	35	34	31	35	34	32	31	30
1.25	39	38	37	36	37	36	35	34	35	34	33	32	33	32	31	30	29
1.5	40	39	38	37	40	37	36	35	38	37	36	35	37	36	35	34	31
2	42	41	40	39	41	40	39	38	40	39	38	35	38	37	36	35	34
2.5	43	42	41	40	41	40	39	38	40	39	38	37	39	38	37	36	35
3	44	43	42	41	43	40	38	37	36	35	34	33	32	31	30	29	38
4	45	44	43	42	44	42	38	37	36	35	34	33	32	31	30	29	28
5	46	45	44	43	42	41	40	39	38	37	36	35	34	33	32	31	30
7	49	48	47	46	48	47	46	45	44	43	42	41	39	38	37	36	35
10	51	50	49	48	50	49	48	47	48	47	46	45	46	45	44	43	41

저장 취소

조명율 표

(가) 실의 형태가 사각형이 아닌 경우 조도 배치하는 방법

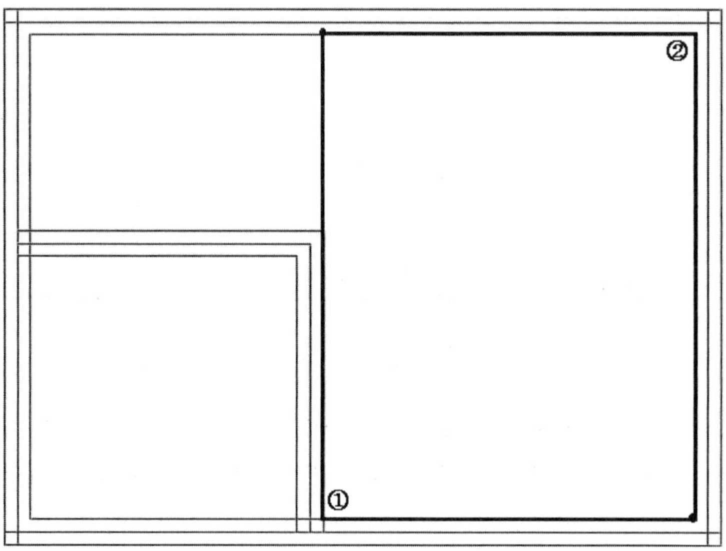

① 위 그림과 같이 ①번 Click 후 ②번을 Click - 실지수 값이 계산된다.

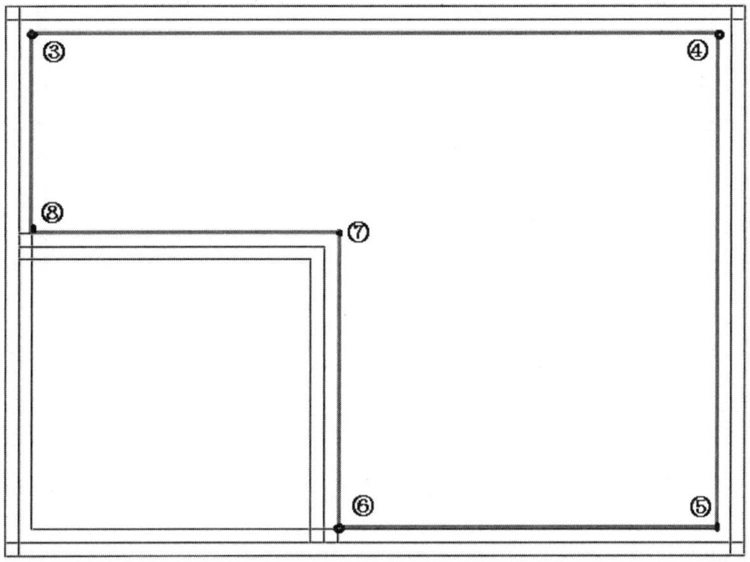

② 실 전체 면적을 구하기 위하여 위의 그림과 같이 ③번부터 차례로 Click
선택순서는 ③→④→⑤→⑥→⑦→⑧→③

③ 등기구 타입 및 조도값 등을 입력한 후 심벌을 배치한다.

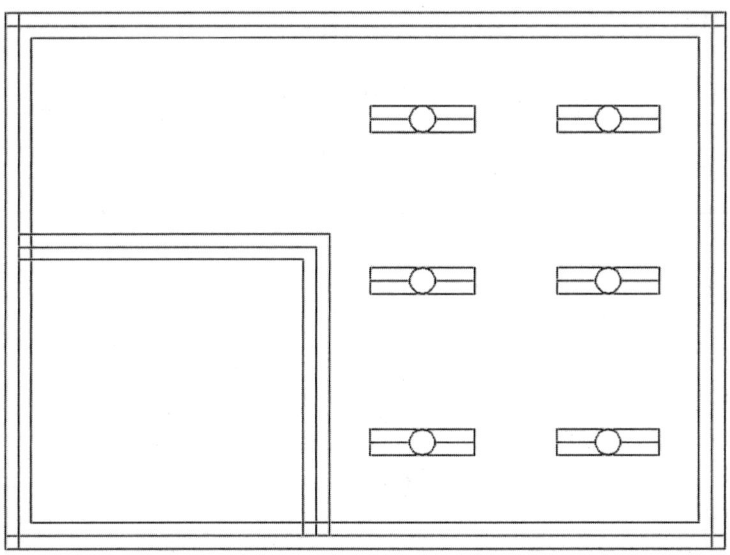

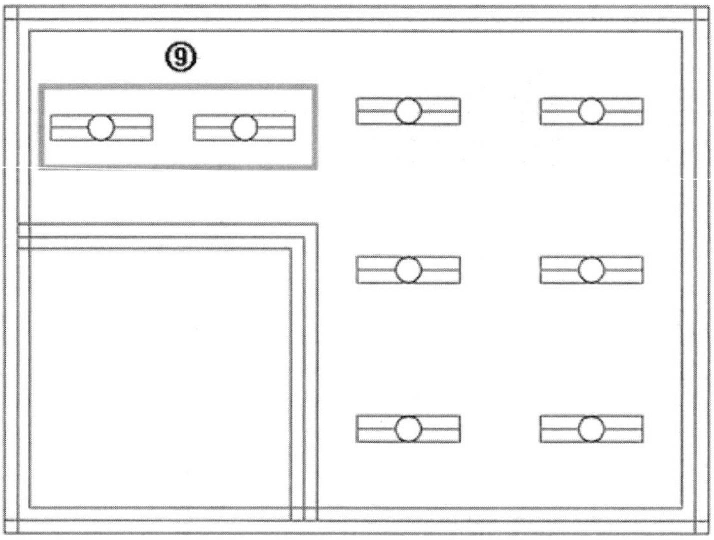

④ 심벌을 복사하여 심벌 배치를 완료한다. - 위의 그림 좌측 ⑨번

(5) 면적 배치

심벌에 소요되는 면적을 입력한 다음 심벌을 배치한다.(감지기, 스피커 등)

▶ ICON : 

▶ **단축** : D3

① 작업영역을 선택하면 아래와 같이 배치화면이 나타난다. : ① Click 후 ② Click

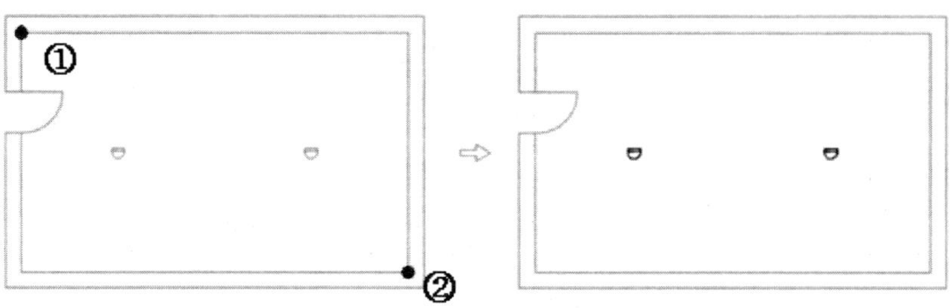

배치영역 선택 　　　　　　　　결 과

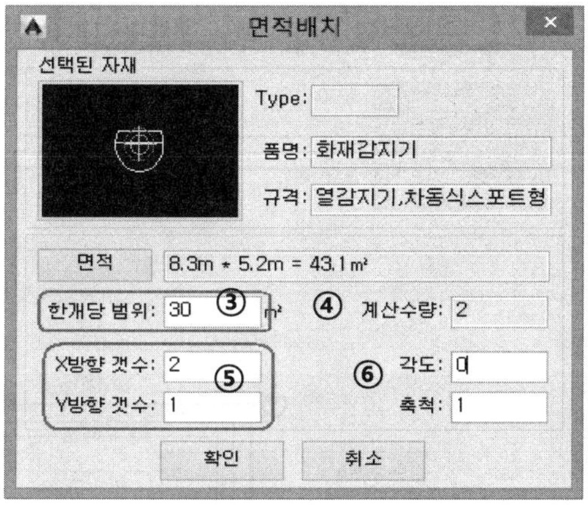

③ 심벌 한 개의 소요면적을 입력한다.

④ 계산수량에 심벌 갯수가 자동으로 계산된다.

⑤ 자동으로 계산된 심벌개수를 X, Y방향 갯수에 분배하여 입력한다.

⑥ 배치할 심벌의 각도 및 삽입크기를 설정한다.

⑦ 확인을 클릭하면 심벌이 배치된다.

(6) 심벌 교체

Block으로 만들어진 심벌을 다른 심벌로 교체할 때 사용하며 심벌 범례집에서 교체할 심벌을 먼저 선택한 후 작업하여야만 한다.

▶ ICON : 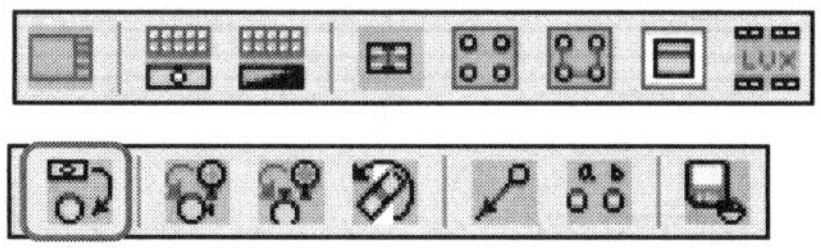

▶ **단축** : SCC

(가) 일괄 교체하는 방법(ex : 직부등을 다운라이트등으로 교체)

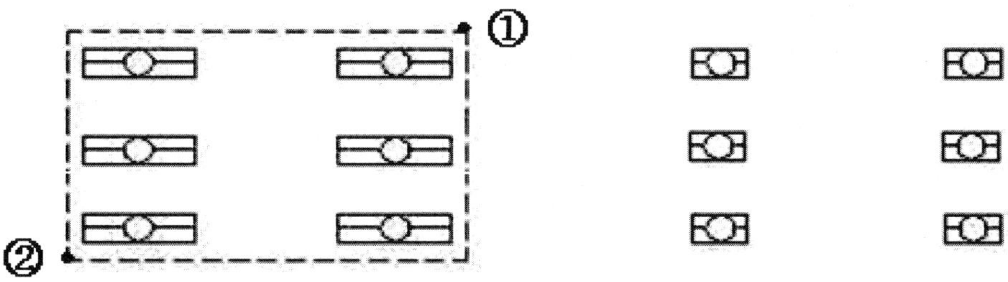

교체심벌 선택　　　　　　　　　　결 과

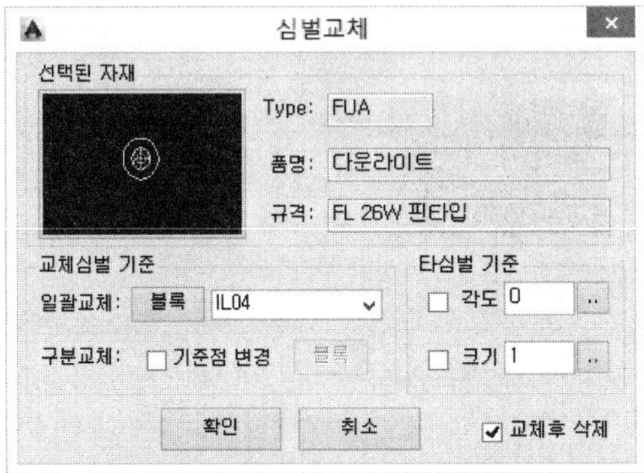

① 교체영역을 선택한다. : ① Click 후 ② Click Enter

② 교체할 심벌을 보여준다.

③ 교체할 심벌에 대한 각도, 크기를 수정할 수 있다.

④ 확인을 선택하면 위와 같이 교체된다.

(나) 구분하여 교체하는 방법

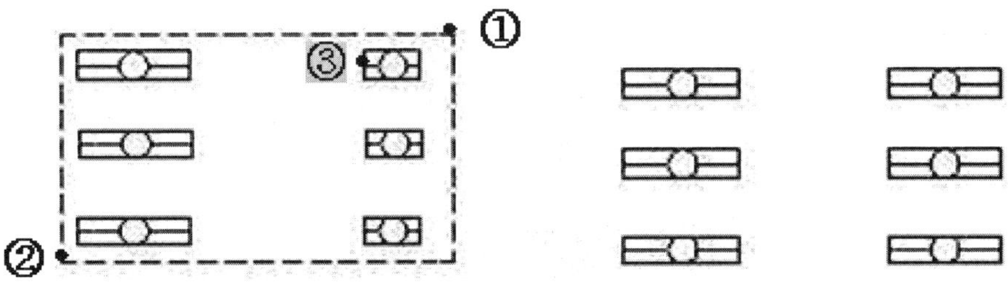

교체심벌 선택　　　　결과

① 교체영역을 선택한다. : ①후 Click ② Click Enter

③ 블록을 선택하여 작업 도면에서 교체할 심벌 그룹 중에서 대표 심벌 1개를 선택한다. : ③ Click Enter

④ 블록명에 교체할 심벌의 블록명이 나타나면 확인을 선택하면 교체가 된다.

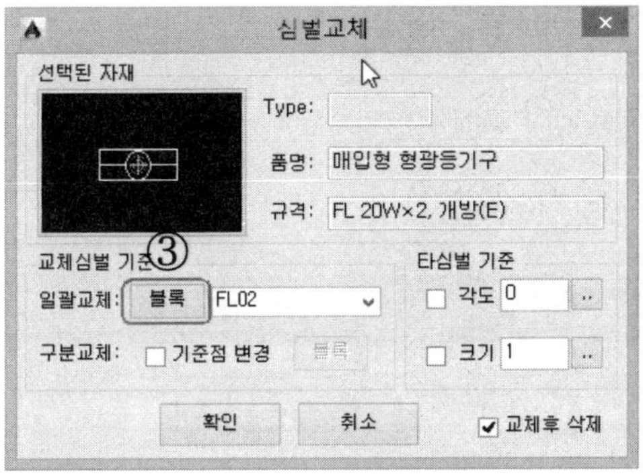

(다) 삽입점이 서로 다른 심벌을 교체하는 방법

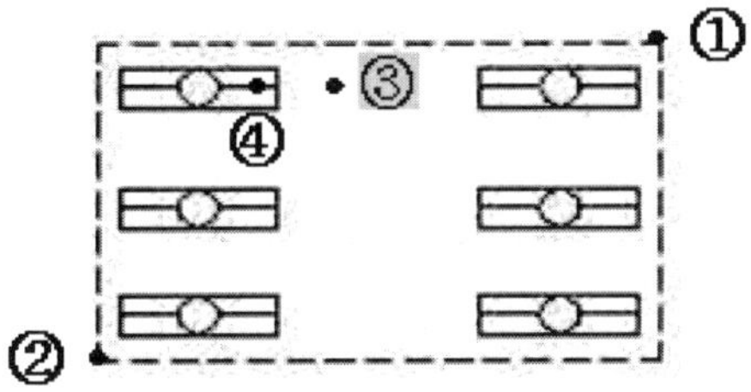

교체심벌 선택

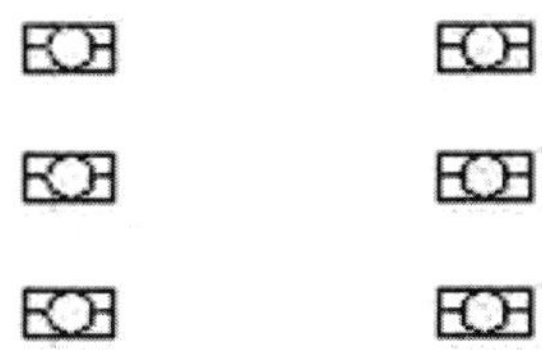

결 과

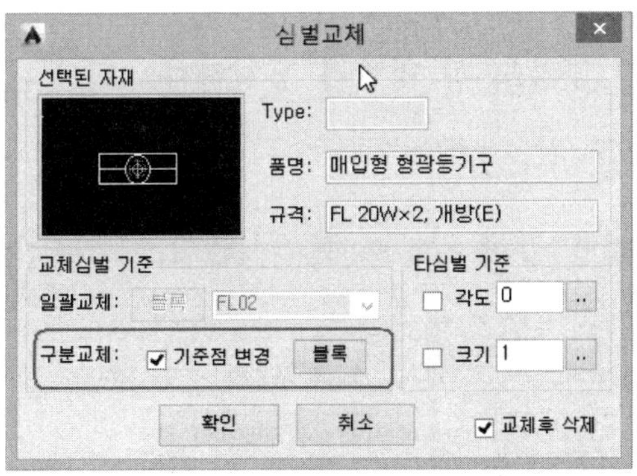

① 교체영역을 선택한다. : ① Click 후 ② Click 후 Enter

③ 기준점 변경을 체크 후 블록을 선택하여 화면에서 교체심벌을 선택한다. : ③ Click

④ 선택된 심벌의 삽입점이 자동으로 선택된다.

⑤ 선택한 심벌에 대한 새로운 삽입점을 선택한다.

⑥ 확인을 선택하면 교체작업이 완료된다.

(7) 심벌 회전 - 90도

심벌을 90도로 회전시킬 때 사용한다.

▶ ICON : 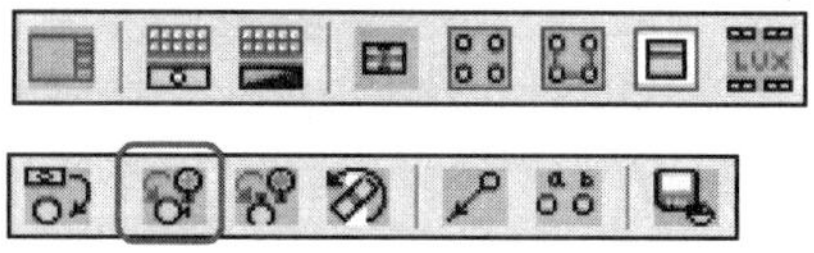

▶ **단축** : RR

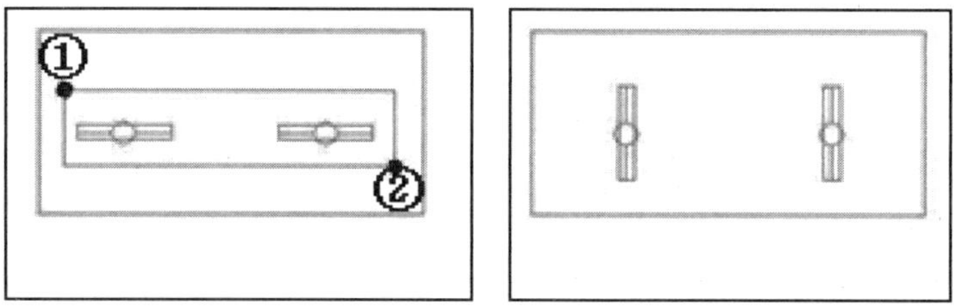

변경 전　　　　　　　변경 후

① 회전시킬 심벌을 선택한다.(그림의 ① 후 ② )

② 선택이 완료 되었으면 

※. 180**도 회전 명령도 위 명령과 동일하다.**

(8) 심벌 회전 - 임의 각도

심벌을 사용자가 정한 임의 각도로 회전시킨다.

▶ ICON : 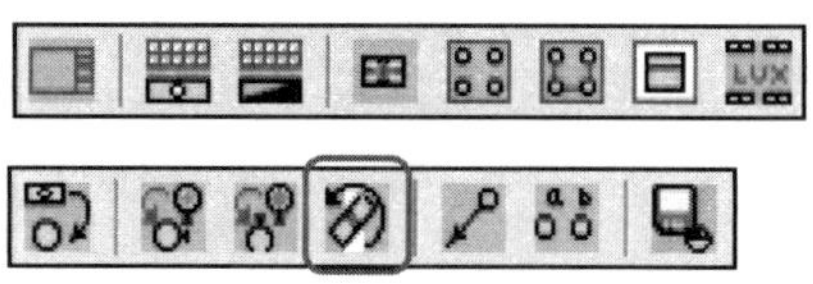

▶ **단축** : RRM

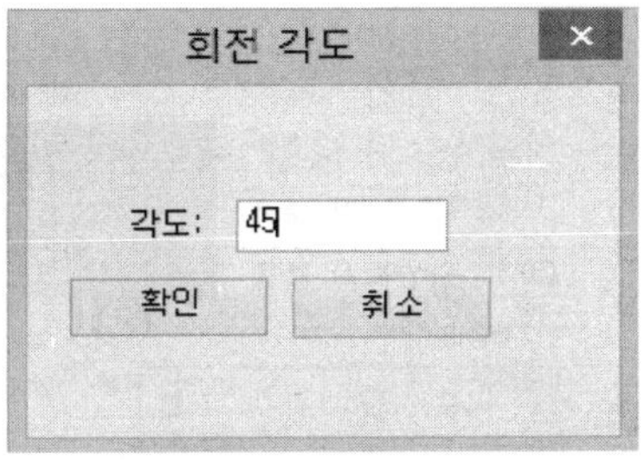

① 회전각도를 입력한 후 확인을 한다.

② 회전시킬 심벌을 선택한 후 엔터를 하면 심벌이 회전한다.

(9) 입상, 입하표시

전선관 배관의 입상 및 입하 등을 표시할 때 사용한다.

▶ ICON : 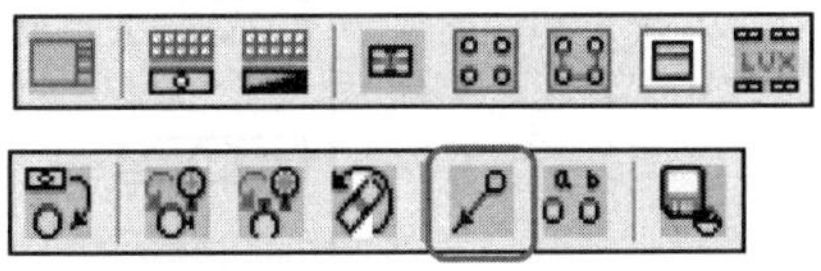

▶ **단축** : UD

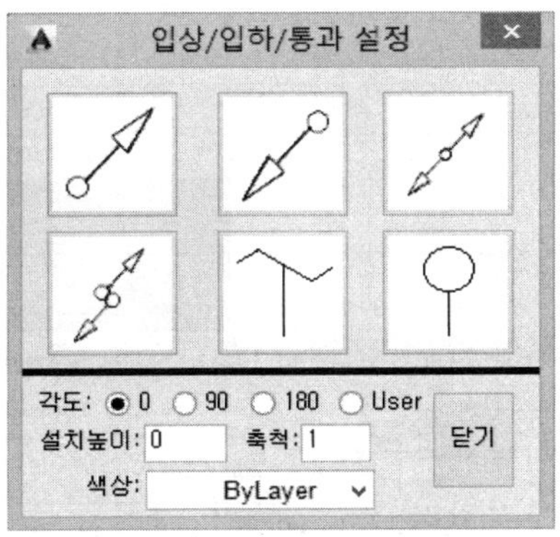

① 배치할 심벌 형태를 선택한다.

② 각도, 설치높이, 축척, 색상을 설정할 수 있으며 설치높이는 입상 또는 입하 중 한쪽에만 값을 입력한다.

(10) 심벌 기호 표시

심벌에 스위치 번호와 같은 기호를 표시할 때 사용한다.

▶ ICON : 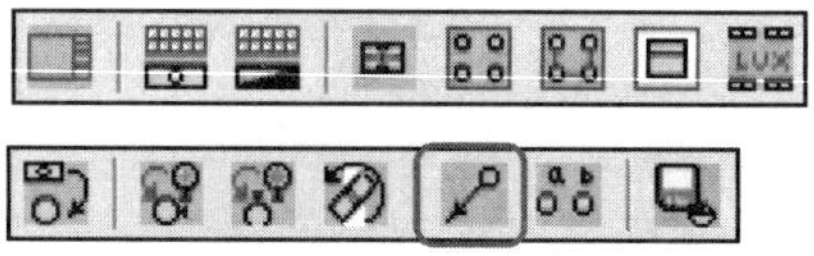

▶ **단축** : UD

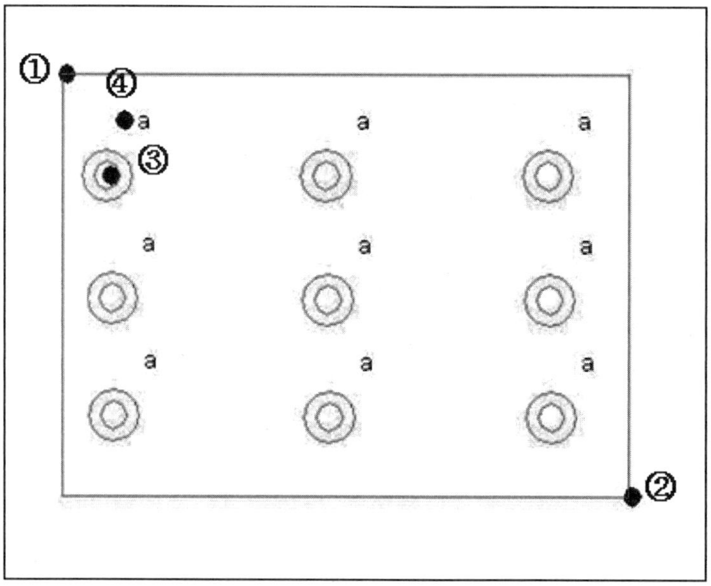

① 기호를 입력할 심벌 그룹의 첫 번째지점 : ① Click

② 두 번째지점 : ② Click Enter

③ 스위치 표시 문자를 입력한다. : a, b등의 기호를 입력한다.

④ 표시할 심벌을 선택한다. : ③번 Click

⑤ 기호를 삽입할 위치를 지정한다. : ④번 Click

(11) 심벌 블록 만들기 및 등록방법(상세도 등록 방법도 동일)

새로운 심벌을 만들어서 심벌 범례집에 추가할 때 사용한다.

▶ ICON : 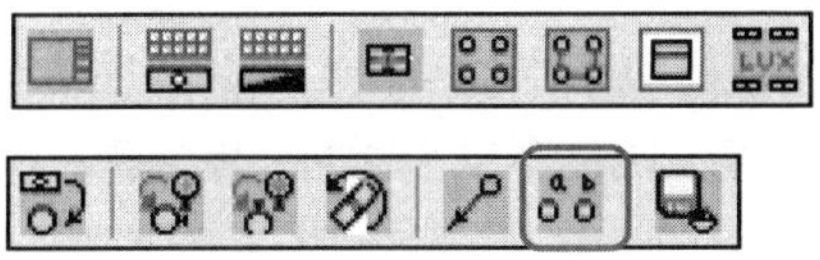

▶ **단축** : SS

① 등록할 심벌을 그린다. : 다운라이트 원의 반지름 R150, R250으로 그린다.

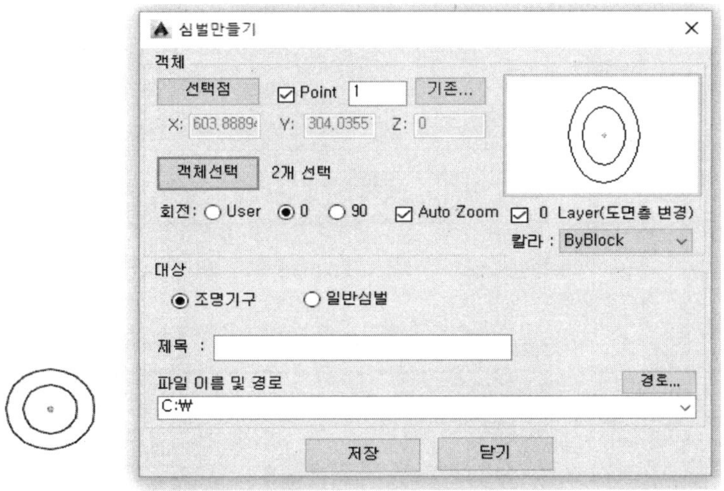

② 선택점 : 심벌의 삽입점을 선택한다.

㉠ Point : 삽입 포인트 기호 크기를 입력한다. : 범례집에서 심벌그림에 나타난다.(기본값 1) 체크 해제시 표시가 안된다.

③ 객체 선택 : 등록할 심벌을 선택한다.

④ 회전, Auto Zoom, ByBlock을 설정한다.

㉠ 회전 : 심벌 각도를 변경하여 등록할 때 사용한다.

㉡ Auto Zoom : 체크시 범례집에서 보여질 이미지를 화면에 꽉차게 한다.

㉢ By Block : 체크하면 심벌의 고유 칼라를 무시하고 저장한다 : 일반적인 방법(체크하지 않으면 심벌 고유색상으로 저장이 된다.)

⑤ 대상 : 등록할 심벌의 범례집 분류를 선택한다.

㉠ 조명기구 : 각종 조명기구 관련 심벌을 저장한다.

㉡ 일반 심벌 : 분전반, 콘센트, 감지기 등의 일반 심벌을 저장한다.

㉢ 수변전 심벌 : 전기 기호 관련 심벌을 저장한다.

⑥ 파일 이름 및 경로 : 새로운 심벌을 저장할 위치를 정한다.

㉠ 경로는 일반적으로 c:₩ElectCAD₩ECad₩User에 저장한다.(사용자화된 폴더에 저장할 경우는 설정의 지원파일 경로설정에 폴더를 등록 해야만 만든 심벌을 사용할 수 있다.)

㉡ 파일이름을 입력 후 저장을 한다.

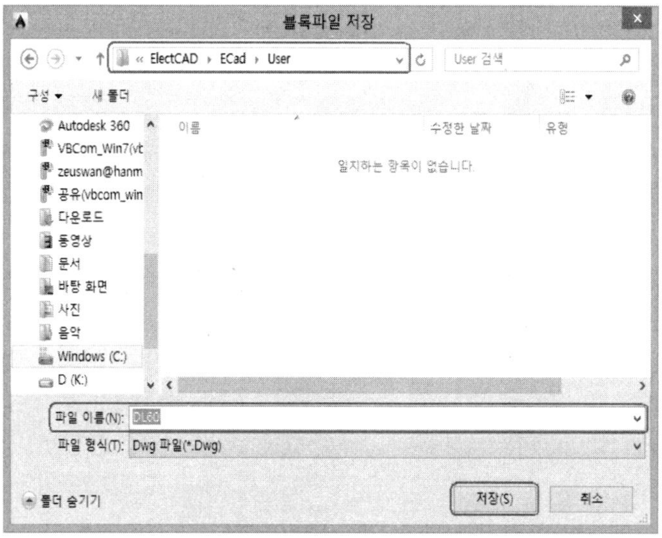

⑦ 제목을 입력 후 저장을 선택한다 : 범례화면이 나타난다.

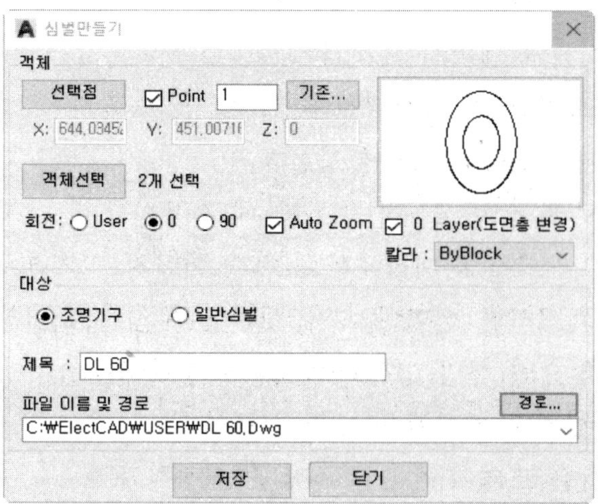

⑧ 심벌 범례집에서 입력할 해당 탭을 선택 후 추가 또는 삽입을 선택 후 저장한다.

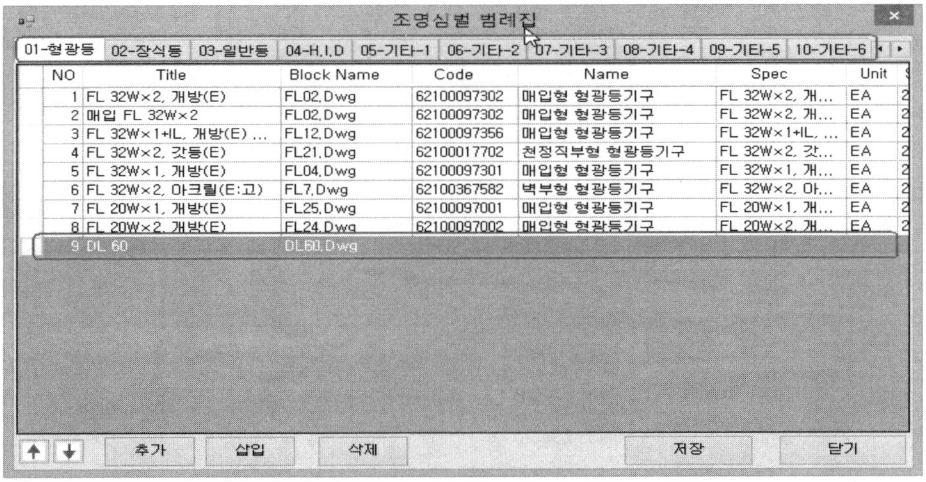

㉠ 추가 : 순서의 마지막에 삽입된다.

㉡ 삽입 : 선택된 항목의 위로 삽입된다.

㉢ 삭제 : 선택된 심벌을 삭제한다.

⑨ 조명심벌 범례집에서 등록된 심벌을 확인할 수 있고 우측의 상세사항은 자재마스터를 이용하여 등록하면 된다.

㉠ 조명기구 범례집의 ※. 새로운 심벌에 코드, 품명, 규격, 설명을 등록하는 방법을 참조한다.

제2장

Elect CAD 배선

2.1 배선 범례집

배관, 배선규격을 선택한 후 배선방법을 선택하여 도면을 그린다.

▶ ICON : 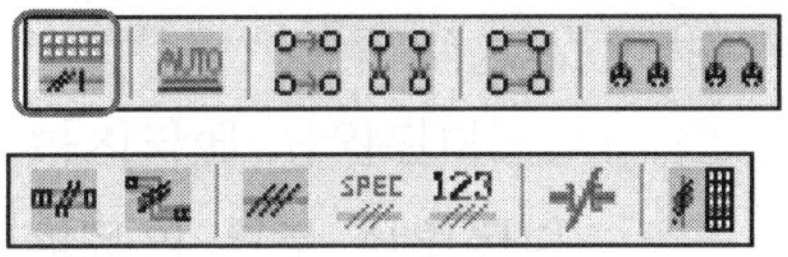

▶ **단축** : WW

① 작업할 공종을 선택한다. : 공종은 범례집 설정에서 사용자화 할 수 있다.

② 방향키를 이용하여 배선규격 순서를 바꿀 때 사용한다.

③ 배선방법을 선택하여 배선을 한다. : 배선 방법 상세 설명 참조

④ 배관 방법 및 배관, 배선자재를 선택한다.

⑤ 배선규격 표시때 표시하는 문자이며 수정명령을 이용하여 변경한다.

⑥ 수정 : 신규 배관 범례집 작성 및 기존 내용을 수정할 때 사용하며 (1) 배선수정방법을 참조한다.

⑦ 삭제 : 배선항목을 삭제한다.

⑧ 저장 : 범례집을 수정 후 저장을 해야만 한다.

(1) 배선 범례집 수정방법

배선 범례집에 신규로 항목을 추가 또는 수정할 때 사용한다.

① 전선관 규격 수정방법(전선규격 수정방법도 동일함)
1.78[mm]×2 E-1.78[mm](HI 16[mm]) → 1.78[mm]×2 E-1.78[mm](HI 22[mm])

② 복사 항목을 선택 후 마우스 우측을 선택하면 나타나는 선택창에서 복사를 선택한다.

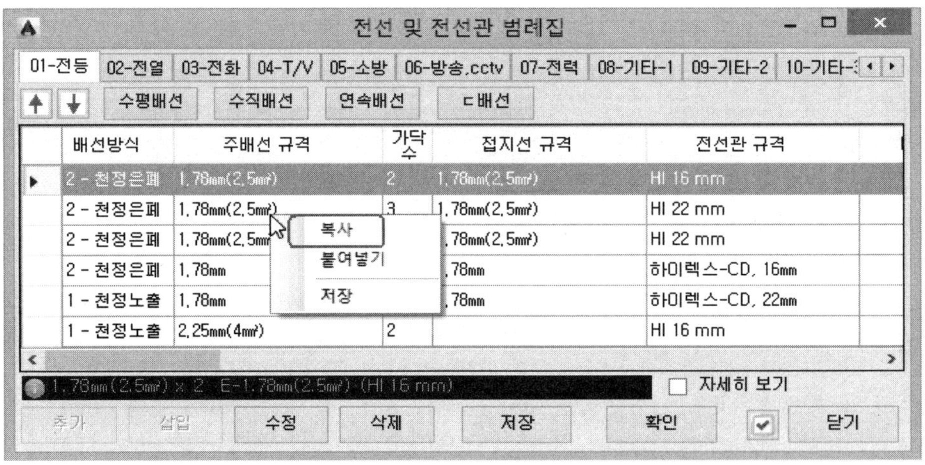

③ 복사된 항목을 붙여넣기 하면 선택한 위치에 새로운 항목이 복사된다.

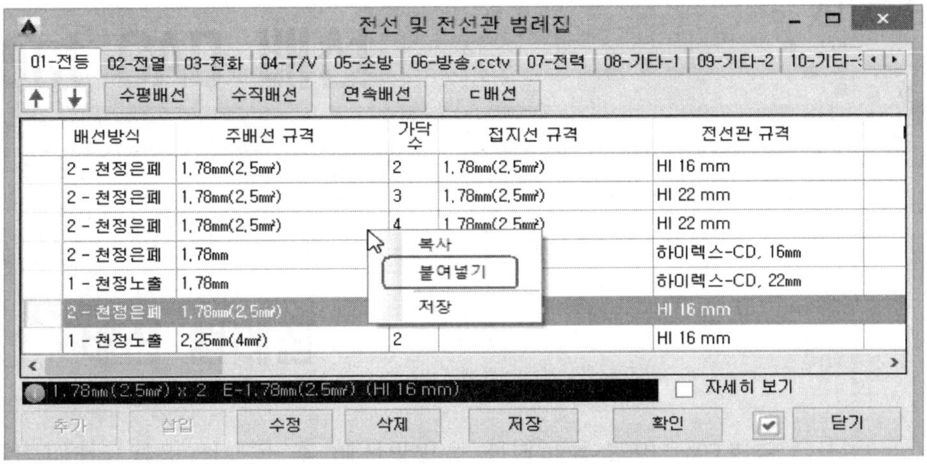

④ 배선 범례집 하단의 수정 을 선택하면 아래와 같이 화면이 나타난다.

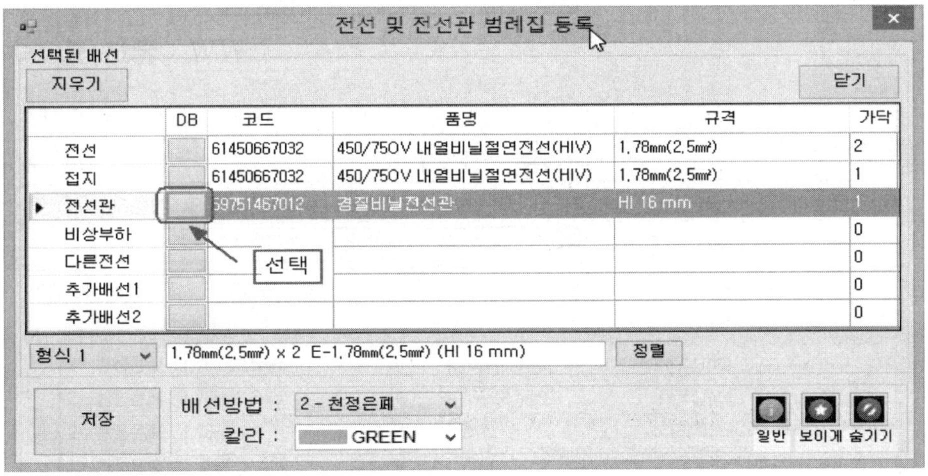

⑤ 수정할 항목 경질비닐전선관 선택을 선택 후 DB의 해당 버턴을 선택한다 : 아래와 같이 자재 Master를 선택창이 나타난다.

⑥ 좌측 카테고리에서 HI-PVC를 클릭하고 자재항목에서 HI22C를 선택 후 확인을 선택한다.

⑦ 좌측 상부의 찾기를 이용하여 검색해도 된다. : 공란에 찾을 자재명칭을 입력 후 찾기를 클릭하면 해당자재들이 나타난다.

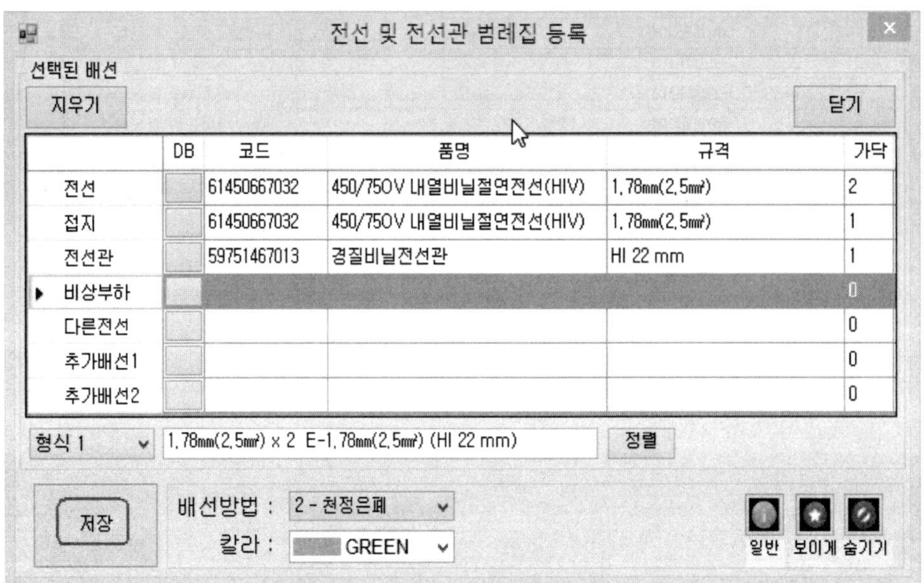

⑧ 수정된 상태를 확인 후 저장을 선택하면 전선 및 전선관 범례집 화면이 다시 나타난다.

⑨ 범례집에서 다시 한번 저장을 선택하면 수정이 완료된다.

(2) 배선 범례집 기타 기능

전선 및 전선관 범례집의 수정 을 선택하면 아래와 같이 나타나는 등록화면에서 각종 설정들을 수정할 수 있다.

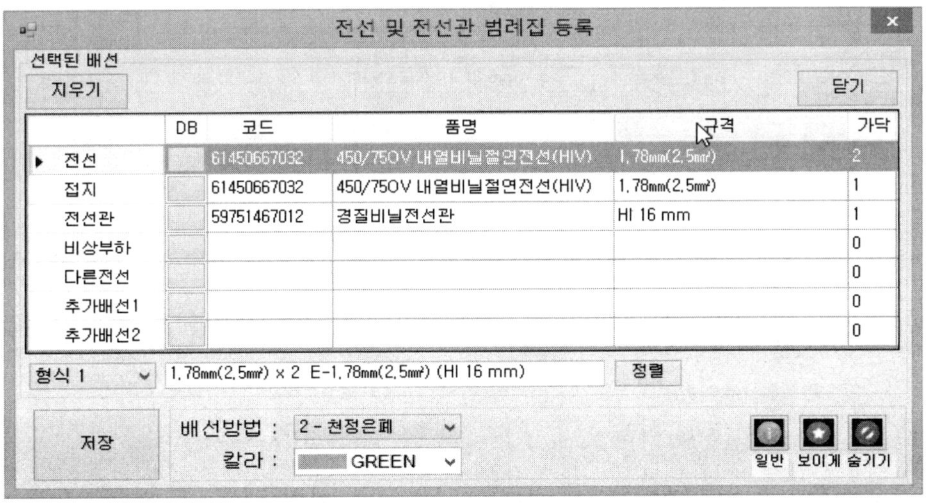

① 지우기 : 등록된 전선 및 전선관을 삭제한다.

② DB : 자재 Master를 선택하여 자재를 등록한다.

③ 코드, 품명, 규격 : 자재에 대한 기본사항을 나타내며 DB를 선택하여 자재를 등록 및 수정할 수 있다.((1) 배선 범례집 수정방법 참조)

④ 가닥 : 전선 및 전선관의 수량을 나타낸다.

⑤ 형식1, 2 : 배관, 배선을 약식으로 표현할 때 사용 : 형식을 선택하여 직접입력 할 수 있고 정렬을 선택하면 기본값을 등록한다.

⑥ 배선방법 : 천정노출, 천정은폐, 바닥노출, 바닥은폐 등을 설정한다.

⑦ 칼라 : 배관 및 배선에 대한 색상을 설정한다.

⑧ 전선 가닥수 표시 여부를 설정한다.

㉠ 일반 : 전선 3가닥부터 도면에 가닥수를 표현되게 설정한다.

㉡ 보이게 : 표시하지 않는 1가닥, 2가닥수 표시를 하고자 할 때 설정한다.

㉢ 숨기기 : 일반배선의 가닥수 표시를 하지 않는다.

2.2 배선방법

(1) 배선 Point 지정

심벌에 대한 배관 및 배선의 위치를 자동 또는 수동으로 설정한다.

▶ ICON : 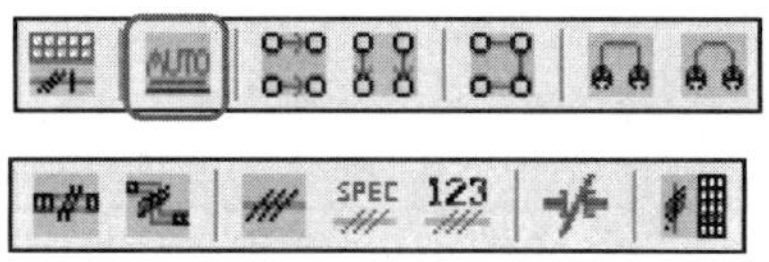

▶ **단축** : WQ

자동 설정　　　　수동 설정

① 자동 설정 : 심벌의 삽입점을 기준으로 배선이 된다.

② 수동 설정 : 사용자가 선택한 곳에 배선이 된다.

③ 벽에 설치하는 심벌은 수동으로 설정후 배선하며 수평 또는 수직배선을 이용해도 된다. - 콘센트, 전화, TV, 벽 브라켓 등기구 등등

(2) 수평 배선

수평방향으로 배관 및 배선을 할 때 사용한다.

▶ ICON :

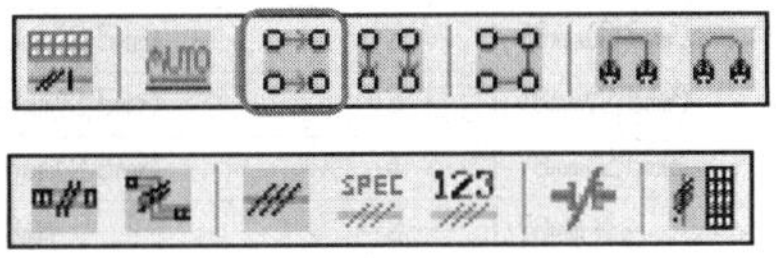

▶ **단축** : W1

①번 Click 후 ②번 지점을 Click Enter 하면 수평으로 배선된다.

(3) 수직 배선

수직방향으로 배관 및 배선할 때 사용한다.

▶ ICON :

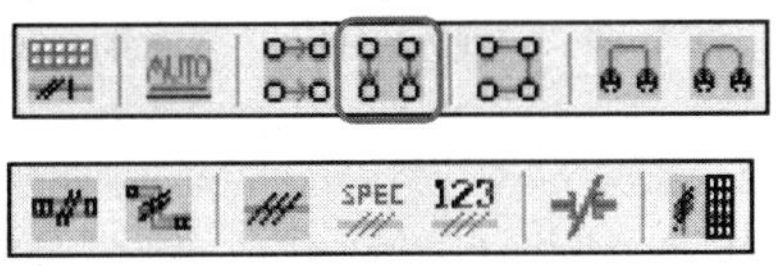

▶ **단축** : W2

①번 Click 후 ②번 지점을 Click Enter 하면 수직으로 배선이 된다.

(4) 연속 배선

심벌간의 배관 및 배선 또는 분전반 귀로배선을 할 때 사용한다.

▶ ICON :

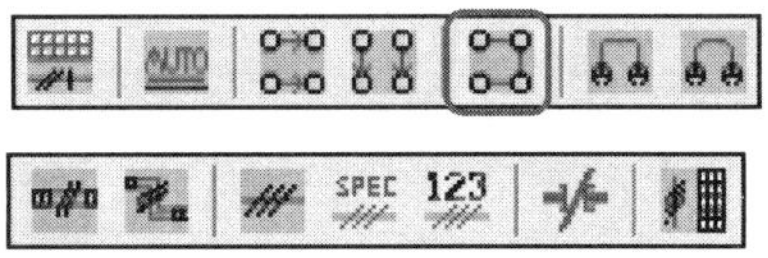

▶ **단축** : W3

(가) 심벌과 심벌간의 배관 및 배선

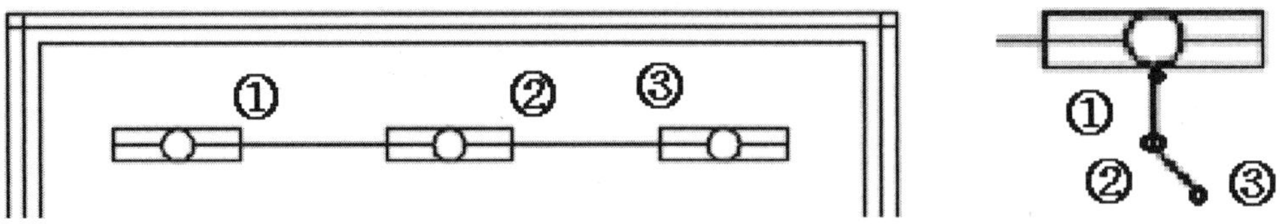

① 시작점 ①번 Click 한 후 연속해서 ②, ③번 순서로 Click 하면 배선이 완료된다.

※ 아래 그림과 같이 벽에 배치된 심벌간의 배선은 배선 Point지정을 수동으로 한 후 배선한다.

배선 Point 자동

Point지정 수동

(나) 분전반 귀로표시 배관·배선

분전반, 전화 단자함 등의 귀로처리 표시할 때 사용한다.

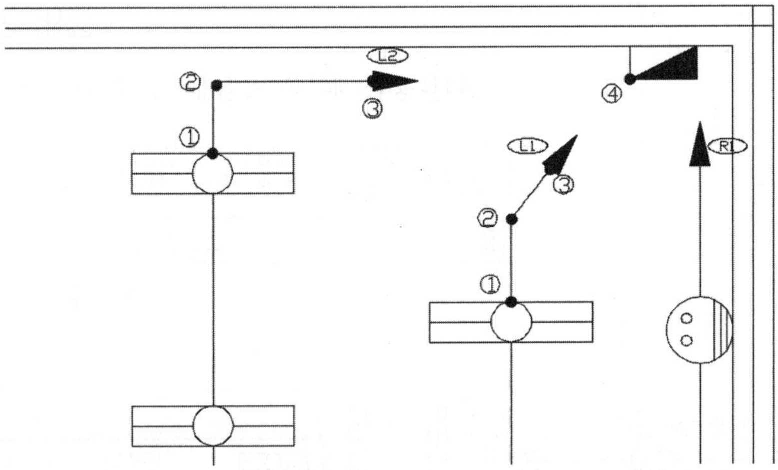

① ①, ②, ③번호 순서대로 선택한다.

② ④분전반을 선택한 후 명령창에 회로 번호(L1, R1 등등)를 입력한 후 Enter

2회로인 경우는 두 번째 회로번호 입력 후 Enter Enter

※ 분전반을 선택하기 직전 점에 귀로표시(화살표)가 생긴다.

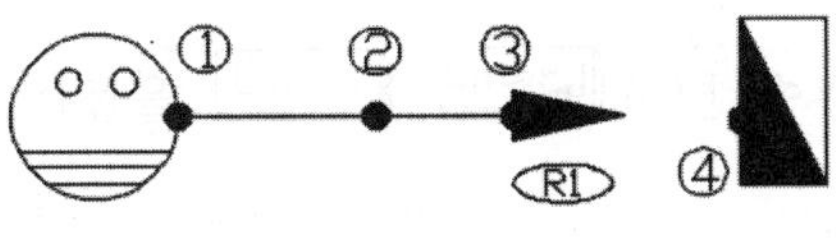

전열회로의 귀로표시

따라서, ④번 분전반을 선택하지 않고 ①, ②, ③번만을 선택 후 Enter 치면 귀로표시가 직선으로만 표시되므로 주의해야 한다.

(5) 'ㄷ' 배선

'ㄷ' 형태로 배선을 할 경우에 사용한다.

▶ ICON :

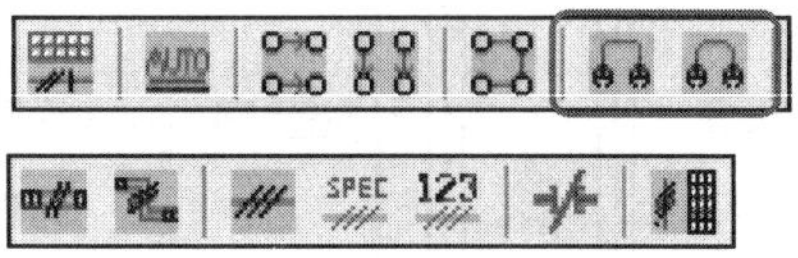

▶ **단축** : W7

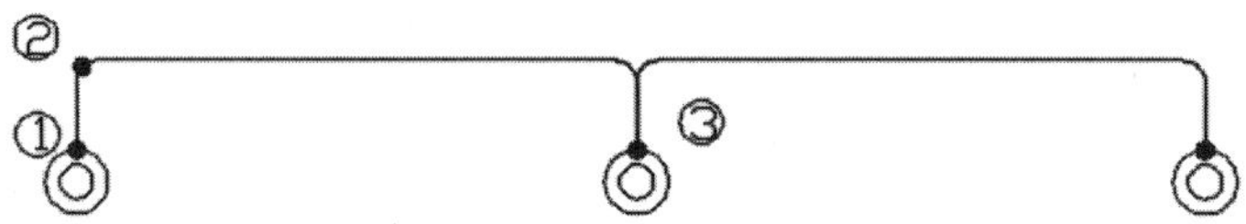

① 시작 심벌을 선택한다. : ①번 Click

② 'ㄷ'형태의 배선방향을 선택한다. : ②번 Click

(방향 선택 후 점을 찍지 않고 높이값을 입력해도 된다.)

③ & ④ 심벌을 연속해서 선택하면 'ㄷ'모양 배선이 그려진다.

※ 수직 배관방향과 대각선 배관방향의 작도 예

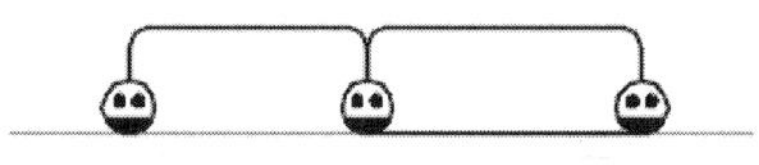

수직 배관방향

대각선 배관방향

(6) 레이스웨이(Raceway) 배관

레이스웨이(Raceway) 배관 표시를 할 때 사용한다.

▶ ICON :

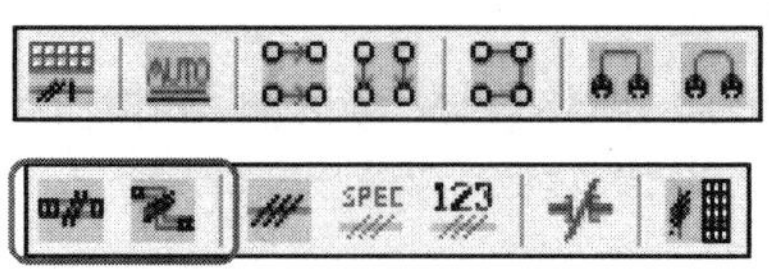

▶ **단축** : W7

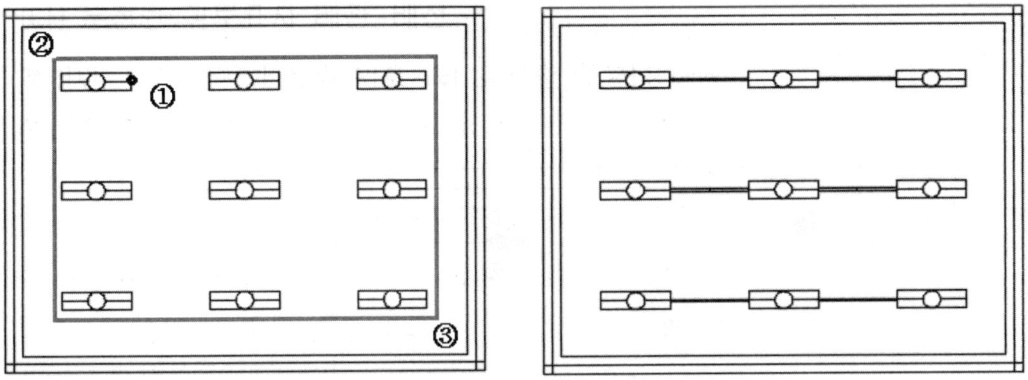

① 배관할 방향을 선택한다. : ①번 Click

② 배관할 영역을 ②번 Click 후 ③번 Click

※ 연속배선과 같이 Raceway 배관시 구간별 연속으로 배선시 사용한다.

(7) 배선 가닥수 교체

전선의 가닥수를 교체할 때 사용한다.

▶ ICON :

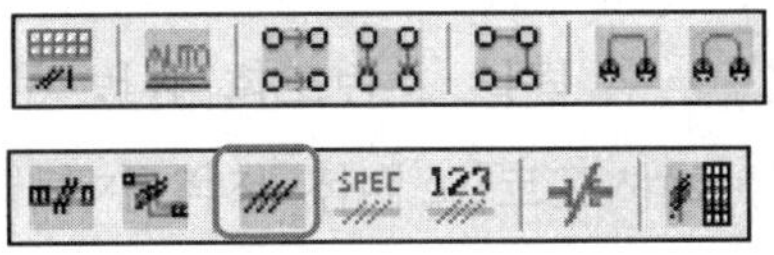

▶ **단축** : WC

명령을 실행하면 다음과 같이 가닥수 교체화면이 나타난다.

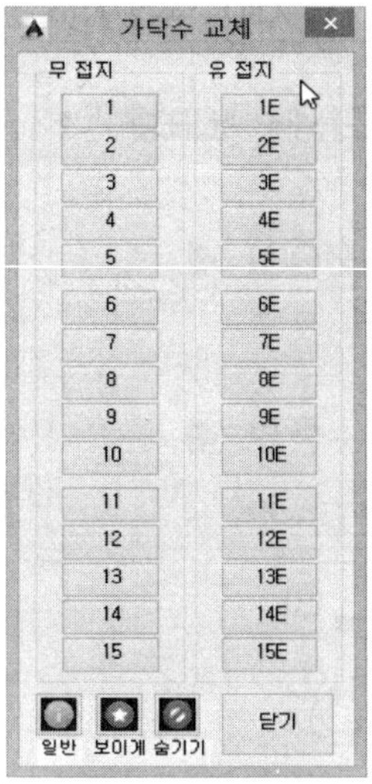

① 무접지(접지가 없는 경우) 또는 유접지(접지가 있는 경우) 중에서 교체할 해당 가닥수를 선택한다.

② 도면에서 교체할 전선가닥수 표시를 선택하여 교체를 완료한다.

㉠ 일반 : 전선 3가닥부터 가닥수를 표현되게 설정.

㉡ 보이게 : 표시하지 않는 1가닥, 2가닥수 표시를 하고자 할 때 설정.

㉢ 숨기기 : 일반배선의 가닥수 표시하지 않게 설정.

(8) 배선규격 표시

전선가닥수를 선택하여 전선 및 전선관 규격을 표시한다.

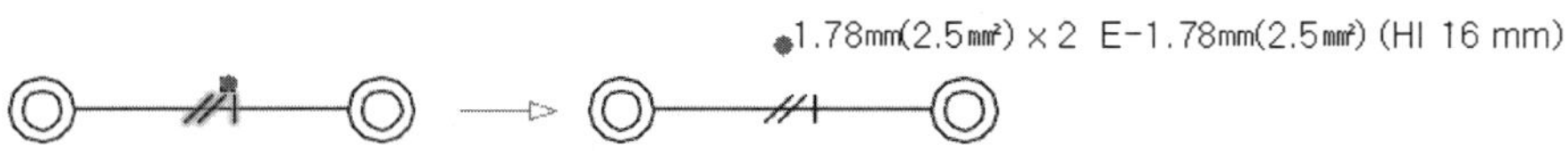

① 규격표시할 해당 전선가닥 표시를 선택한다.

② 규격표시할 위치를 선택하면 표시가 완료된다.

(9) 배선 길이값 표시

심벌과 심벌 사이간의 길이값을 표시한다.

① 길이값 표시할 전선가닥수를 선택한 후 Enter 하면 길이값이 표시된다.

(10) 교차라인 끊기

배관과 배관이 교차하는 지점을 끊기한다.

▶ ICON :

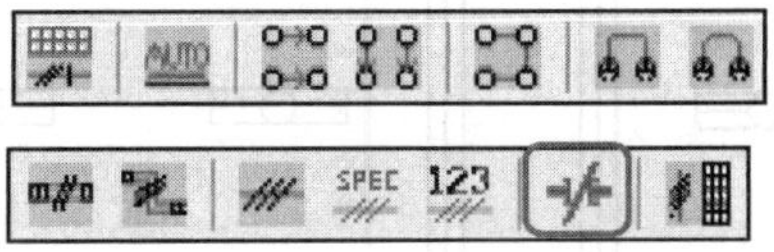

▶ **단축** : ECC

① 교차된 선을 각각 선택하면 끊기가 완료된다.

② 마지막에 선택된 라인이 끊기가 된다.

(11) 배선 범례집 만들기

전선 및 전선관 범례집을 만들 때 사용한다.

▶ ICON :

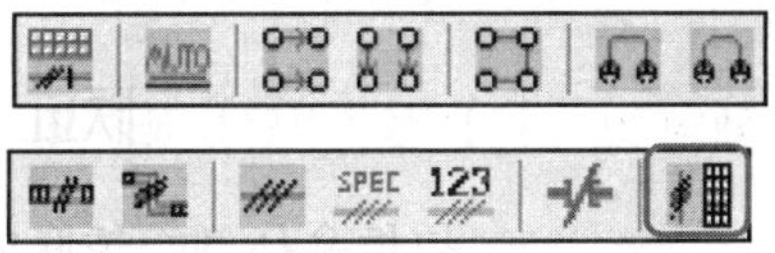

▶ **단축** : WW1

사용방법은 제3장 E-CAD 배선의 배선 범례집을 참고한다.

(12) 기타 명령어

▶ ICON :

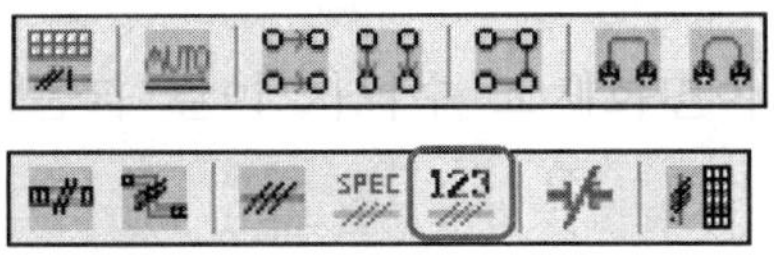

▶ **명령** : ECadWDistText4

(가) 배선 데이터 - ON

OFF시킨 배선 가닥을 "□" 형태의 데이터로 표시한다.

(나) 배선 데이터 - OFF

"□" 형태의 배선 데이터를 안 보이게 한다.

(다) 배선 가닥 ON

보이지 않는 전선 가닥수 표시를 보이게 한다.

(라) 배선 가닥 OFF

표시된 전선 가닥수를 보이지 않도록 한다.

(마) 배선문자 삽입

배관 및 배선에 문자를 삽입할 때 사용한다.

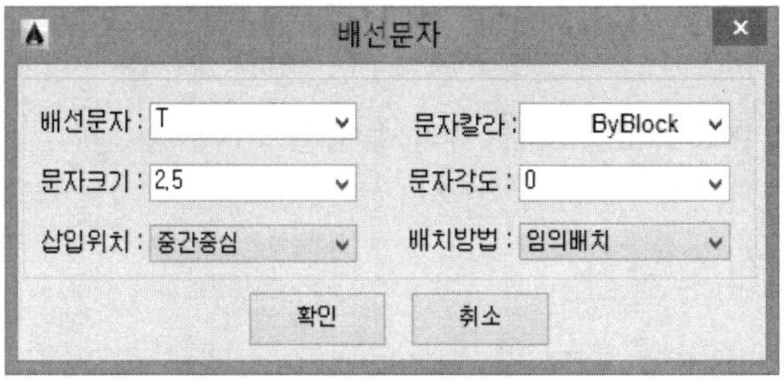

입력할 문자를 선택 또는 입력 후 문자높이, 색상, 각도, 삽입위치를 설정 후 확인을 선택하여 입력할 위치를 선택하면 선이 끊기면서 문자가 입력된다.

Elect CAD 물량 산출 및 환경설정, 기타 기능

제3장

3.1 데이터 분류

견적서를 작성하기 위하여 회로별로 데이터를 분류한다.

▶ ICON : 

▶ **단축** : MM

① 부하명 : Panel 또는 단자함의 이름을 입력한다.

② 회로명 : 회로명을 입력한다.

③ 선택 : 해당회로의 객체를 선택 후 확인을 선택하면 데이터에 체크표시가 된다.

④ 작업할 방법설명 : 기본값은 회로부여이다.

- 부여 : 도면에 작성된 심벌들을 회로별로 선택하여 회로부여를 한다.
- 점검 : 회로가 부여된 심벌들을 회로별로 다시 찾을 때 사용한다.
- 미등록 점검 : 도면 전체를 선택하면 누락된 심벌에 "√" 체크표시가 나타난다. "√" 체크 심벌만 회로부여를 다시한다.
- 등록해제 : 부여된 회로번호를 초기화 한다.

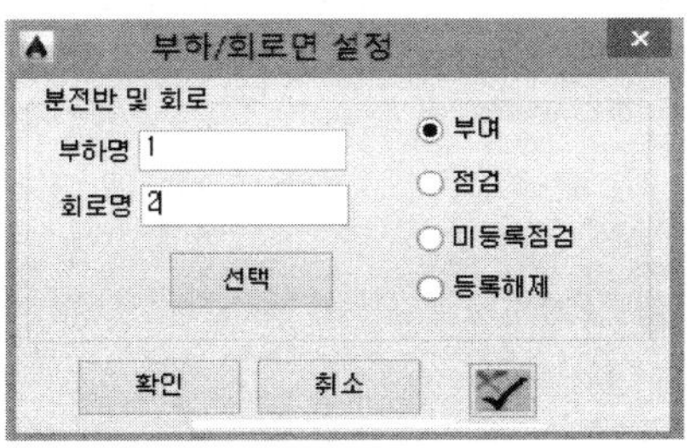

3.2 도면 데이터 작성 데이터 내보내기(BOM)

▶ ICON : 

▶ **단축** : MMM

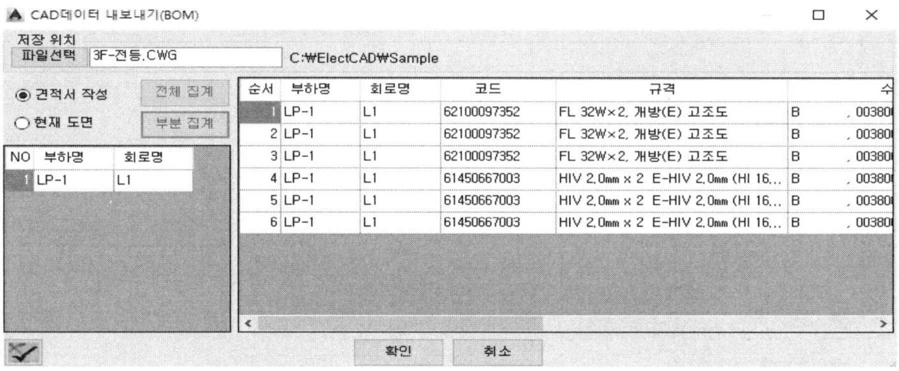

파일선택 : 현재 도면이름으로 저장되며 수정할 경우 파일선택을 선택하여 다른 폴더에도 저장을 할 수 있다.

① 전체집계, 부분집계 : 파일 전체 또는 선택한 부분만 집계한다.

② 현재도면 : 현재파일에서 엑셀로 물량산출조서 및 집계표 작성시 사용한다.

③ 분전반 및 회로번호가 없는 항목은 데이터 분류를 다시 해야 한다.

④ 파일명을 입력 후 확인을 선택하면 “oo.CWG”로 저장이 된다.

3.3 산출조서, 판넬 물량집계, 전체 물량집계, 물량 체크표시 삭제

캐드 상에서 물량산출조서 및 물량집계표를 엑셀로 변환하여 사용한다.

▶ ICON : 

▶ **명령** : _ECadBomOutputList(**산출조서**),
_ECadBomAreaList(**물량집계**)
_ECadBomALLOutList(**전체물량집계**)
_ECadChkPointDel(**물량체크표시삭제**)

산출조서

데이터 읽기 | 엑셀변환 | 닫기

순서	부하명	회로명	가닥수	코드	품명	규격	단위	산출서	소계	합계
1	LP-1	L1	1	59751467012	경질비닐전선관	HI 16 mm	M	(2,6*9)	23,4	23,4
2	LP-1	L1	1	61450667003	2 - 천정은폐 배선	No Search	M	(1,3*12)+(2,6*9)	39	39
3	LP-1	L1	2	61450667003	2 - 천정은폐 배선	No Search	M	(1,3*12)+(2,6*9)	39	78
4	LP-1	L1	1	59753017003	1종금속제가요전선관	16 mm 일반-비방수	M	[1,3*12]	15,6	15,6
5	LP-1	L1		62100097352	매입형 형광등기구	FL 32W×2, 개방(E) 고...	개	12	12	12

산출조서

분전반및 회로별 - 물량집계

데이터 읽기 | 엑셀변환 | 닫기

순서	부하명	회로명	코드	품명	규격	단위	수량
1	LP-1	L1	62100097352	매입형 형광등기구	FL 32W×2, 개방(E) 고조도	개	12
2	LP-1	L1	59751467012	경질비닐전선관	HI 16 mm	M	23,4
3	LP-1	L1	61450667003	2 - 천정은폐 배선	No Search	M	116,9
4	LP-1	L1	59753017003	1종금속제가요전선관	16 mm 일반-비방수	M	15,6

판넬별 물량집계

전체 물량집계

데이터 읽기 | 엑셀변환 | 닫기

순서	코드	품명	규격	단위	수량
1	62100097352	매입형 형광등기구	FL 32W×2, 개방(E) 고조도	개	12
2	59751467012	경질비닐전선관	HI 16 mm	M	23,4
3	61450667003	2 - 천정은폐 배선	No Search	M	116,9
4	59753017003	1종금속제가요전선관	16 mm 일반-비방수	M	15,6

전체 물량집계

 회로지정을 한 후 심벌 또는 전선가닥수 √표시된 기호를 삭제한다.

3.4 범례집 설정

조명기구, 일반, 수변전, 배관의 범례집에 대한 세부 분류를 만든다.

▶ ICON : 

▶ **단축** : BS

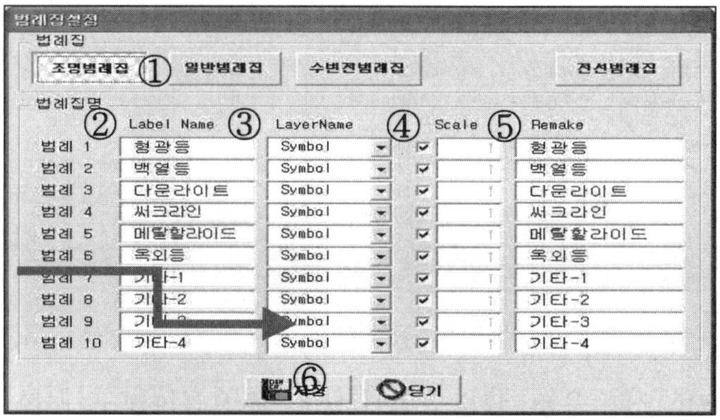

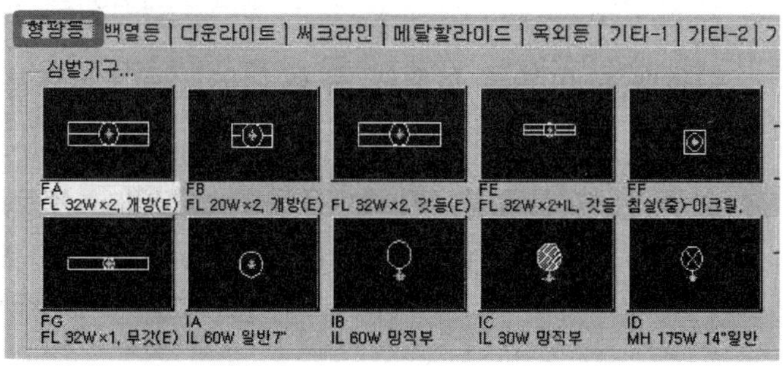

① 조명, 일반, 수변전, 전선 범례집에서 해당 항목을 선택한다.

② 해당 범례집 안에서의 범례를 나타내며 수정 가능하다.

③ 해당 범례에 대한 Layer를 설정한다.

(예) symbol, wire 등

④ 도면에서 심벌 삽입시 크기를 수정한다.

체크하게 되면 심벌의 크기는 기본 설정값대로 적용된다.

(예) 심벌의 크기를 사용자화 할 때는 체크표시를 해제 후 SCALE 값을 조정한다.

⑤ 분류를 상세히 나타낼 때 사용한다.

⑥ 설정을 변경한 후에는 저장한 후 사용한다.

3.5 배선 기초값 설정

배선, 배관 및 귀로 표시에 대한 값을 설정한다.

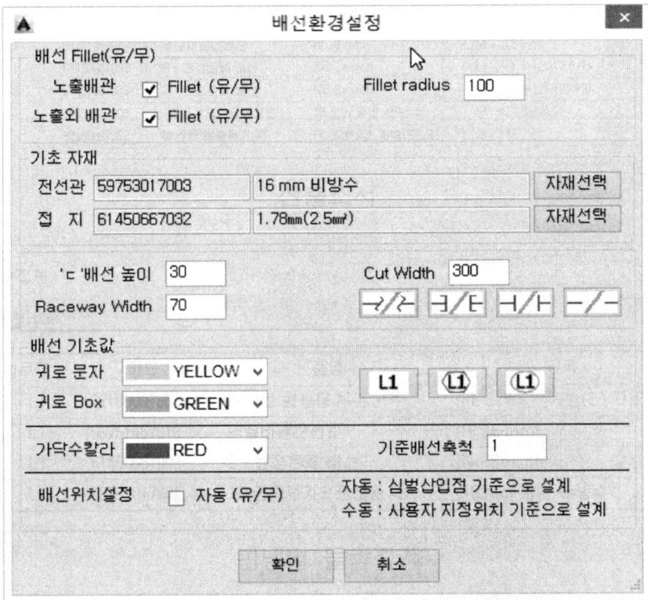

① 배선 Fillet(유/무) : 배관을 그릴 때 모깎기(fillet) 여부를 설정한다.(체크 : 유)

② Fillet radius : 배관의 모깎기(fillet)의 반지름을 설정한다.

③ 기초자재 : 2가닥 배선 후 2가닥 접지선이 있는 것으로 가닥수 변경시 기본값 설정.

④ "ㄷ"배선 높이 : 배선을 할 때 "ㄷ"자 형태 배관의 높이를 설정한다.

⑤ Raceway Width : 레이스 배관의 폭을 설정한다.

⑥ Cut Width : 배선과 배선이 교차할 때 끊는 폭(cut width) 및 형태를 설정한다.

⑦ 가닥수 칼라 : 전선가닥수의 색상을 설정한다.

⑧ 배선기초값 : 각종 회로표시의 모양 및 칼라를 설정한다.

⑨ 배선위치설정 : 배선 가닥수의 위치를 자동 및 수동으로 설정한다.

3.6 지원파일 검색경로 설정

새로운 심벌 및 도면 Sheet, 폰트 등의 각종지원 경로를 설정한다.

- ▶ ICON : 
- ▶ **단축** : UN

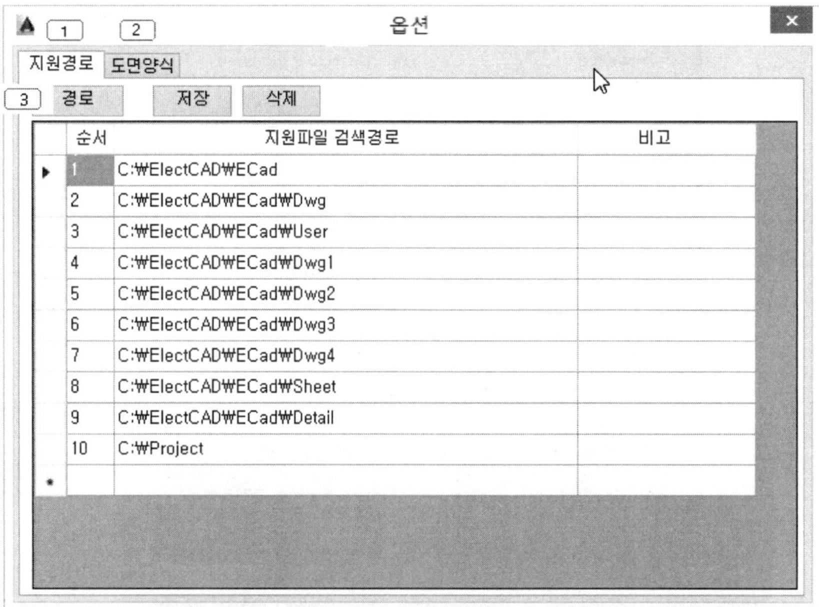

① 새로운 심벌, 폰트 등의 경로를 설정한다.

② 사용자 도면양식의 경로를 설정한다.

㉠ 기본경로 : c:₩ElectCAD₩ECad₩Sheet

㉡ 기존 등록된 Sheet파일을 복사하여 붙여넣기 후 파일 이름만 바꾼 후 경로만 설정하여 사용할 수 있다.

㉢ 새로운 Sheet를 만들 때는 양식 크기를 273×184로 한다.

③ 경로를 선택하여 해당 경로를 선택 후 저장을 한다.

㉠ Sheet 및 심벌, 폰트 등을 등록할 위치를 지정한 후 경로를 선택한다.

㉡ Sheet 및 심벌, 폰트 파일이 등록된 경로를 찾아 등록한다.

3.7 단축키 설정

명령실행을 단축키를 이용하여 사용할 때 사용한다.

▶ ICON : 

▶ **단축** : HK

① 단축키 설정의 항목을 나타낸다.

② 사용할 단축키의 명령을 입력한다.

③ CAD명령어를 입력한다.(명령창에서 복사하여 사용)

④ 명령 행에 나타낼 이름을 입력한다.(생략 가능)

⑤ 단축키 입력이 끝났으면 저장한다.

⑥ "HOTKEY 생성"을 선택하여야만 단축키 명령을 사용할 수 있다.

※ 단축키 명령이 중복되어서는 안된다.(위에서 작성한 단축키가 가장 우선한다)
기존 단축키를 수정하여 사용할 수 있다.

3.8 CAD 시스템 변수 관리

CAD 시스템의 각종 변수에 대한 값을 설정한다.

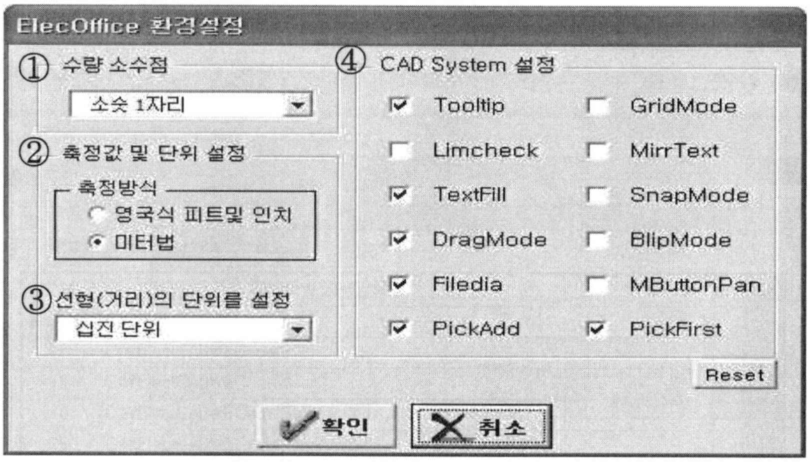

① 소수점 자리수를 나타낸다.

② 단위설정 방범을 나타낸다.(기본 미터법)

③ 선형(거리)의 단위 설정을 나타낸다.(기본 십진 단위)

④ CAD 시스템(변수) 설정값을 나타낸다.

- Tooltip : 아이콘 내용 설명 설정
- Limcheck : 도면한계 외부에서의 객체 작성을 조정
- TextFill : 문자내부 채우기 설정
- DragMode : DragMode를 설정
- Filedia : 명령행과 대화상자 선택을 설정
- PickAdd : 객체를 선택하는 방법 설정
- MirrText : 문자의 mirror를 설정
- SnapMode : 제도 설정값 설정
- BlipMode : 작업 포인트 표시 설정
- MButtonPan : 마우스의 휠을 Osanp 또는 Pan으로 설정
- PickFirst : 객체선택 방법 설정

3.9 Layer 관리

선택된 도면층을 관리한다.

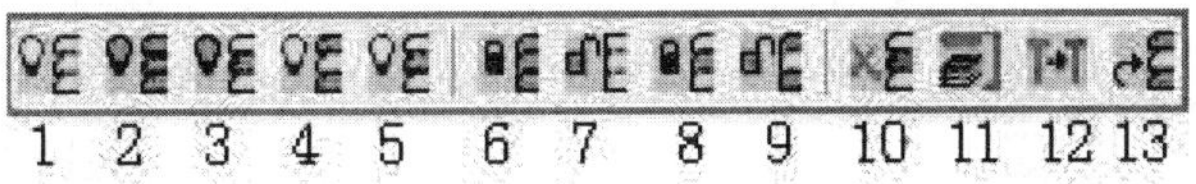

① **전체 레이어** - ON

레이어 전체를 ON 할 때 사용한다.

② **전체 레이어** - OFF

레이어 전체를 OFF 할 때 사용한다.

③ **선택된 레이어** - OFF

선택된 레이어만을 OFF 할 때 사용한다.

④ **선택된 레이어** ON, **나머지** OFF

선택된 레이어는 ON하고 나머지 레이어는 OFF 할 때 사용한다.

⑤ **선택된 레이어** OFF, **나머지** ON

선택된 레이어는 OFF하고 나머지 레이어는 ON 할 때 사용한다.

⑥ **전체 레이어** Lock

전체 레이어를 잠글때 사용한다.

⑦ **전체 레이어** UnLock

전체 레이어의 잠금을 해제할 때 사용한다.

⑧ **선택된 레이어** Lock

선택된 레이어만을 잠글때 사용한다.

⑨ **선택된 레이어** UnLock

선택된 레이어의 잠금을 해제할 때 사용한다.

⑩ **레이어 삭제**

도면층을 삭제한다.

⑪ **선택된 레이어로 변경**

사용하고자 하는 레이어로 설정 후 작업을 하면 도면층이 바뀌지 않고 작업한다.

⑫ **선택된 레이어 색상 변경**

선택한 레이어 색상을 변경한다.

⑬ **선택된 레이어로 변경**

선택한 도면층으로 변경한다.

3.10 편집관리

도면을 작도할 해당 대상물을 부분적으로 삭제할 때 사용한다.

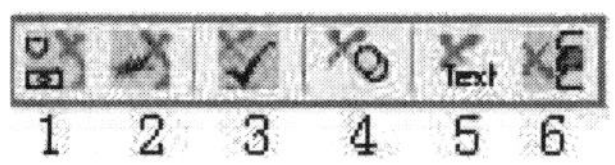

① **심벌 삭제** : **단축키** - E3

도면에서 심벌만 삭제할 때 사용한다.

② **배선** Line**삭제** : **단축키** - E2

배선관련 Line 및 가닥 수 표시를 삭제할 때 사용한다.

③ **데이터 체크표시 삭제**

물량산출의 데이터 분류 후 심벌 또는 가닥수표시에 체크표시된 기호를 삭제한다.

④ **중복객체 삭제** : **단축키** - EbLO

중복된 심벌 또한 객체를 삭제한다.

⑤ **텍스트 삭제** : **단축키** - E1

작업도면에서 문자만 삭제할 때 사용한다.

⑥ **선택된 도면층 삭제**

작업도면에서 선택한 도면층을 삭제할 때 사용한다.

⑦ **속성 삭제** : **단축키** - EATT

작업도면에서 E-Cad 속성을 삭제한다.

제4장

Elect CAD 시퀀스도 작성

4.1 시퀀스 심벌 범례집

수변전설비 및 일반 회로 도면을 작성할 때 사용한다.

▶ ICON : 

▶ **단축** : S3

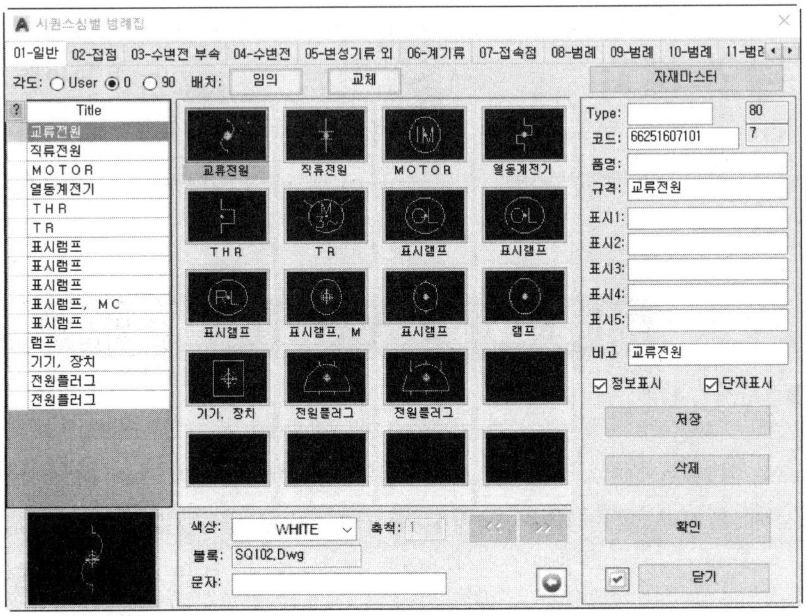

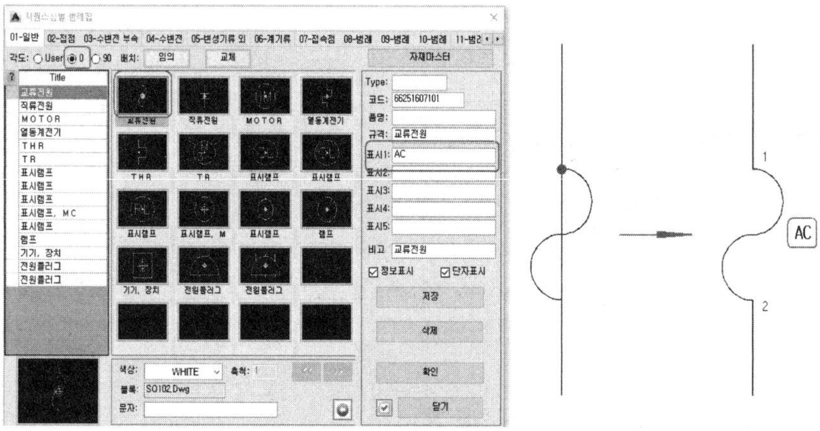

① 5-6 기호라인 그리기를 이용하여 보조선을 그린 후 작도하면 편리하다.

② 심벌 삽입 각도

㉠ User : 삽입각도를 사용자화 하여 배치한다.

㉡ 0, 90 : 심벌이 곧바로 배치되며 SpaceBar를 엔터하면서 배치 방향을 바꾸면서 배치할 수 있다.

※ 기타 사용방법은 조명심벌 및 일반심벌 범례집을 참조한다.

4.2 임의 배치

심벌을 한 개씩 각각 배치할 때 사용하며 아래 방법은 삽입각도을 User로 한 경우의 예제이다.

▶ ICON : 

▶ **단축** : D2

범례집에서 심벌을 선택 후 배치할 지점을 선택하면 보조선을 끊어면서 바로 배치되며 속성에 문자가 있는 경우 설정된 문자가 자동 입력된다.

4.3 다중선 그리기

다중선을 그릴 때 사용한다.

▶ ICON : 

▶ **단축** : MT Line

① 다중선의 수를 입력한다 : 5 Enter

② 선 간격을 입력한다 : 600 Enter

③ 수직 또는 수평으로 ① Click 후 ② Click 하면 다중선이 그려진다.

4.4 접속점

접속점을 그릴 때 사용한다. - 시퀀스 작도에 주로 적용된다.

▶ ICON : 

▶ **명령** : Donut(**단축키 없음**)

① 도넛의 내부 지름 지정 <0.5000> : 0

② 도넛의 외부 지름 지정 <1.0000> : 10

③ 접속점을 삽입한다.

※ Osnap(교차점)을 미리 설정해 놓고 작도하면 편리하다.

4.5 그리드, 스냅 설정

각종 회로도를 작성할 때 편리하게 사용할 수 있다.

▶ ICON : 

▶ **명령** : Cad Grid Snap Set.(**단축키 없음**)

① 현재 상태의 Grid 및 Snap값을 나타낸다.

② Grid 및 Snap값을 입력한다.

예제 시퀀스도 따라하기

(1) CAD 디자인 설정

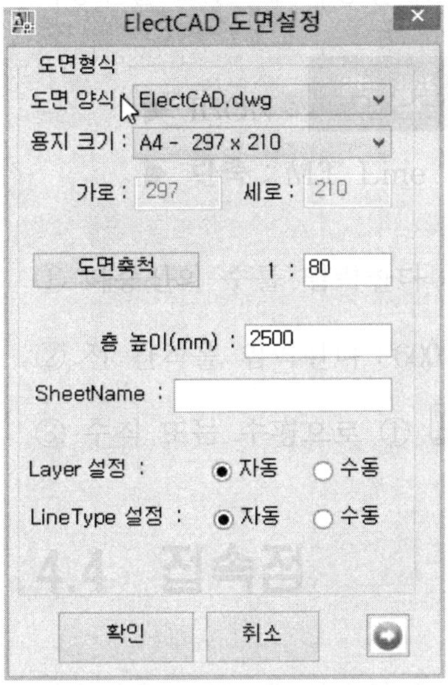

① Pop Up Menu의 파일→CAD 디자인 설정
② 도면양식 설정 : ElectCAD.dwg
③ 용지 크기를 선택 : A4
④ 도면 축척 : 80
⑤ 확인을 선택한다.
⑥ 저장 파일이름은 SEQ-1로 한다.

(2) 그리드, 스냅 설정(F7, F9)

① 시퀀스 Tool Bar  을 선택한다.

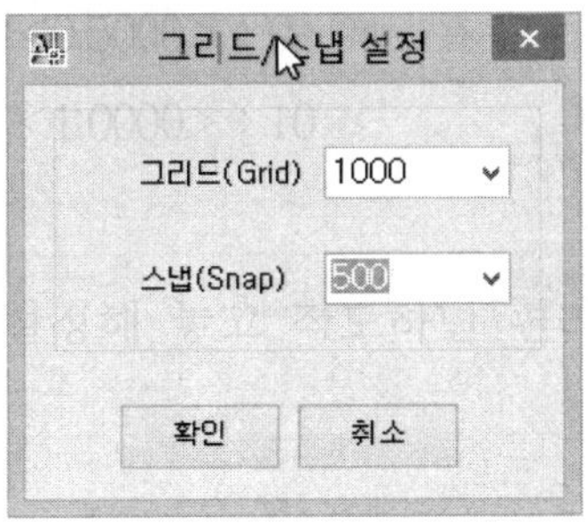

그리드 간격 : 1000, 스냅 간격 : 500으로 설정 후 확인한다.

(3) 보조선 그리기

① 시퀀스 Tool Bar 에서 을 선택하여 보조선을 그린다.

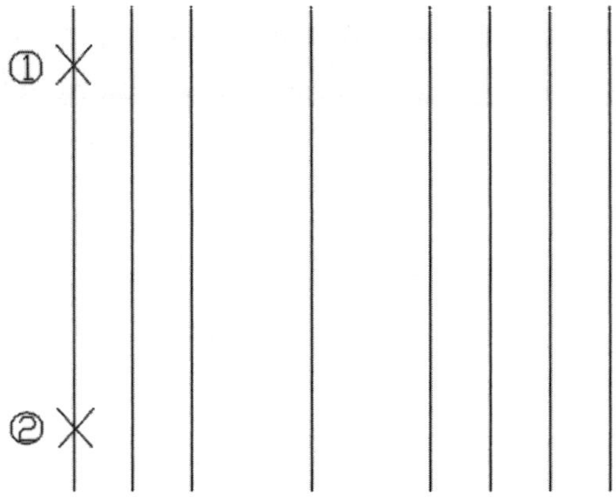

보조선에 심벌을 삽입하면 선이 잘리면서 삽입이 된다.

② 명령 창에 아래의 순서로 입력한다.

㉠ MTLine 라인 수 < 2 > : 7 Enter

㉡ 라인 간격 < 500 > : 2000 Enter

㉢ 라인 시작점 : 1번 선택

㉣ 라인의 끝점 : 2번 선택 Enter

㉤ 그림과 같이 선이 그려진다.

(4) 시퀀스 심벌 배치하기

① 시퀀스 Tool Bar 에서 을 Click

② MCCB 심벌을 선택하여 기본 설정값을 확인 후 임의배치를 선택한다.

③ 삽입할 보조선 위를 선택한다.

④ 범례집에서 MC 심벌을 선택한다.

⑤ 임의배치를 이용하여 심벌을 배치한다.

⑥ THR, MOTOR심벌도 위와 같은 방법으로 배치한다.

⑦ 아래 같이 배치가 완료되면 편집을 한다.

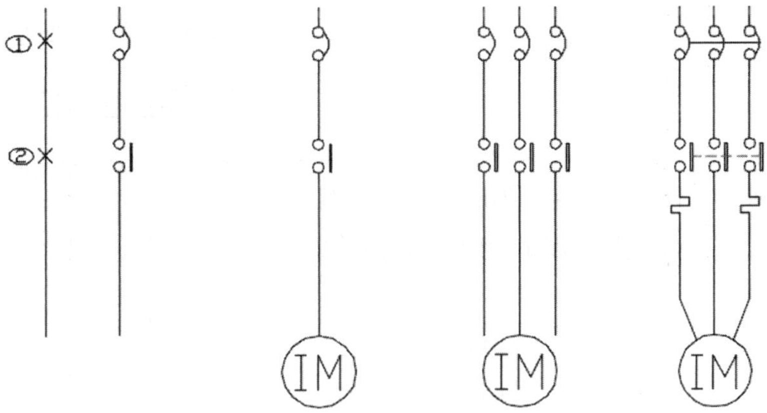

㉠ 완성된 단선도 형태의 심벌배치도를 나타낸다.

㉡ 복사명령을 이용하여 복선도 형태로 만든다.

㉢ MOTOR부분을 연장(Extend) 명령을 이용하여 편집을 한다.

⑧ 나머지 부분의 심벌을 아래와 같이 배치를 완료한다.

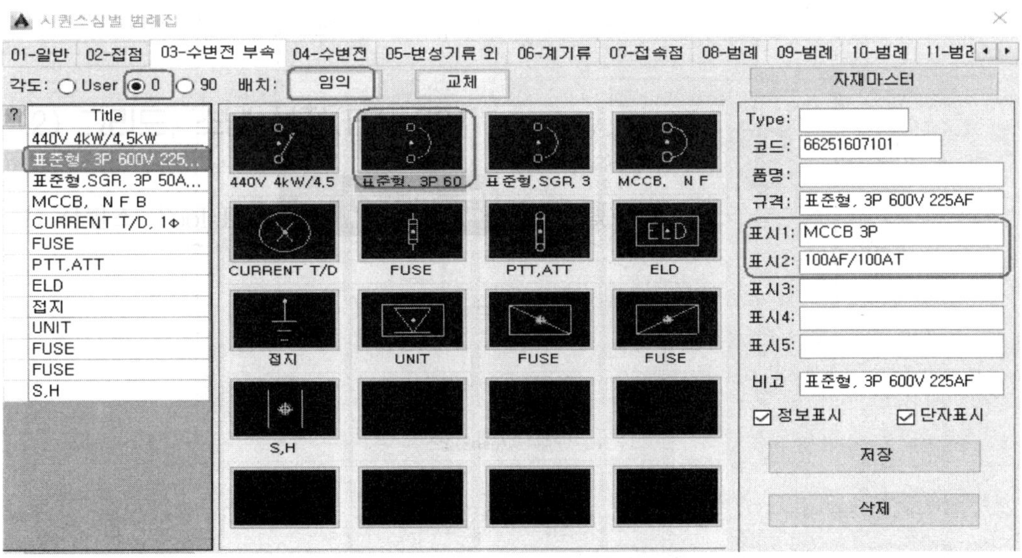

* 자재마스터에 없는 일부 심벌은 user가 작성하여 등록 사용할 수 있다.

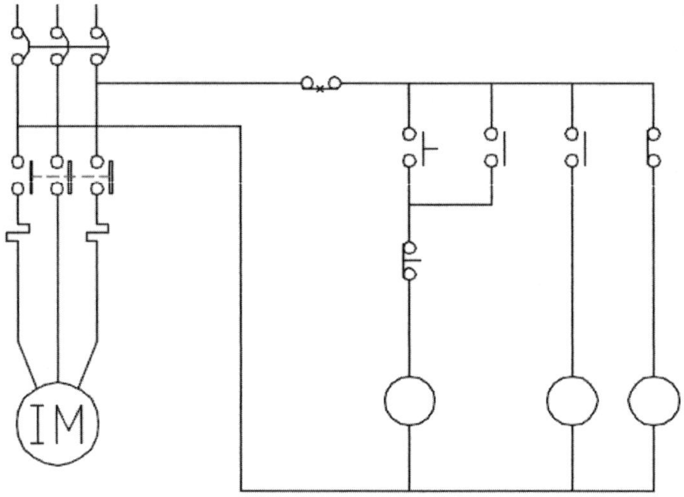

⑨ 회로도 형태를 완성시킨다.(회로의 접속점에는 점을 찍는다)

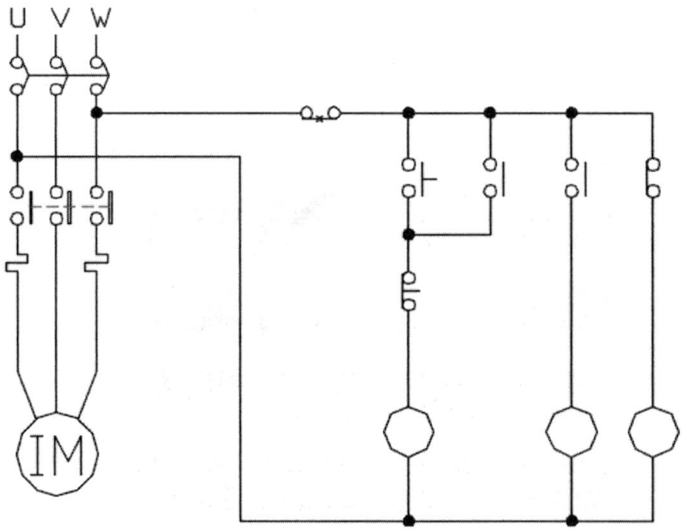

(5) TEXT 입력하기

① 속성이 없는 심벌인 경우 TEXT 명령을 이용하여 문자를 기입한다 : 높이는 250

② 먼저 MC를 입력 후 전체 심벌에 복사하여 붙여넣기를 한다.

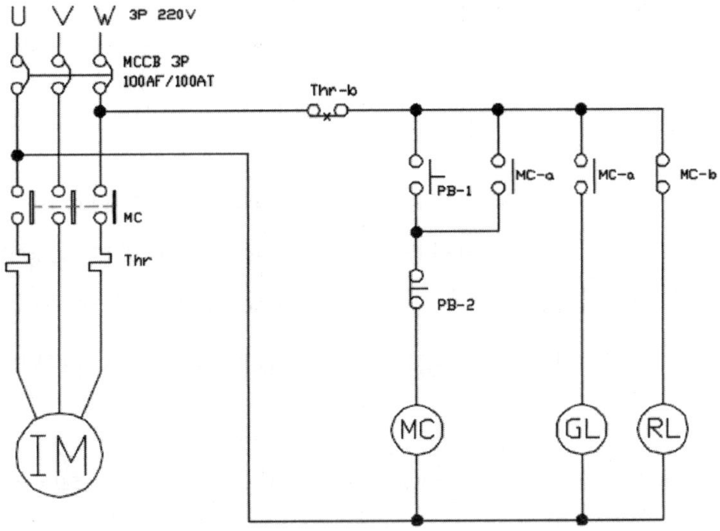

(6) 접속점 그리기

① 시퀀스 Tool Bar 에서 을 선택한다.

② 회로와 회로의 교차점에 접속점 심벌을 삽입한다.

㉠ 명령 : DONUT

㉡ 도넛의 내접원 지름<0.0000> : 0

㉢ 도넛의 외접원 지름<200.0000> : 150

㉣ 도넛의 중심점 지정 : 각각 배선의 접속점(Osnap 교차점)을 선택한다.

* 접속점 그리기 실습은 다음 실습 작성과 함께 익힌다.

실습 다음의 시퀀스 회로도를 Elect CAD 또는 Auto CAD를 이용하여 작성하시오.

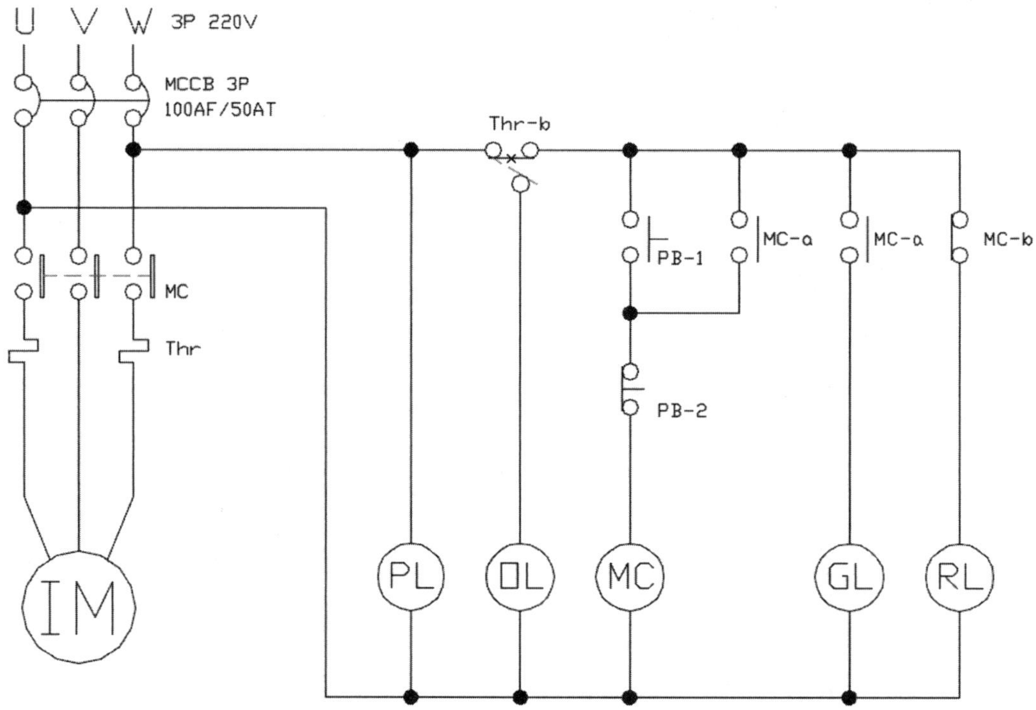

제5장

건축 도면 그리기

5.1 중심선 그리기

도면의 중심선을 그릴 때 사용한다.

▶ ICON : 

▶ **단축** : AA1

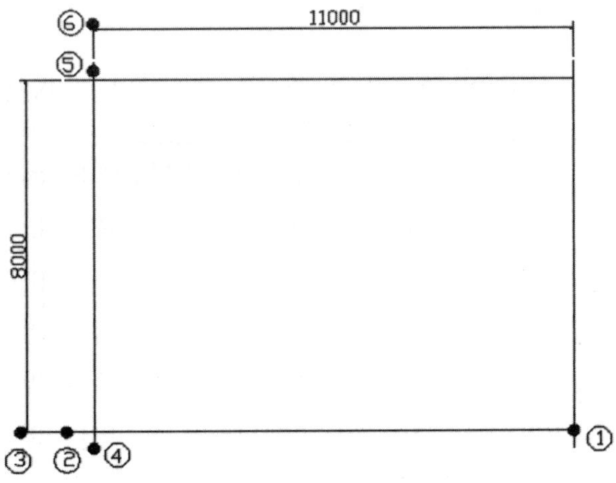

(1) 가로선의 경우

① 중심선의 시작점 : 1번 Click

② 중심선의 끝점 : 2번 Click

③ 치수선의 위치점 : 3번 Click

④ 다음 중심선까지의 거리 : 8000 입력 후 Enter

⑤ 다음 중심선까지의 거리 : Enter – 중심선이 두개 이상인 경우는 전체 길이 값이 자동으로 입력된다.

(2) 세로선의 경우

① 세로선의 경우와 같은 방식으로 4, 5 그리고 6을 차례로 Click

② 다음 중심선까지의 거리 : 11000을 입력 후 Enter

5.2 사면벽체

도면의 외곽 벽체를 그릴 때 사용한다.

▶ ICON : 

▶ **단축** : AA2

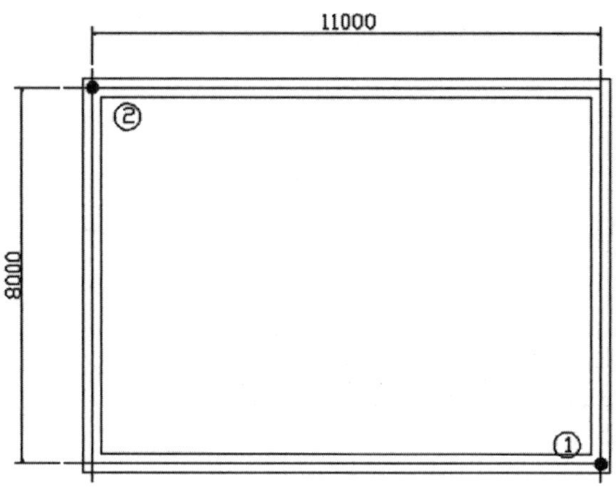

① 벽체 폭을 입력 : 200 입력 후 Enter

② 첫 번째 코너(교차점 클릭) 1번 Click

③ 두 번째 코너(교차점 클릭) 2번 Click 하면 벽체가 그려진다.

5.3 연속 벽체 그리기

일반 벽체를 그릴 때 사용하며 연속해서도 그릴 수가 있다.

▶ ICON : 

▶ **단축** : AA3

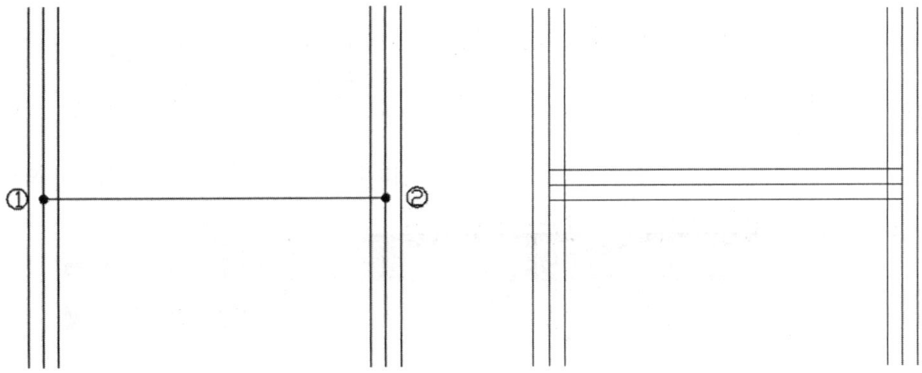

① 벽체 폭 : 200 - 벽의 두께를 입력한 후 Enter

② 첫 번째 벽체의 안쪽(교차점 클릭)을 선택한다. - ①번 Click

③ 다음 벽체의 안쪽(교차점 또는 수직 점)을 선택한다. - ②번 Click Enter

· 연속해서 벽체를 그릴 경우는 그리고자 하는 지점을 연속해서 Click 하면 된다.

5.4 외 여닫이문 – 한쪽 문

외 여닫이문을 그릴 때 사용한다.

▶ ICON : 

▶ **단축** : AA4

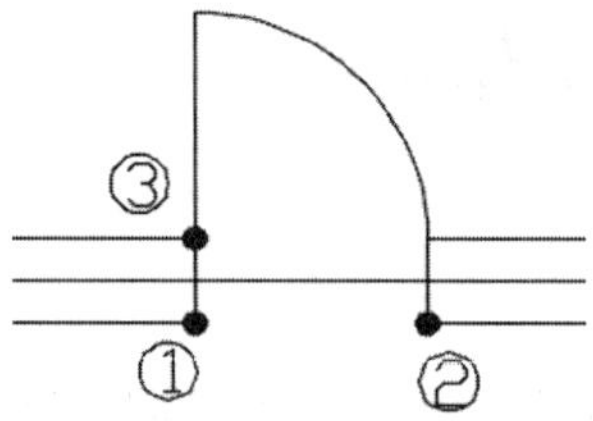

① 문폭을 입력 : 900 Enter

② 문틀 삽입점을 선택 : ①번 지점 Click(문을 미는 쪽)

③ 문틀의 삽입방향 : ②번 지점 Click(손잡이 부분)

· 문이 열리는 방향의 선위점 : ③번 지점 Click(문틀 삽입점 반대편 벽체)

5.5 쌍 여닫이문 – 두쪽 문

쌍 여닫이 문을 그릴 때 사용한다.

▶ ICON : 

▶ **단축** : AA5

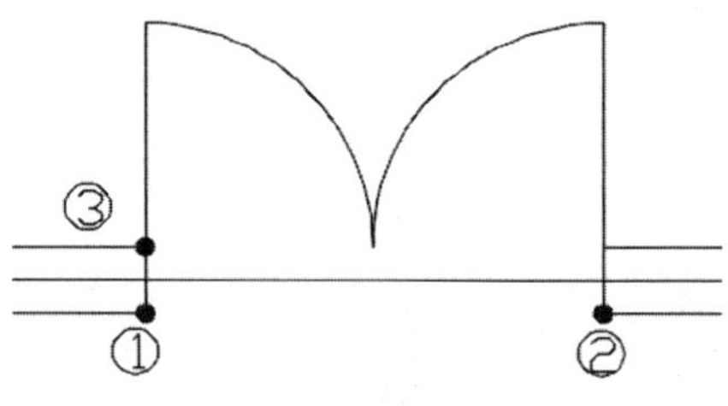

① 쌍 여닫이문의 폭을 입력 : 900 Enter

② 문틀 삽입점을 선택 : ①번 지점 Click(문을 미는 쪽)

③ 문틀의 삽입방향 : ②번 지점 Click(손잡이 부분)

④ 문이 열리는 방향의 선위점 : ③번지점 Click(문틀 삽입점 반대편 벽체)

5.6 창 문

창문을 그릴 때 사용한다.

- ▶ ICON : 
- ▶ **단축** : AA6

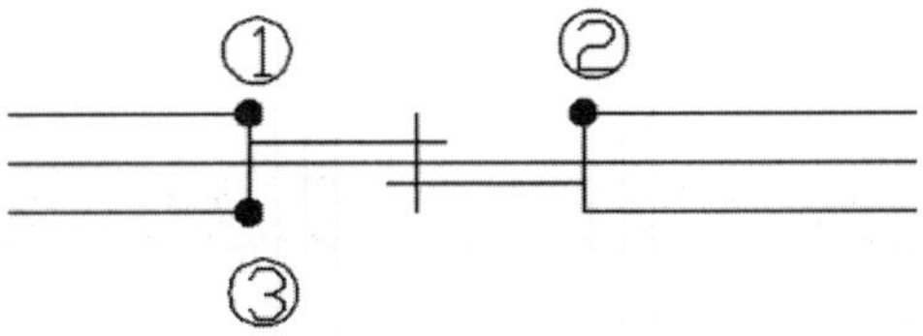

① 창문의 폭을 입력한 후 Enter

② 창문의 삽입점을 선택한다. - ①번 지점 Click

③ 창문이 열린 방향을 선택한다. - ②번 지점 Click

④ 창문 삽입점 반대편 벽체를 선택한다. - ③번 지점 Click

5.7 벽체 끊기

벽체를 끊을때 사용한다.

- ▶ ICON : 
- ▶ **명령** : EcadBrickCut

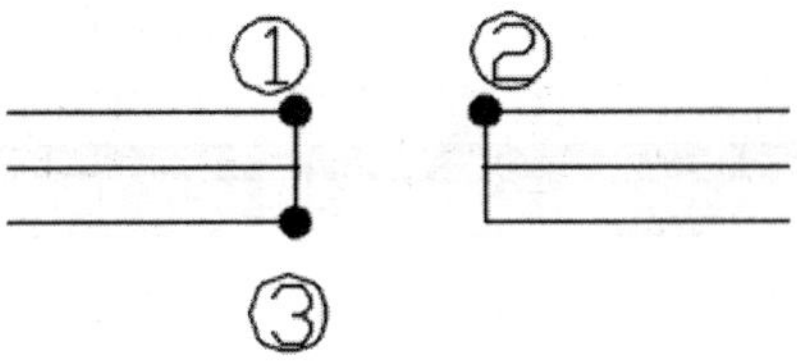

① 끊기할 벽체의 폭을 입력한 후 Enter

② 끊기할 벽체의 첫 번째점을 입력한다. - ①번 지점 Click

③ 두 번째점을 선택한다. - ②번 지점 Click

④ 첫 번째점의 반대편 벽을 선택한다. - ③번 지점 Click

5.8 계 단

계단을 그릴때 사용한다.

▶ ICON : 

▶ **명령** : EcadBrickCount

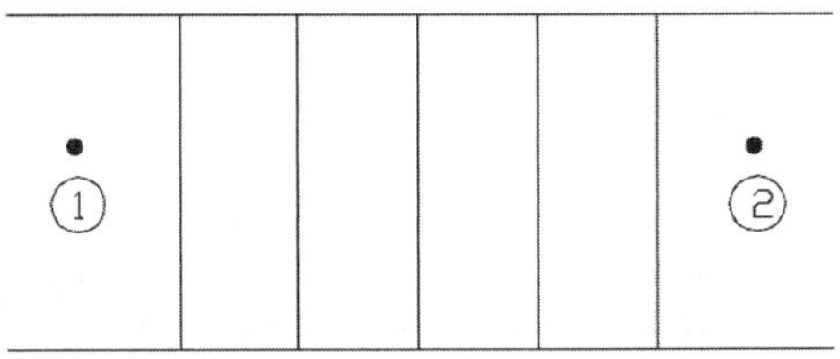

① 계단의 폭을 입력한 후 Enter

② 계단의 시작점을 선택한다. - ①번 지점 Click

③ 계단의 끝점을 선택한다. - ②번 지점 Click

5.9 개구부

점검구, PIT, ELEV 등의 개구부 표시를 할 때 사용한다.

▶ ICON : 

▶ **명령** : EcadBrickElevator

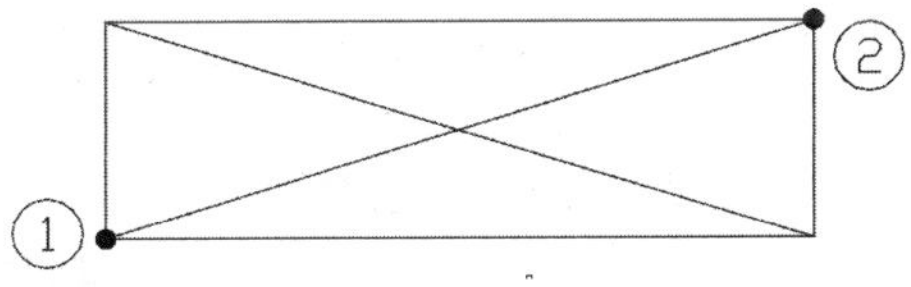

① 개구부의 시작점을 선택한다. - ①번 지점 Click

② 끝점을 선택한다. - ②번 지점 Click

제6장

Elect CAD 따라하기

예제 1 전등설비 -1 따라하기

(1) CAD 디자인 설정

① Pop Up Menu의 E-심벌→CAD 디자인 설정 Click

② 용지 크기를 선택 : A4

③ 도면 축척 입력 : 100

④ 층 높이 입력 : 3600

⑤ 확인을 선택한다.

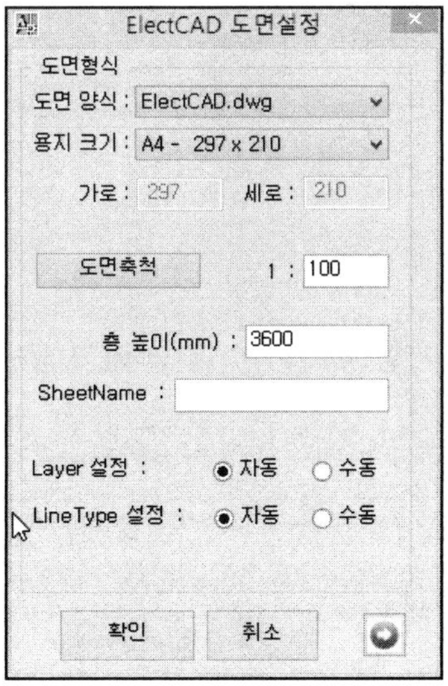

(가) 중심선 그리기

건축설계 Tool Bar  중  선택 아래순서에 따라 중심선을 그린다.

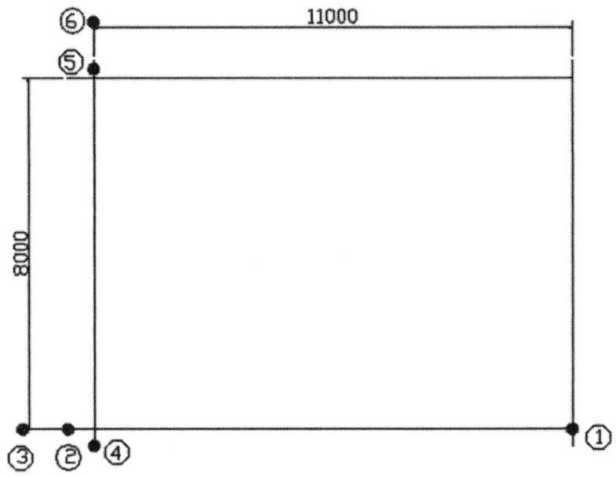

① 가로선의 경우

㉠ 중심선의 시작점 : ① Click

㉡ 중심선의 끝점 : ② Click

㉢ 치수의 끝점 : ③ Click

㉣ 다음 중심선까지의 거리 8000 입력 후 Enter

㉤ 다음 중심선까지의 거리 Enter

② 세로선의 경우

㉠ 가로선의 경우와 같은 방식으로 4, 5 그리고 6을 차례대로 Click

㉡ 거리 입력란에 11000을 입력한 후 Enter

㉢ 거리를 입력하지 않고 Enter를 치면 합계 치수를 나타내어 준다.

(나) 사면벽체 그리기

① 건축설계 Tool Bar 에서 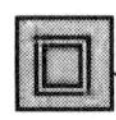을 선택한다.

② 건축도에서 영역 형태의 사면벽체 골조도를 그릴 경우 사용한다.

③ 아래 순서에 따라 벽체를 그린다.

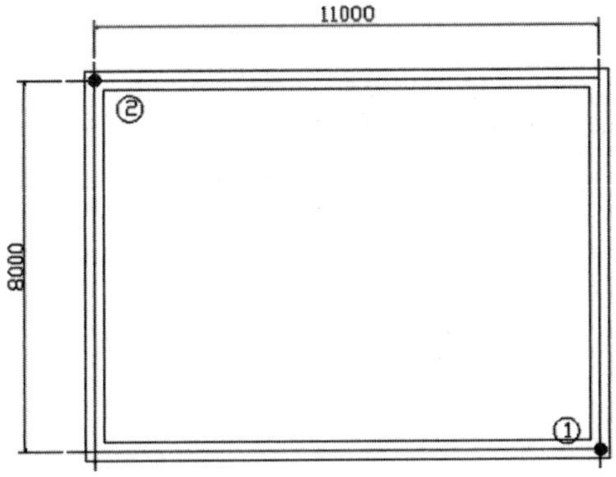

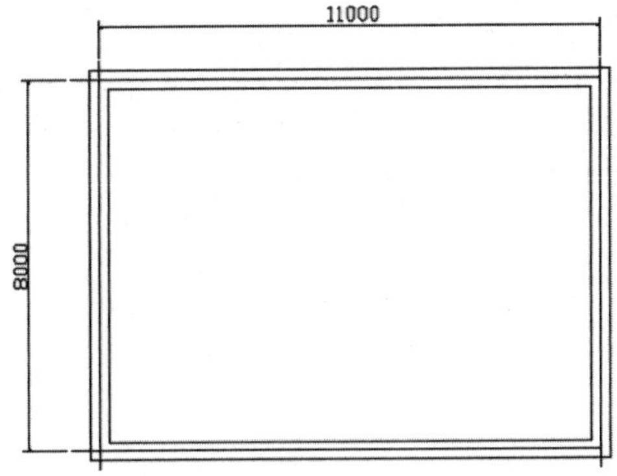

㉠ 벽체 폭(벽의 두께 입력)은 <200> 300입력 후 Enter

㉡ 첫 번째 코너(osnap 교차점) ① Click

㉢ 두 번째 코너(osnap 교차점) ② Click

(다) 건축설계 Tool Bar에서 또는 을 선택한다.

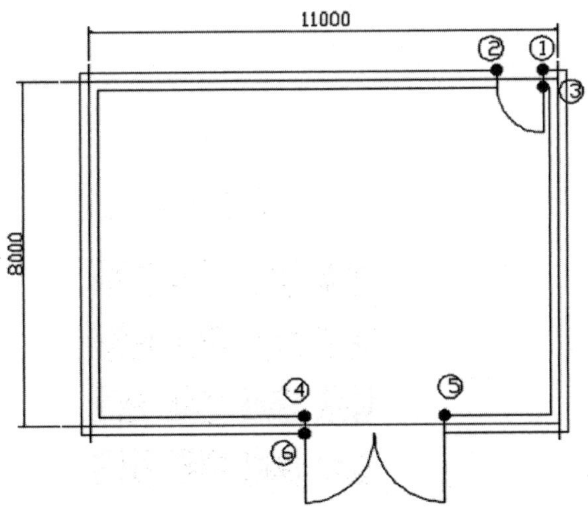

① 외여닫이 문 그리기

㉠ 문틀의 크기(크기 입력) <900> : 900 입력 또는 Enter

㉡ 문틀의 삽입점 : "1" Click

㉢ 문틀의 삽입방향 : "2" Click

㉣ 문이 열리는 방향 : “3” Click

② 쌍여닫이 문 그리기

㉠ 문틀의 크기(전체 문폭 입력) <900> : 900 입력 또는 Enter

㉡ 문틀의 삽입점 : “4” Click

㉢ 문틀의 삽입방향 : “5” Click

㉣ 문이 열리는 방향 : “6” Click

(2) 심벌 배치

(가) 조명기구 심벌의 영역 배치

① 범례 Tool Bar에서 을 선택한다.

㉠ 화면에서 배치하고자 하는 심벌을 선택한다.

㉡ 기구 데이터값 창에 심벌의 속성이 표시된다.

㉢ 각도, 높이, 색상은 수정 가능하다.

㉣ 심벌배치 방법은 현재 화면에서 직접 선택 또는 Tool Bar에 있는 배치방법을 이용한다.

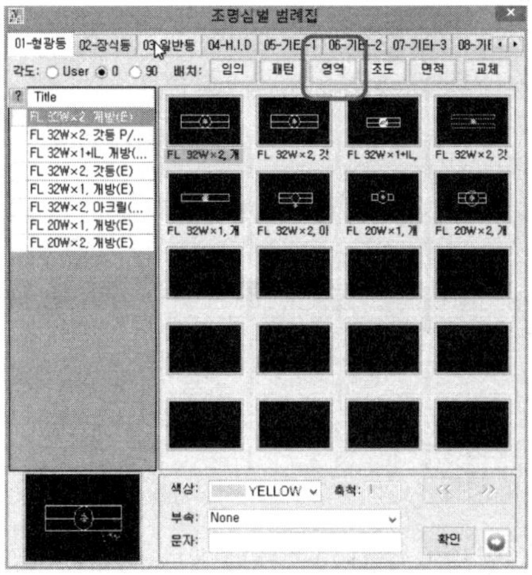

② 아래 순서대로 배치를 한다.

㉠ 앞의 조명기구 선택 DCL 화면에서 배치할 심벌을 선택한다.

㉡ 심벌배치 방법 중 영역 배치를 선택한 후 “확인”을 한다.

㉢ 마우스로 1번 코너 그리고 2번 코너 Click

㉣ 오른쪽과 같은 DCL 화면이 나타나면

- X, Y 방향개수를 2개씩 입력한다.
- 확인 버튼 Click – 심벌 배치가 완료된다.

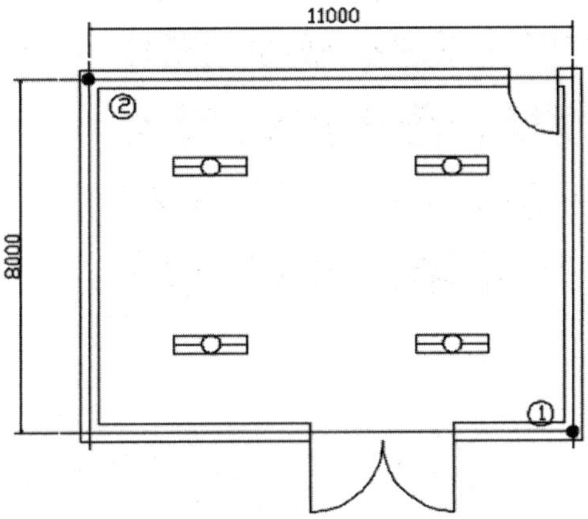

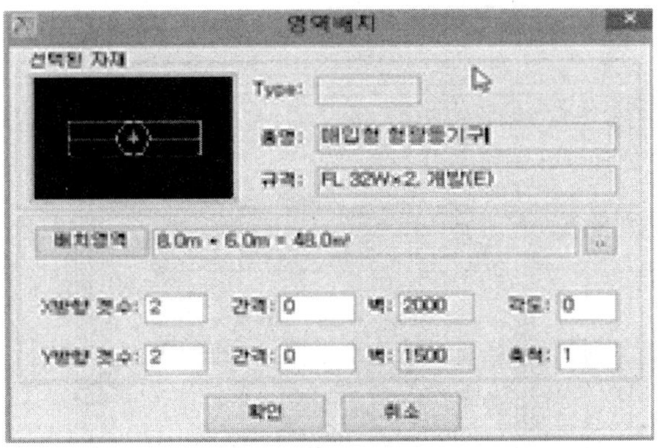

(나) 일반 심벌의 임의 배치

① 범례 Tool Bar에서 을 선택한다.

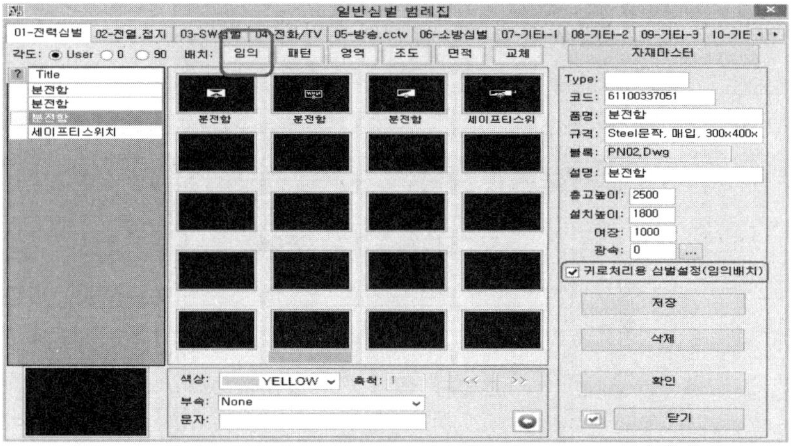

㉠ 화면에서 배치하고자 하는 심벌을 선택한 후 임의 배치를 선택한다.

㉡ 배치방법은 현재 화면에서 직접 선택 또는 Tool Bar에 있는 배치방법을 이용한다.

② 아래 순서대로 배치한다.

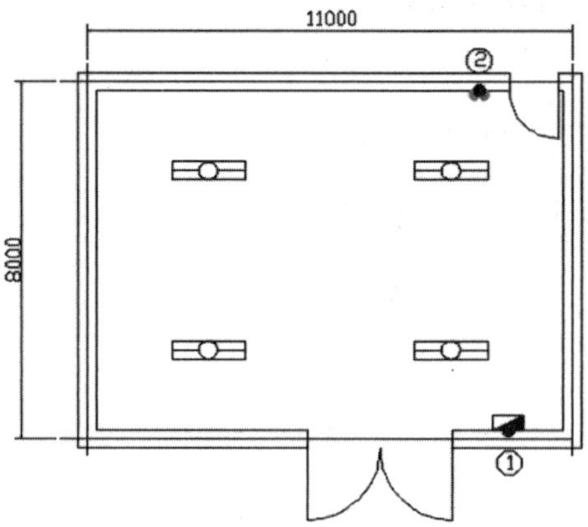

· 분전반 배치

분전반 배치때는 화면 우측의 “귀로처리용 심벌설정”을 꼭 체크한 후 배치한다.

① 앞의 일반 심벌 선택 DCL 화면에서 “분전반” 심벌을 선택한다.

② 심벌배치 방법 중 임의 배치를 선택한다.

③ 배치할 지점을 선택한다. : 위의 그림과 같이 ①번 Click

· 스위치 배치

① 일반 범례집에서 "2구용 스위치"를 선택 후 임의 배치를 선택한다.

② 배치할 지점을 선택한다. : 위의 그림과 같이 ②번 Click

(3) 배관 및 배선

"배선 도구1" Tool Bar에서 을 클릭한다.

아래와 같은 DCL 화면이 나타난다.

(가) 수평(가로)배선과 연속배선

① 전선관 범례집에서 배선할 전선을 선택한 후 "수평배선"을 선택한다.

② 아래 그림과 같이 ①번 Click 후 ②번 Click 후 Enter 치면 배선이 완료된다. - 수직배선도 동일하다.

③ 배선 방식 Icon 중에서 연속배선 아이콘 을 선택한다.

④ 아래 그림과 같이 ①번 Click 후 ②번 Click 하면 배선이 완료된다.

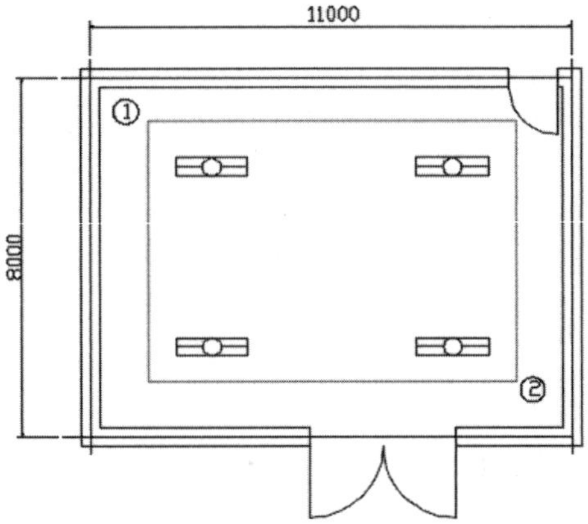

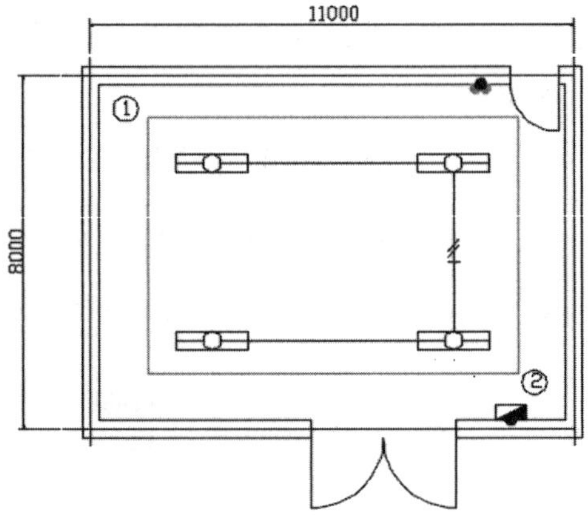

(나) 연속배선 : 스위치에 연속배선 하기

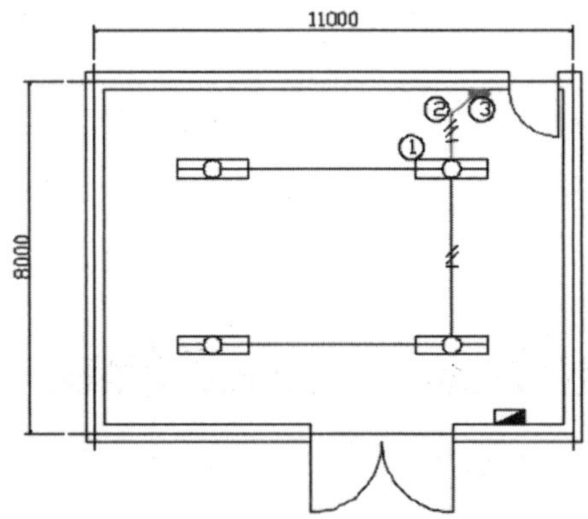

① 배선 도구막대의 연속배선 아이콘 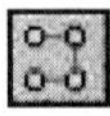을 선택한다.

② ①번을 선택한 후 배선을 꺾이는 지점인 ②번 선택 후 ③번 Click

(다) 분전반 귀로 표시하기

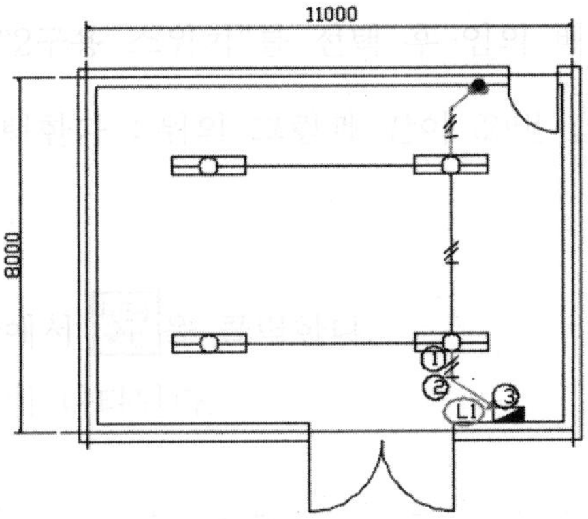

① 배선 방식 Icon 중에서 을 선택한다.

② ①, ②번을 선택한 후 ③번 분전반을 선택하면 화살표가 생긴다.(분전반을 선택하기전 지점에 화살표가 생긴다.)

③ 회로번호 : L1을 입력

④ 회로번호 : Enter 또 다른 회로가 있으면 회로번호를 입력하면 된다.

(4) Data 분류 및 물량산출

(가) "물량산출" Tool Bar 중 Data 분류 선택

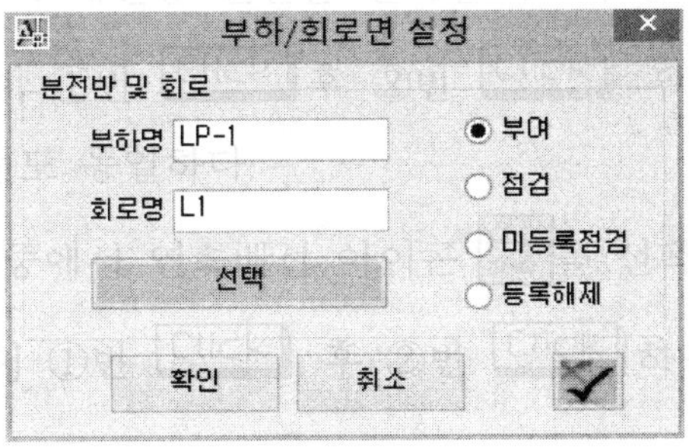

① 부하명 : 분전반 명칭을 입력한다.

② 회로명 : 회로 번호를 입력한다.

③ 선택버튼 클릭한 후 도면에서 L1회로를 선택한다. - ①번과 ②번지점 Click

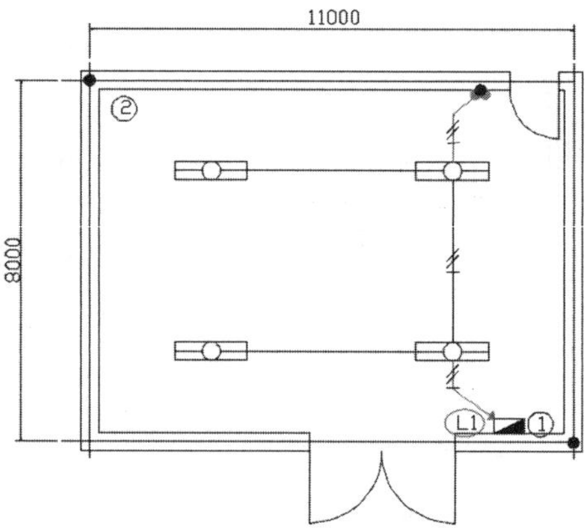

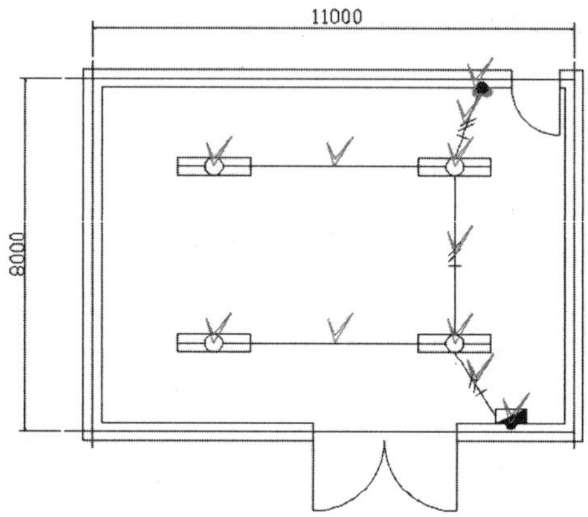

㉠ 화면에서 심벌을 모두 선택하였으면 Enter 후 “확인” Click

㉡ 선택된 심벌에는 위의 그림과 같이 √표시가 나타난다.

㉢ 데이터분류 작업이 완료되었으면 닫기한다.

(나) 도면 데이터 작성

“물량산출1” Tool Bar 에서 [아이콘]을 클릭하면 아래와 같이 화면이 나타난다.

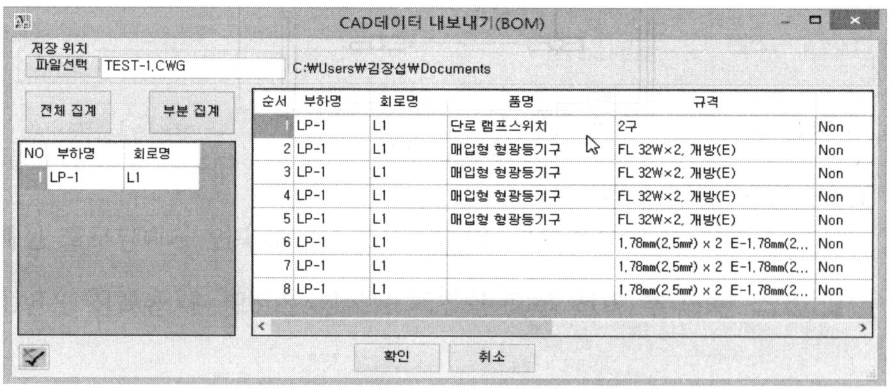

① 전체 집계 또는 부분 집계를 선택하여 도면에서 객체를 선택한다.

② 산출된 데이터가 표시가 된다.

③ 저장위치를 재확인하고 위치를 변경할 경우 파일선택을 선택하여 변경할 수 있다.

④ 데이터를 확인 후 확인을 선택한다.

⑤ 작성된 000.cwg 파일을 이용하여 견적서의 산출관리를 이용하여 견적서를 작성한다.

예제2 전등설비 - 2 따라하기

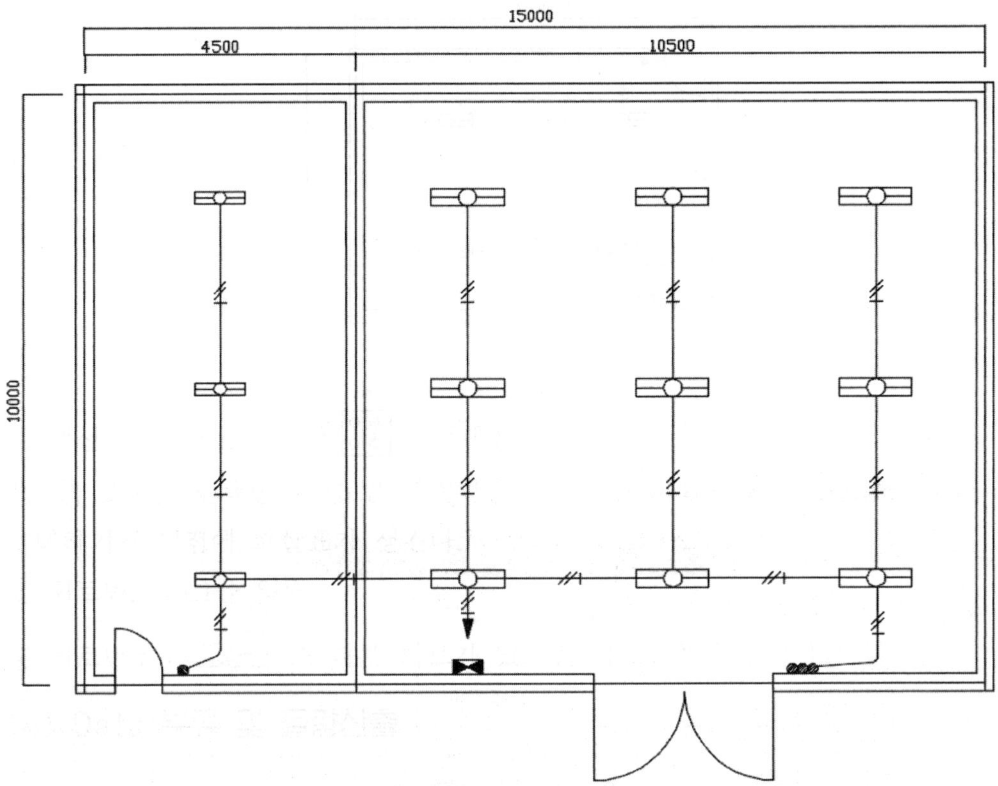

전등설비 평면도

(1) CAD 디자인 설정

① Pop Up Menu의 파일 → CAD 디자인 설정

② 도면양식 설정 : ElecOffice.dwg

③ 용지 크기를 선택 : A4

④ 층 높이 입력 : 3600

⑤ 확인을 선택한다.

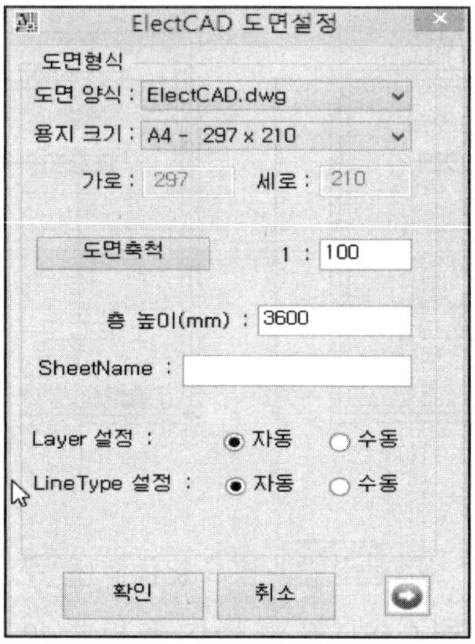

(가) 중심선 그리기

건축설계 Tool Bar  중  선택
아래 순서에 따라 중심선을 그린다.

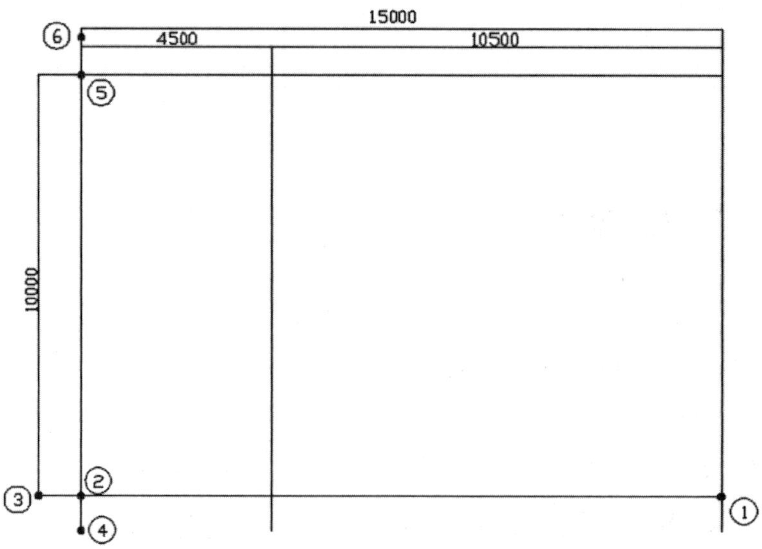

① 가로선의 경우

㉠ 중심선의 시작점 : ① 

㉡ 중심선의 끝점 : ② Click

㉢ 치수의 끝점 : ③ Click

㉣ 다음 중심선까지의 거리 10000 Enter

㉤ 다음 중심선까지의 거리 Enter

② 세로선의 경우

㉠ 가로선의 경우와 같은 방식으로 ④, ⑤ 그리고 ⑥을 차례로 Click

㉡ 컴맨드의 거리 입력란에 4500을 입력한 후 Enter

㉢ 다음 중심선까지의 거리 : 10500 Enter

㉣ 다음 중심선까지의 거리 Enter

(나) 사면벽체 및 연속벽체 그리기

건축설계 Tool Bar에서 사면벽체 와 연속벽체 을 선택한다.

① 사면벽체 그리기 - 건축도에서 사면형태의 벽체를 그릴경우 사용한다.

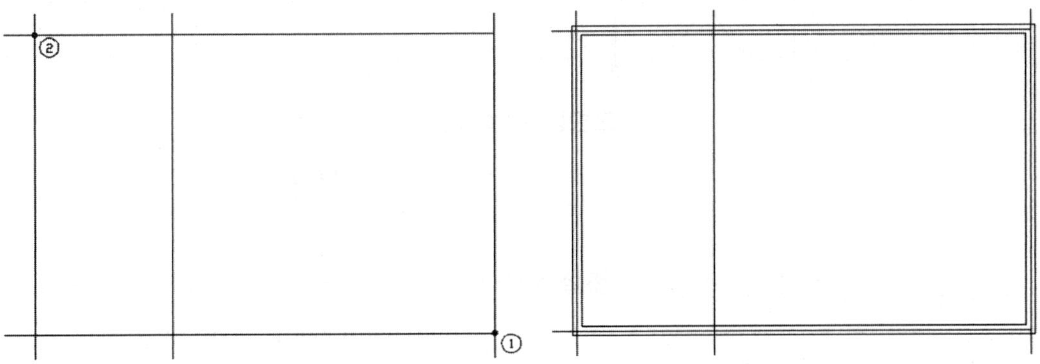

㉠ 벽체 폭(벽의 두께 입력)은 <200> : 300입력 후 Enter

㉡ 첫 번째 코너 1번 Click 후 두 번째 코너 2번 Click

② 연속벽체 그리기

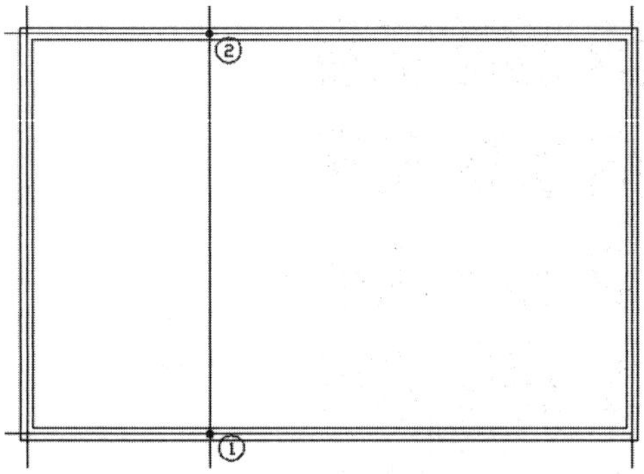

㉠ 벽체 폭(벽의 두께 입력)은 <200> : 300 입력 후

㉡ 첫 번째 코너 ①번 Click 후 두 번째 코너 2번 Click Enter

· 외여닫이문 및 쌍여닫이문은 예제1을 참고해서 완성을 한다.

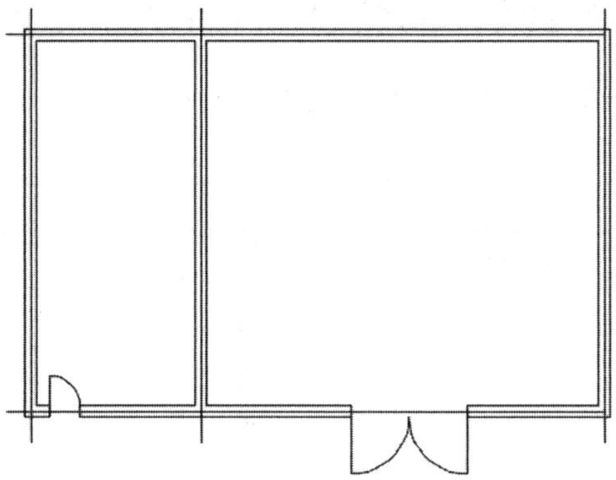

(2) 심벌배치(영역배치 및 임의배치)

(가) 범례 Tool Bar에서 을 선택한다.

① 화면에서 배치하고자 하는 심벌을 선택한다.

② 기구데이터에 심벌속성이 표시된다.

③ 각도, 높이, 색상은 수정 가능하다.

④ 심벌배치 방법은 현재 화면에서 직접 선택 또는 Tool Bar에 있는 배치방법을 이용한다.

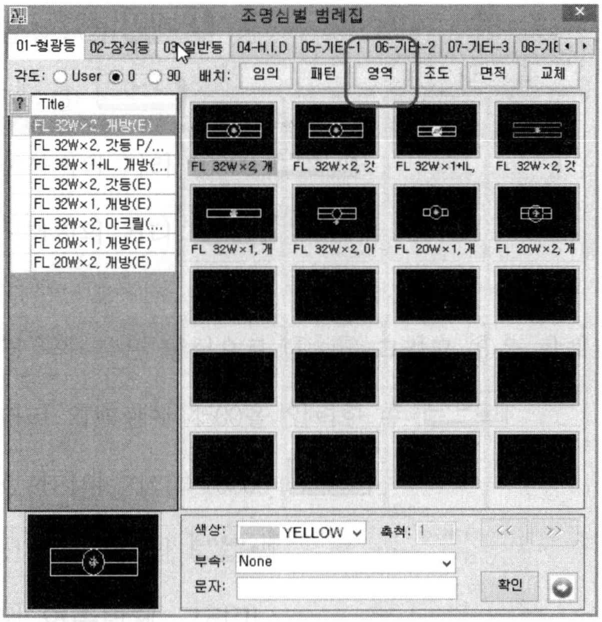

(나) 조명기구 심벌의 영역(1) 배치

① 앞의 조명기구 범례집에서 형광등 심벌을 선택한다.

② 심벌배치 방법 중 영역 배치를 선택한 후 "확인"한다.

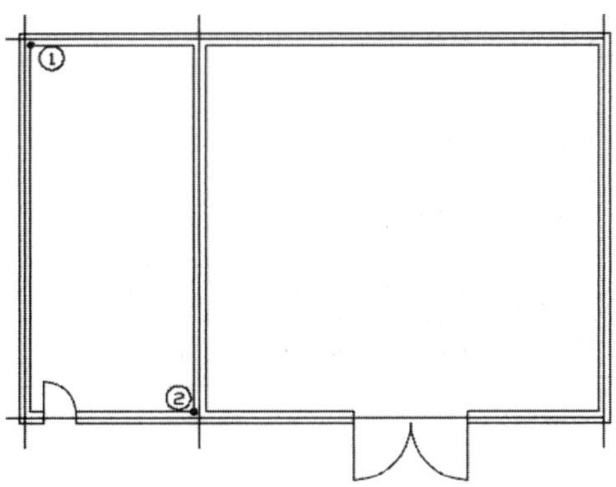

③ 마우스로 ①번 코너 Click ②번 코너 Click 오른쪽과 같은 DCL화면이 나타나면

④ X방향 갯수 1, Y방향 갯수 3을 입력

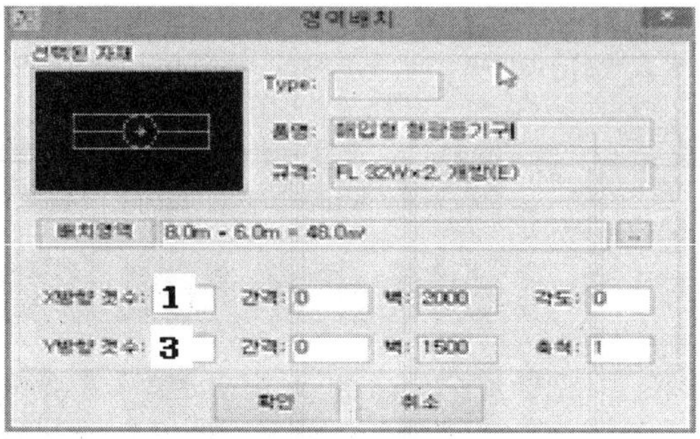

⑤ 확인 Click 하면 심벌배치가 완료된다.

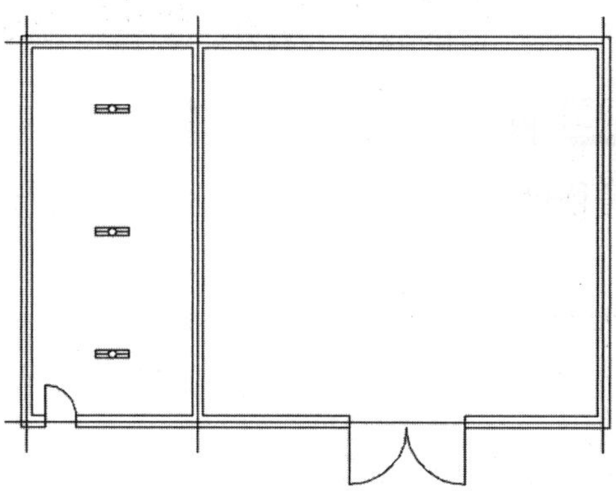

(다) 등기구 심벌의 영역(2) 배치

① 심벌 도구막대의 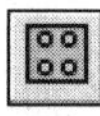를 선택한다.

② 영역 배치를 선택한 후 확인한다.

③ 마우스로 ①번 코너 Click ②번 코너 Click

④ X방향 3개, Y방향 3개를 입력 후 확인을 선택하면 기구 배치가 완료된다.

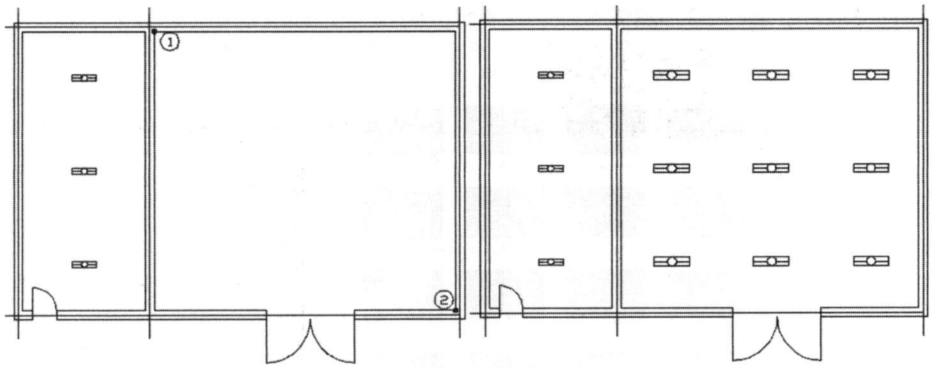

(라) 분전반심벌 배치하기

범례 Tool Bar에서 을 클릭한다.

① 화면에서 배치하고자 하는 심벌을 선택한다.
② 기구 데이터에 심벌속성이 표시된다.
③ 각도, 높이, 색상은 수정 가능하다.
④ 심벌배치 방법은 현재 화면에서 직접 선택 또는 Tool Bar에 있는 배치방법을 이용한다.

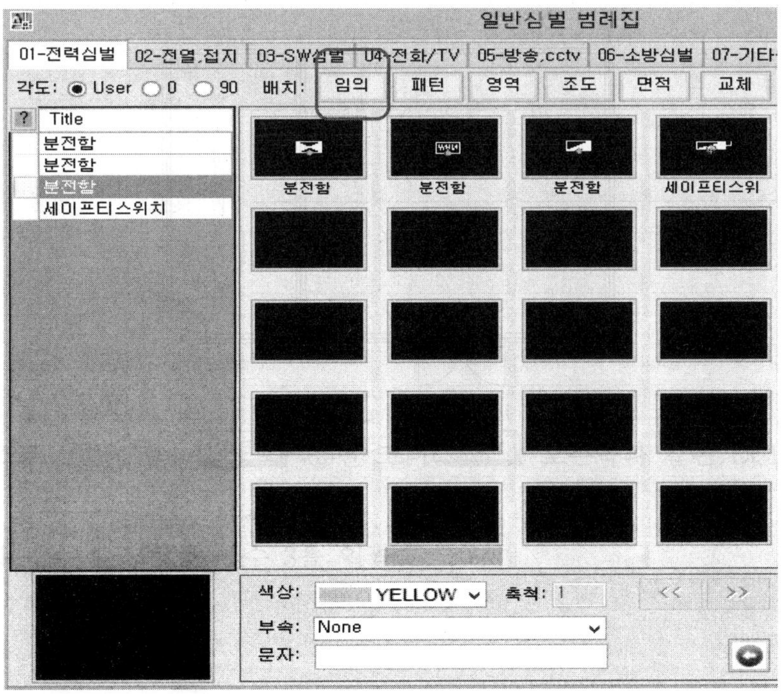

(마) 일반 심벌의 임의 배치

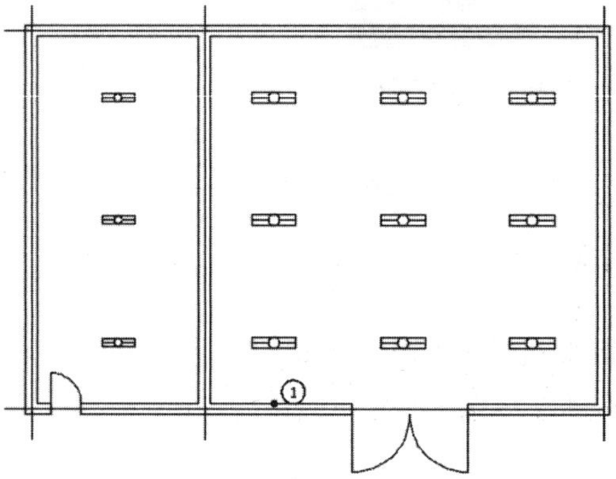

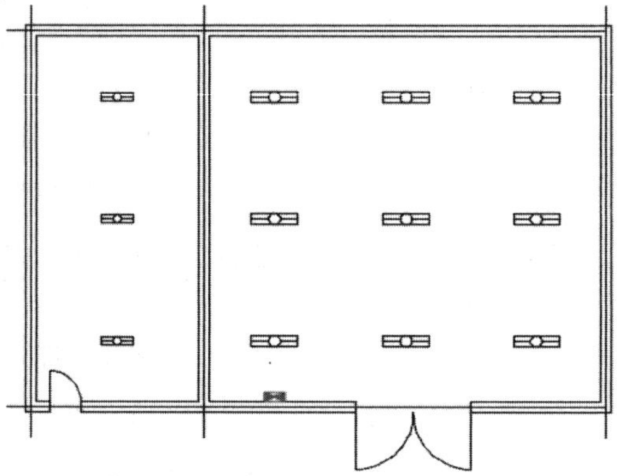

① 일반 심벌 범례집 01-전력심벌에서 분전반을 선택하고 임의 배치를 선택 후 확인한다.

② 배치할 지점 ①번을 선택하면 배치가 완료된다.

③ 일반 심벌 범례집 선택 화면에서 "3구용 스위치"를 선택 후 확인한다.

④ 배치할 지점 ②번을 선택하면 배치가 완료된다.

⑤ 1구 스위치도 위의 방법과 동일하다.

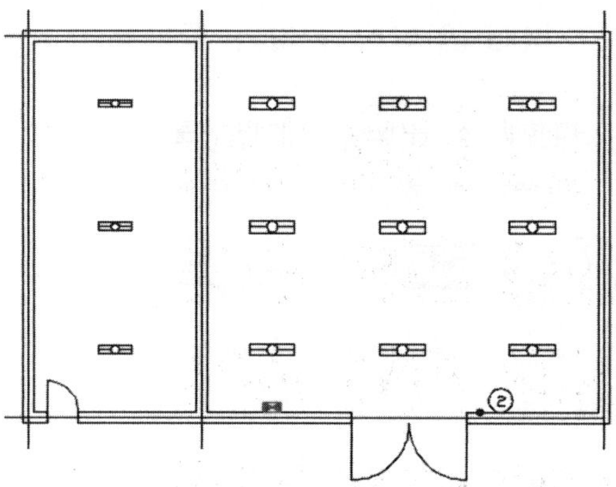

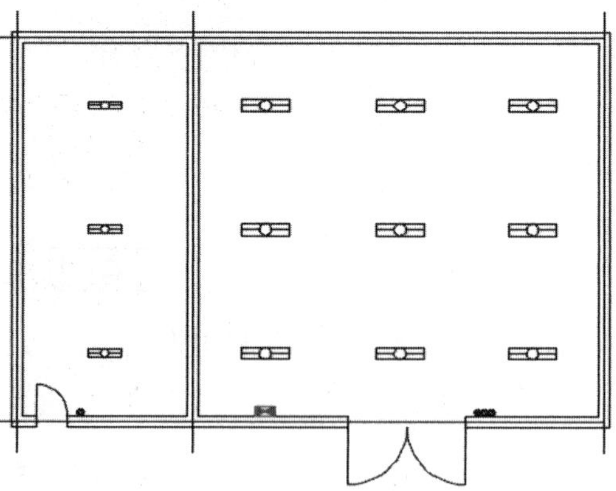

(3) 심벌 배치(패턴 배치)

(가) 범례 Tool Bar 에서 을 선택한다.

① 화면에서 형광등 심벌을 선택 후 패턴 배치를 선택한다.

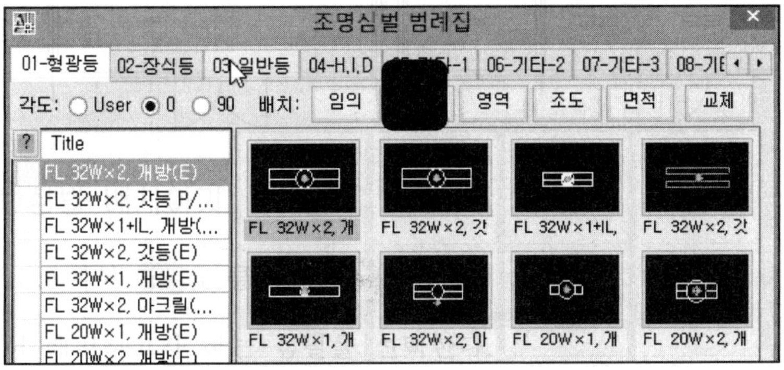

(나) 조명기구 심벌의 패턴배치_1(수량 배치)

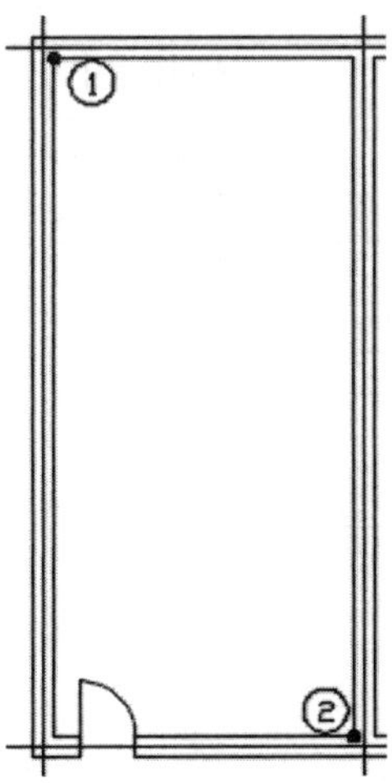

영역선택

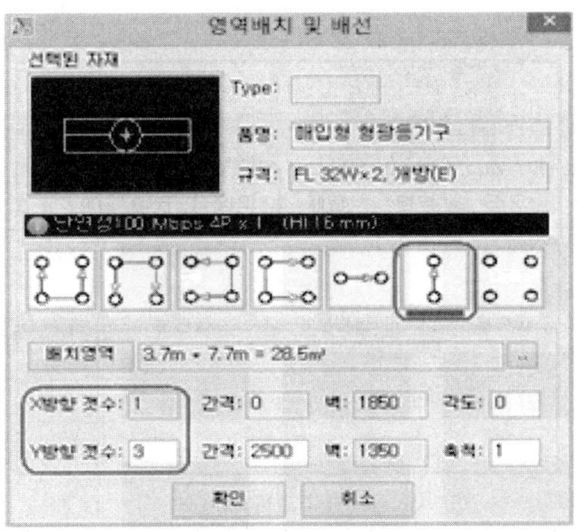

패턴 및 수량입력

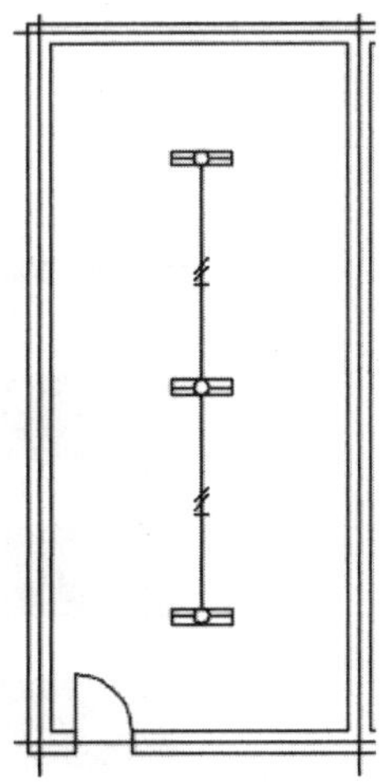

결과

① 배치영역 ①번 코너 Click ②번 코너 Click

② 패턴화면에서 배치 패턴을 선택한다.

③ X방향 갯수 1, Y방향 갯수 3을 입력 후 확인을 선택한다.

④ 확인을 선택하면 심벌배치 및 배선이 완료된다.

(다) 조명기구 심벌의 패턴배치_2(수량 배치)

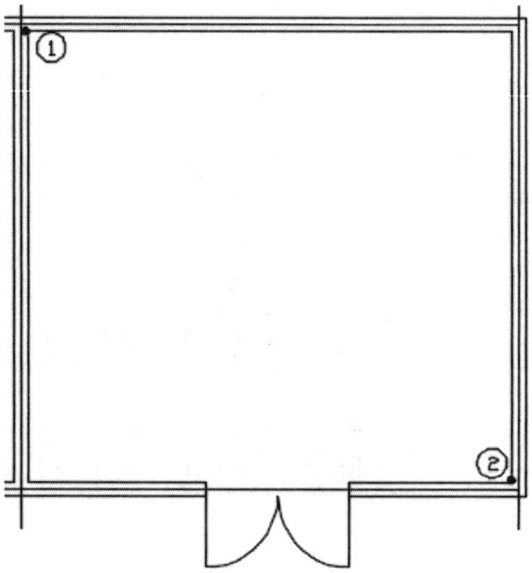

영역선택

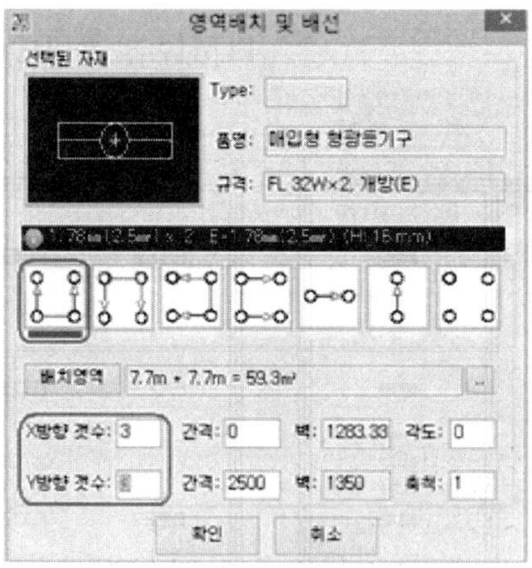

패턴 및 수량입력

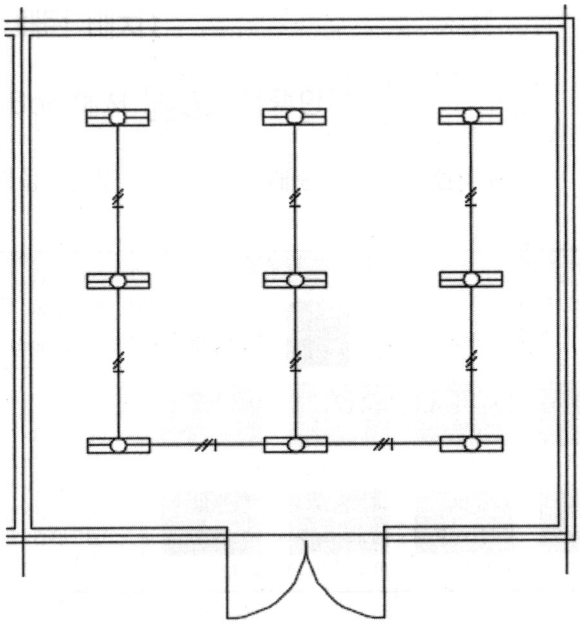

결과

① 배치영역 ①번 코너 Click ②번 코너 Click

② 패턴화면에서 배치패턴을 선택한다.

③ X방향 갯수 3, Y방향 갯수 3을 입력 후 확인을 선택한다.

④ 확인을 선택하면 심벌배치가 완료된다.

(라) 조명기구 심벌의 패턴배치_2(거리 배치)

영역선택

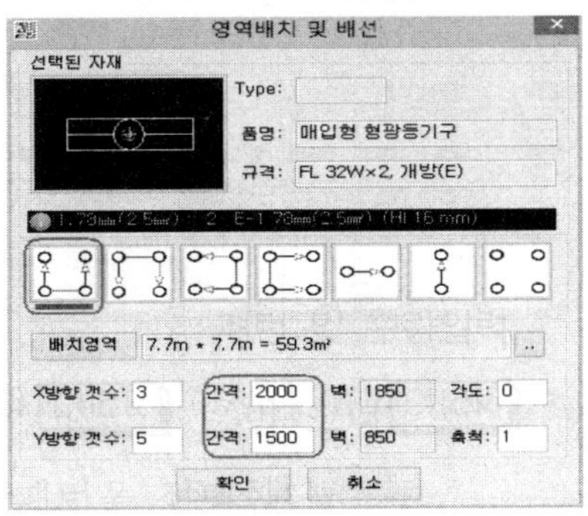

패턴 및 수량입력

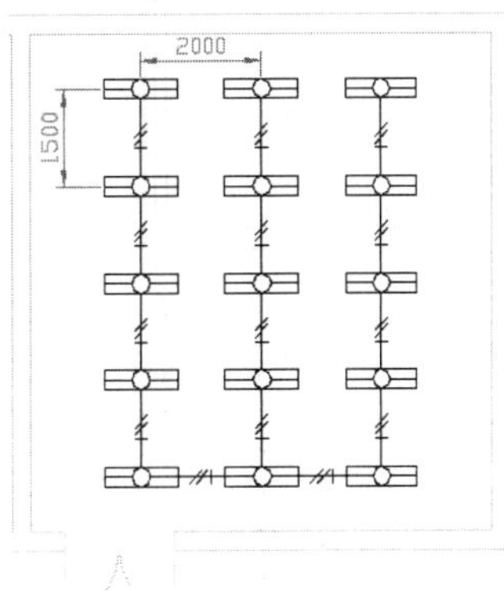

결과

① 배치영역 ①번 코너 Click ②번 코너 Click

② 패턴화면에서 배치 패턴을 선택한다.

③ X방향 간격 : 2000, Y방향 간격 : 1500을 배치수량이 각각 3, 5개가 입력된다.

④ 확인을 선택하면 심벌 배치가 완료된다.

(4) 배관 및 배선

(가) "배선 도구" Tool Bar에서 을 클릭한다.

아래와 같이 배선 범례집이 나타난다.

배선방식	주배선 규격	가닥수	접지선 규격	전선관 규격
2 - 천정은폐	1.78mm(2.5mm²)	2	1.78mm(2.5mm²)	HI 16 mm
2 - 천정은폐	1.78mm(2.5mm²)	3	1.78mm(2.5mm²)	HI 22 mm
2 - 천정은폐	1.78mm(2.5mm²)	4	1.78mm(2.5mm²)	HI 22 mm
2 - 천정은폐	1.78mm	2	1.78mm	하이렉스-CD, 16mm
1 - 천정노출	1.78mm	4	1.78mm	하이렉스-CD, 22mm
1 - 천정노출	2.25mm(4mm²)	2		HI 16 mm
1 - 천정노출	1.78mm(2.5mm²)	2		BODY, 70 x 40

(나) 수평배선 및 수직배선

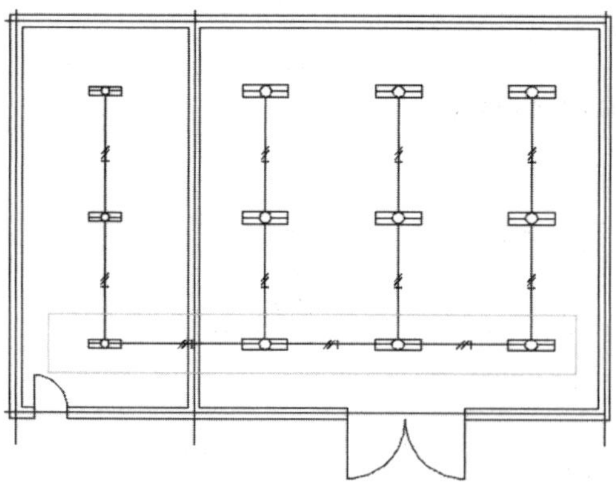

수평 배선

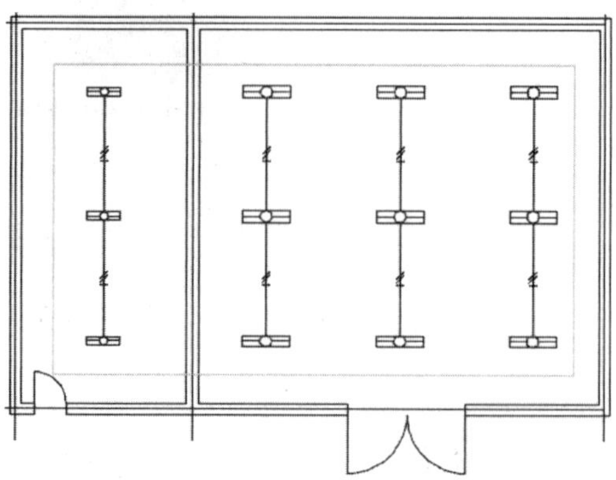

수직 배선

① 범례집에서 천정은폐 2.5[mm^2] 2 - 2 HI16C를 선택 후 수평배선을 선택한다.

② 위 그림과 같이 배치할 영역을 두번 반복해서 선택하면 배선이 완료된다.

③ 수직배선은 배선 범례집에서 배선을 선택할 필요없이 선택한다.

④ 위 그림과 같이 영역은 선택하면 배선이 완료된다.

(다) 연속 배선 및 분전반 귀로 표시하기

① 연속배선

㉠ 연속배선 아이콘 을 선택한다.

㉡ Detail- B의 ①번을 선택한 후 배선을 꺾을 지점에서 ②번을 마지막으로 ③번을 선택한다. - 이때 배선 포인트는 수동으로 되어 있어야 한다.(1구용 스위치도 위와 같은 방법으로 배선을 완료한다.)

② 분전반 귀로표시

㉠ 연속배선 아이콘 을 선택한다.

㉡ Detail - A의 ①번을 선택한 후 배선을 꺾을 지점에서 ②번, ③번을 마지막으로 ④번 분전반을 선택한다.

㉢ 분전반 회로 번호를 입력 한다 : L1을 입력 후 Enter

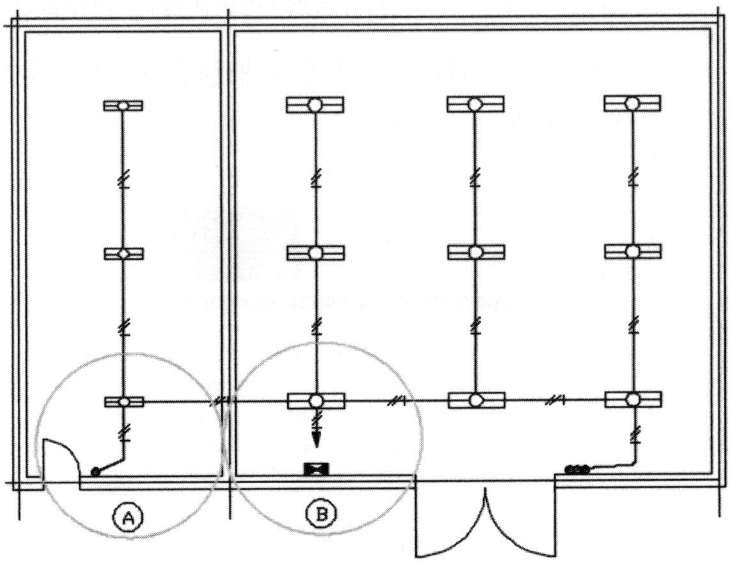

전등 스위치 및 분전반 연속배선

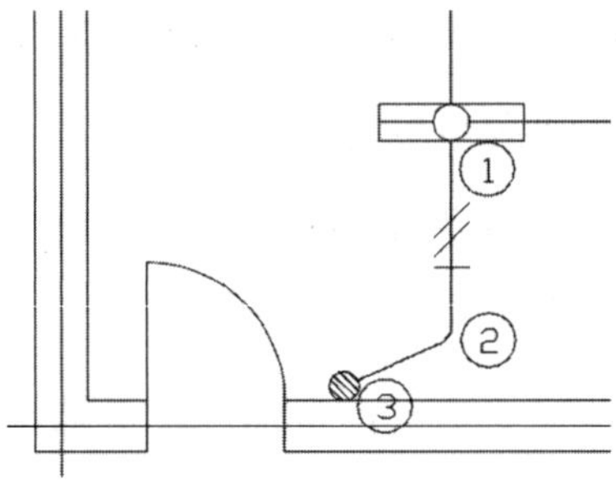

Detail - A

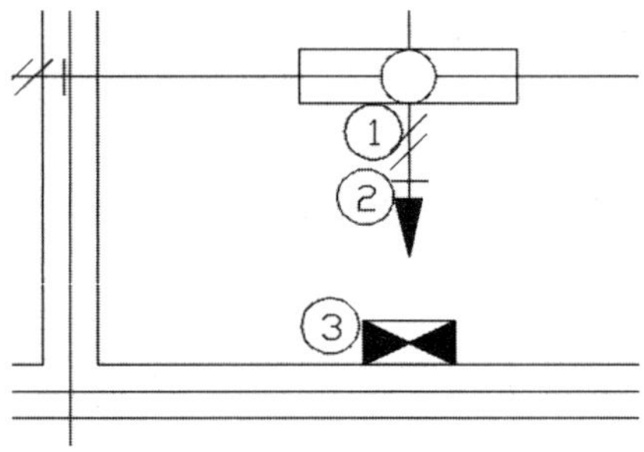

Detail - B

(5) Data 분류 및 물량산출

(가) "물량산출" Tool Bar에서 Data 분류 아이콘을 클릭한다.

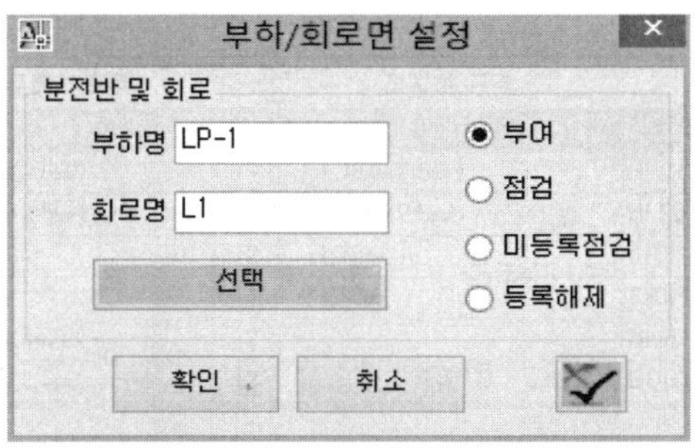

① 분전반 명칭을 지정한다 : LP-1

② 회로 번호를 지정한다 : L1

③ 심벌선택 버튼 클릭 후 아래과 같이 영역을 선택한다.

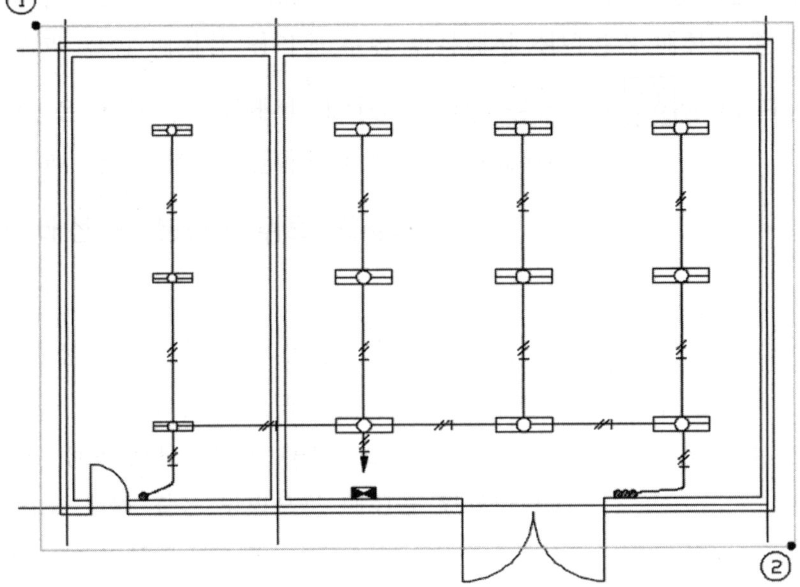

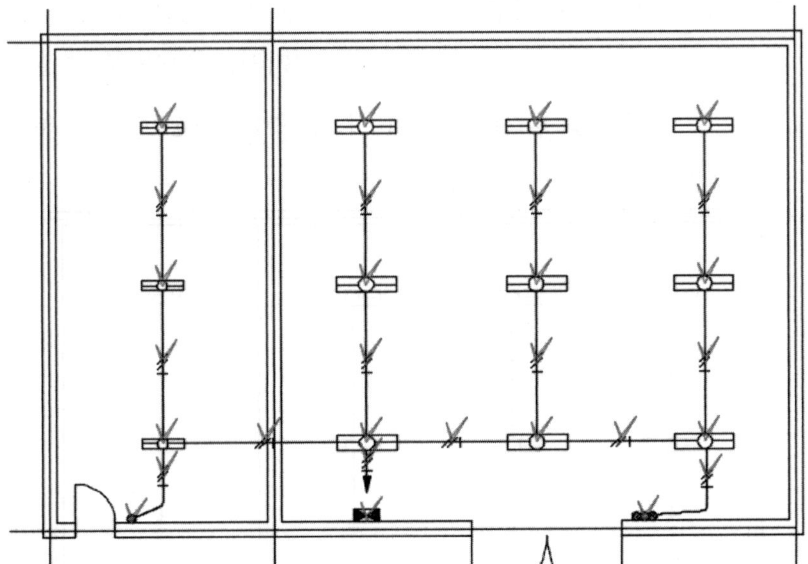

④ 캐드화면에서 심벌 선택이 완료 후 "확인"을 선택한다.

⑤ 선택된 심벌에는 위의 그림과 같이 √표시가 나타난다.

⑥ 닫기를 한 후 물량산출을 하면 된다.

(나) 도면 데이터 작성

"물량산출" Tool Bar 에서 을 이용하여 도면데이터를 작성한다.
데이터 내보내기는 전등설비 따라하기-1을 참조한다.

예제3 전열설비 따라하기

예제 2. 전등설비 평면도를 복사하여 전열설비 평면도로 사용한다.

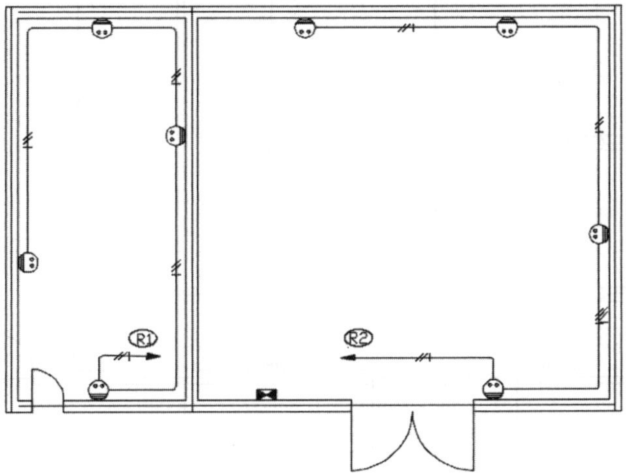

전열설비 평면도

(1) 심벌 배치

① 범례 Tool Bar에서 [아이콘]을 선택한다.

② 아래와 같이 심벌 범례집이 나타난다.

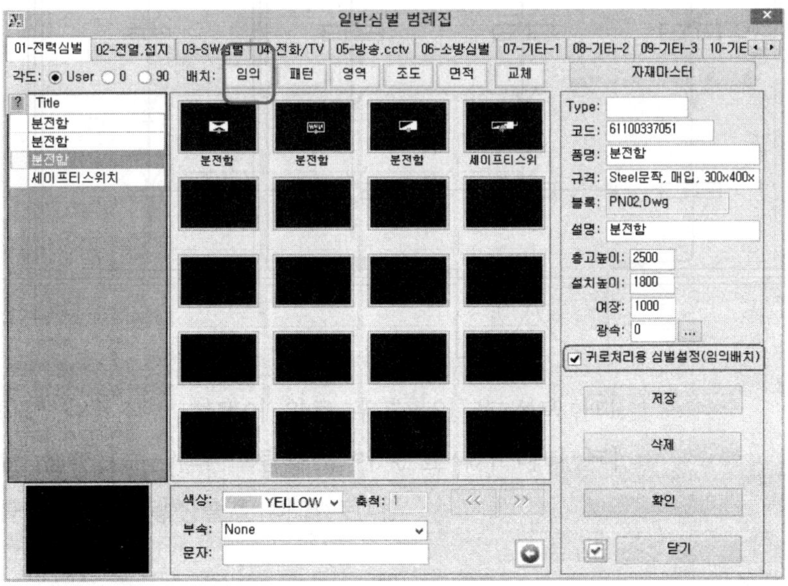

③ 화면에서 배치하고자 하는 심벌을 선택한다.

④ 분전반 배치시 화면 우측의 "귀로처리용 심벌설정"을 꼭 체크한 후 배치한다.

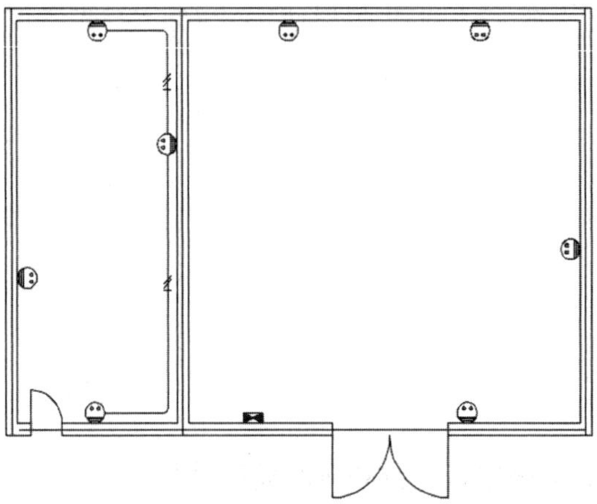

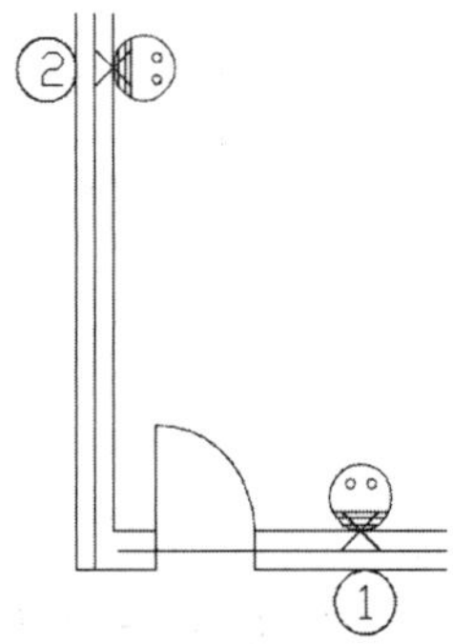

(가) 일반기구 심벌의 임의 배치

① 범례집에서 매입 접지용 2구 콘센트를 선택하고 임의배치를 선택 후 확인한다.

② 스페이스 바를 터치하여 심벌의 방향을 전환한 후 배치할 지점을 선택한다. : 1번 지점을 선택 - 심벌이 배치된다.

③ 연속해서 스페이스 바를 터치하여 심벌의 방향을 전환한 후 2번 지점 선택 : 심벌이 배치된다.

· 각도를 0, 90인 경우 SpaceBar를 엔터하면 심벌 방향을 바꾸면서 배치할 수 있다.

(2) 배관 및 배선

(가) "배선 도구" Tool Bar에서 을 선택한다. -02- 전열탭을 선택한다.

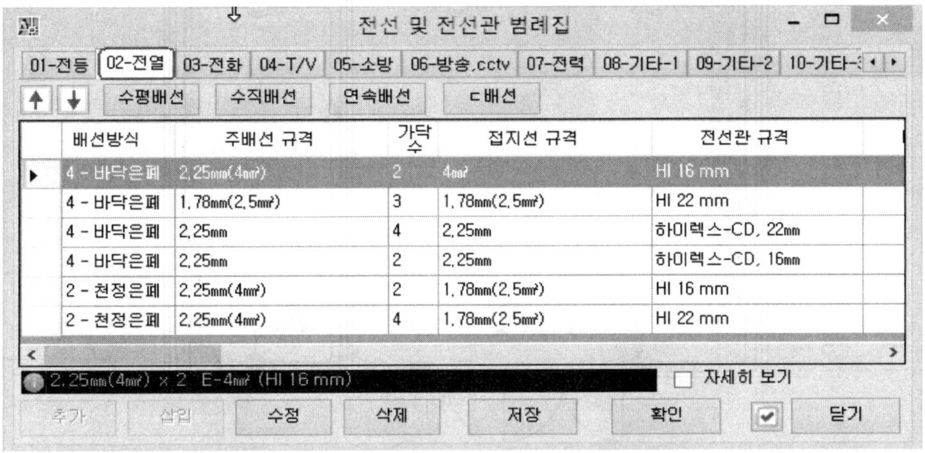

전선 및 전선관 범례집

01-전등 | 02-전열 | 03-전화 | 04-T/V | 05-소방 | 06-방송,cctv | 07-전력 | 08-기타-1 | 09-기타-2 | 10-기타-

수평배선 | 수직배선 | 연속배선 | ㄷ배선

배선방식	주배선 규격	가닥수	접지선 규격	전선관 규격
4 - 바닥은폐	2.25mm(4mm²)	2	4mm²	HI 16 mm
4 - 바닥은폐	1.78mm(2.5mm²)	3	1.78mm(2.5mm²)	HI 22 mm
4 - 바닥은폐	2.25mm	4	2.25mm	하이렉스-CD, 22mm
4 - 바닥은폐	2.25mm	2	2.25mm	하이렉스-CD, 16mm
2 - 천정은폐	2.25mm(4mm²)	2	1.78mm(2.5mm²)	HI 16 mm
2 - 천정은폐	2.25mm(4mm²)	4	1.78mm(2.5mm²)	HI 22 mm

콘센트와 같이 벽에 설치하는 심벌에 배선할 경우에는 "배선1 Tool Bar에서 배선Point 지정을 수동으로 전환하고 Osnap모드를 사분점으로 설정한 후 배선해야 한다.

(나) 연속배선을 이용하여 배선

① 4-바닥은폐 HIV 4mm2-2 접지4mm2 HI16C를 선택 후 연속배선 을 선택한다.

② 끝쪽 심벌부터 연속해서 심벌의 오스냅 사분점 지점을 각각 한 번씩만 선택한다.

③ "ㄱ"자 부분 배선시 아래 상세도와 같이 ②번 지점을 ③번 지점과 수직으로 선택하지 않아도 자동으로 직각 배선된다.

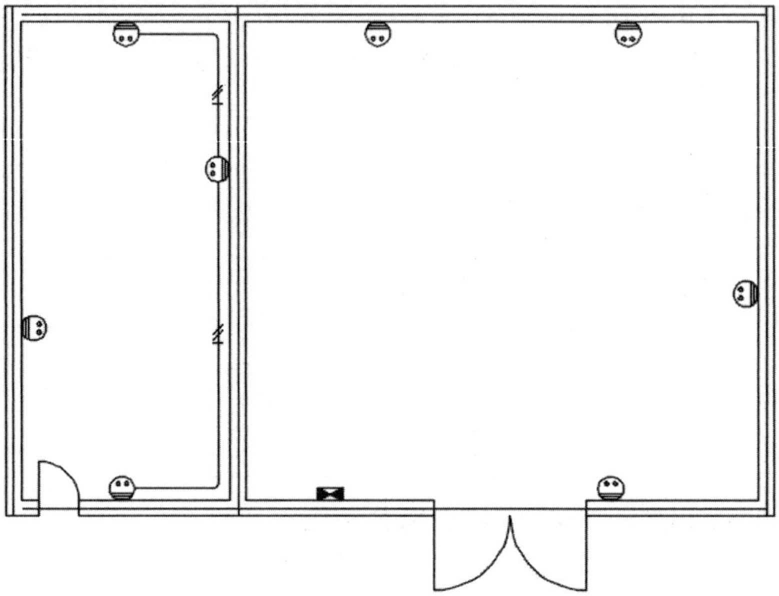

완성도

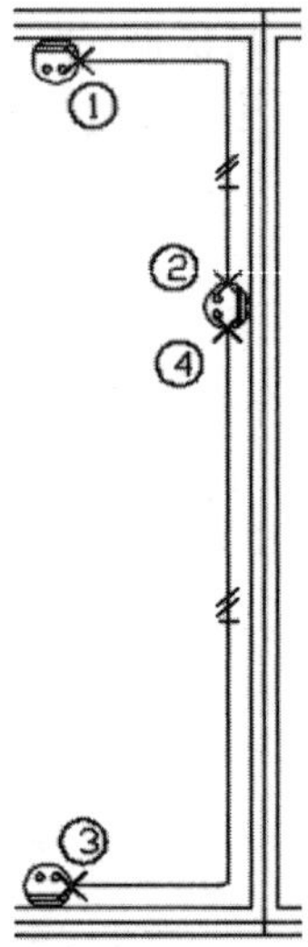

상세도

(다) 귀로 배선

① 배선 방식 Icon중에서 을 선택한다.(배선 종류는 이미 선택되어 있어야 한다)

② R1회로의 ①번, ②번, ③번을 차례로 Click 후 ④번 LP-1선택 Click 한다. 회로번호는 R1을 입력 후 Enter Enter

③ R2 회로의 ⑤번, ⑥번, ⑦번 Click 후 ⑧번 LP-1 선택 Click 한다. 회로번호는 R2을 입력 후 Enter Enter

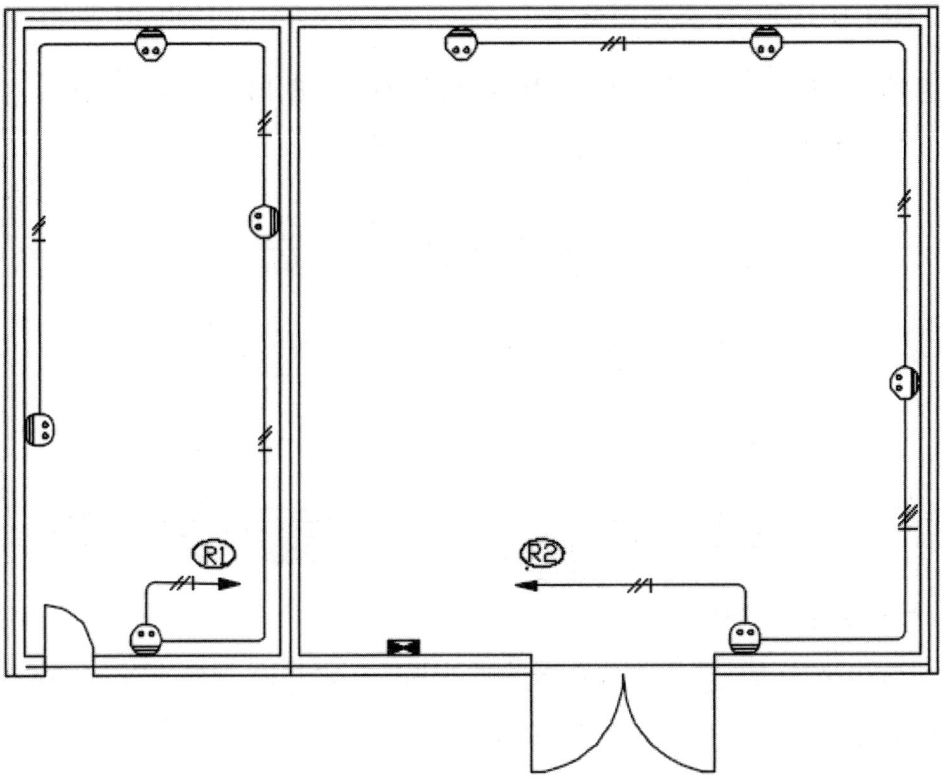

완성도

상세도

(3) Data 분류 및 물량산출

(가) "물량산출" Tool Bar에서 Data 분류 아이콘 을 선택한다.
"2회로" 이므로 분류 작업을 두번해야 한다.

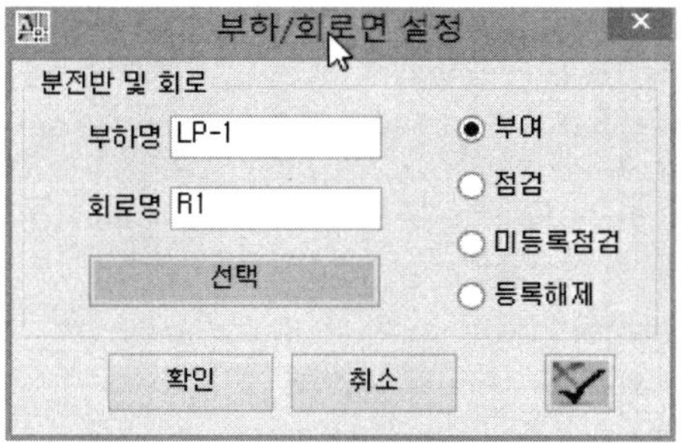

① 분전반 명칭을 지정한다. : LP-1

② 회로 번호를 지정한다. : R1

③ 심벌선택 버튼 Click 한 후 아래와 같이 ①번 지점과 ②번 지점(도면의 R1 영역)을 순서대로 Click Click 선택한다.

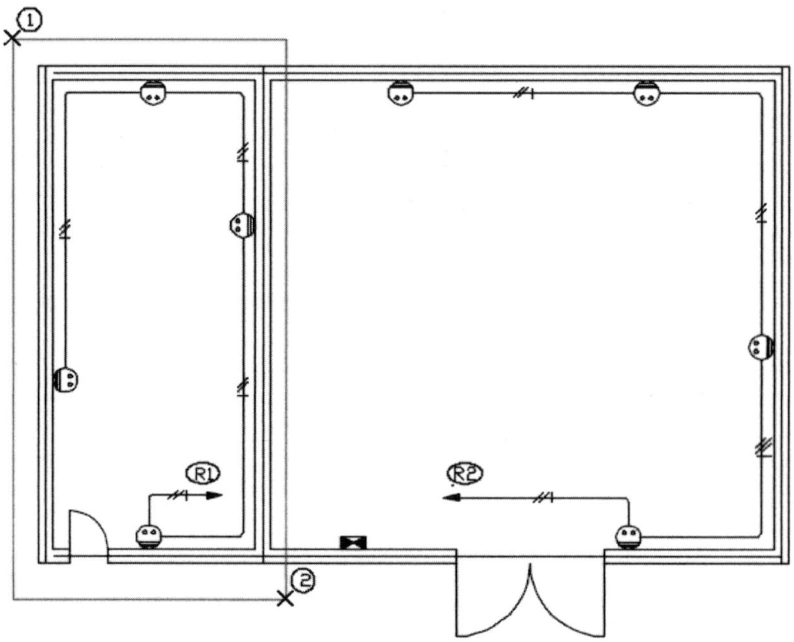

④ 화면에서 심벌을 모두 선택하였으면 Enter 후 “확인”을 선택한다.
선택된 심벌에는 위의 그림과 같이 √표시가 나타난다.

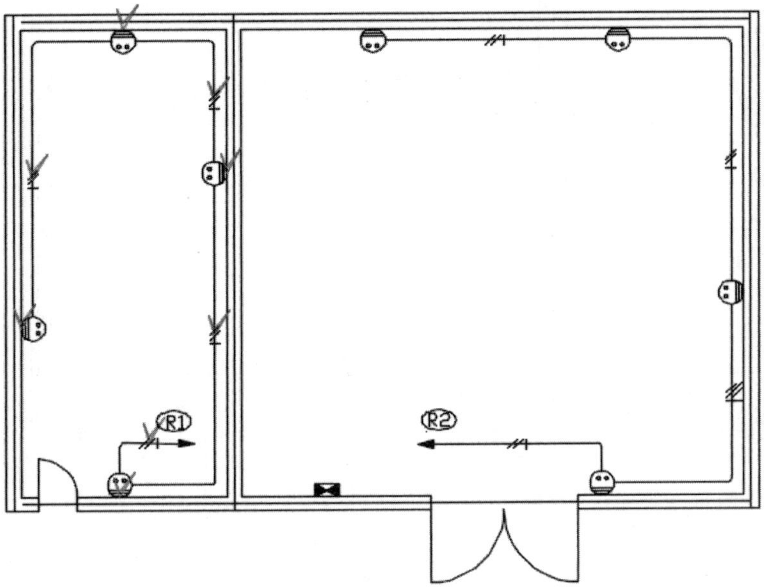

⑤ 다시 회로 번호를 지정한다. : R2 Click

⑥ 심벌선택 버튼 Click 한 후 아래와 같이 ①번 지점과 ②번 지점(도면의 R2 영역)을 순서대로 Click Click 선택한다.

⑦

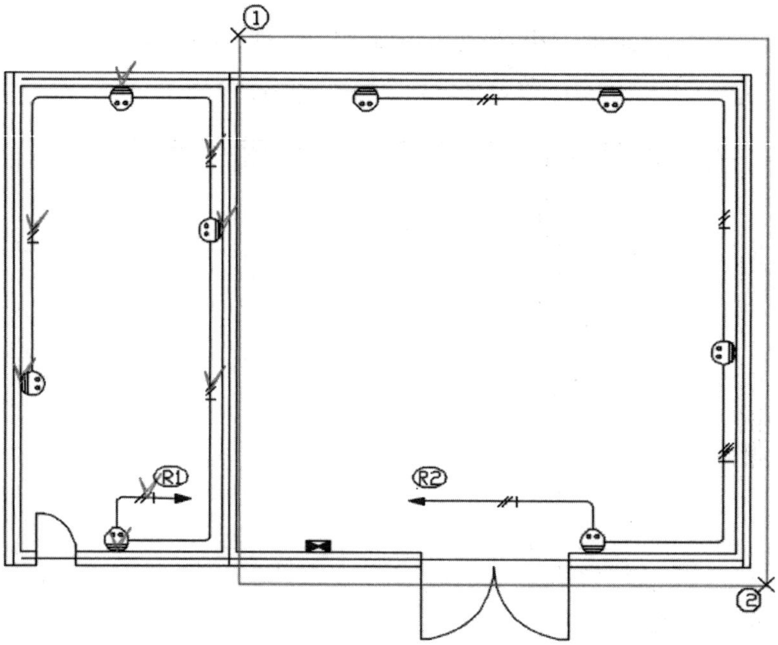

⑧ 화면에서 심벌을 모두 선택하였으면 Enter 후 "확인"을 선택한다.

⑨ 선택된 심벌에는 위의 그림과 같이 √표시가 나타난다.

⑩ 닫기를 선택 후 물량산출을 한다.

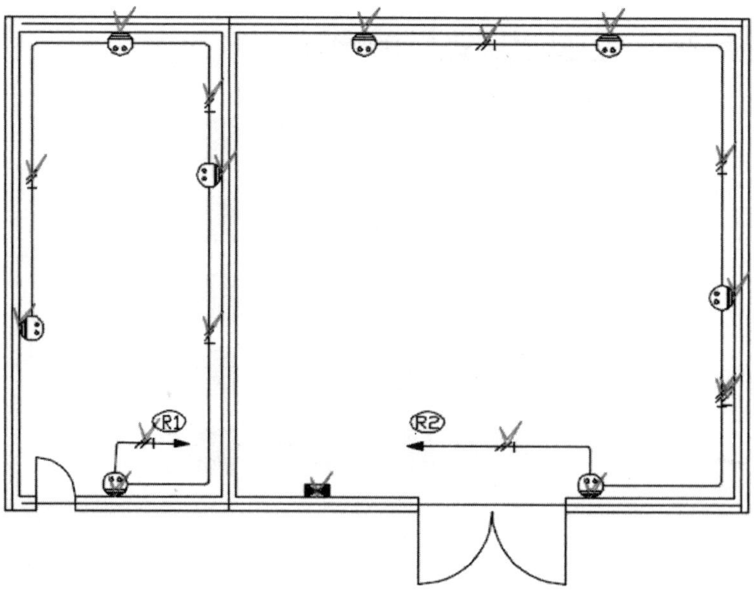

(나) 도면 데이터 작성

"물량산출" Tool Bar 에서 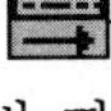을 이용하여 도면데이터를 작성한다.
데이터 내보내기는 전등설비 따라하기-1을 참조한다.

예제4 전화설비 따라하기

예제 2. 전등설비 평면도를 복사하여 전화설비에 사용한다.

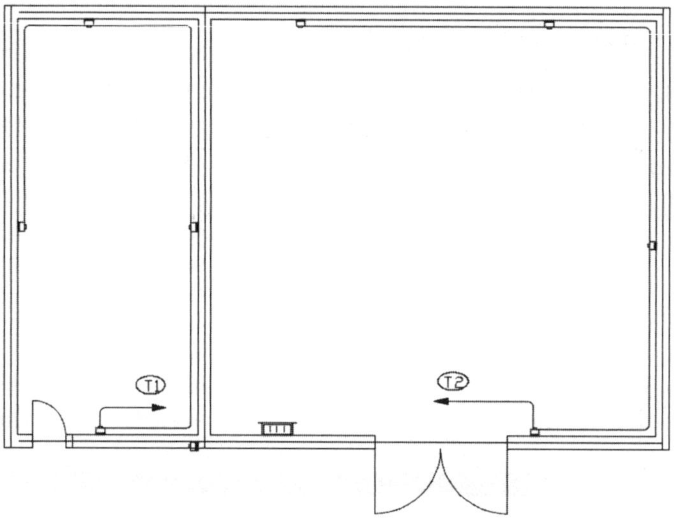

(1) 심벌 배치

(가) 범례 Tool Bar에서 을 선택한다.

① 아래와 같이 심벌 범례집이 나타난다.

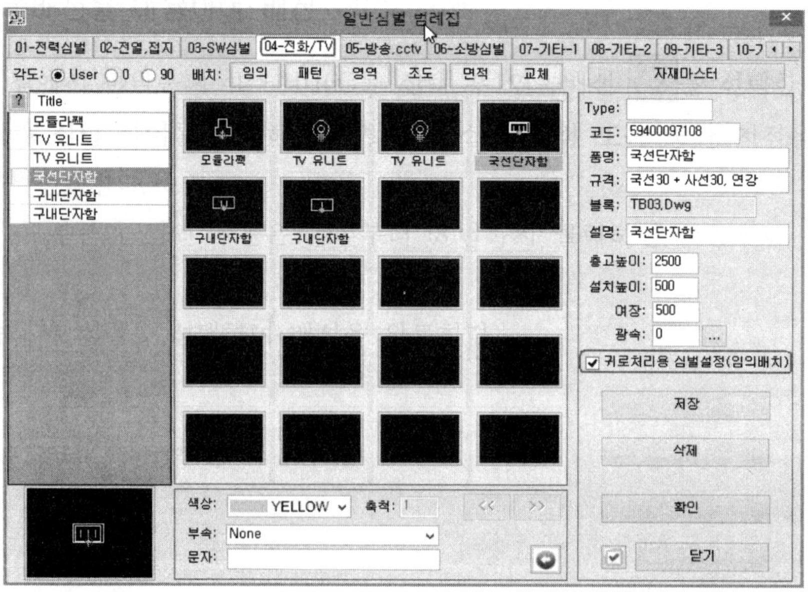

② 화면에서 배치하고자 하는 심벌을 선택한다.

③ 전화단자함 배치시 화면 우측의 "귀로처리용 심벌설정"을 꼭 체크한 후 배치한다.

(나) 일반기구 심벌의 임의 배치

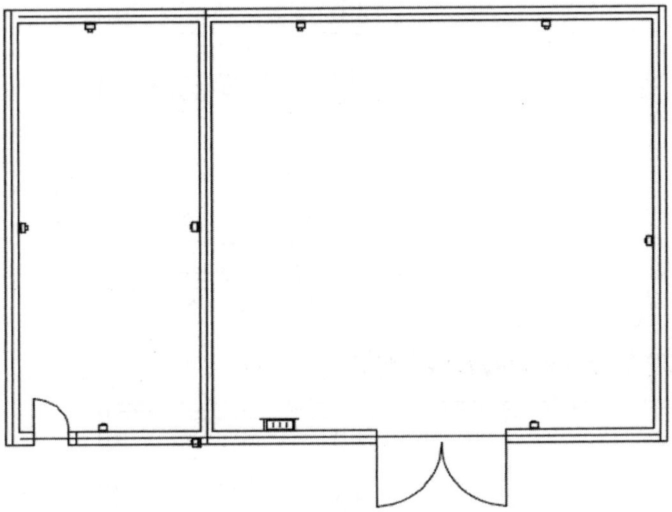

심벌 임의 배치

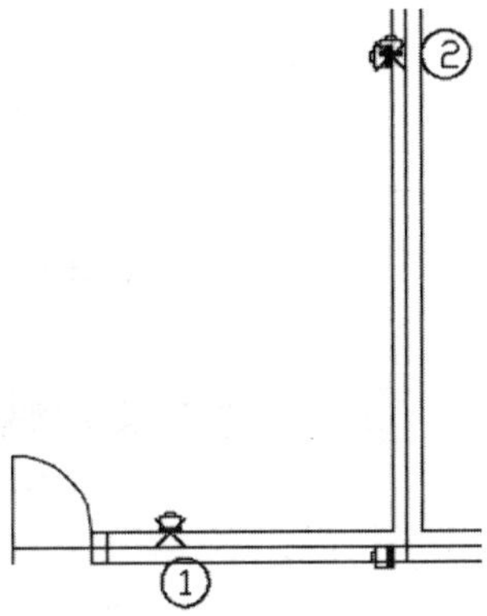

심벌 배치 방법 Detail

① 범례집에서 전화콘센트 모듈라잭을 선택하고 임의 배치를 선택후 확인한다.

② 배치할 지점을 선택한다. : ①번 지점 선택 : 심벌이 배치된다.

③ 연속해서 ②번 지점 선택 : 심벌이 배치된다.

· 각도를 0, 90인 경우 SpaceBar를 엔터하면 심벌 방향을 바꾸면서 배치할 수 있다.

(2) 배관 및 배선

(가) “배선 도구” Tool Bar에서 을 선택한다. - 03 전화탭을 선택한다.

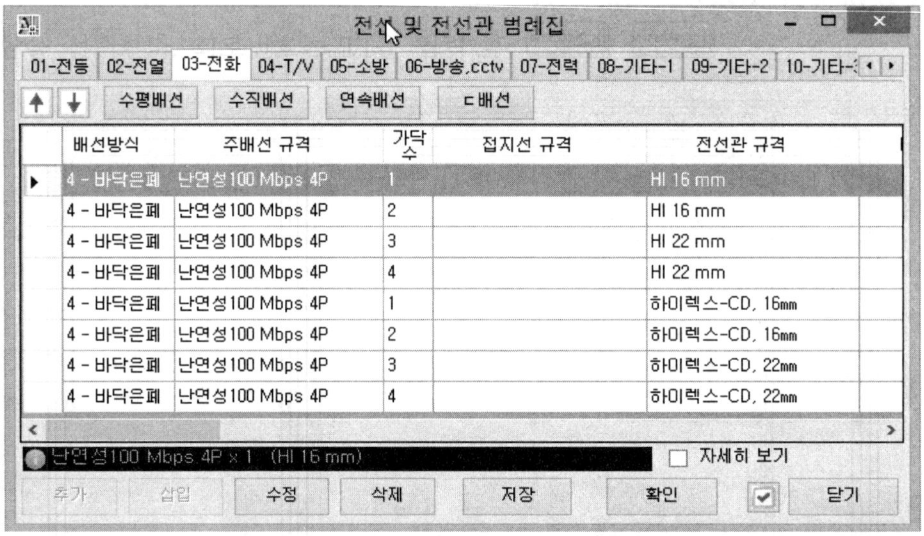

전화콘센트와 같이 벽에 설치하는 심벌에 배선할 경우에는 “배선1 Tool Bar에서 배선 Point지정을 수동으로 전환하고 Osnap 모드를 **사분점**으로 설정한 후 배선해야 한다.

(나) 연속배선을 이용하여 배선

① 범례집에서 바닥은폐 4P - HI16C를 선택 후 연속배선 을 선택한다.

② 심벌과 심벌 사이를 연속해서 심벌의 오스냅 끝점 또는 중간 지점을 각각 한 번씩만 선택한다.

③ “ㄱ”자 부분의 꺽인 부분은 ①번부터 ⑧번까지 클릭하면 자동으로 직각 배선이 된다.

④ 연속해서 심벌을 선택하여 배선을 완료한다.

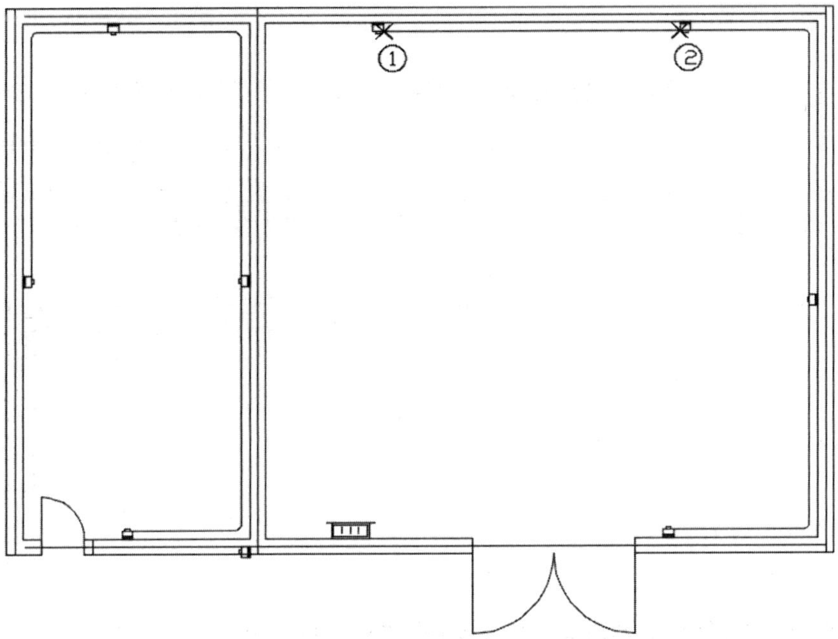
①
②

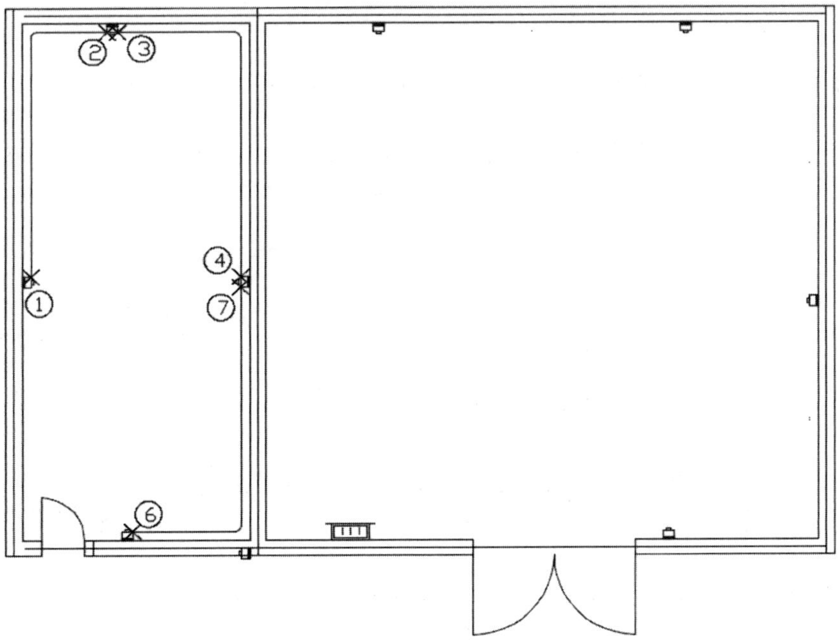
②
③
④
①
⑦
⑥

(다) 귀로 배선

① 배선 방식 Icon 중에서 을 선택한다.

② T1 회로의 ①번, ②번, ③번을 차례로 Click 후 ④번 Click TB-1 단자함을 선택한다. 회로번호는 T1을 입력 후 Enter Enter

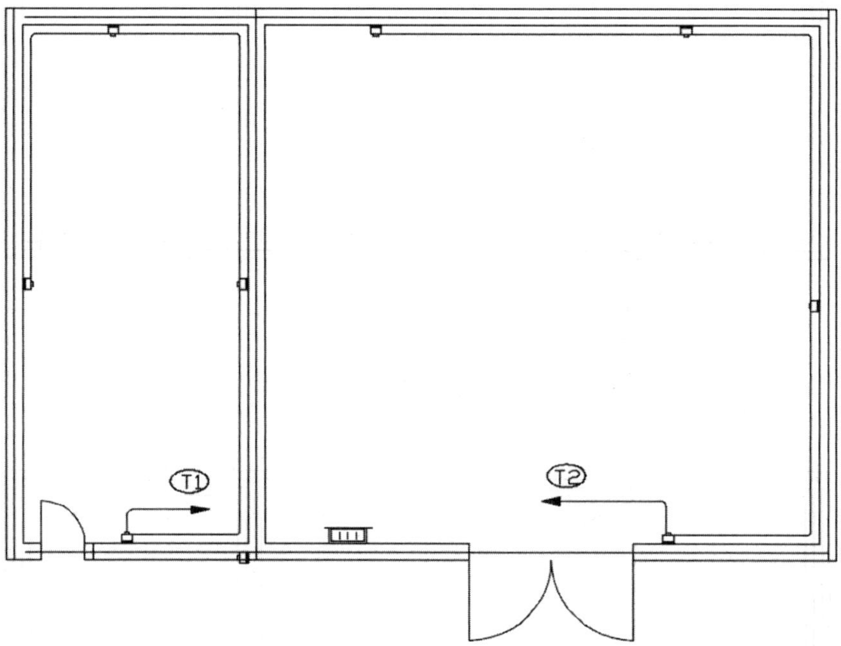

전화설비 완성도

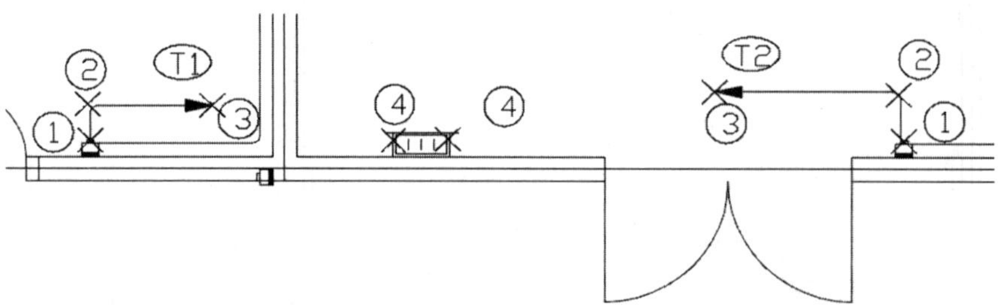

귀로 표시 순서 Detail

(라) 배선 가닥수 교체

① "배선 도구" Tool Bar 에서  을 선택한다.

② 가닥수 교체 창에서 하단의 옵션을 보이게로 하고 무접지 2가닥을 선택한다.

③ 작업도면에서 교체 할 전선 가닥수 전체를 선택하면 가닥수가 교체된다.

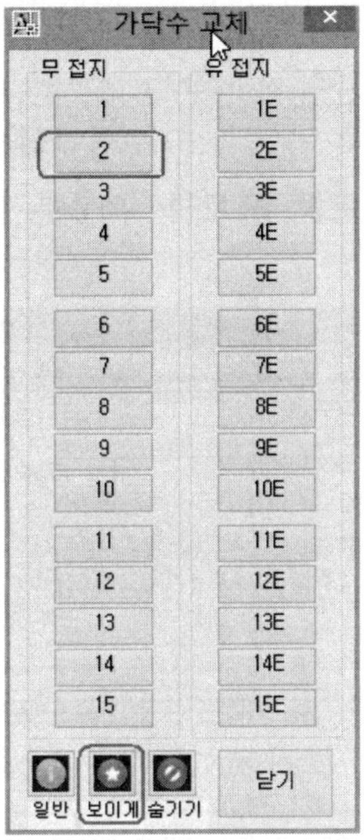

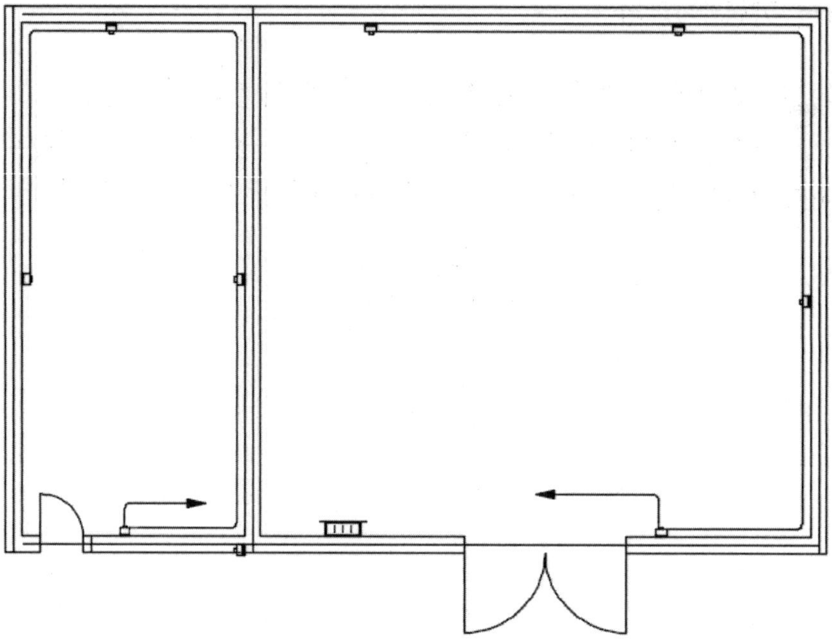

전선 가닥수 변경전

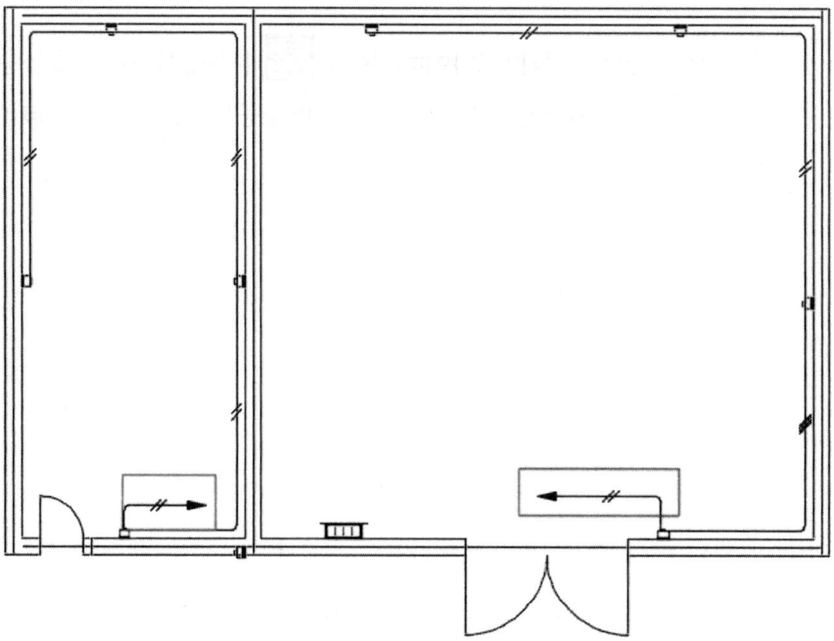

전선 가닥수 변경 후

(3) Data 분류 및 물량산출

(가) "물량산출" Tool Bar 에서 Data 분류 아이콘을 Click

① 분전반 명칭을 지정한다 : TEL-1

② 회로 번호를 지정한다. : T1

③ 심벌선택 버튼 클릭한 후 아래와 같이 도면 전체영역 ①번과 ②번 지점을 선택한다.

④ 확인을 선택하면 전체가 체크가 된다.

⑤ 체크 해제를 한 후 나머지 부분의 회로도 회로부여를 한다.

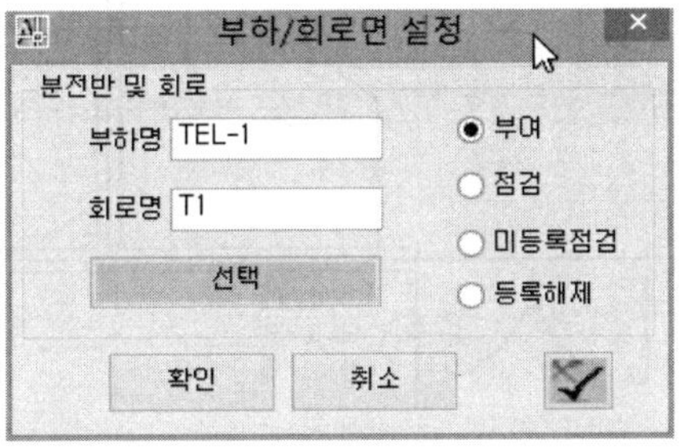

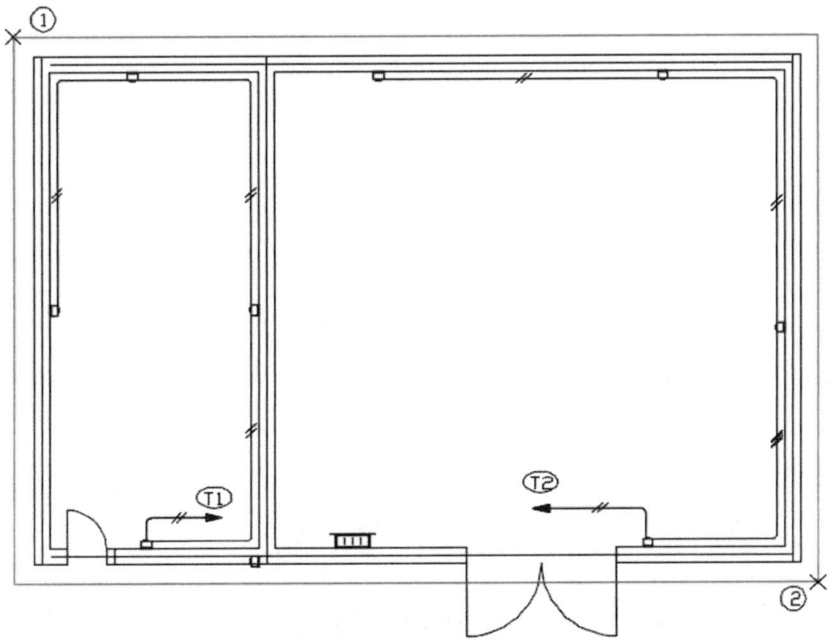

물량산출 영역 선택

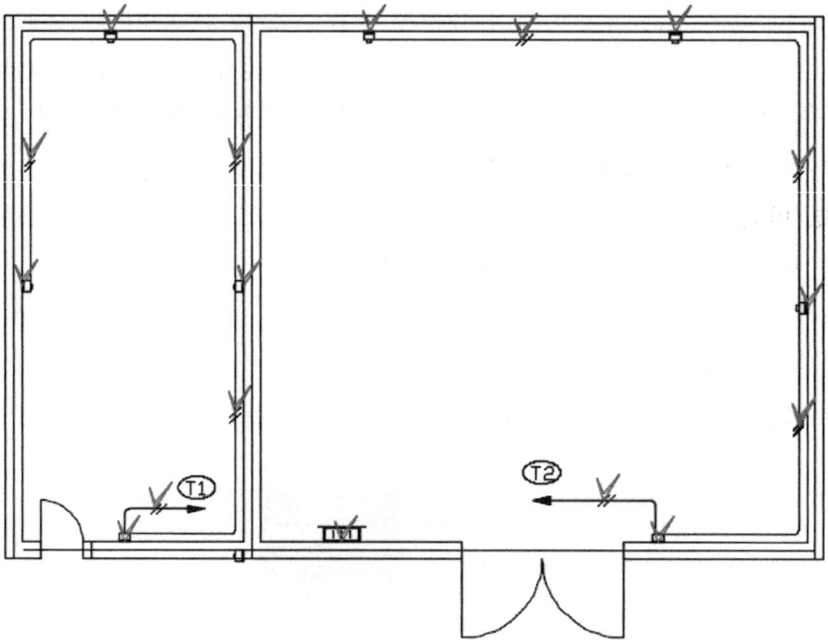

물량산출 완료

(나) 도면 데이터 작성

① 물량산출 Tool Bar에서 을 이용하여 도면데이터를 작성한다.

② 데이터 내보내기는 전등설비 따라하기-1을 참조한다.

예제5 소방설비 따라하기

예제 2. 전등설비 평면도를 복사하여 사용한다.

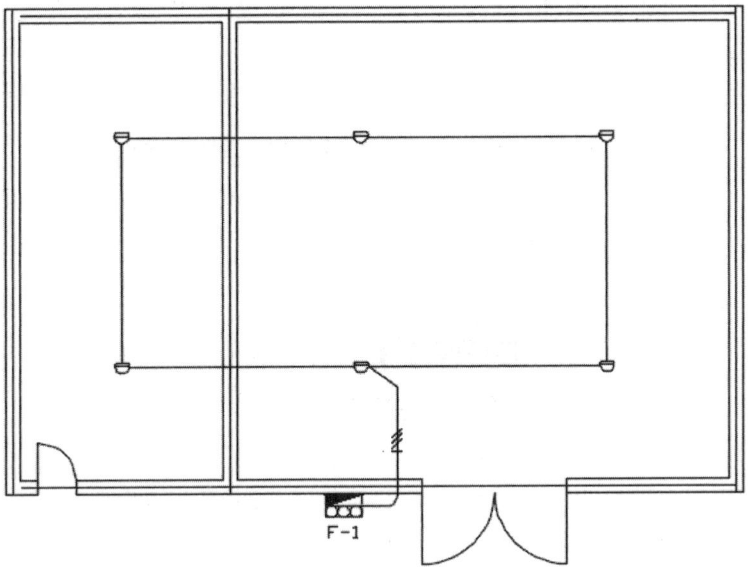

소방설비 평면도

(1) 심벌 배치

(가) 범례 Tool Bar 에서 을 선택한다.

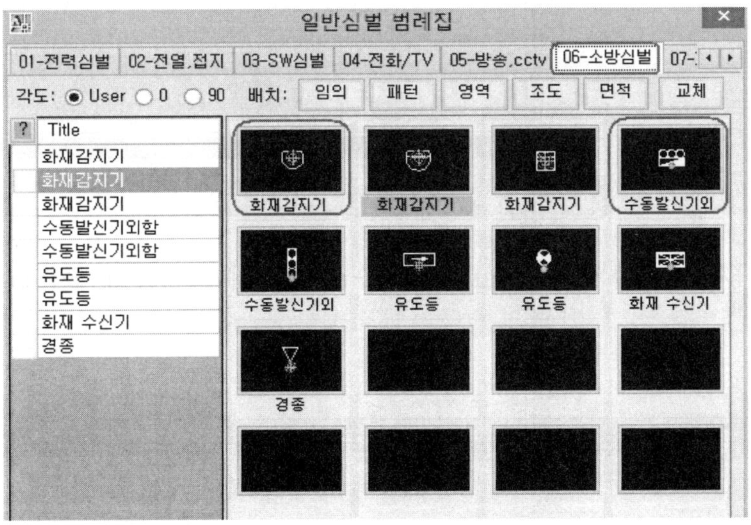

① 화면에서 배치하고자 하는 심벌을 선택한다.
② 기구 데이터에 심벌속성이 표시된다.
③ 각도, 높이, 색상은 수정 가능하다.
④ 심벌 배치 방법은 현재 화면에서 직접 선택 또는 Tool Bar에 있는 배치방법을 이용한다.

(나) 감지기의 면적 배치  및 소화전함의 임의 배치

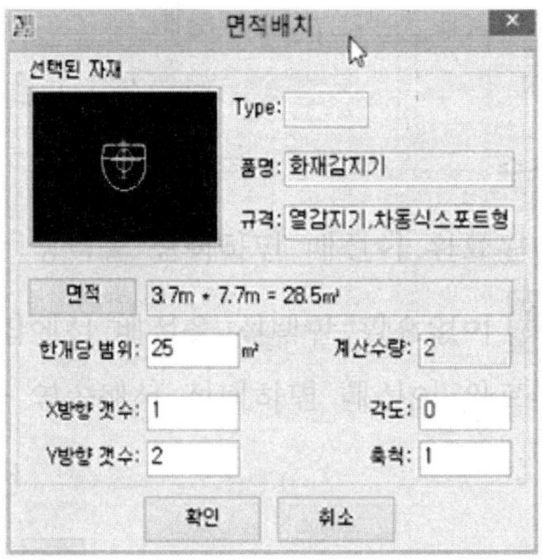

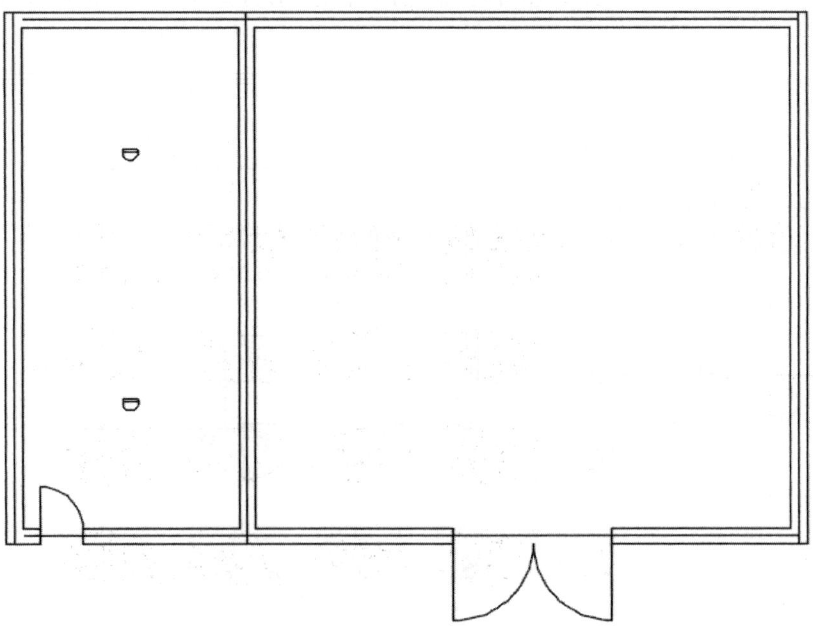

① 범례집에서 차동식 감지기를 선택후 심벌 도구막대의 면적 배치 를 선택한다.

② 배치할 영역을 선택하면 나타나는 화면에서 한 개당 범위값을 입력하면 설치할 수량이 나타난다.

③ 설치수량을 X방향 1, Y방향 2로 한 다음 확인을 선택하면 배치된다.

④ 위와 같은 방법으로 우측 구역도 배치를 완료한다.

· 소화전함은 임의 배치를 이용하여 배치를 완료한다.

(2) 배관 및 배선

(가) "배선 도구" Tool Bar에서 을 선택한다. - 05 소방탭을 선택한다.

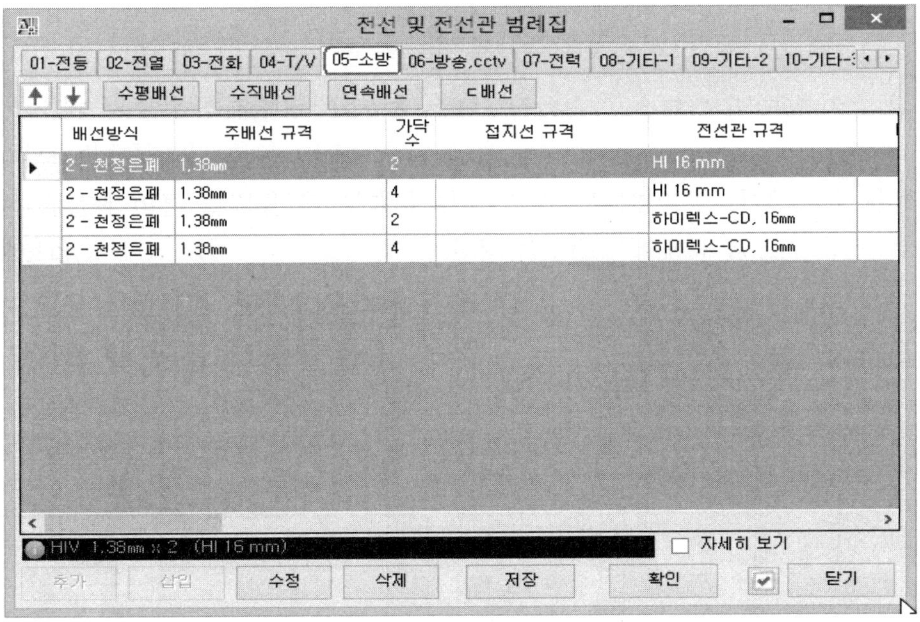

① 배선범례집에서 천정은폐 1.78mm-2 HI 16mm를 선택한 후 수평배선을 선택한다.

(나) 수평배선 및 수직배선

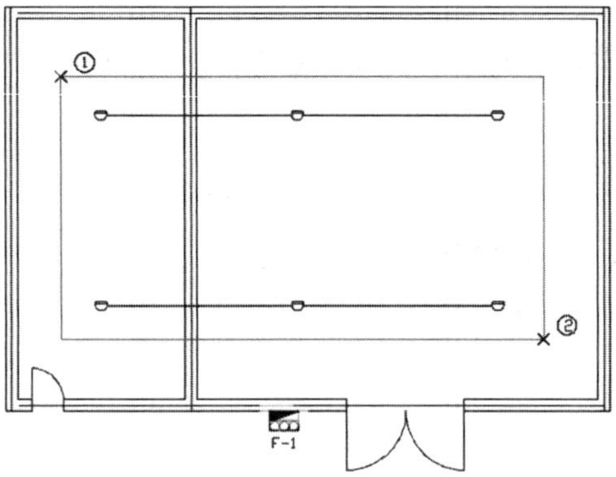

수평배선

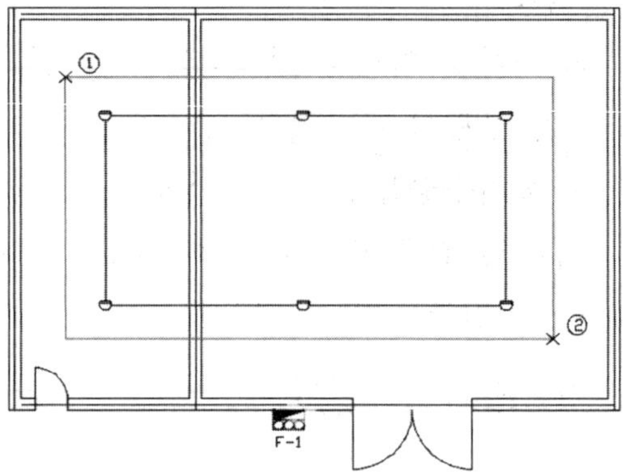

수직배선

① 위 그림과 같이 배선할 영역을 선택하면 배선이 완료된다.

② 수직배선은 배선 범례집에서 배선을 선택할 필요없이 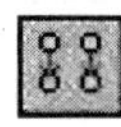선택한다.

③ 위 그림과 같이 영역을 연속해서 선택하면 배선이 완료된다.

(다) 소화전함의 연속배선

① 배선 방식 Icon 중에서 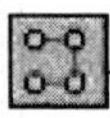을 선택한다.

② 아래 그림과 같이 심벌간을 선택하면 배선이 완료된다.

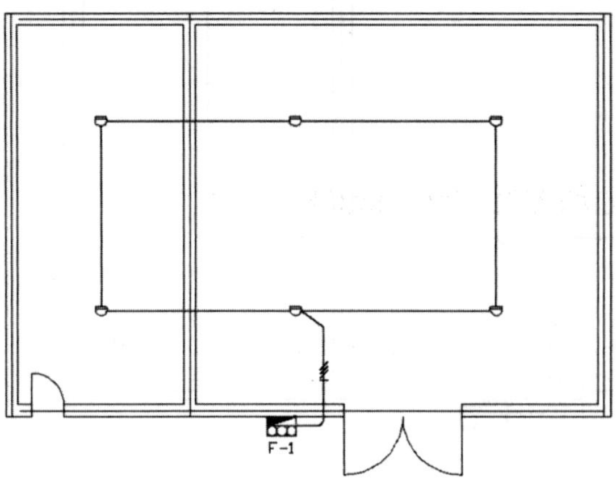

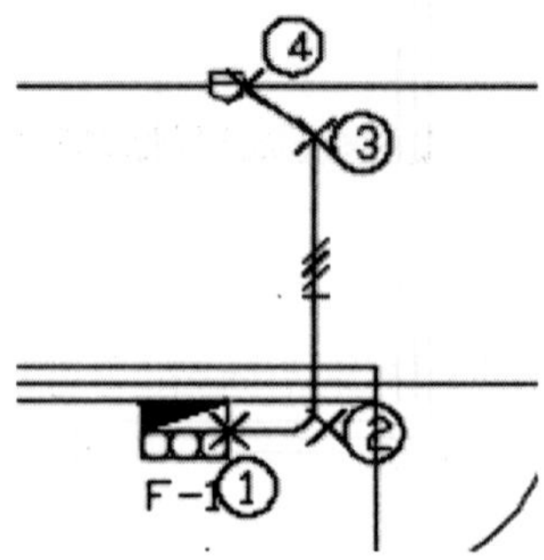

(라) 배선 가닥수 교체

"배선 도구" Tool Bar에서 을 이용하여 소화전함으로 오는 배선 2가닥을 4가닥으로 교체한다.

(3) Data 분류 및 물량산출

(가) "물량산출" Tool Bar에서 Data 분류 아이콘 을 Click

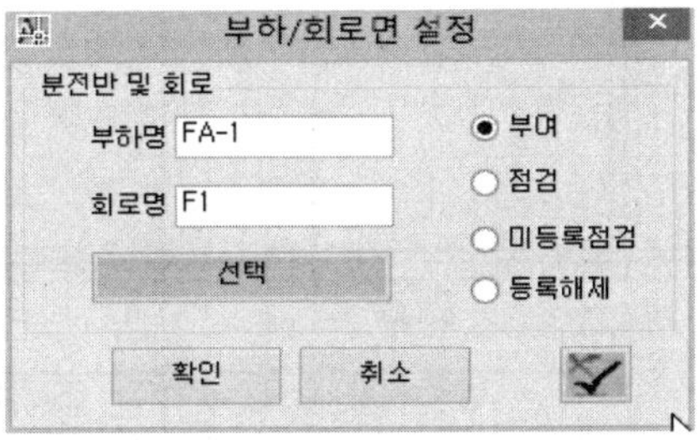

① 분전반 명칭을 지정한다. : FA-1
② 회로 번호를 지정한다. : F1
③ 심벌선택 버튼 클릭한 후 아래와 같이 도면 전체영역 ①번과 ②번 지점을 선택한다.
④ 확인을 선택하면 전체가 체크가 된다.
⑤ 닫기를 한 후 물량산출을 한다.

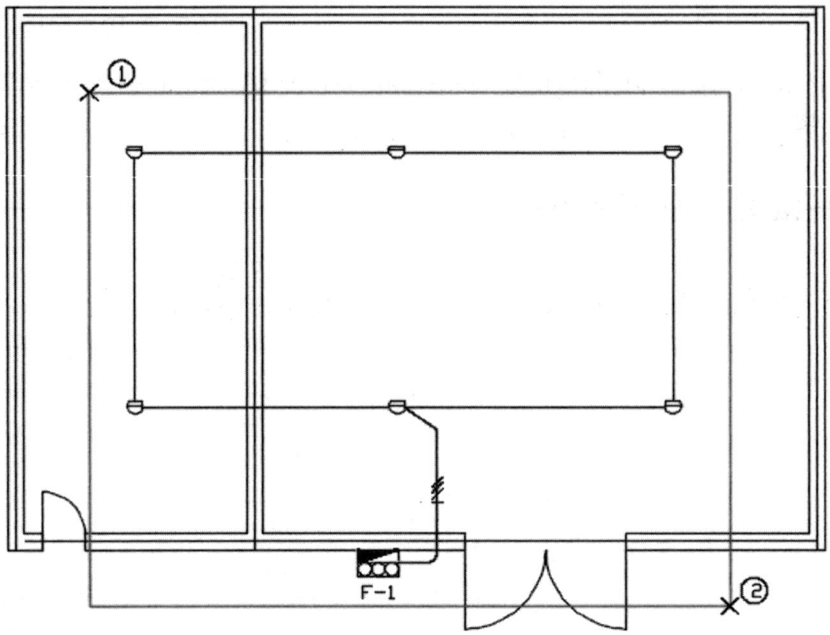

물량산출 범위 선택

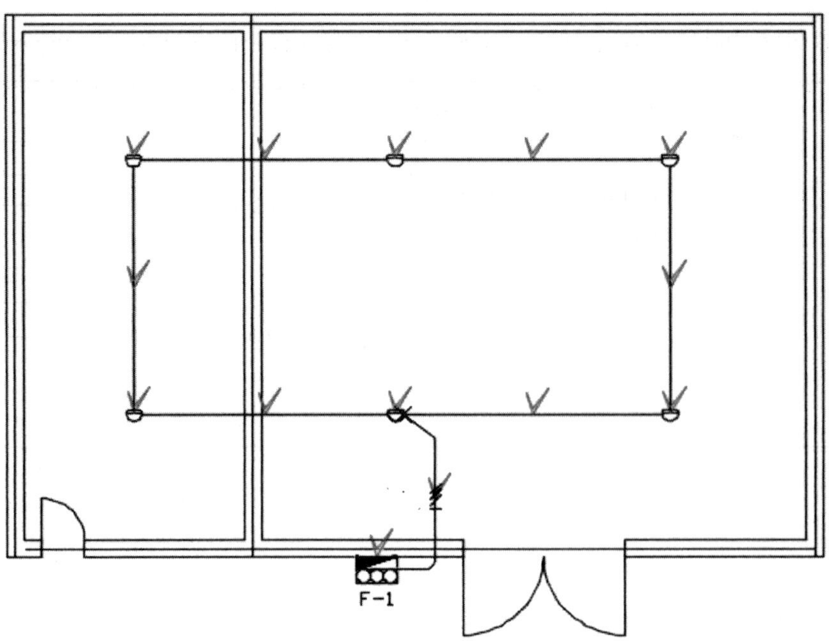

물량산출 완료

(나) 도면 데이터 작성

물량산출 Tool Bar에서 을 이용하여 도면데이터를 작성한다.
데이터 내보내기는 전등설비 따라하기-1을 참조한다.

예제6 실무도면 응용하기

응용 도면 원본은 ElectCAD의 Sample₩8 E-CAD실무를 참조 또는 사차원소프트 홈페이지 www.ecad.or.kr 자료실의 E-CAD 실무도면을 참조.

전 기 범 례 및 주 기 사 항

1. 본 설계도서중에 별도 명기가 없는 수치의 단위는 mm로 한다.
2. 본 공사에 사용하는 자재의 규격은 K.S 또는 동등 이상 자재를 사용하여 시공한다.
3. 본 공사에 사용하는 전선관의 특기없는 배관은 다음에 의한다.
   - 스라브매입배관 (천정) : ———— 내충격 경질비닐전선관(HI-PVC)
   - 스라브매입배관 (바닥) : — — — 내충격 경질비닐전선관(HI-PVC)
4. 특기없는 노출배관 부분중 건축천정재(텍스등)가 있는 장소는 천정반자속 공사를 원칙으로 한다.
5. 본 설계도서중에 별도 명기가 없는 배관배선은 다음과 같다.

전 등

- 16C(HIV 4sq-2,E-4sq)
- 16C(HIV 4sq-3,E-4sq)
- 22C(HIV 4sq-4,E-4sq)
- 22C(HIV 4sq-5,E-4sq)

전 화

- UTP (CAT.5) 0.5mm-4Px1 (16C)
- UTP (CAT.5) 0.5mm-4Px2 (22C)
- UTP (CAT.5) 0.5mm-4Px3 (22C)
- UTP (CAT.5) 0.5mm-4Px4 (22C)

전 열

- 16C(HIV 4sq-2,E-4sq)

T V

- 16C(HFB - 5C)

소 방

- 16C(HIV 1.5sq-2)
- 16C(HIV 1.5sq-4)
- 16C(HIV 4sq-2,E-4sq)

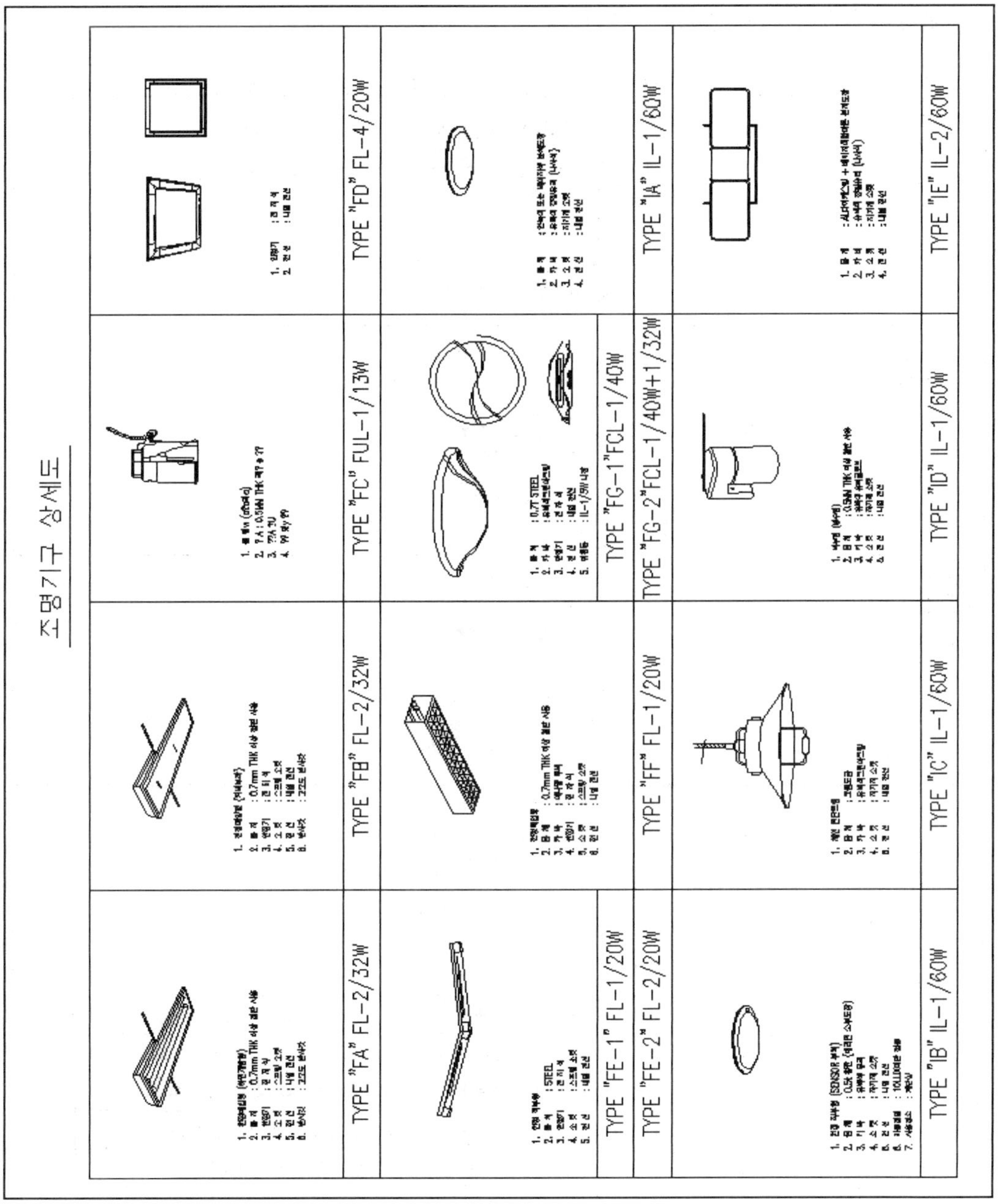
조명기구 상세도
TYPE "FA" FL-2/32W
TYPE "FB" FL-2/32W
TYPE "FC" FUL-1/13W
TYPE "FD" FL-4/20W
TYPE "FE-1" FL-1/20W
TYPE "FE-2" FL-2/20W
TYPE "FF" FL-1/20W
TYPE "FG-1" FCL-1/40W
TYPE "FG-2" FCL-1/40W+1/32W
TYPE "IA" IL-1/60W
TYPE "IB" IL-1/60W
TYPE "IC" IL-1/60W
TYPE "ID" IL-1/60W
TYPE "IE" IL-2/60W

*. 22.9[kV] 변전실 단선결선도(약식수전)

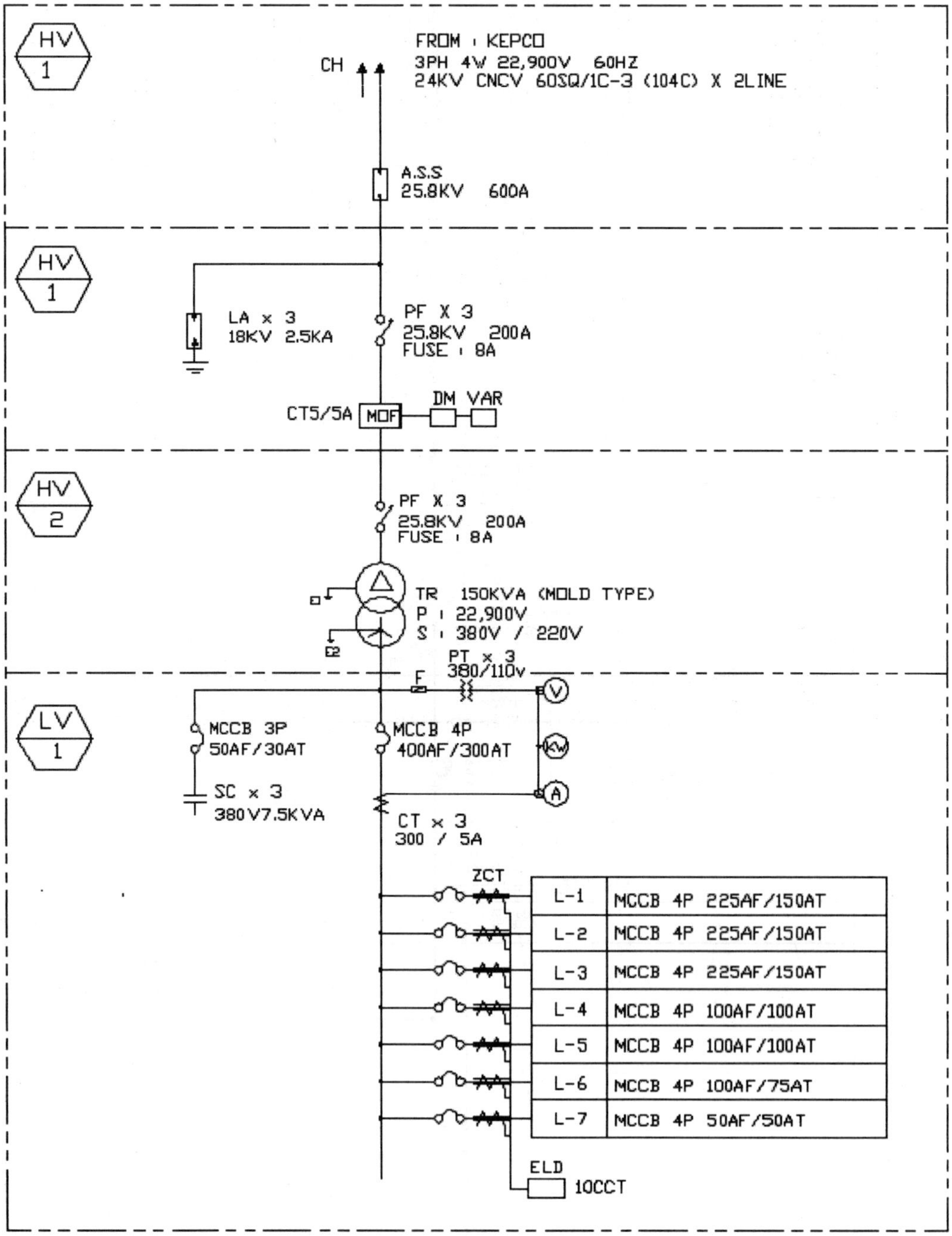

22.9KV S/S ONE LINE DIAGRAM

*. 22.9[kV] 변전실 단선결선도(정식수전)

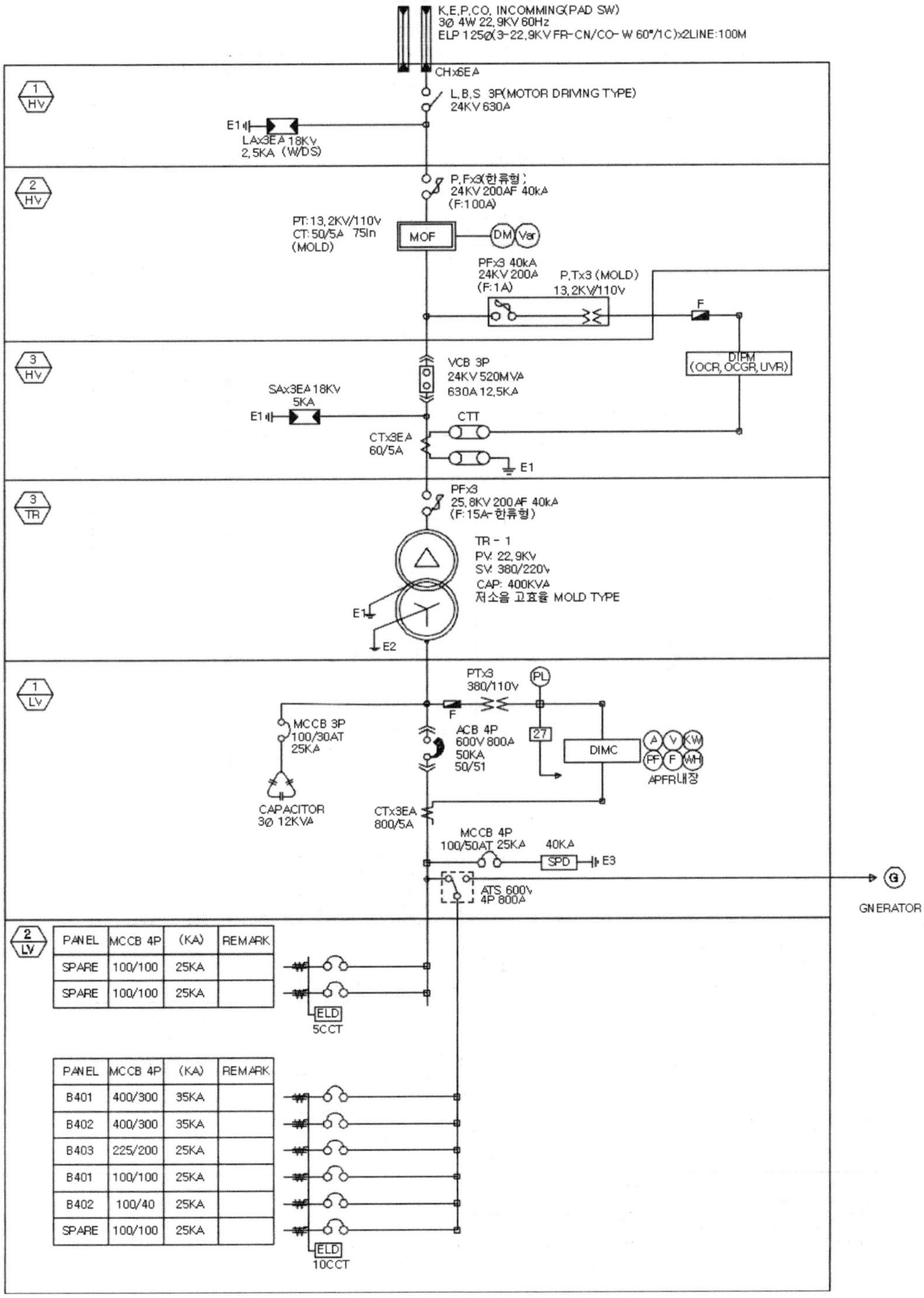

*. 정류기반 회로도

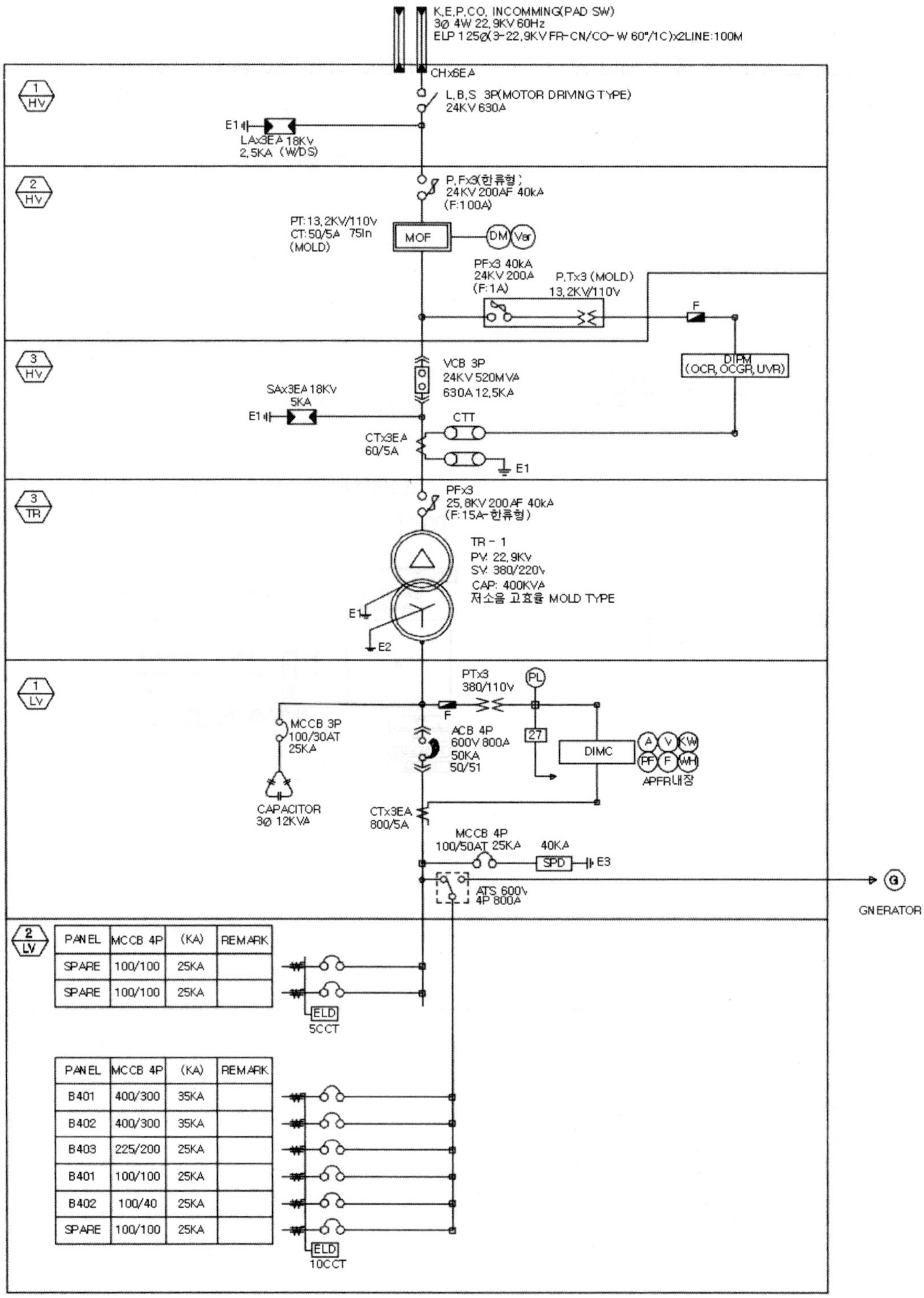
K.E.P.CO. INCOMMING(PAD SW)
3Ø 4W 22.9KV 60Hz
ELP 125Ø(3-22.9KV FR-CN/CO-W 60°/1C)x2LINE:100M
CHx6EA
L.B.S 3P(MOTOR DRIVING TYPE)
24KV 630A
E1
LAx3EA 18KV
2.5KA (W/DS)
P.Fx3(한류형)
24KV 200AF 40kA
(F:100A)
PT:13.2KV/110V
CT:50/5A 75In
(MOLD)
MOF
DM
Var
PFx3 40kA
24KV 200A
(F:1A)
P.Tx3 (MOLD)
13.2KV/110V
F
DIPM
(OCR, OCGR, UVR)
VCB 3P
24KV 520MVA
630A 12.5KA
SAx3EA 18KV
5KA
CTT
CTx3EA
60/5A
PFx3
25.8KV 200AF 40kA
(F:15A-한류형)
TR - 1
PV: 22.9KV
SV: 380/220V
CAP: 400KVA
저소음 고효율 MOLD TYPE
E2
PTx3
380/110V
PL
MCCB 3P
100/30AT
25KA
ACB 4P
600V 800A
50KA
50/51
27
DIMC
A V KW
PF F WH
APFR내장
CAPACITOR
3Ø 12KVA
CTx3EA
800/5A
MCCB 4P
100/50AT 25KA
40KA
SPD
E3
ATS 600V
4P 800A
G
GNERATOR
1 HV
2 HV
3 HV
3 TR
1 LV
2 LV
PANEL | MCCB 4P | (KA) | REMARK
SPARE | 100/100 | 25KA |
SPARE | 100/100 | 25KA |
ELD
5CCT
PANEL | MCCB 4P | (KA) | REMARK
B401 | 400/300 | 35KA |
B402 | 400/300 | 35KA |
B403 | 225/200 | 25KA |
B401 | 100/100 | 25KA |
B402 | 100/40 | 25KA |
SPARE | 100/100 | 25KA |
ELD
10CCT

*. 전동기 직입기동방식

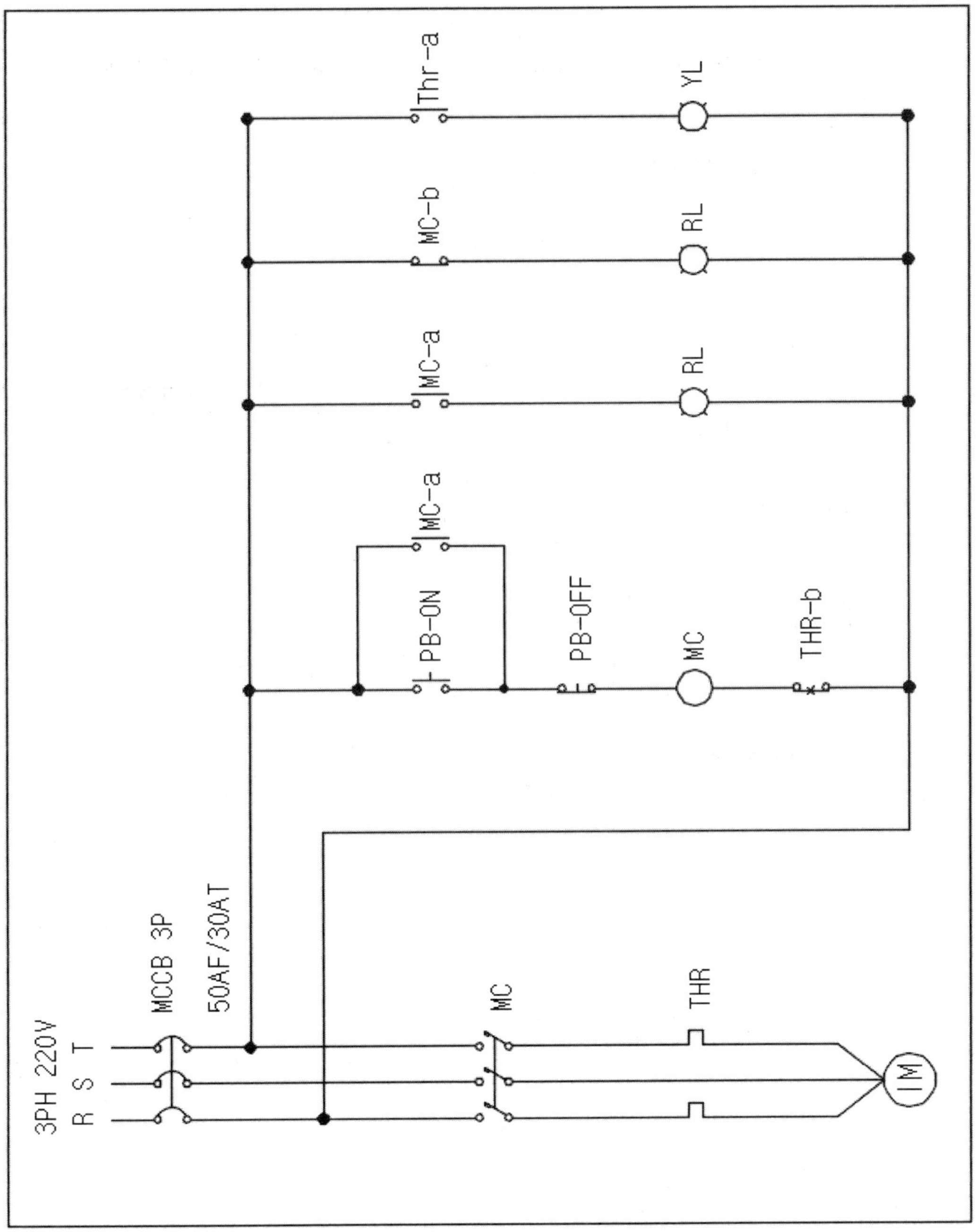
Thr-a
YL
MC-b
RL
MC-a
RL
MC-a
PB-ON
PB-OFF
MC
THR-b
3PH 220V
R S T
MCCB 3P
50AF/30AT
MC
THR
IM

분전반 결선도 그리기

1. Circle : 반지름 50인 원을 그린다.

2. COpy : 거리 400에 원을 복사한다.

3. Arc : 호그리기로 차단기를 그린다.

4. Line : 선그리기를 아래와 같이한다.

5. Mirror : 대칭을 이용하여 결선도를 그린다.

6. ARry : 배열을 이용하여 배치한다.
행의 수:5 열의 수:1 간격:500

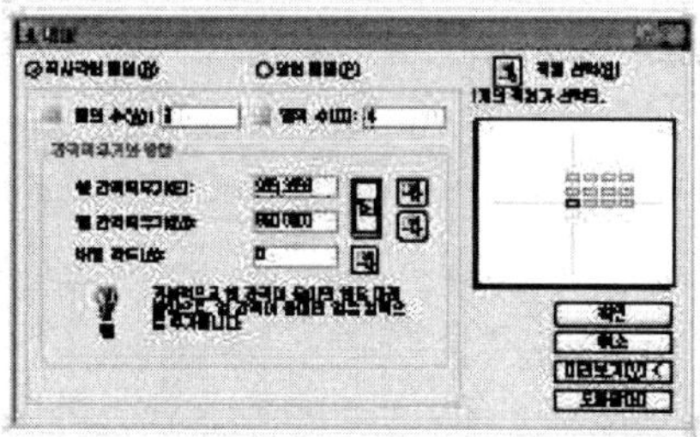

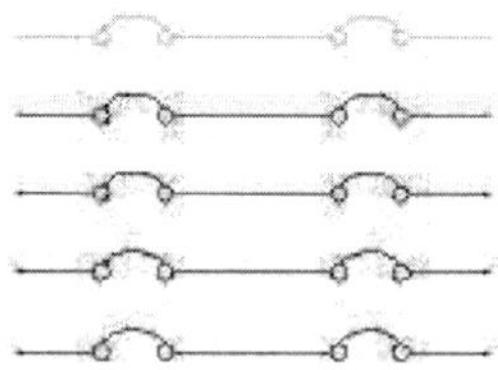

7. Line : 주 부스바를 그린다.

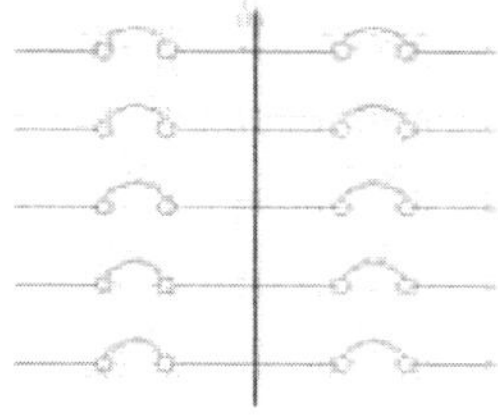

8. COpy, ROtate: 분기CB를 이용하여 주CB기를 만든다.

9. Move: 주CB를 주 부스바에 옮겨 붙인다.

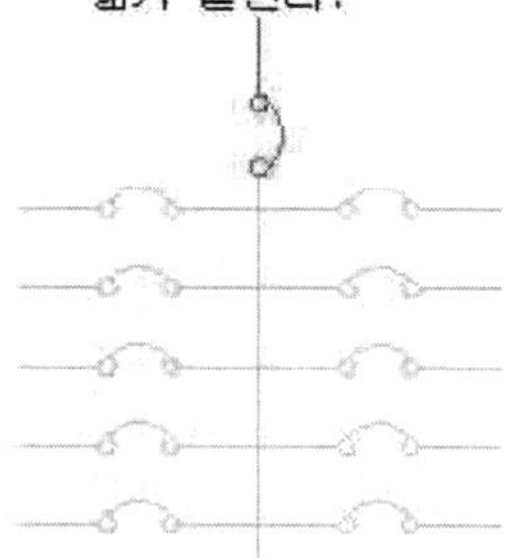

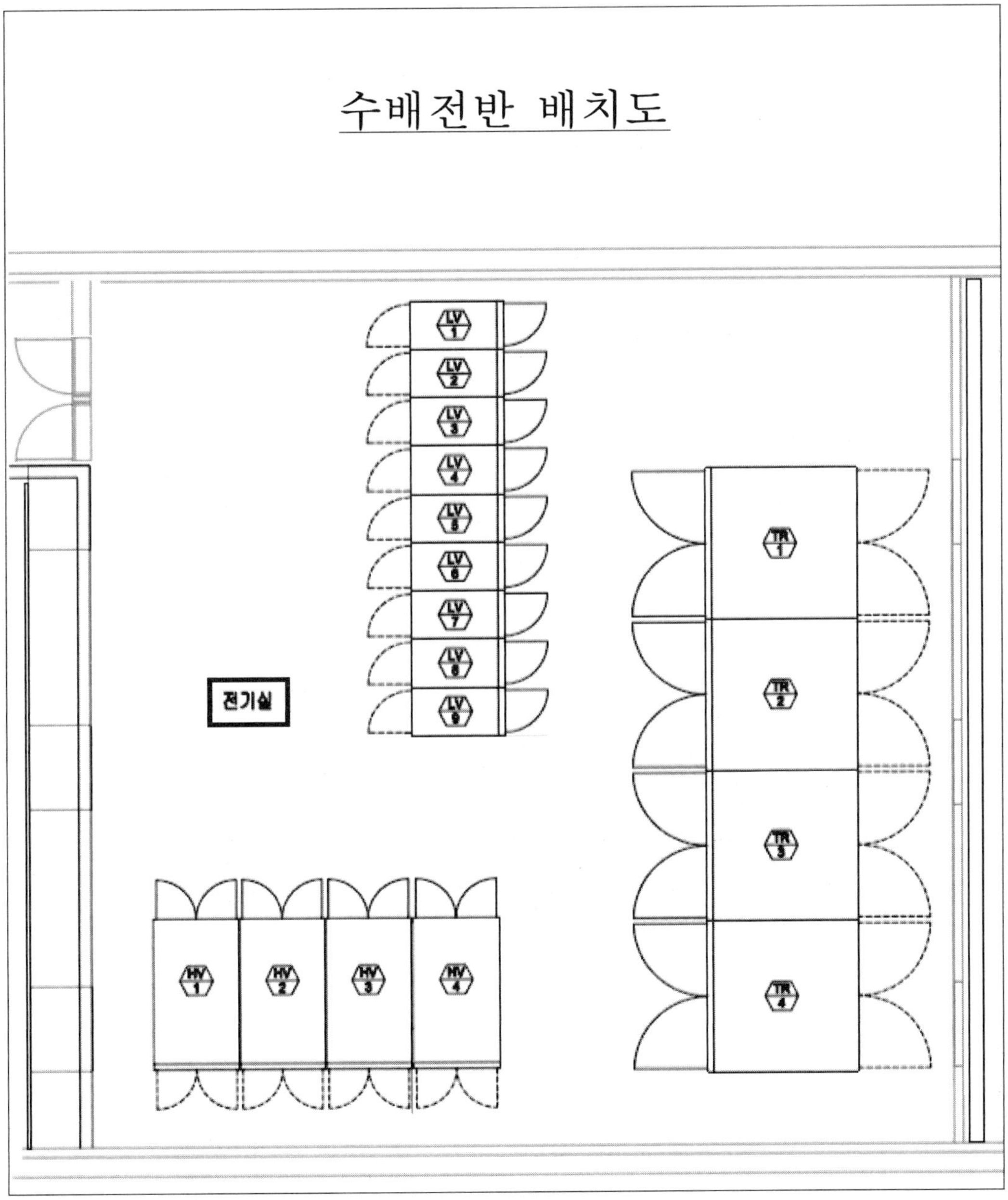
수배전반 배치도
LV 1
LV 2
LV 3
LV 4
LV 5
LV 6
LV 7
LV 8
LV 9
전기실
TR 1
TR 2
TR 3
TR 4
HV 1
HV 2
HV 3
HV 4

제3편

Elect Panel
[Elect CAD]

제1장

기본 설정

1.1 배치도 등록 설정 화면 설명

공종등록 아이콘을  선택하면 아래와 같이 설정 화면이 나타난다.

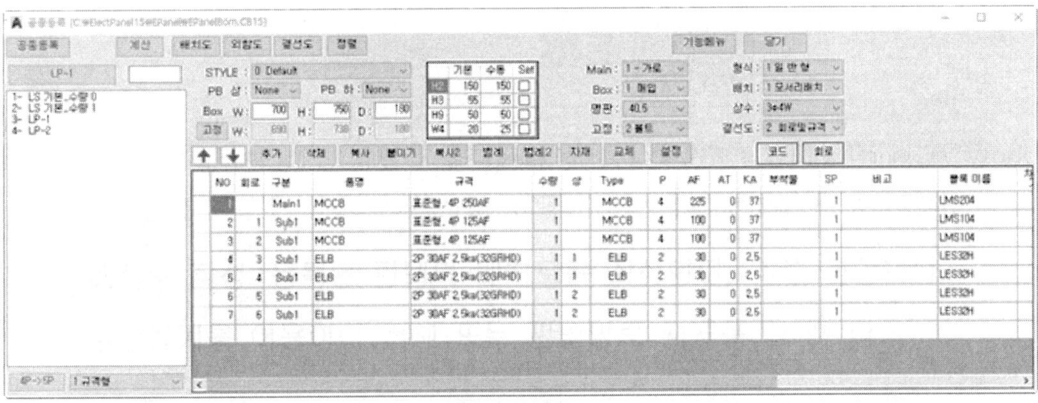

☞ 화면 설명

① 공종등록 : 판넬명을 등록 및 설정한다.

② CAD : 캐드에서 산출된 차단기를 불러온다.

③ 설정 : 차단기 기본값을 설정한다.

④ 계산 : 배치할 차단기 수량을 입력 후 선택한다.

⑤ 배치도 : 차단기 수량 설정을 완료 후 차단기 배치도를 도면에 작도한다.

⑥ 외함도 : 분전반 외형도를 도면에 작도한다.

⑦ 결선도 : 분전반 결선도를 도면에 작도한다.

⑧ 정렬 : 입력된 자재를 펼치거나 합칠 때 사용한다.(결선도 작도시 사용)

⑨ 범례 : 작도할 차단기를 선택하여 입력할 때 사용한다.

⑩ 범례2 : 마그네트 등 차단기외의 자재를 선택하여 입력할 때 사용한다.

⑪ 자재 : 자재마스터에서 자재를 선택하여 입력할 때 사용한다.

⑫ 교체 : 입력된 자재를 교체할 때 사용한다.(기능키 : F7)

⑬ 복사 또는 붙여넣기, 삭제, 삽입한다.

⑭ 차단기 등록 화면의 코드, 회로를 보이게 또는 안보이게 한다.

1.2 공종등록(분전반 입력)

(가) 공종등록 을 선택하면 공종등록 창이 나타난다.

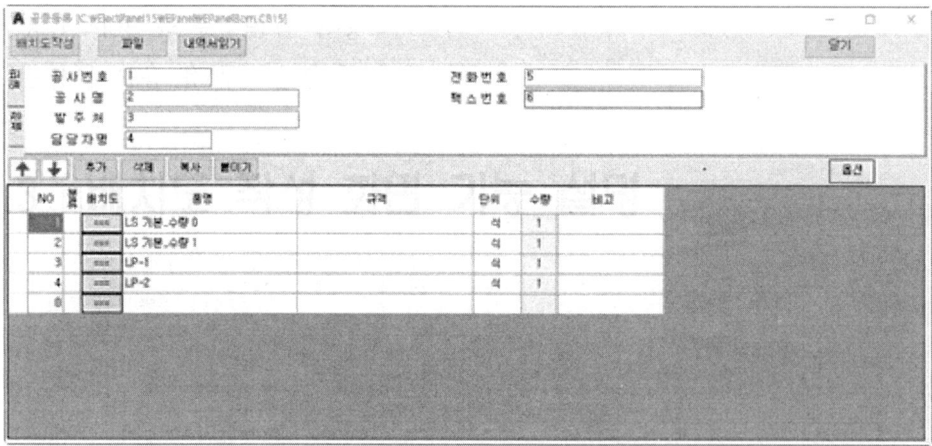

(나) 파일 : 새로운 공사 또는 작업할 파일을 불러온다.

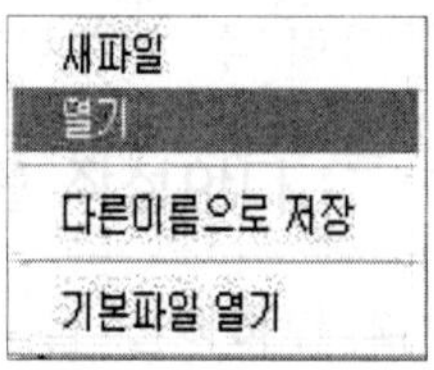

① 새 파일 : 새로운 공사로 작업을 할 때 사용한다.

② 열기 : 이미 작업된 공사의 파일을 불러올 때 사용한다.
③ 다른 이름으로 저장 : 현재 파일을 다른 이름으로 저장한다.
④ 기본 파일로 열기 : 최초 설정된 기본값을 불러온다.
⑤ 유사한 공사를 불러와서 다른 이름으로 저장하여 작업을 하면 편리하다.

(다) 내역서 읽기 : 견적서에서 만든 데이터를 이용하여 배치도를 작성할 때 사용한다.

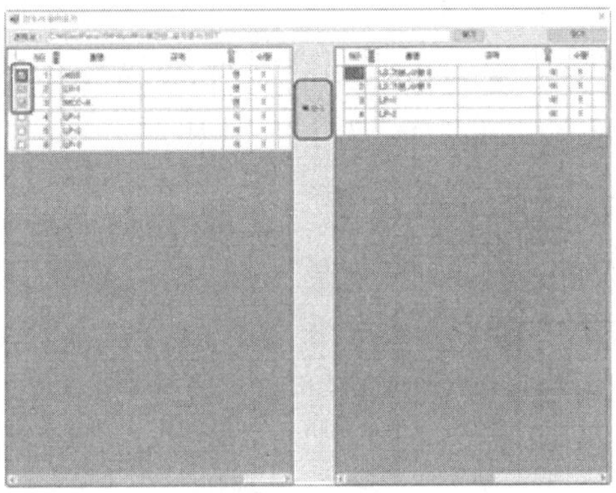

① 찾기를 선택하여 해당 파일을 불러온다. : 기본 방은 → c:₩ElectPanel15₩Work
② 작도 할 분전반을 선택 후 복사를 선택하면 선택된 분전반이 등록된다.

(라) 배치도 작성 : 등록된 판넬의 배치도를 작성한다. : 기본 작업화면

(마) 물량집계를 이용하여 전체 또는 판넬별로 자재를 집계한다.

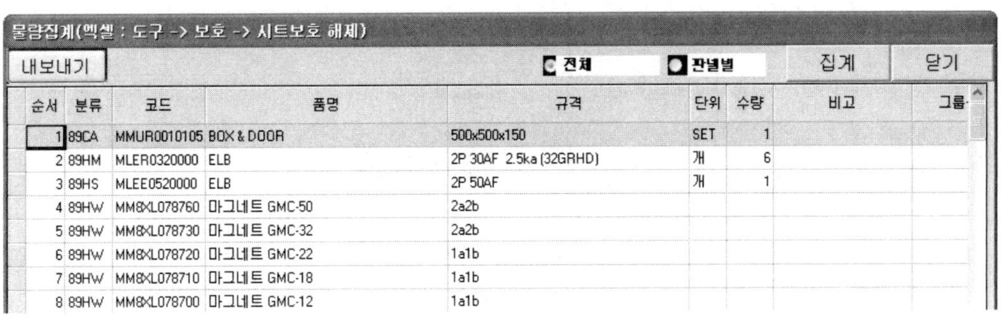

① 내보내기를 하여 엑셀로 변환하여 사용 할 수 있다.

(바) 설정을 선택하여 기타사항을 설정 할 수 있다.

① 조립판 홀 : 조립판 홀 크기 설정

② 중간조립판 홀 : 중간 조립판 홀 설정

③ P-Cover 홀 : 피카바 홀 설정

④ 경첩 P-Cover의 우측공간 : 경첩 피카바 공간 설정

⑤ P-Cover 그리기 유/무 : 피카바 그리기 설정

⑥ 속판 그리기 유/무 : 속판 그리기 설정

⑦ 업체 표시 사용 유/무 : 업체 표시 설정

⑧ 판넬이름 사용 유/무 : 판넬이름 설정

⑨ 배치도를 그리기 유/무 : 배치도 설정

⑩ 명판 사용 유/무 : 명판 설정

⑪ 손잡이 사용 유/무 : 손잡이 설정

1.3 배치도 작성 화면 기능 설명

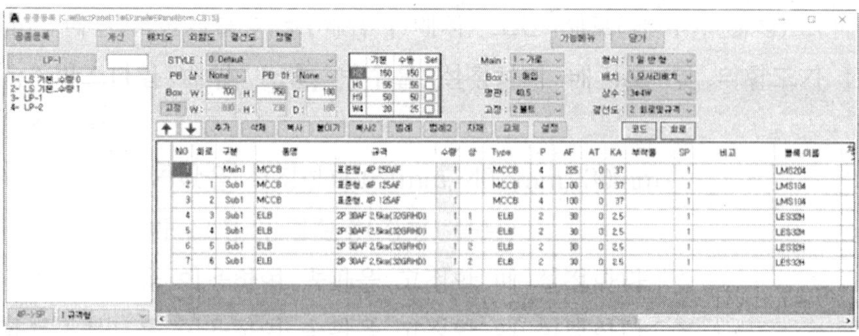

(가) 계산 :차단기 배치도를 작성한다.

차단기 수량을 입력 후 계산 을 선택하면 외함 크기값 및 차단기 배치가 자동 계산되어 도면에 배치도를 작성한다.

① 자동 계산값 : 계산 을 선택하면 우측 고정란에 실 박스 크기 값(815×659×150)이 나타나고, 왼쪽에 배치 할 BOX 크기값(850×650×150)에 미리 설정된 박스 크기값이 나타난다.

박스 크기 계산을 할 때는 위 그림과 같이 고정을 선택 해제 한 후 계산 을 선택하여야 한다.

② 고정 계산값 : 사용자가 박스의 크기값을 임의로 조정하여 작도 할 때 사용한다.

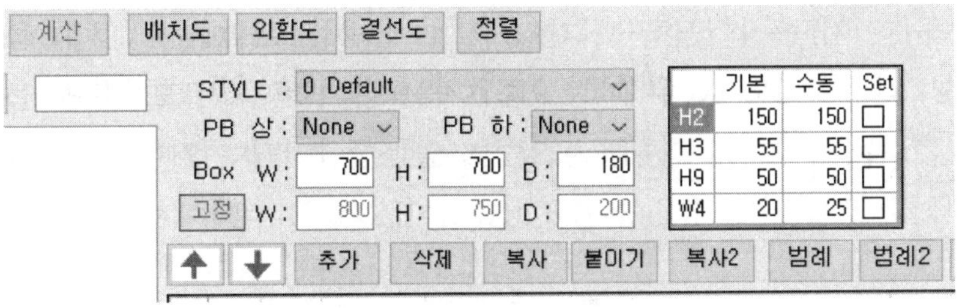

고정을 선택하여 값을 수정 후 계산 을 하여 작도를 한다.
우측화면의 기본 설정값 화면의 H9값이 조정되었다.

(나) 차단기 배치 기본값 수정

	기본	수동	Set
H2	85	40	☑
H3	55	55	☐
H9	50	100	☑
W4	20	20	☐

① H2 : 메인 차단기 상단 이격거리 수정
② H3 : 메인 차단기와 분기차단기 이격거리 수정
③ H9 : 맨 아래쪽 차단기와 박스 한단의 이격거리 설정
④ W4 : 메인 차단기와 분기 차단기의 이격거리
⑤ 기본값은 설정된 값이며 수동 칸에 데이터값을 수정하여 배치 할 수 있다.

⑥ Set값을 체크하면 수동값으로 계산된다.

(다) 배치도, 외함도, 결선도 형식 설정

기본 도면 설정은 팝업메뉴의 설정→외함크기 기본값 설정→박스 스타일 설정 이용

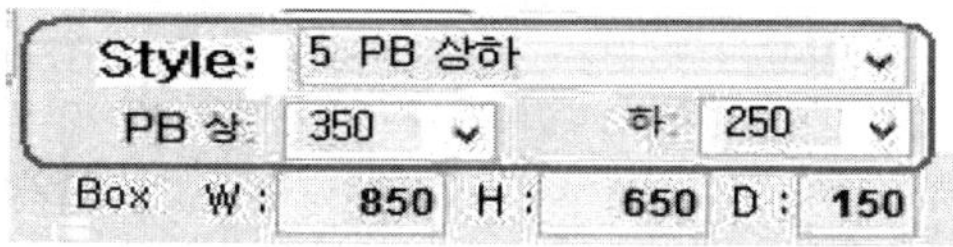

① Style : 배치도 및 외함도의 박스 외함형식을 설정한다.(NCT와 연계하여 작도 가능)

㉠ 블록 설정은 설정→외함크기(기본값) 설정→박스 스타일 설정에서 설정한다.

② PB 상, 하 : 배치도 및 외함도 상하단의 풀박스 크기를 설정한다.

(라) 메인 차단기 및 박스타입 관련 설정

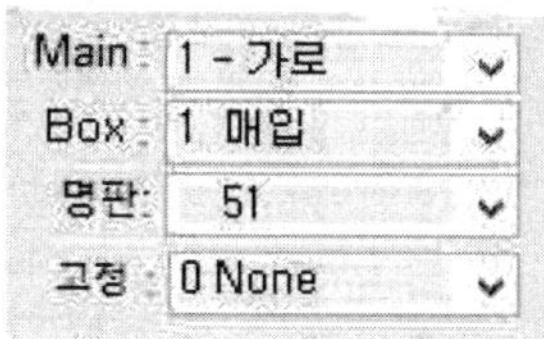

① Main : 메인 차단기를 가로(세워서 배치) 또는 세로(눕혀서 배치)로 배치 설정

② Box : 박스타입 매입, 노출, 방수를 설정하며 배치도 및 외함도가 Default일 때만 적용된다.

③ 명판 : 명판 크기값을 설정한다.(51mm, 40.5mm, 30mm)

④ 고정 : 피(P)카바 고정 방법설정(경첩, 볼트)

㉠ 경첩 : 경첩을 이용하여 속판을 고정할 때 설정한다.

㉡ 볼트 : 볼트를 이용하여 속판을 고정할 때 설정한다.

(마) 차단기 배치 형식 및 결선도 설정

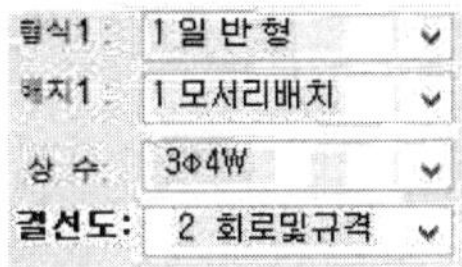

① 형식1 : 차단기 배열 형식 설정

㉠ 일반형 : 차단기가 좌우로 배치할 때 사용한다. - 일반적인 배치 방법

㉡ 외줄형-오른쪽 : 차단기를 오른쪽에 한 줄로 배치할 때 사용

㉢ 외줄형- 왼쪽 : 차단기를 왼쪽에 한 줄로 배치할 때 사용

② 배치1 : 피카바 또는 아크릴 카바로 할 때 차단기 배열 방법 설정

㉠ 모서리 배치 : 아크릴 카바로 적용할 때 사용한다. - 차단기

㉡ 중심 배치 : P 카바로 적용할 때 사용한다. - 차단기 손잡이 기준으로 배치

㉢ 직선 배치 : 모든 차단기 안쪽을 기준으로 배치

㉣ 간격 배치 : 메인 차단기 중심을 기준으로 배치

③ 상수 : 결선도 배치방식(1상 2선식, 3상 3선식, 3상 4선식) 및 결선도 스타일 설정

④ 결선도 : 분전반 결선도 형태를 설정한다.

㉠ 회로번호 : 회로번호만 나타낼 때 사용한다.

㉡ 회로번호 및 규격 : 회로번호와 차단기 크기를 나타낸다.

㉢ 세분화 : 회로번호 및 차단기의 크기 및 차단용량을 나타낸다.

☞ 경첩, 볼트, 명판 형태 수정은 해당 심벌을 더블클릭하여 블록이름을 확인하여 해당 파일을 수정하며 심벌의 위치는 C:₩ElectPanel15₩MyPanel₩Dwg이다.

(바) 화면 설정 방법

▶ 일반

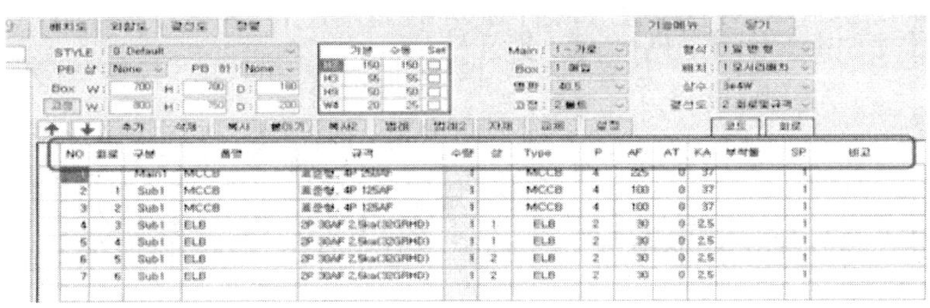

▶ 코드로 표현

NO	회로	구분	분류코드	코드	품명	규격	수량	상	Type	P	AF	AT	KA	부착물
1		Main1	89GA	MLMS2040000	MCCB	표준형, 4P 250AF	1		MCCB	4	225	0	37	
2	1	Sub1	89GA	MLMS1040000	MCCB	표준형, 4P 125AF	1		MCCB	4	100	0	37	
3	2	Sub1	89GA	MLMS1040000	MCCB	표준형, 4P 125AF	1		MCCB	4	100	0	37	
4	3	Sub1	89HN	MLER0320000	ELB	2P 30AF 2.5ka(32GRHD)	1	1	ELB	2	30	0	2.5	
5	4	Sub1	89HN	MLER0320000	ELB	2P 30AF 2.5ka(32GRHD)	1	1	ELB	2	30	0	2.5	
6	5	Sub1	89HN	MLER0320000	ELB	2P 30AF 2.5ka(32GRHD)	1	2	ELB	2	30	0	2.5	
7	6	Sub1	89HN	MLER0320000	ELB	2P 30AF 2.5ka(32GRHD)	1	2	ELB	2	30	0	2.5	

▶ 코드, 회로로 표현

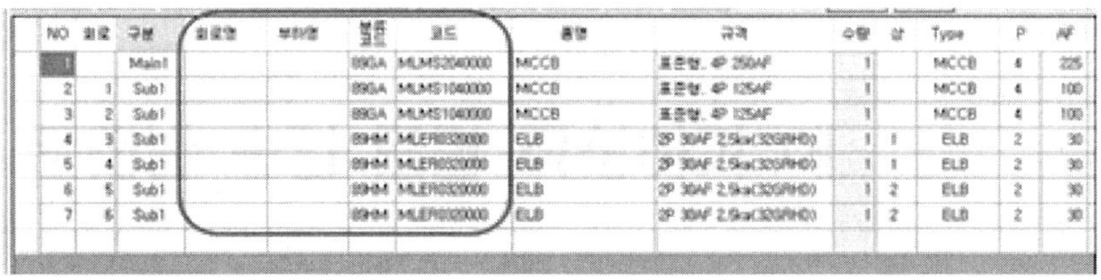

NO	회로	구분	회로명	부하명	분류코드	코드	품명	규격	수량	상	Type	P	AF
1		Main1			89GA	MLMS2040000	MCCB	표준형, 4P 250AF	1		MCCB	4	225
2	1	Sub1			89GA	MLMS1040000	MCCB	표준형, 4P 125AF	1		MCCB	4	100
3	2	Sub1			89GA	MLMS1040000	MCCB	표준형, 4P 125AF	1		MCCB	4	100
4	3	Sub1			89HM	MLER0320000	ELB	2P 30AF 2.5ka(32GRHD)	1	1	ELB	2	30
5	4	Sub1			89HM	MLER0320000	ELB	2P 30AF 2.5ka(32GRHD)	1	1	ELB	2	30
6	5	Sub1			89HM	MLER0320000	ELB	2P 30AF 2.5ka(32GRHD)	1	2	ELB	2	30
7	6	Sub1			89HM	MLER0320000	ELB	2P 30AF 2.5ka(32GRHD)	1	2	ELB	2	30

(사) 화면 설명

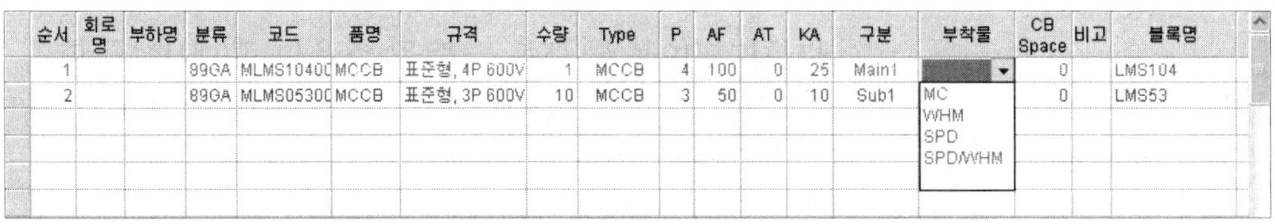

순서	회로명	부하명	분류	코드	품명	규격	수량	Type	P	AF	AT	KA	구분	부착물	CB Space	비고	블록명
1			89GA	MLMS10400	MCCB	표준형, 4P 600V	1	MCCB	4	100	0	25	Main1		0		LMS104
2			89GA	MLMS05300	MCCB	표준형, 3P 600V	10	MCCB	3	50	0	10	Sub1	MC WHM SPD SPD/WHM	0		LMS53

① 회로명 및 부하명을 입력한다. : 분전반 결선도 작성시 사용

② 수량 : 배치할 차단기 수량을 입력한다.

③ Type : 차단기의 종류를 나타낸다. - MCCB 또는 ELB

④ 차단기의 극수를 설정한다. : 분전반 결선도 작성을 할 때 적용된다.

⑤ 구분 : 차단기의 메인 또는 분기여부를 설정한다.

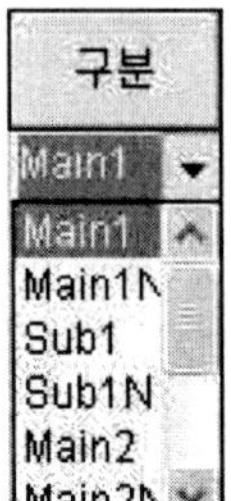

· Main : 주 차단기를 설정한다.

· Sub : 분기 차단기를 설정한다.

· 1 : 주 차단기가 1개인 경우

· 2 : 주 차단기가 2개인 경우의 두 번째 주 차단기에 설정한다.

· N : 4선식 부하에 차단기 3P를 사용할 경우 설정한다.

⑥ 부착물 : 마그네트, 계량기 등을 부착하여 결선도에 나타낼 때 사용한다.

⑦ CB Space : 차단기를 배치할 때 차단기간의 간격값을 설정한다.

⑧ 블록명 : 차단기에 대한 블록 이름을 나타낸다.

블록명이 없으면 배치가 안된다. : CB 사이즈설정에서 심벌을 등록한다.

⑨ 블록가로, 블록세로, 높이, 설정 간격값 등을 나타낸다.

(아) 설정 화면

박스 설정 및 차단기 배치에 대한 기본값 설정 화면

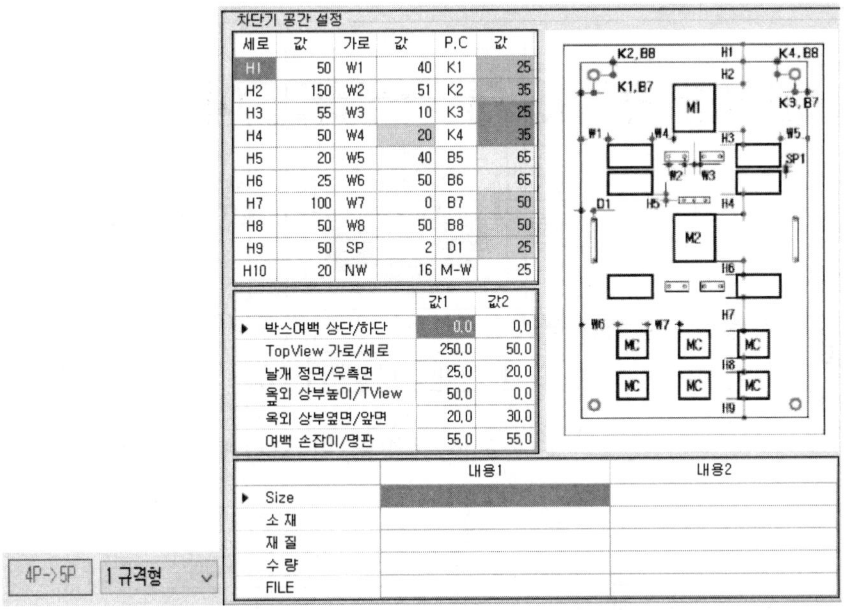

① 차단기 배치에 따른 각종 설정값을 나타내며 이격거리값은 기본으로 캐드 팝업메뉴의 설정→CB Size설정(차단기 크기 설정)의 값이 우선으로 적용된다.

㉠ H1~H10 : 차단기의 높이 관련 이격거리값을 설정한다.

㉡ SP, NW : 차단기간 스페이스

㉢ W1~W8 : 차단기의 폭 관련 이격거리값을 설정한다.

㉣ K1~K4 : 경첩, 피카바 지지대 등의 위치 설정

㉤ B5~B8 : 속판지지 홀 위치 설정

② 값 1, 2 : 외함도 작도에 따른 설정값 지정

③ 정보삽입 : 판넬에 대한 기본정보를 입력 후 도면에 삽입한다.

④ 차단기 배치 형식 설정

㉠ 4P→5P : 분기 차단기 4P를 양쪽으로 배치할 때 좌측 차단기를 1P 내림 (누른상태)

㉡ 0 일괄형 : 좌< >우 : 분기 차단기를 Frame 구분없이 붙여서 배열 - 특수 분전반

㉢ 1 규격형 : 단선 결선도 형태로 배열

㉣ 2 표준형 : AF별 분기 차단기를 같은 Frame별로 구분하여 배열 - 일반적인 배열

㉤ 3 크기형 : 차단기 크기별로 배열

1.4 분전반 승인 도면 작성하기 예

▶ 메인 MCCB 4P 225AF - 1, 분기 MCCB 3P 100AF - 2, ELB 2P 30AF - 2개인 경우

① 좌측의 기본 항목에서 메인 225AF 항목을 복사한다.
항목 선택 후 마우스 우측→복사→붙여넣기한다.

② 배치할 자재에 수량을 입력한다.

NO	회로	구분	품명	규격	수량	상	Type	P	AF	AT	KA	부착형	SP	비고	블록 이
1		Main1	MCCB	표준형, 4P 400AF	0		MCCB	4	400	0	50		1		LMS404
2		Sub1	MCCB	표준형, 3P 400AF	0	1	MCCB	3	400	0	50		1		LMS403
3		Sub1	MCCB	표준형, 4P 250AF	1		MCCB	4	225	0	37		1		LMS204
4		Sub1	MCCB	표준형, 3P 250AF	0	1	MCCB	3	225	0	37		1		LMS203
5		Sub1	MCCB	표준형, 2P 250AF	0		MCCB	2	225	0	37		1		LMS202
6		Sub1	MCCB	표준형, 4P 125AF	0		MCCB	4	100	0	37		1		LMS104
7		Sub1	MCCB	표준형, 3P 125AF	0	1	MCCB	3	100	0	37		1		LMS103
8		Sub1	MCCB	표준형, 2P 125AF	0	1	MCCB	2	100	0	37		1		LMS102
9		Sub1	MCCB	경제형, 4P 100AF	0		MCCB	4	100	0	18		1		LME104
10		Sub1	MCCB	경제형, 3P 100AF	1	1	MCCB	3	100	0	18		1		LME103
11		Sub1	MCCB	경제형, 2P 100AF	0		MCCB	2	100	0	18		1		LME102
12		Sub1	MCCB	표준형, 4P 60AF	0		MCCB	4	60	0	18		1		LMS64
13		Sub1	MCCB	표준형, 3P 60AF	0	1	MCCB	3	60	0	18		1		LMS63
14		Sub1	MCCB	표준형, 4P 50AF	0		MCCB	4	50	0	18		1		LMS54
15		Sub1	MCCB	표준형, 3P 50AF	0	1	MCCB	3	50	0	18		1		LMS53
16		Sub1	MCCB	표준형, 2P 50AF	0	1	MCCB	2	50	0	10		1		LMS52
17		Sub1	MCCB	표준형, 4P 30AF	0		MCCB	4	30	30	10		1		LMS34
18		Sub1	MCCB	표준형, 3P 30AF	0	1	MCCB	3	30	0	10		1		LMS33
19		Sub1	MCCB	표준형, 2P 30AF	0		MCCB	2	30	0	10		1		LMS32
20		Sub1	***** EL...		0	1	MCCB	2	30	0	0		0		LMS32
21		Sub1	ELB	표준형, 4P 225AF	0		ELB	4	225	0	37		1		LES204
22		Sub1	ELB	표준형, 3P 225AF	0	1	ELB	3	225	0	37		1		LES203
23		Sub1	ELB	표준형, 4P 100AF	0		ELB	4	100	0	37		1		LES104
24		Sub1	ELB	표준형, 3P 100AF	2	1	ELB	3	100	0	37		1		LES103
25		Sub1	ELB	표준형, 4P 50AF	0		ELB	4	50	0	18		1		LES54
26		Sub1	ELB	표준형, 3P 50AF	0	1	ELB	3	50	0	18		1		LES53

③ 계산 을 선택한다.

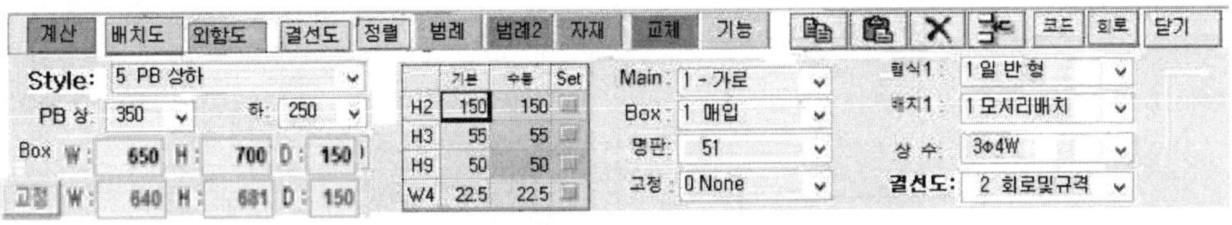

· 박스 크기 및 기본 설정을 완료한다.
계산 박스 크기는 640×681이며 작도될 박스의 크기는 650×700으로 설정한다.

④ 배치도를 선택하여 차단기 배치도를 작성한다.

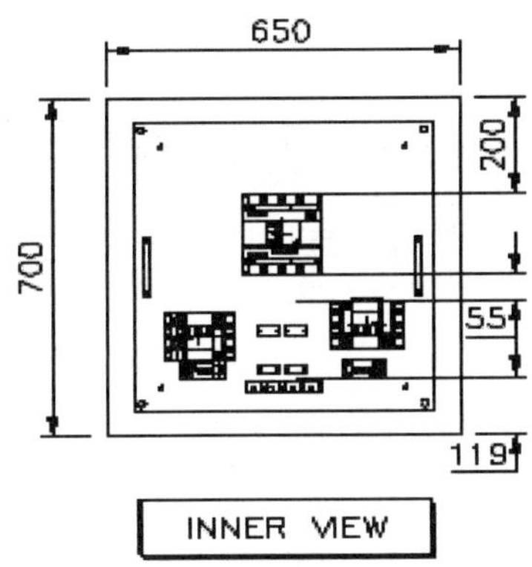

111

⑤ 외함도를 선택하여 전면도 및 옆면을 작도한다.

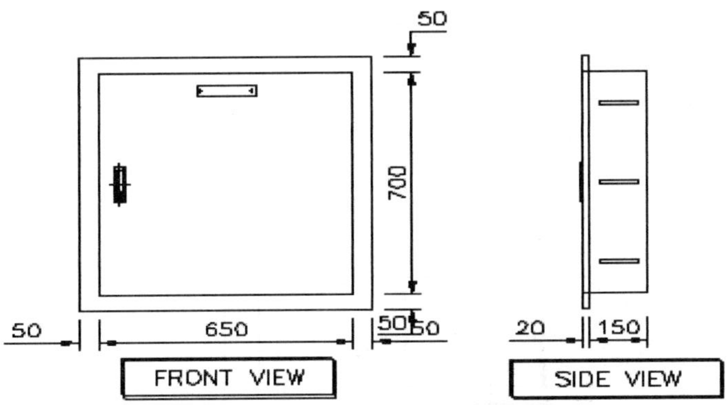

⑥ 결선도를 선택하여 분전반 결선도를 작성한다.

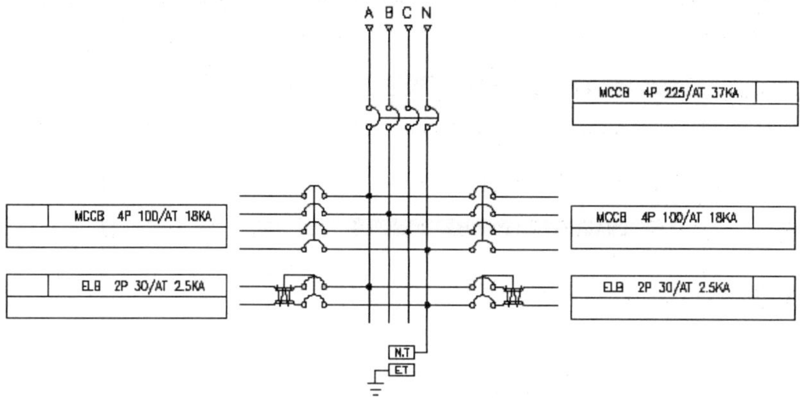

⑦ P-Cover 및 속판 만들기

배치도 작성 완료 후 NCT관련 피카바 및 속판 만들기를 한다.

㉠ 배치도를 3개 복사한 후 분해(explode)를 한다.

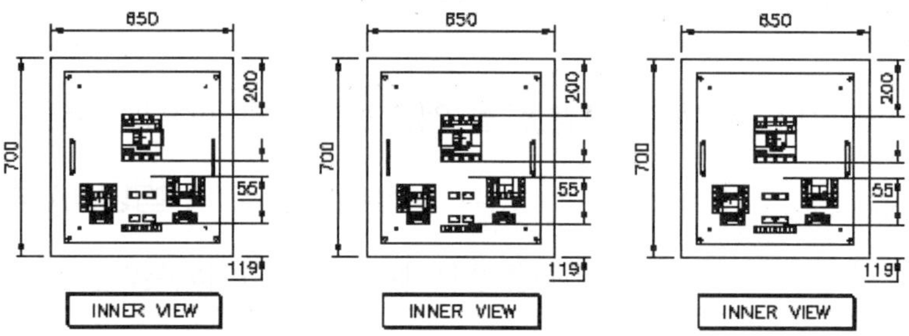

㉡ 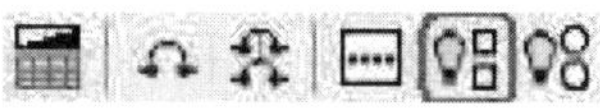 P-Cover를 선택하여 객체를 선택 후 엔터한다.

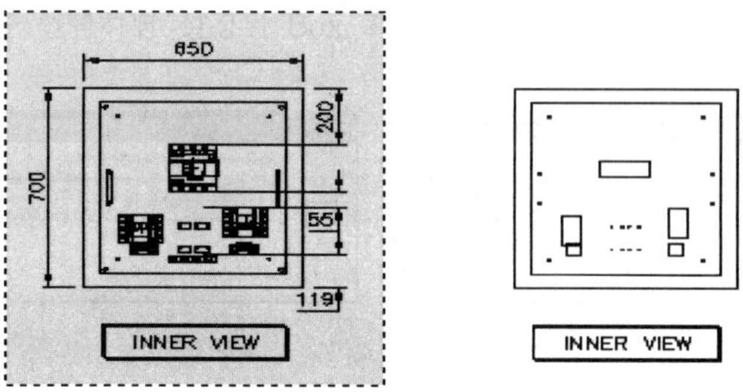

㉢  속판만 남기기를 선택하여 객체를 선택 후 엔터한다.

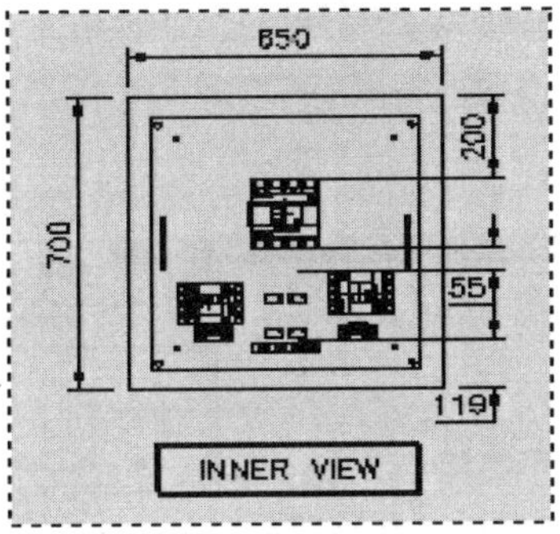

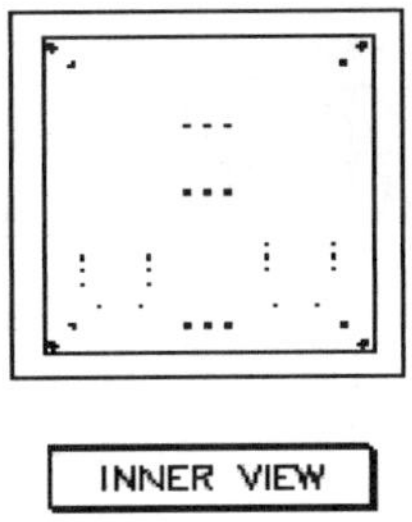

·  : 사용자화 아이콘

레이어 삭제 기능을 활용하여 추가로 더 활용할 수 있다.

1.5 기타 기능

(1) Box 고정으로 배치하기

· 자동계산 650×800 → 박스고정 700×800으로 수정

변경 후 :	Box	W :	650	H :	800	D :	180
변경 전 :	고정	W :	800	H :	800	D :	150

위와 같이 수정 후 고정을 누른 후 배치도를 선택하여 배치를 완료한다.

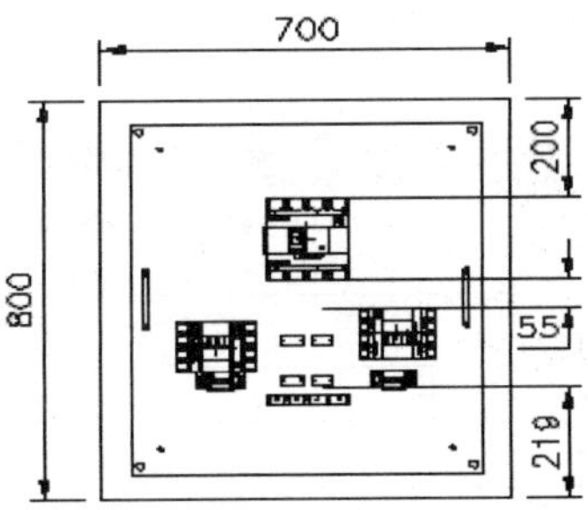

(2) 범례집을 이용하여 차단기 입력 방법

배치도 등록화면에서 **범례** 을 선택한다.

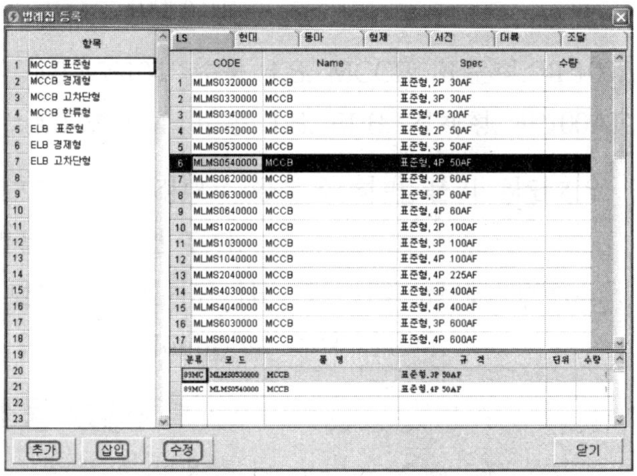

① 항목에서 삽입할 차단기 타입을 선택한다.

② 삽입할 차단기를 더블클릭 또는 수량을 입력하면 화면 하단에 선택된 자재가 입력된다.

③ 입력이 완료되었으면 추가 또는 삽입을 선택하여 화면에 입력을 완료한다.

(3) 공종복사 방법

유사한 분전반을 반복하여 작업할 때 사용한다.

① 복사할 해당 공종을 선택한 후 마우스 우측을 선택하여 복사를 선택하여 복사하고 복사할 위치를 정한 후 붙여넣기를 한다.

② 공종명(부하명) 수정 또는 F2키을 선택하여 공종명을 수정한다.

③ 규격 우측을 선택하면 설정된 Box 크기가 규격에 입력된다.

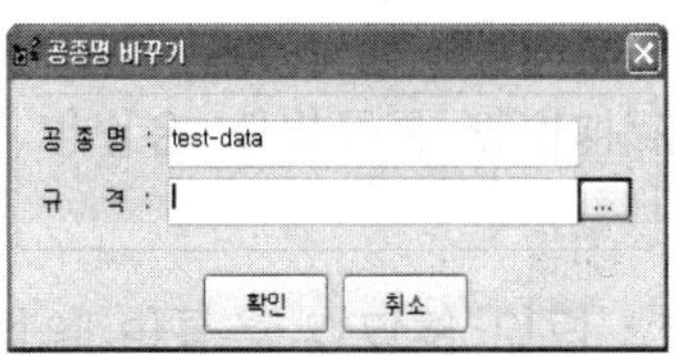

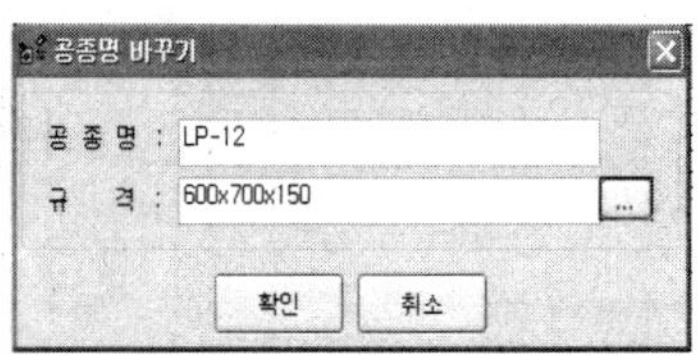

(4) 새로운 심벌등록 방법

새로운 심벌을 등록할 때 선택한다. - 가장 일반적인 경우

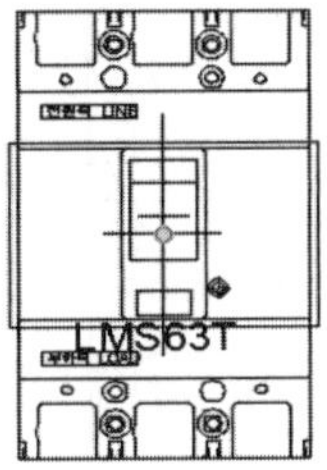

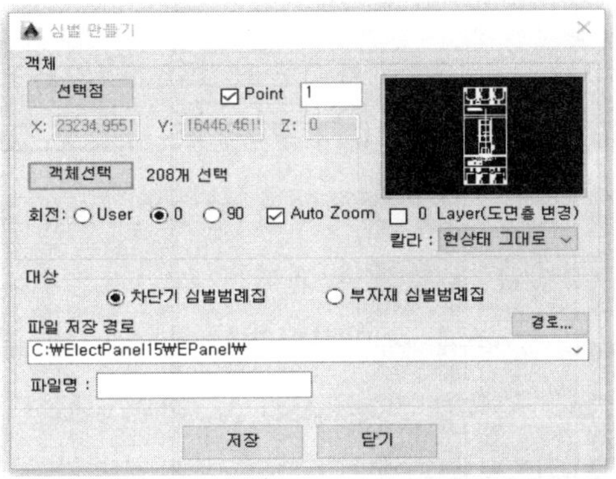

① 선택점 : 심벌의 삽입점을 선택한다.

② 객체 선택 : 블록 만들 대상을 선택한다.

③ 대상 : 등록할 분류를 선택한다.

④ 파일저장경로 : 심벌을 등록할 경로에 파일이름을 저장한다. : LMS204T
심벌등록 기본 방은 C:₩ElectPanel15₩EPanel₩User에 등록한다.

⑤ 그림 객체를 선택하여 심벌을 선택 후 전체 객체를 선택하여 다시 한번 심벌을 선택한다.(그림 객체 선택은 범례집에 보이게 하기 위함이다.)

⑥ 저장을 선택하면 차단기 크기 설정창의 차단기 블록에 블록이름이 등록된다.

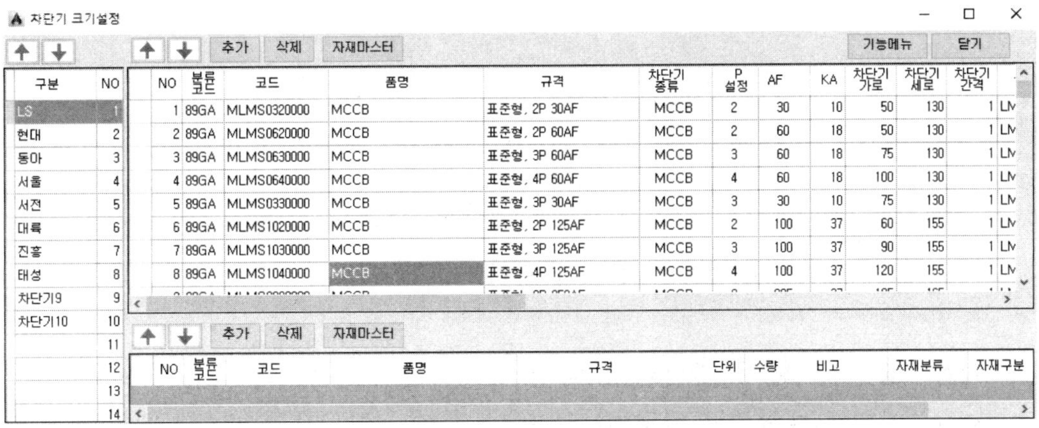

* 블록을 만들때 구성도는 아래를 참고하며 자재코드의 앞쪽 7자리만 사용한다.

MLMS1041000 → MLMS 104 1000 → MLMS104
M : 수동, L : 제조사 H(현대) D(동아) T(대륙), M : MCCB E(ELB). S(표준형) E(경제형) H(고차단형) L(한류형)
104 : 4P 100[AF], 1000 : 100[AF]

MLMS1041000 MLMS104 : 수동, LS, MCCB, 표준형, 4P100AF
MLME1040750 MLME104 : 수동, LS, ELB, 경제형, 4P100AF

- 메인(주) 차단기만 이 과정대로 등록을 하며 분기 차단기인 경우는 WBlock을 이용하여 심벌을 등록하면 된다.
- 블록이름을 만들때 메인차단기는 블록이름 끝에 "T(Top)", 분기차단기는 좌측 "L(Left)", 우측은 "R(Right)"로 하여 만든다.

(5) 일반 심벌 등록하기

차단기(MCCB, ELB)가 아닌 일반 심벌을 등록 할 때 사용

 일반 심벌 등록하기 아이콘을 선택한다.

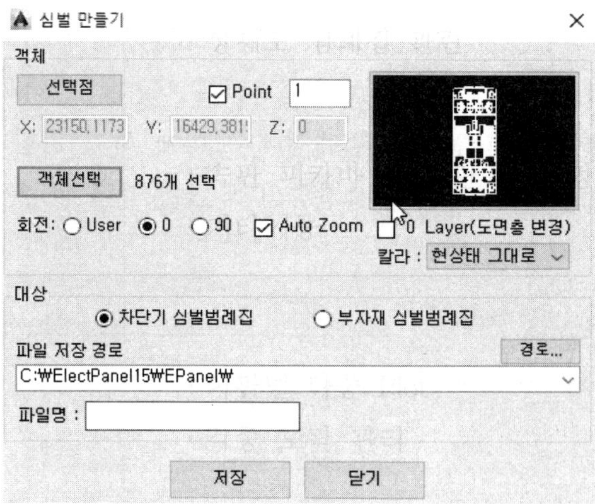

- 기본 작업 방법은 심벌등록 방법과 같다.
- 내용설정

  제목 : 심벌의 이름을 간단히 입력

  비고 : 심벌에 대한 필요한 사항 입력

  - 생략 가능

① 심벌이름을 간단히 입력한 후 저장을 선택하면 상세도 범례집 등록창이 나타난다.

② 저장할 항목을 선택한 후 심벌을 등록을 완료 후 범례집에서 확인한다.

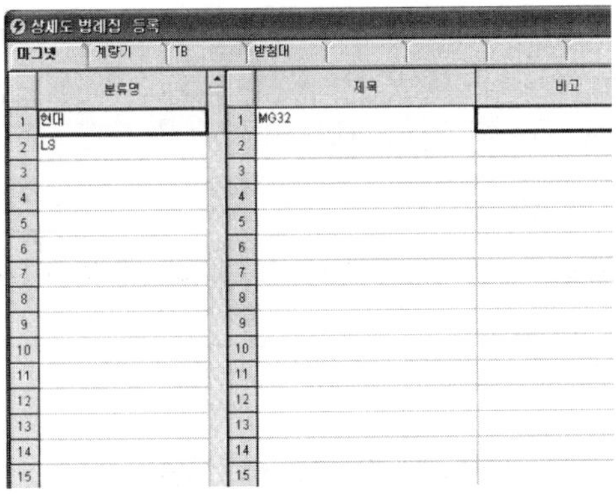

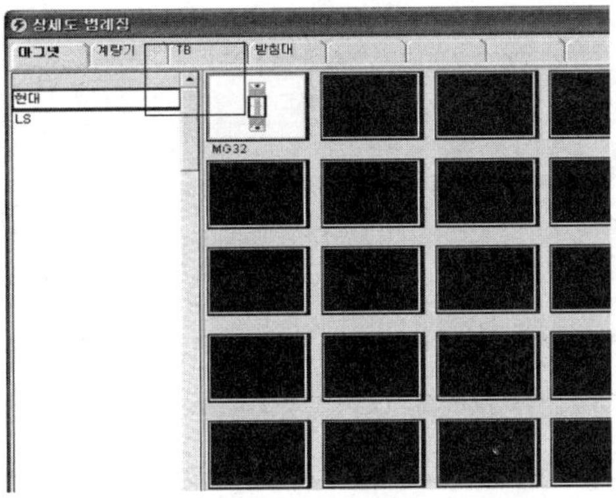

1.6 Pull Down 메뉴

아이콘화 된 명령들은 앞쪽 단원을 참고한다.

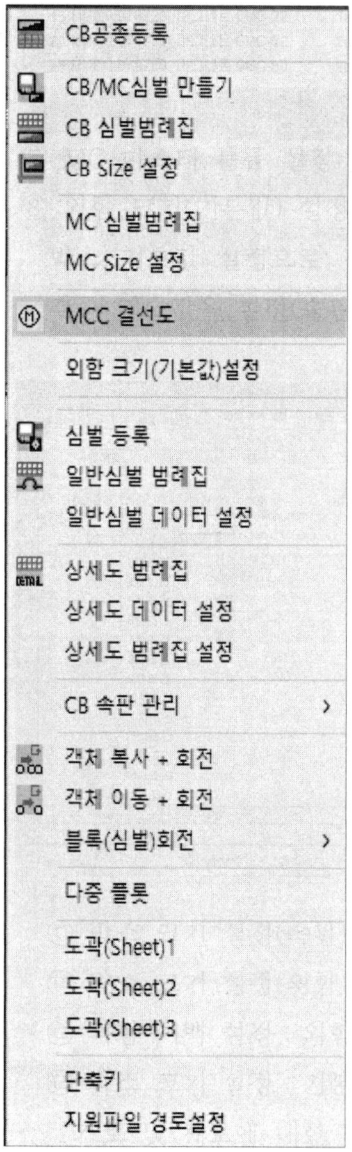

· 배치도 등록 기본 화면 바로가기
· 차단기, 마그네트 심벌 블록만들기
· 차단기 범례집
· 차단기 제조사 별 크기 등록화면 및 분류 설정
· MC 심벌 범례집 및 크기 설정

· MCC 결선도 작성 및 엑셀물량 산출
· 차단기 외함 크기 설정

· 일반심벌 등록 및 범례집

· 상세도 범례집 관련

· 속판 피카바 및 속판 홀 구멍 만들기
· 기타기능

· 이판넬 다중 Plot
· 각종 도곽 관리

· 단축키 설정
· 각종 데이터 지원경로 설정

① 현 도면 블록산출 : 현재 도면에 배치된 블록의 수량을 산출한다.

② 도곽 (CB Sheet 1, 2, 3) : 분전반 배치도를 그릴 때의 기본도곽으로 설정한

다.

· 도곽위치는 C:₩ElectPanel15₩EPanel₩Dwg₩CBSheetA4.dwg를 이용한다.

③ CB Spec 설정 : 차단기 규격을 설정한다.

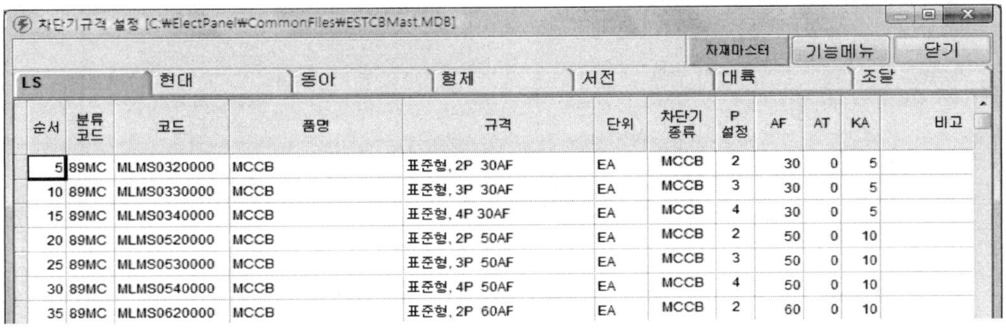

④ CB마스터 설정 및 CB마스터 분류 설정

차단기에 대한 분류 및 제조사에 대한 분류를 설정한다.

자재 추가 설정은 자재를 선택하여 자재마스터를 이용하면 된다.

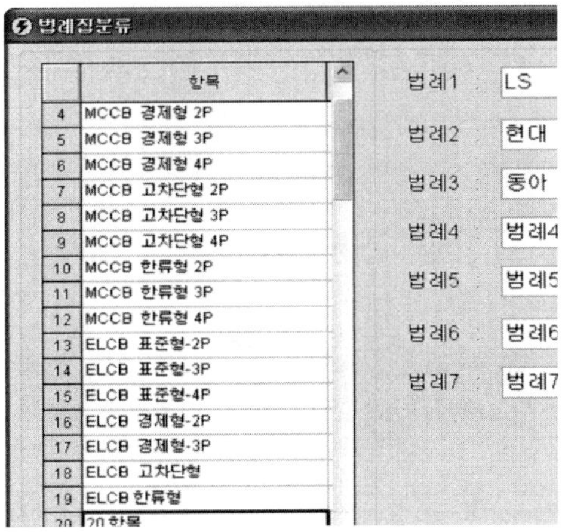

마스터 설정　　　　분류 설정

⑤ MC SCR 범례집 : 마그넷트(전자접촉기) 심벌에 대한 범례집

⑥ MC Size 설정 : 마그넷트 사이즈 등록 화면

⑦ MC 마스터 분류 설정 : 마그넷트 분류설정

⑧ 외함 크기(기본값) 설정

박스 기초값 설정으로 결선도 자동 작성시에 필요한 차단기 및 박스에 대한 각종 기초값을 설정(속판, 외함, 여백, 크기, 스타일)

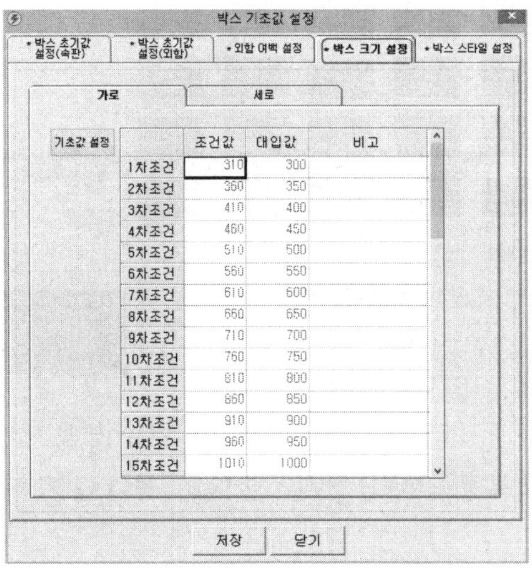

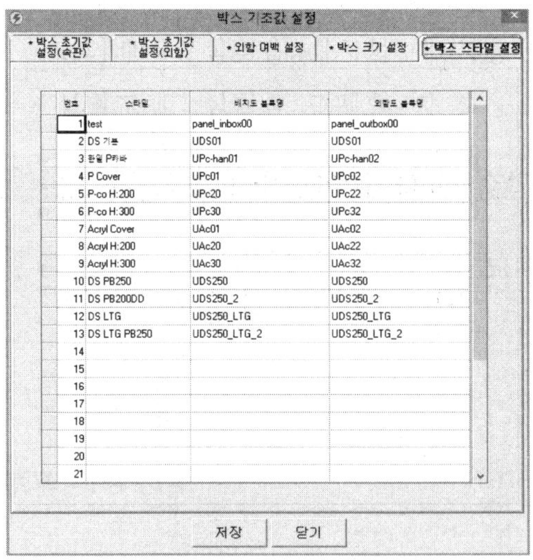

㉠ 박스 크기 설정(속판) : 차단기 간격 관련 기초값을 설정한다.

㉡ 박스 크기 설정(외함) : 박스타입, 명판 등의 기초값을 설정한다.

㉢ 외함 여백 설정 : 외함 여백의 기초값을 설정한다.

㉣ 박스 크기 설정 : 기본 계산값에 대한 박스의 크기를 설정한다.

가로 및 세로에 대한 값을 기초값을 설정하여 자동 계산되게 한다.

㉤ 박스 스타일 설정 : 배치도 및 외함도 작성시 사용 블록을 등록하여 사용한다.

· 스타일명이 배치도 및 외함도 작성 때 선택하는 해당 이름이 된다.

· 해당블록은 C:₩ElectPanel₩MyPanel₩Dwg방의 파일을 참조한다.

⑨ 일반 심벌 분류설정 및 상세도 분류설정

일반 심벌 및 상세도 범례집의 대분류 및 중분류를 설정

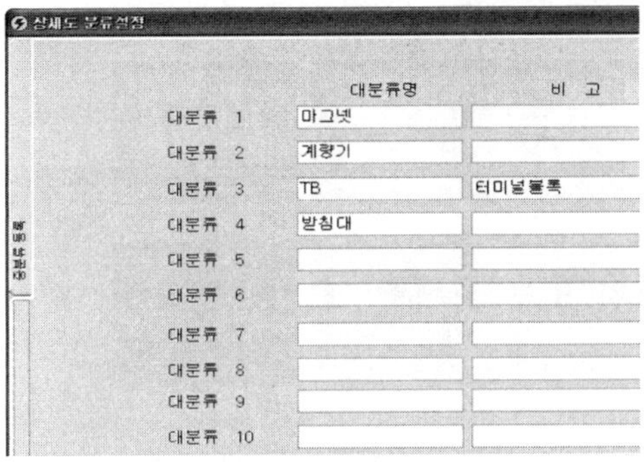

대분류 설정 화면

중분류 설정 화면

⑩ 단축키 설정

단축키를 설정하는 화면으로 단축키 내용을 수정 후 꼭 저장을 하여 한다.

⑪ CB옵션 : 심벌 지원경로 설정

심벌을 만든 후 심벌이 저장된 방이 아래 지원 경로에 등록이 안 된 경우

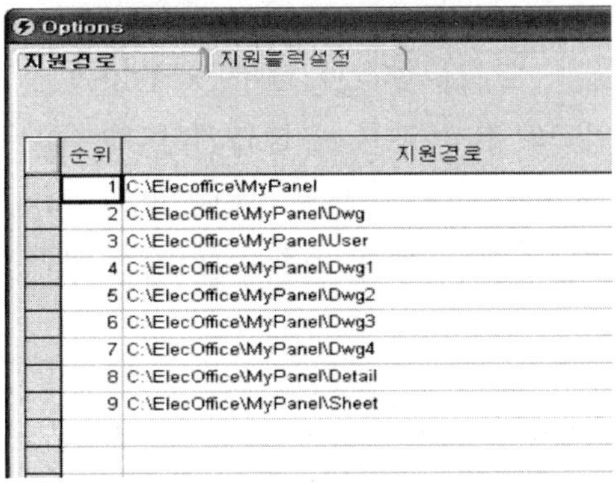

⑫ 자재마스터

분전반 작성에 필요한 자재 전체를 나타내어 준다.

⑬ 표시기호 : 수정관련 구름마크 설정

⑭ Text Utility : 각종 문자관련 설정

⑮ Utility 설정 : 각종 유틸리티 설정

⑯ Layer 설정 : 레이어 관련 각종 유용한 기능들→Layer관리 참조

1.7 도구막대 설명 -1

1 2 3 4 5 6 7 8

① 공종등록 화면 : 분전반 배치도, 결선도 등을 작도하는 기본 화면

② CB범례집

등록된 차단기 심벌 전체를 보여준다.

작도가 완료된 도면의 차단기 심벌을 배치 또는 교체할 때 사용한다.

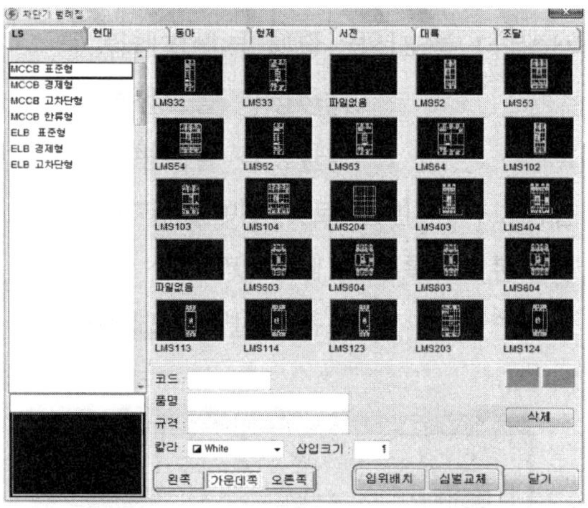

· 제조사를 선택한다.
· 배치할 차단기 위치를 선택한다.
· 임의배치 : 심벌을 배치할 때 사용
· 심벌교체 : 심벌을 교체할 때 사용
► 왼쪽 : 왼쪽 분기차단기를 교체
► 가운데 : 주차단기를 교체
► 오른쪽 : 오른쪽 분기차단기를 교체
· 색상, 크기를 수정할 수도 있다.

③ 일반심벌 범례집

차단기를 제외한 일반 심벌을 등록해 놓고 사용한다.

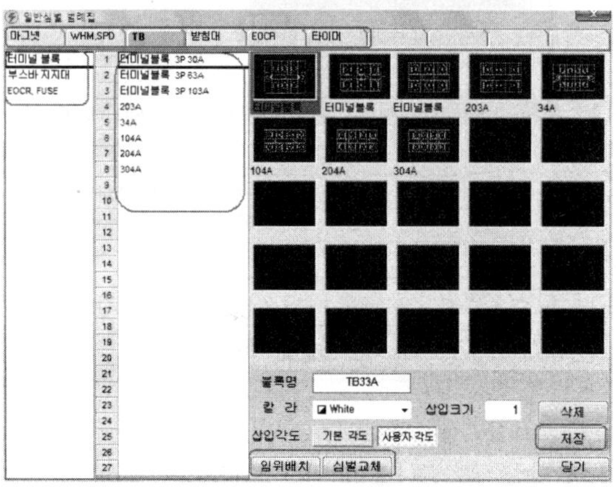

· 심벌분류를 선택한다. : 마그넷, TB 등
· 배치할 심벌을 선택한다.
· 임의배치 : 심벌을 배치할 때 사용
· 심벌교체 : 심벌을 교체할 때 사용
· 색상, 크기를 수정할 수도 있다.

④ 상세도 범례집

자주 사용하는 각종 상세도, 제작 도면 등을 등록해 놓고 사용한다.

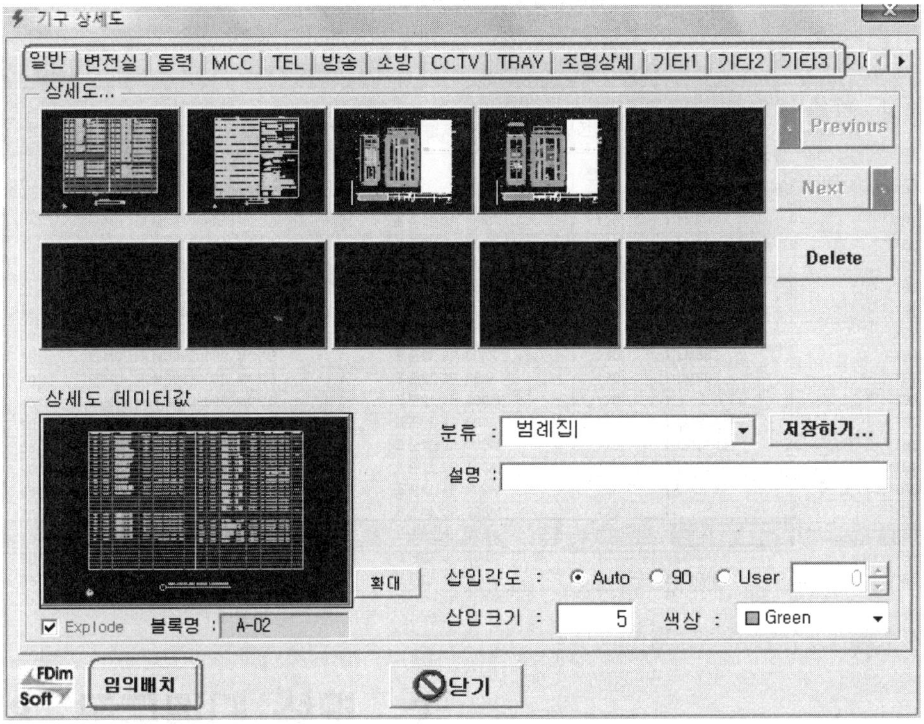

㉠ 상부 분류를 선택한다.

㉡ 배치할 심벌을 선택한 후 임의 배치를 선택하여 도면에 배치한다.

㉢ 심벌 크기, 색상 등을 사용자화 할 수 있다.

㉣ 기본 설정값은 설정→상세도 분류설정에서 설정하면 된다.

⑤ MCC 결선도 작성

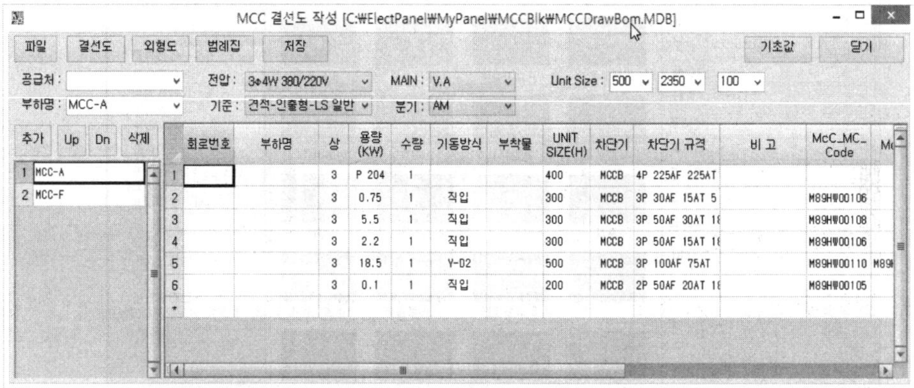

㉠ 범례집에서 해당 결선도를 더블클릭 하여 등록한다.

㉡ 결선도를 작성한다.

㉢ 외형도을 작성한다.

⑥ 차단기 및 마그넷트 심벌 등록 : 기본설명 참조

⑦ 일반 심벌 및 상세도 등록 : 기본설명 참조

* 상세도 심벌 등록 방법

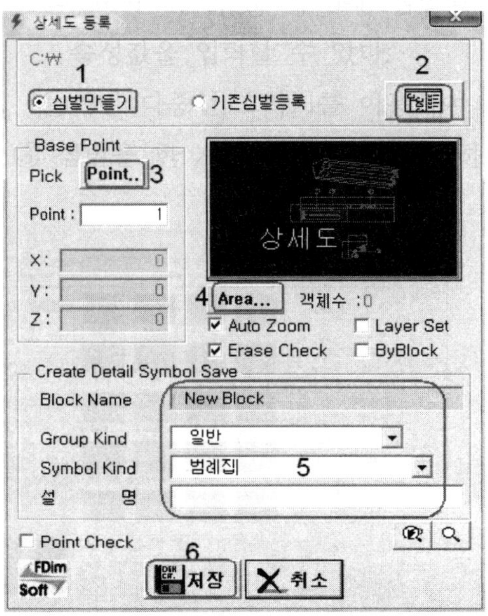

· 심벌 만들기를 선택한다.

· 심벌을 등록한다.

C:₩ElectPanel₩MyPanel₩User

· 삽입점을 선택한다.

· 객체를 선택한다.

· 그룹 및 심벌종류를 선택한다.

· 필요한 경우 심벌의 간단 설명을 입력한다.

· 저장을 하면 등록이 완료된다.

⑧ CB 사이즈 : 차단기 크기 설정

자동배치에 대한 기본 설정으로 차단기에 대한 크기 및 배치시 각종 간격값 등을 설정한다. 이 값은 견적서의 차단기 크기값과 연동하여 작성된다.

1.8 도구막대 설명 -2

각종 결선도 및 시퀀스회로 작성할 때 사용

(자세한 사항은 교재 제2편 제4장 E-CAD 시퀀스도 작성 참조)

1 2 3 4 5 6 7 8 9 10 11 12

①, ② 시퀀스 심벌 범례집 1, 2

수변전설비 및 일반회로 도면을 작성할 때 사용하며 범례집 1, 2에 구분하여 사용할 수 있다.

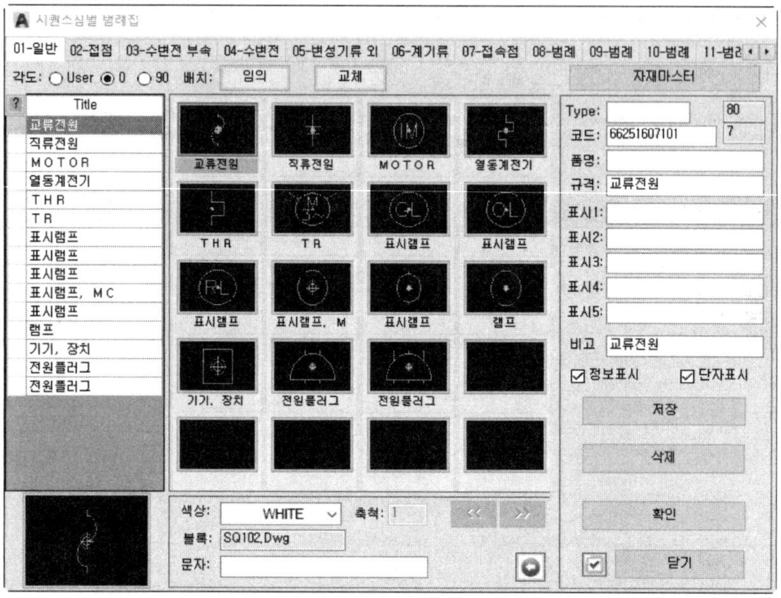

㉠ 각도

· User : 삽입각도를 사용자화 하여 배치한다.

· 0, 90 : 심벌이 곧바로 배치되며 SpaceBar를 엔터하면서 배치 방향을 바꾸면서 배치할 수 있다.

㉡ 표시 1, 2, 3, 4, 5에 심벌의 속성값을 입력하여 심벌을 배치와 동시에 속성값을 입력할 수 있다.

㉢ 9번 다중선 그리기를 이용하여 보조선을 그린 후 작업하면 편리하다.

③ 심벌을 한 개씩 배치할 때 사용하며 각도를 User로 한 경우의 예제다.

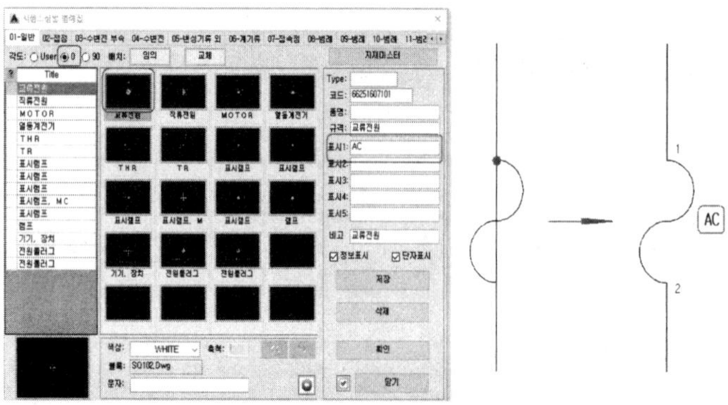

범례집에서 심벌을 선택 후 배치할 지점을 선택하면 보조선을 끊어면서 바로 배치되며 속성에 문자가 있는 경우 설정된 문자가 자동 입력된다.

④ 심벌교체

배치된 심벌을 교체할 때 사용한다.

⑤ 심벌 데이터 편집

배치된 심벌의 각종속성을 수정한다.

⑥, ⑦, ⑧ 심벌 회전

배치된 심벌을 회전시킬 때 사용한다.

⑨ 다중선 그리기

다중선을 이용하여 시퀀스도를 그린다.

⑩ 접속점 만들기

시퀀스도의 접속점을 만들 때 사용한다.

⑪ 그리드 및 스냅 설정

그리드 및 스냅을 설정할 때 사용한다.

⑫ 심벌 만들기

새로운 심벌 블록을 등록할 때 사용한다.

제4편

견적서 작성
[Elect CAD]

공종등록 및 내역서 작성

제1장

1.1 공사 등록 및 환경 설정

(1) 바탕 화면의 Elect CAD 폴더의 견적서 아이콘 을 실행한다.

아래와 같이 메인 화면이 나타난다.

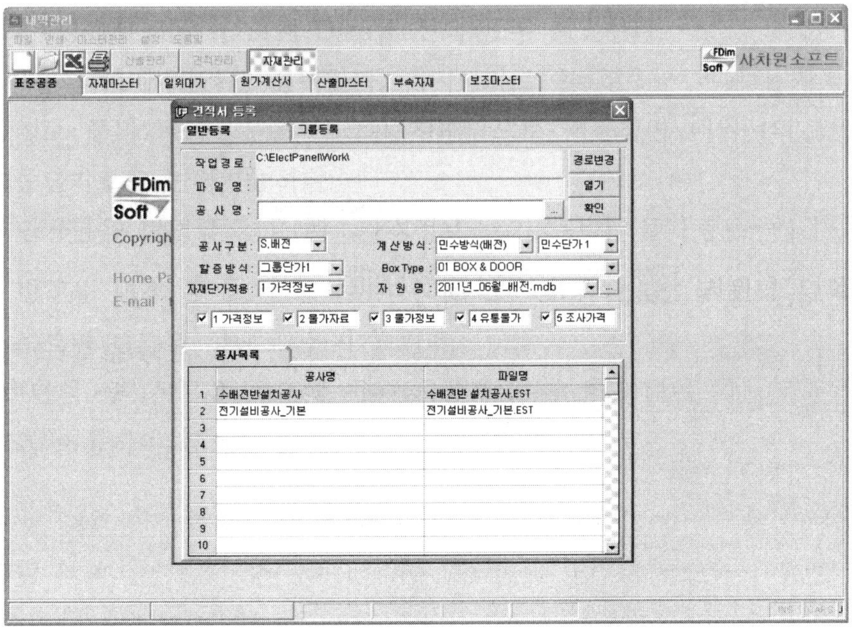

① 파일 : 신규 견적 등록 및 견적서 실행, 기본 환경 설정

② 인쇄 : 견적 작업 완료 후 각종 양식을 인쇄한다.

③ 마스터 관리(자재 관리) : 전체 자재 마스터, 공사 마스터 등 견적에 필요한 database

④ 설정 : 견적 작업에 필요한 각종 설정(각종 손료, 공종 리스트, 배전반 부속자재 등)

⑤ 산출관리 : 일반 전기공사의 물량산출을 할 때 사용

⑥ 견적서 : 일반 전기공사 및 수배전반의 견적서 작성을 할 때 사용

⑦ 자재관리 : 전체 자재 마스터, 공사마스터 등 견적에 필요한 database

(2) 견적서를 열거나 새 파일을 선택하면 아래와 같은 등록화면이 나타난다.

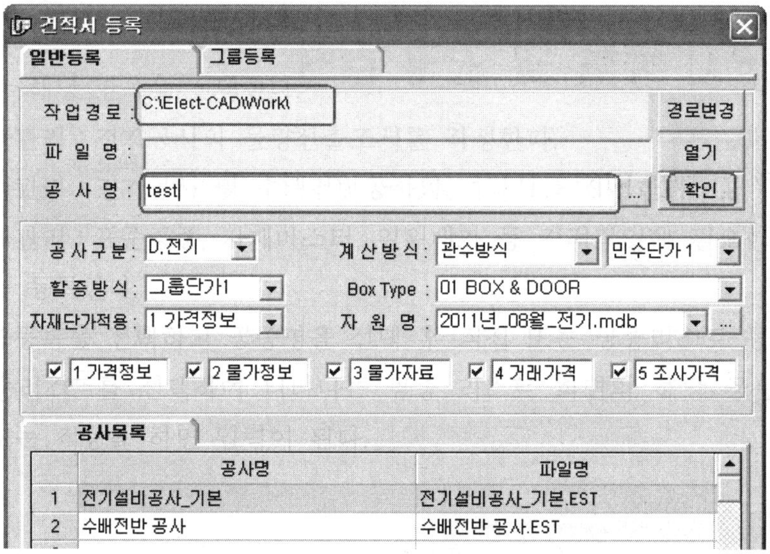

(3) 공사명 입력 : test 입력 후 확인 선택

공사목록으로 바로가기 : 공사목록 하단의 공사명을 더블클릭하면 견적 작업화면이 나타나며 기본 설정은 아래 사항들을 참고한다.

① 공사 방위치 등록

㉠ 일반등록 : 공사 저장할 방을 C:₩, D:₩ 등의 위치에 사용자화 할 수 있고 CAD에서 작도된 도면의 데이터를 이용하여 견적서를 만들 때와 일반공사를 견적할 때 사용한다.

㉡ 그룹등록 : 미리 만들어 놓은 공사폴더에 자동 저장되게 하여 견적 하고자 할 때 사용하며 저장위치는 아래와 같다. - 주로 수배전반에서 사용
C:₩ElectCAD₩Work

② 본 공사 잡업을 하기전에 샘플 공사 파일을 이용하여 연습을 한 후 작업을

하며 편리하며 예제 공사는 아래 파일을 참고한다.

C:₩ElectCAD₩Work₩전기설비공사_기본.EST

③ 각종 설정설명은 아래사항들을 참고한다.

㉠ 작업경로 : 공사를 저장할 방위치를 지정하며 변경할 경우는 경로변경을 선택하여 경로를 할 수 있다.

· 특히 CAD에서 작성된 데이터를 이용하여 견적서를 작성할 경우는 CAD에서 데이터(000.cwg 파일)을 저장한 방과 견적작업을 하는 방이 같아야 한다.

㉡ 공사구분 : 전기를 선택한다.

㉢ 자재단가 적용 : 최저단가 또는 적용할 단가를 설정한다.

㉣ 계산방식

관수방식 : 일반적으로 전기공사에 적용한다.

민수방식[배전], 관수방식[배전, 관수방식[배전]] : 수배전반공사에 적용한다.

㉤ Box Type : 수배전반 견적서 분전반 박스 타입을 설정한다.

㉥ 자원명에서 적용할 자재 Data를 선택한 후 확인한다.

㉦ 적용할 자재 단가를 선택한다. 최저단가로 할 경우는 하단의 가격정보, 물가정보 등의 좌측부분을 체크한 자재만으로 적용하며 내역서의 일괄입력의 기준단가로도 변경가능하다.

· 단가명을 변경할 경우(예 : 가격정보 → 기초단가, 물가정보 → 10[%] UP)는 명칭을 변경 후 

자원명 옆의 버턴을 누르면 변경된 상태로 유지가 된다.

◎ 하단의 공사목록은 최근에 사용한 공사목록을 나타내며 지울 경우는 Delete키를 이용하여 삭제한다.

(4) 공종명을 등록한다. - 산출서, 견적서 동일

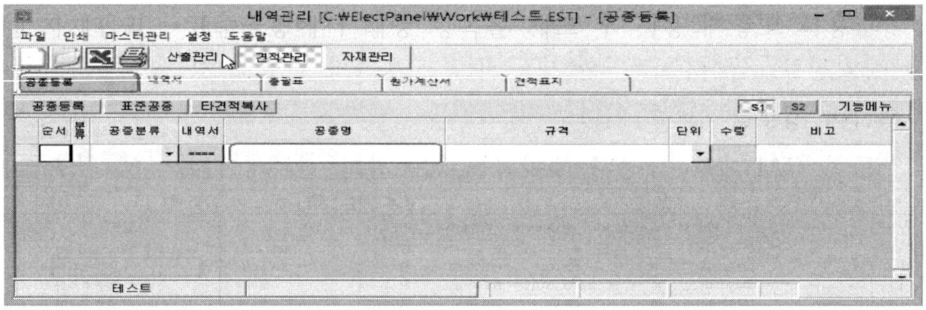

① 작업할 해당 항목을 선택한다.

㉠ 산출관리 : 전기공사의 물량산출조서를 작성한다.

㉡ 견적관리 : 전기공사 및 수배전반공사의 견적서를 작성한다.

㉢ 자재관리 : 표준공종, 자재마스터, 일위대가 등 견적작업에 필요한 DB

② 공종을 등록한다.

㉠ 공종등록을 선택하고 공종명을 선택 후 직접 또는 공종리스트 등을 이용.

㉡ 공종리스트를 선택하여 나타나는 공종 리스트 화면의 해당 공종을 더블클릭 또는 적용을 하면 입력이 된다.

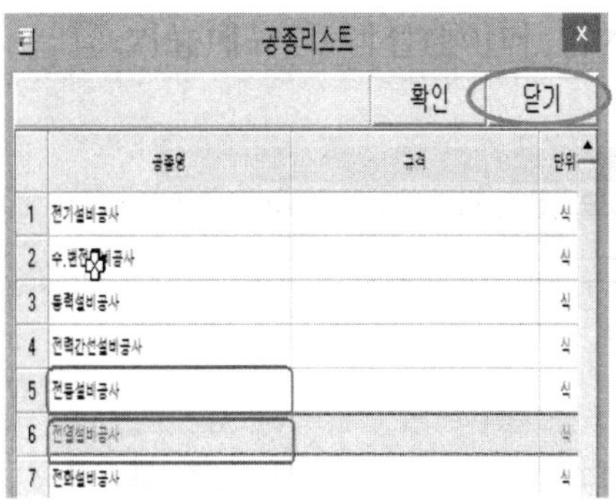

공종리스트 화면

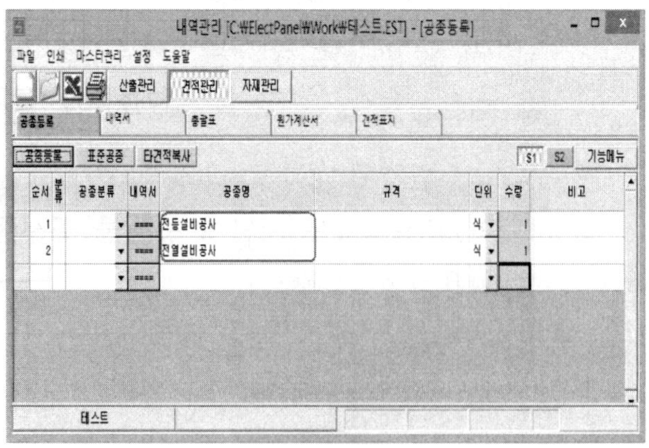

등록완료 화면

· 설정 → 공종리스트 설정에서 사용자화 하여 사용 할 수도 있다.

③ 기타 표준공종, 타 견적복사, 기능메뉴를 이용하여 등록할 수도 있다.

㉠ 표준공종 이용 : 미리 만들어 놓은 표준공종을 이용하여 작업한다.

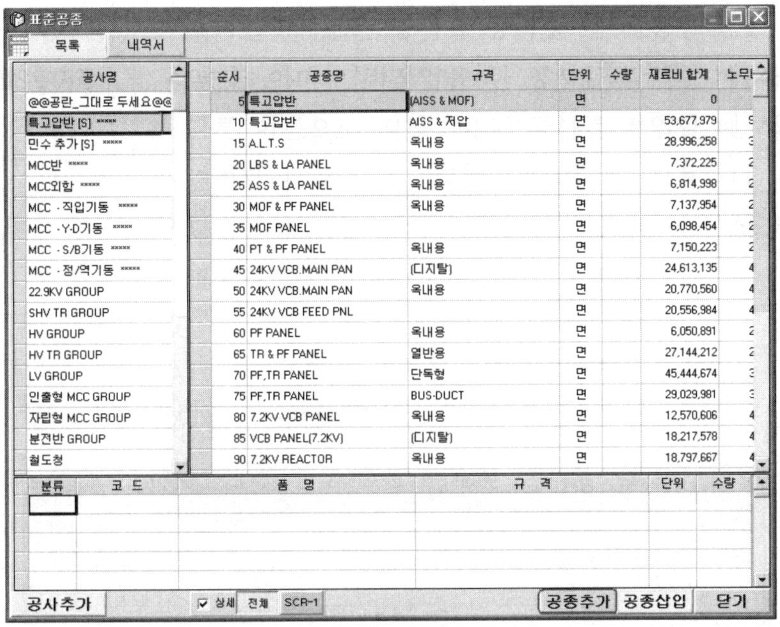

주로 수배전반공사에 사용하며 일위대가 형태로 만들어서 사용한다.

등록할 공종을 선택 후 공종추가를 선택하면 입력이 된다.

· 자재관리 → 표준공종에서 사용자화하여 사용할 수도 있다.

㉡ 타 견적복사 이용 : 타 공사의 필요 공종을 이용할 때 사용

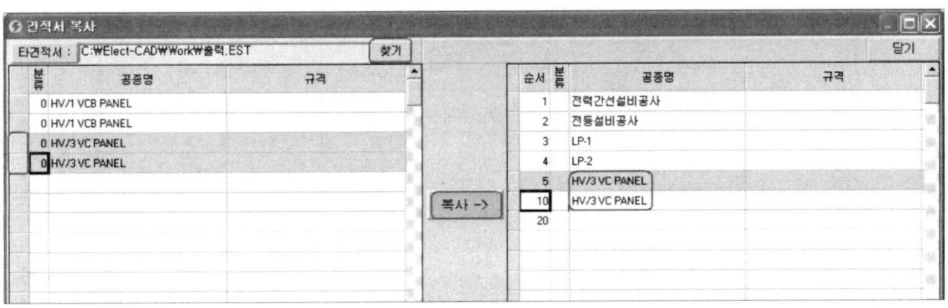

· 찾기를 선택하여 적용할 공사를 선택하고 복사할 대상을 선택한다.

· 복사를 선택하면 우측에 선택된 공종이 복사된다.

[**기능메뉴를 이용하여 등록하는 방법**]

① 표준공종 → 기본값 읽기 : 기본으로 사용할 공종을 미리 설정하여 사용

㉠ 자재관리 → 표준공종에서 해당 항목을 체크 후 사용해 놓고 사용

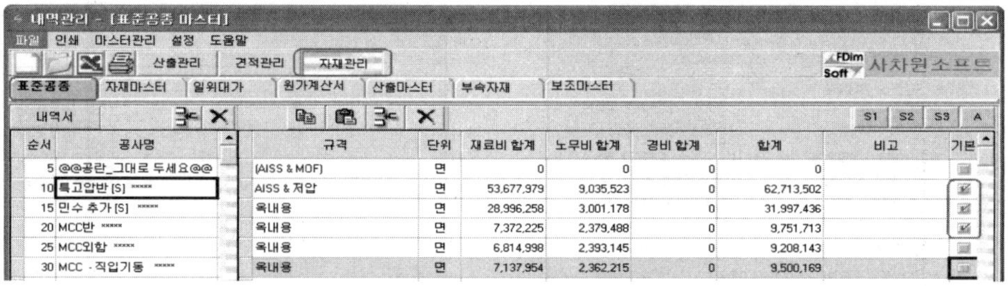

기본값 읽기를 선택하면 설정된 공종이 등록된다.

② 엑셀데이터 읽기 → 엑셀로 만들어진 내역서를 견적서에 등록하여 사용

㉠ 엑셀에서 등록할 공종을 선택한 후 복사를 한다. : 품명, 규격, 단위, 수량

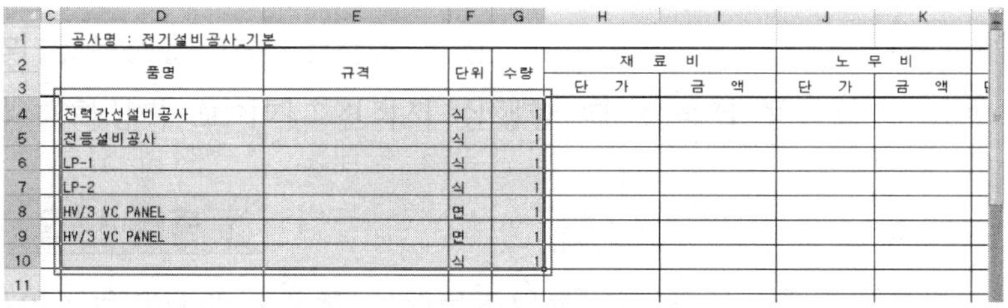

㉡ 기능메뉴의 엑셀데이터 읽기를 선택한다.

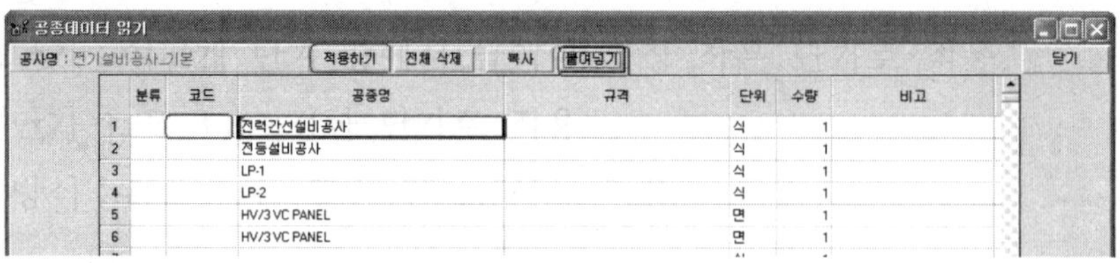

㉢ 붙여넣기 할 칸을 선택한다.

- 코드 : 공종에 코드가 있는 경우
- 공종명 : 코드가 없고 공종명만 있는 경우

㉣ 붙여넣기를 선택한다. : 복사한 공종이 입력된다.

㉤ 적용하기를 선택하면 공종등록이 완료된다.

(5) 견적서 기본 설정 설명

메인 화면 좌측상단의 파일을 선택한다.

새파일	·새파일 : 새로운 공사를 등록할 때 사용한다.
열기	·열기 : 이미 견적작업을 한 공사를 작업할 때 사용한다.
다른 이름으로 저장	·다른 이름으로 저장 : 유사 공사를 작업할 때 사용한다.
견적관리	·견적관리 : 새로운 공사를 등록할 때 사용한다.
환경설정	·환경설정 : 견적작업시 필요한 기본 환경을 설정한다.
파일경로	·파일경로 : 견적서 등록화면을 나타낸다.
종료	

① 견적관리

견적한 DATA를 관리할 때 사용한다.

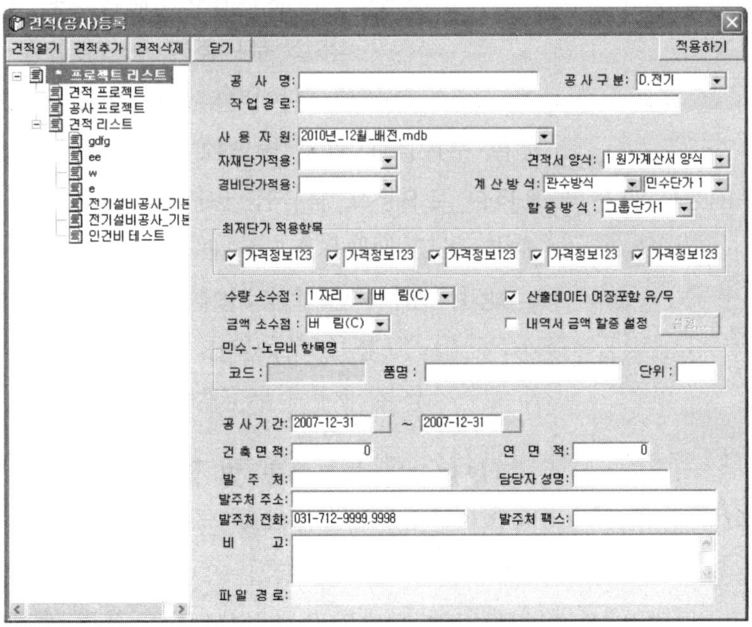

② 환경설정

현재 설정된 값을 기본으로 하여 견적서가 작성이 된다.

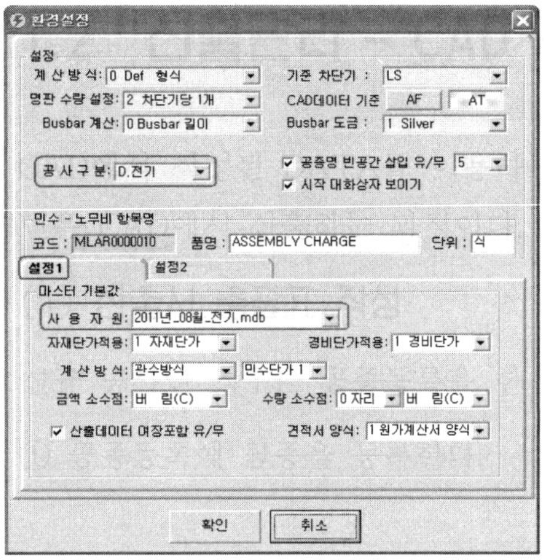

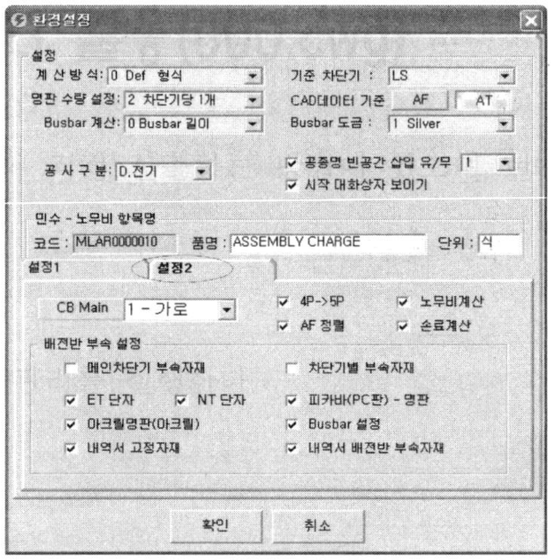

㉠ 계산방식 : 견적서에 적용한 각종 계산 방식을 설정한다.

· Def : 일반전기공사

㉡ 공사구분 : D.전기- 전기공사, S.배전- 수배전반공사 적용 때 사용

㉢ 공종명 빈공간 삽입 유/무 : 상위공종과 하위공종을 구분하기 위하여 하위 공종의 앞부분을 띄는 공간을 설정

㉣ 시작 대화상자 보이기 : 견적서 실행할 때 견적서 등록화면 실행여부 설정

설정-1 : 일반 설정

① 사용자원 : 견적서에 적용할 자재마스터를 설정

② 자재단가 적용 : 견적서에 적용할 기본 단가 적용 - 견적서의 일괄입력에서 수정 가능

③ 최저단가 : 여러개 단가 중에서 금액이 가장 작은 단가로 적용

④ 자재단가 1, 2, 3 : 지정한 단가로 적용

⑤ 계산방식 : 관수방식 : 일반 전기공사에 적용

민수방식(배전) : 수배전반공사의 민수공사

관수방식(배전) : 수배전반공사의 관수공사

⑥ 민수단가 1, 2, 3 : 수배전반공사시 설정 → 배전반 부속자재의 부스바무게 기준을 설정한다. - 작업 중 수정 가능

⑦ 금액소수점 : 견적서에서 금액 소수점 처리 기준 설정

⑧ 수량소수점 : 견적서에서 수량 소수점 처리 기준 설정

⑨ 산출데이터 여장포함 유/무 : 전기공사의 배선 여장 포함 여부 설정

⑩ 견적서 양식 : 견적서 표지양식을 원가계산서 또는 총괄표 양식으로 설정

㉠ 원가계산서 양식 : 관급 공사로 적용시 사용한다.

㉡ 총괄표 양식 : 민수공사로 적용시 사용한다.

설정-2 : 수배전반공사의 분전반 자동 견적 관련 설정

① CB Main : 분전반 견적시 메인 차단기의 방향 설정 - 분전반 크기와 관련되며 기본값은 가로이며 세로로도 설정 가능

② 4P → 5P : 용량이 같은 4P 차단기 두 개를 배치시 적용

③ AF정렬 : 같은 용량 AF별로 정렬

④ 노무비 계산 : 노무비 계산여부 설정

⑤ 손료 계산 : 손료 계산 여부 설정

⑥ 메인차단기 부속자재 : 메인차단기에 대한 부속자재 산출[특정 스타일 분전반]

⑦ 차단기별 부속자재 : 차단기에 대한 부속자재 산출[특정 스타일 분전반]

⑧ ET단자 : 접지단자 견적여부 설정

⑨ NT단자 : 중성선 단자 견적여부 설정

⑩ 아크릴 명판(아크릴) : 아크릴 명판 견적여부 설정

⑪ 내역서 고정자재 : 분전반 견적시 고정으로 따라오는 자재 사용여부 설정
설정 → 분전반 부속자재 → 고정자재에 있는 자재

⑫ 피카바(PC판)-명판 : 메인 명판 견적여부 설정

⑬ Busbar 설정 : 부스바 견적여부 설정

⑭ 내역서 배전반 부속자재 : 부속자재 설정

[공종명 순서 바꾸는 방법 및 공종분류하는 방법]

① 공종순서는 내역에 있는 현재번호를 옮길 위치번호로 바꾸면 된다.

② 하위분류는 분류에 1, 2, 3 등 숫자를 입력하면 된다. 표시가 없는 항목이 최우선이며 그 다음 분류부터 1, 2, 3으로 입력하면 낮은 번호가 하위공종이 된다.

1.2 산출관리 - CAD 데이터 활용(000.cwg)

CAD에서 작성된 DATA를 이용하는 방법과 직접 산출하는 방법이 있으며 현재 화면은 CAD에서 산출하는 과정이다.

(1) 산출서 총괄표 작성

신규 공사인 경우는 공종등록을 한 후 산출관리를 실행한다.

① 공종등록에 공종을 등록한다.

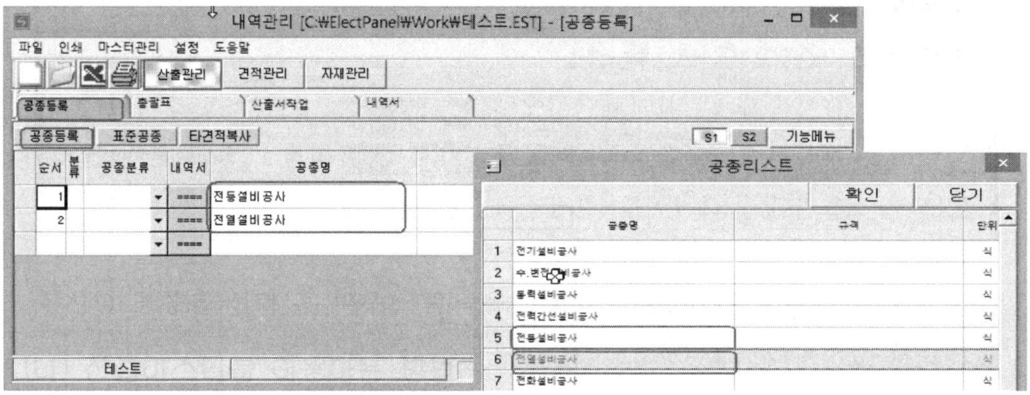

직접 또는 공종리스트에 있는 전등, 전열설비공사를 등록한다.

② 총괄표를 작성한다. : CAD에서 작업한 데이터 파일을 이용하는 경우

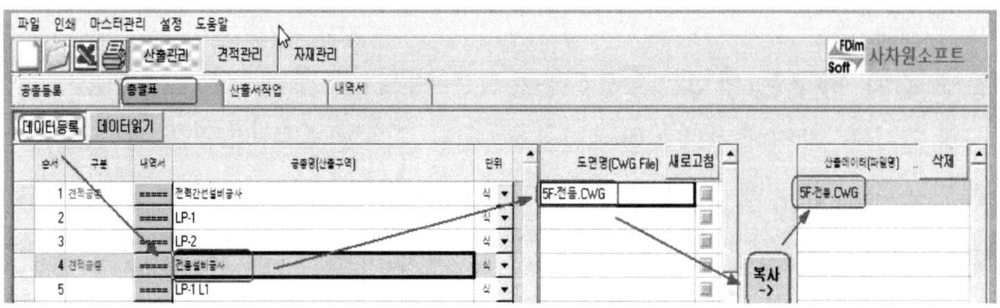

㉠ 총괄표를 선택한다.

㉡ 데이터등록을 선택한다. : 캐드에서 만들어진 DATA 파일(전등.cwg, 전열.cwg)이 나타난다.

㉢ 전등공사에 해당되는 5F-전등.cwg를 선택 후 복사를 선택하면 우측 산출

데이터에 등록된다.

㉣ 이와 같은 방법으로 전열설비공사도 등록을 완료한다.

㉤ 데이터읽기를 선택하여 데이터를 변환시킨다.

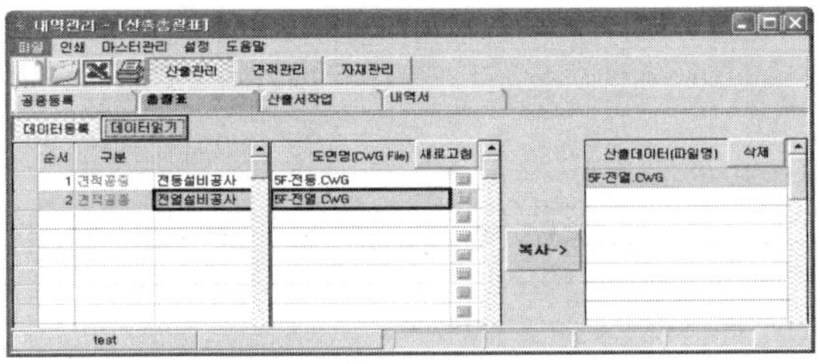

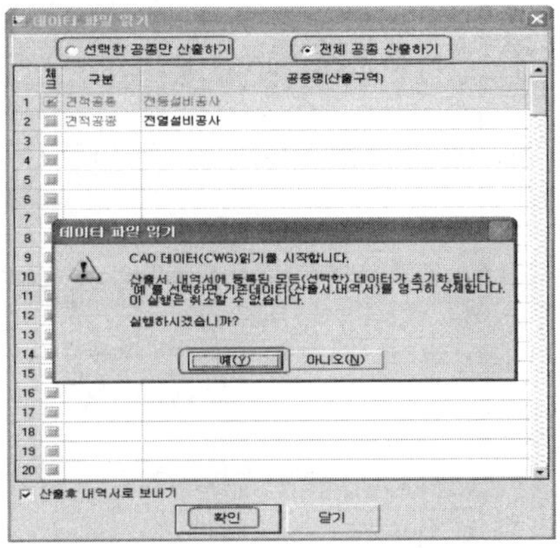

· 선택한 공종만 산출하기 : 체크한 한 공종만 산출한다.

· 전체 공종 산출하기 : 최초 산출시 공종 체크를 할 필요 없이 전체를 산출하며 기존값은 초기화 된다.

(2) 산출서 작업을 한다.

캐드에서 작성한 DATA를 변환하여 작업한 경우는 아래와 같이 자동으로 작성이 되며 내역서를 선택하여 견적서를 작성하면 된다.

① 공종리스트를 보여주며 공종을 선택하여 작업을 할 수가 있다.

② 작성된 데이터의 산출 목록을 보여준다. - 산출식 및 물량계를 보여준다.

③ 산출 목록에 대한 부속 자재리스트를 보여준다.

④ 작업이 완료되어 내역서를 선택하면 견적서가 열린다.

(3) 신규 산출항목 입력하는 방법

(가) 해당 세부공종을 복사하여 붙여넣기 하는 방법

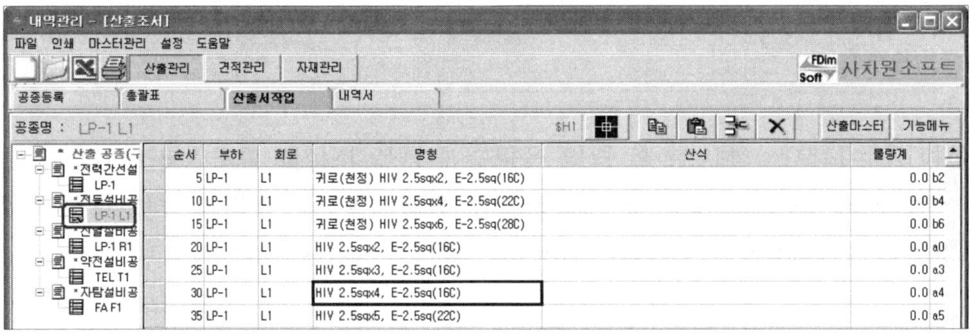

복사할 공종을 선택 후 마우스 우측을 선택하여 복사 후 붙여넣기 한다.

(나) 산출마스터를 이용하는 방법

전력간선 F-CV 10sq/1c-4을 산출하는 방법(TRAY → ST36c)

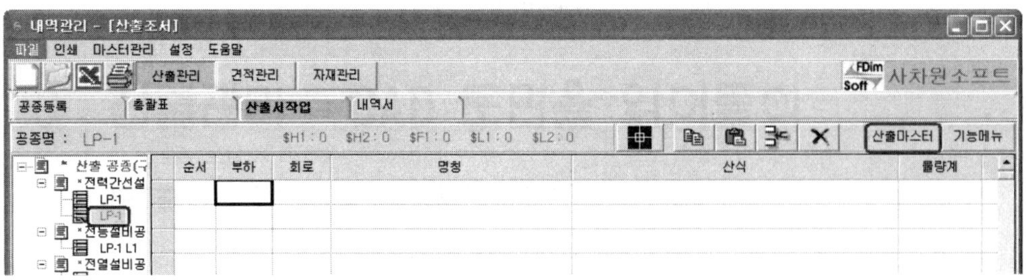

① 세부공종을 만든 후 산출마스트를 선택하면 아래와 같이 화면이 나타난다.

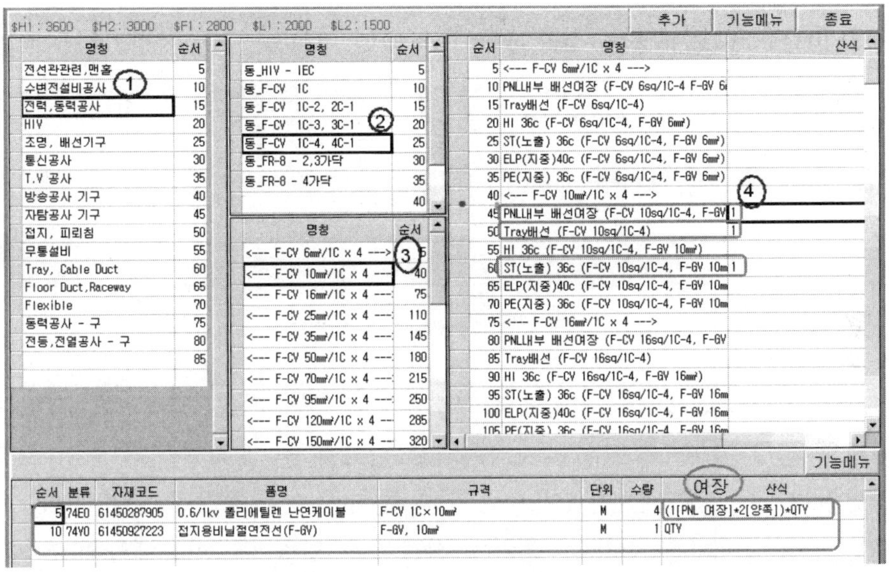

② 산출할 공종을 선택한다. 예) 변전실 설치공사, 전등설비공사, 전열설비공사 등

③ 명칭(공사)을 선택한다. 예) 전선관 종류(ST, HI PVC 등), 전선종류(HIV, CV 등)

④ 명칭구분을 선택한다. - 전선 및 전선관 등에 대한 분류

⑤ 명칭(Title 약어)에서 필요한 목록을 선택한다.

⑥ 판넬내부 여장은 하단의 산식에 미리 입력하여 사용하면 자동 계산된다.

⑦ Tray로 배선되는 길이값을 직접입력 또는 1을 입력한다.

⑧ 노출 ST36C로 배선되는 길이값을 직접입력 또는 1을 입력한다.

⑨ 선택 완료 후 추가를 선택하여 부하명 및 회로번호를 입력한다.

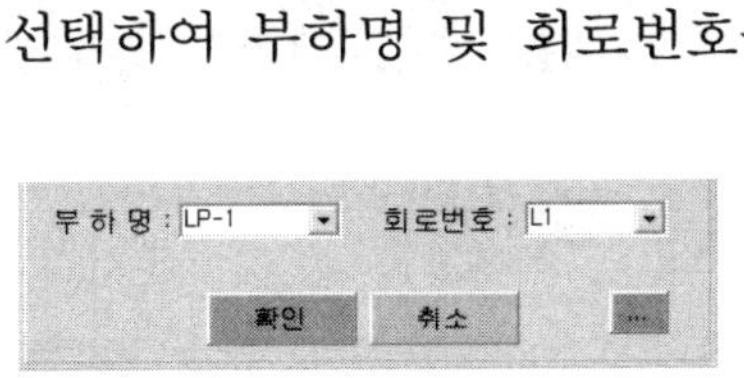

⑩ 선택된 목록이 입력 완료된다.

㉠ 산출마스터에 자재를 추가하여 사용할 경우는 자재관리→산출마스터에서 입력 후 사용한다.

㉡ 목록에 전선관 또는 접지선 등이 실제 입력할 내용과 다를 경우는 입력 후 하단의 부속자재 화면에서 마우스 우측 자재변경 또는 기능키 F7을 선택하여 교체한다.

(다) 조명기구 및 스위치, 콘센트 입력하는 방법

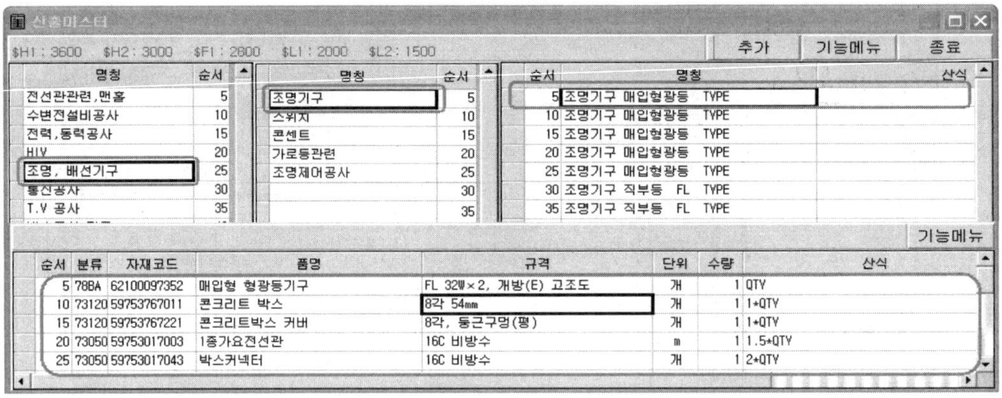

① 입력할 조명기구를 찾아서 산식에 수량을 입력 후 추가를 선택하여 입력한다.

② 하단의 산식에 필요한 부속자재를 입력해 놓으면 자동으로 집계가 된다.

③ 하단의 부속자재를 추가할 경우는 산출서에 입력 후 기능메뉴의 자재마스터를 이용하여 추가한다.

㉠ 스위치, 콘센트는 아래와 같이 산식에 층 높이, 설치 높이를 입력하면 자동 계산된다.

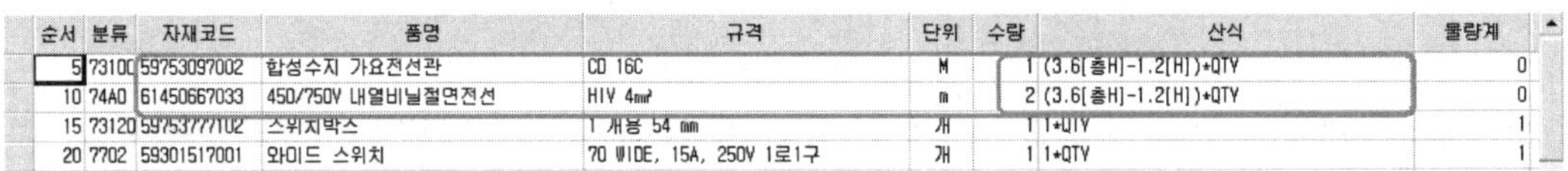

1.3 산출관리 – CAD 도면을 읽어들여 물량 산출서 작성

① E-CAD가 아닌 일반 캐드로 작도된 도면의 물량을 읽어들여 견적서를 작성한다.

② 기본 제공되는 c:₩ElectCAD₩Work₩전기설비공사_기본을 이용하여 연습한다.

(1) 견적서 기본 공사 실행

① 견적서 실행 아이콘 을 실행하여 기본으로 제공하는 전기설비공사_기본을 더블클릭하여 열기한다.

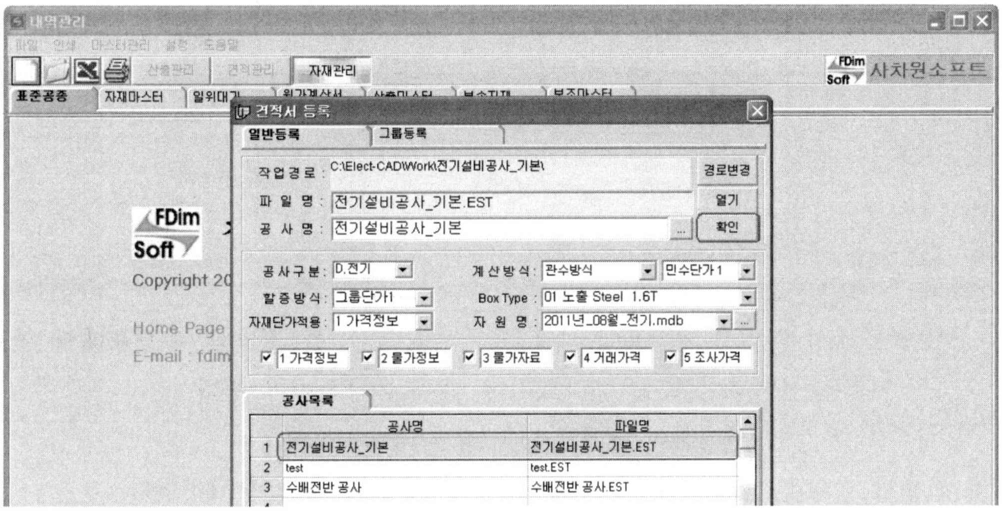

② 산출관리를 선택하면 미리 등록된 공종이 나타난다.

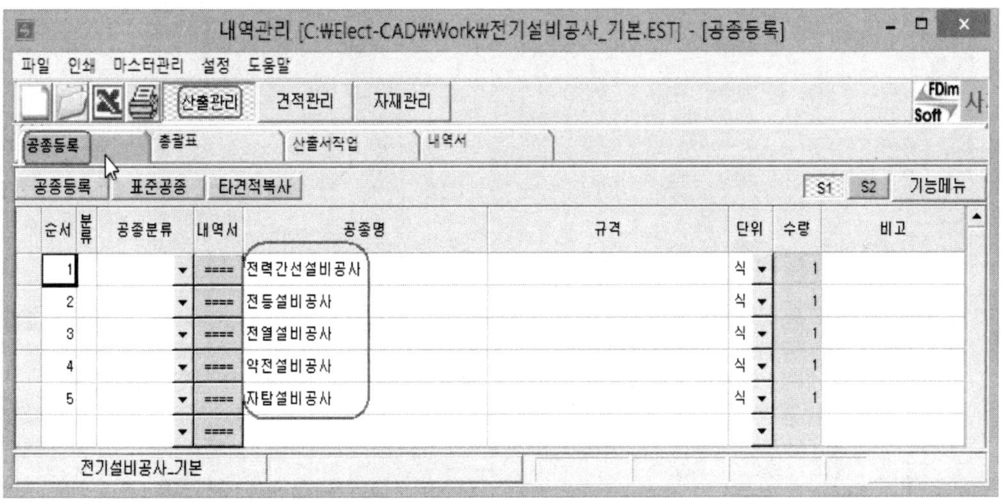

③ 총괄표를 선택하면 아래와 같이 미리 등록된 회로별 산출구역이 나타난다.

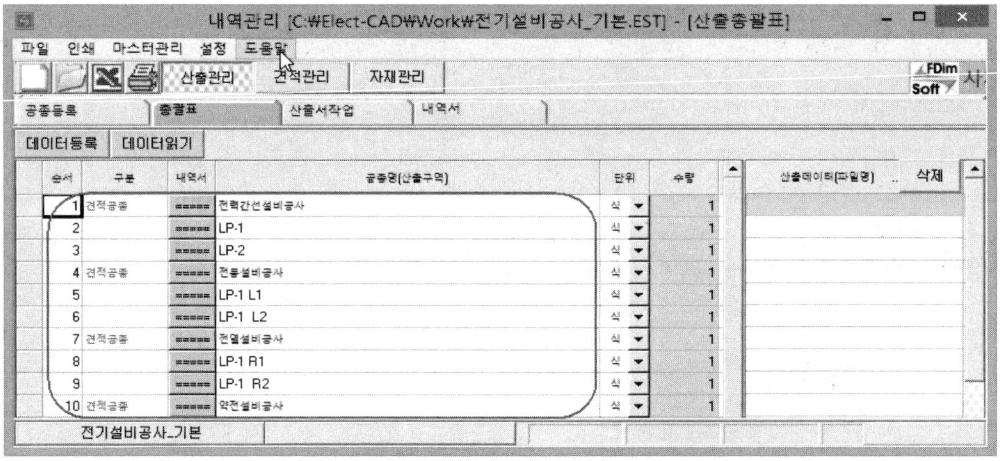

· 총괄표에서 작업을 한 후에 새로운 공종등록을 한 경우는 총괄표에서 마우스 우측을 선택하여 공종 불러오기를 하여 등록하여야 한다.

· 마우스 우측을 선택하여 세부공종을 삽입 할 수 있다.

④ 산출서 작업을 선택하면 미리 등록된 공종별 산출목록이 나타난다.
현재의 화면에 캐드에서 산출된 길이값을 입력하여 산출작업을 한다.

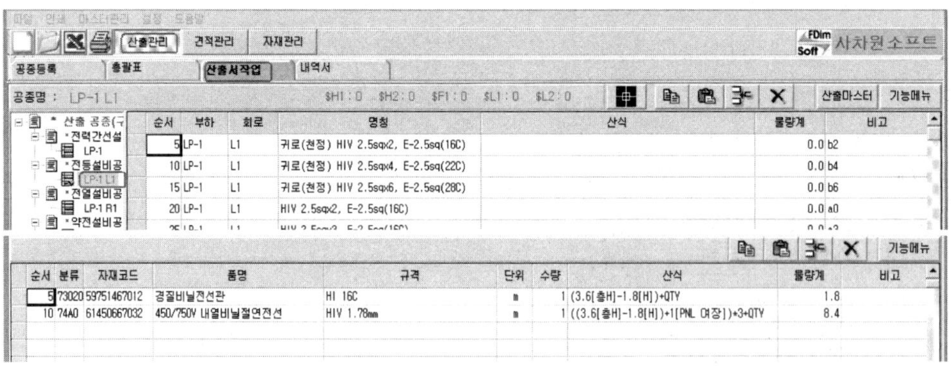

⑤ 아래 화면에서 산출서 하단의 산식의 층고 높이를 일괄 수정할 수 있다.

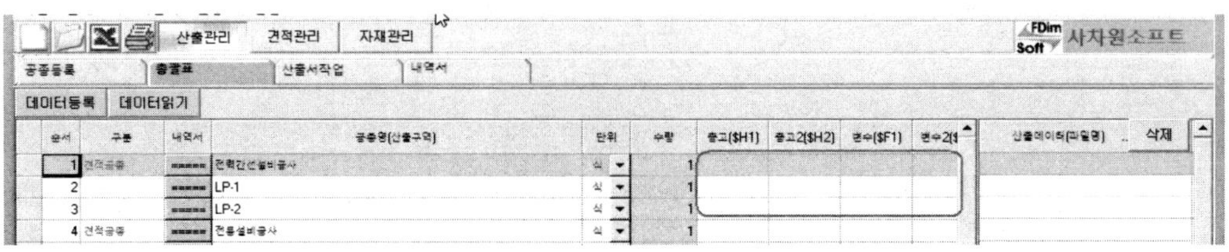

(2) CAD 기본 불러오기

① 바탕화면의 E-Cad 아이콘을 선택하여 캐드를 실행한다.

② 예제 도면은 c:₩ElectCAD₩Sample₩전기 기본산출도면_원본.dwg을 열어서 사용

(3) 객체 물량산출 기능 설명 및 작업 순서

물량산출 도구막대 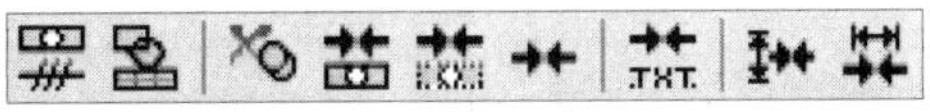 중 을 선택 또는 명령창에 물량산출 단축키 CW을 입력 후 엔터하면 물량산출 화면이 나타난다.

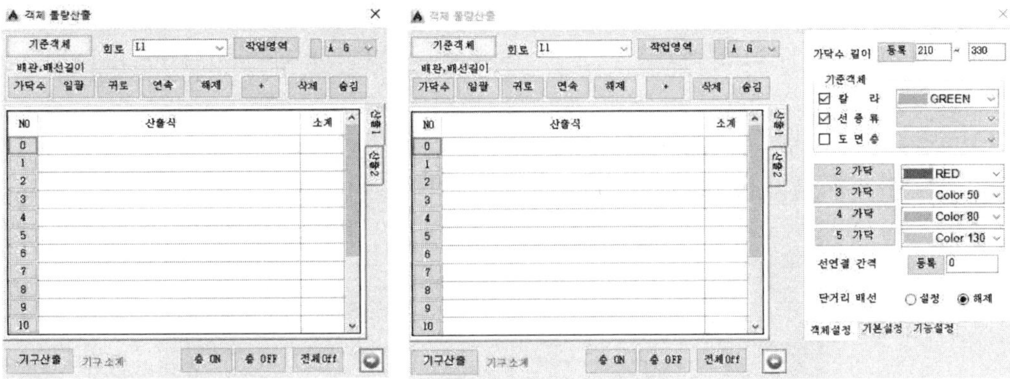

① 전선 가닥수 길이를 등록한다. : 도면의 전선 가닥수 길이 중 한 개를 선택한다.

② 산출할 배관 및 배선의 기준객체를 선택한다.

③ 산출할 회로의 회로명을 입력한다. : 생략해도 됨

④ 산출 방법을 선택하여 물량을 산출한다.

㉠ 가닥수 : 전등설비, 자동화재 탐지설비와 같이 전선 가닥수를 이용하여 물량을 산출한다.

㉡ 일괄 : 선택한 객체의 길이값이 지정된 전선가닥수 입력란에 등록된다.

㉢ 귀로 : 분전반으로 귀로되는 길이값을 일괄 산출한다.

㉣ 연속 : 마우스로 선택되는 지점마다의 길이값을 산출한다.

㉤ 해제 : 산출된 대상물을 해제한다.

⑤ 등기구, 스위치, 콘센트 등등 기구를 산출한다. - 단축키 : EA

⑥ 산출 작업하기 전 아래 사항을 실행 후 하면 편리하다. : 기능메뉴 설명 참조

㉠ 층 OFF기능으로 건축도면을 안보이게 한다. : 건축도면 등 ON, OFF하는 방법 참조

㉡ 끊어진 배관 및 배선을 연결한다. : 단축키 : GG - 끊어진 배관 및 배선 연결 방법 참조

㉢ 중복된 블록 제거한다. : 단축키 : EB - 중복된 블록 제거 방법 참조

(4) 전등설비 평면도 산출하기

물량을 산출하기 전에 가능하면 객체 연결
(단축키 : GG) 및 중복블록 제거(단축키 : EB)를 한 후 산출한다.(기능메뉴 참조)

① CAD 명령 창에 물량산출 단축키 CW을 입력하면 객체 물량산출 화면이 나타난다.

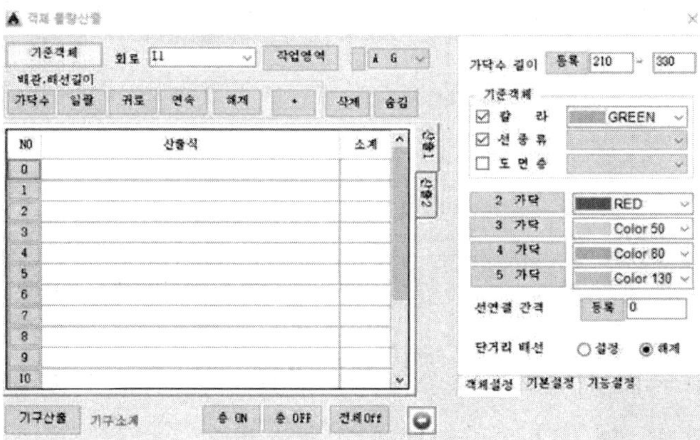

② 가닥수 길이 등록 270 ~ 330 : 등록을 선택하여 전선가닥수 길이값을 등록한다.

㉠ CAD에 그려진 전선 가닥수 양쪽 끝을 선택한다. : Osnap 끝점에 유의

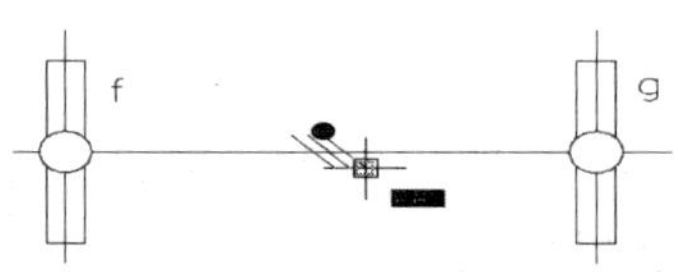

㉡ 길이값이 등록 완료된다. 가닥수 길이 등록 270 ~ 330

- 실제 길이의 +10[%] 내외로 입력이 되며 사용자가 직접 입력해도 된다.

③ 기준객체를 선택한다. : CAD에서 산출할 배관 배선 중 한 개의 객체를 선택한다.

㉠ 기준객체에 대한 색상 및 선 종류, 도면층이 나타난다. : 현재는 색상 기준

· 현재 설정된 값의 대상물만 길이값이 산출된다.

· 일반적으로 천정부분은 색상 기준이며, 바닥 및 노출은 선 종류 기준이다.

④ 회로번호를 지정한다. : L1

㉠ 회로를 선택 또는 직접 입력한다. : 생략 가능

⑤ 가닥수을 선택하여 물량을 산출한다.

㉠ 단거리 배선을 설정한 예 : 심벌간의 길이값을 최단거리로 산출한다.

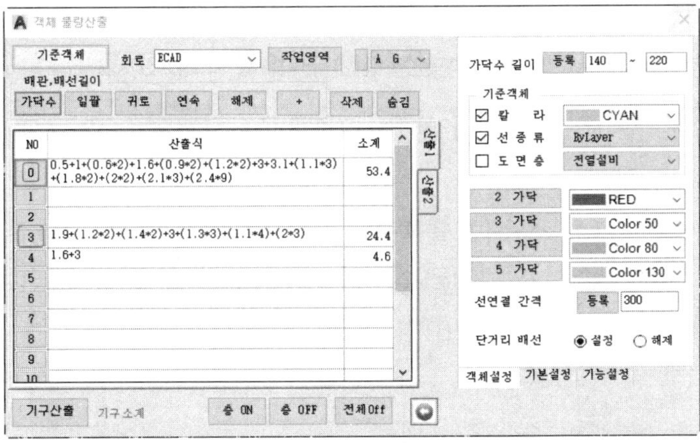

0→2가닥 3가닥

· 단거리 배선의 설정을 선택한다.

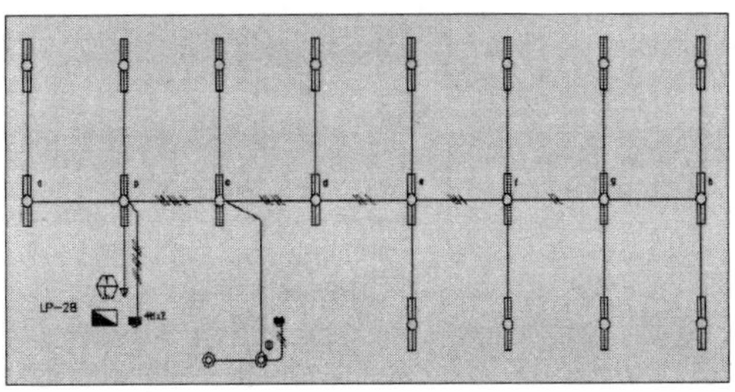

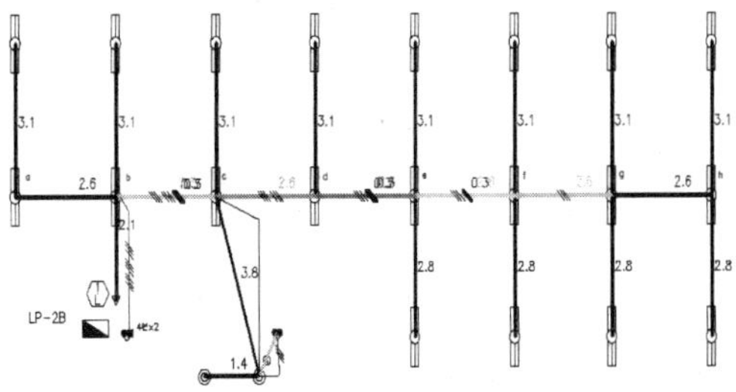

- 가닥수를 선택 후 산출 할 대상물을 선택하고 엔터하면 우측 그림과 같이 전선 가닥수 별로 색상 및 길이값이 표시된다.
- 물량산출 화면에 가닥수 별로 길이값이 표시된다.
- 산출된 길이값을 견적서 프로그램의 산출서에 입력한다.

㉡ 단거리 배선을 해제하여 산출한 예 : 심벌간의 배관 형태대로 길이값을 산출한다.

- 단거리 배선의 해제를 선택 후 산출할 대상을 선택한다.

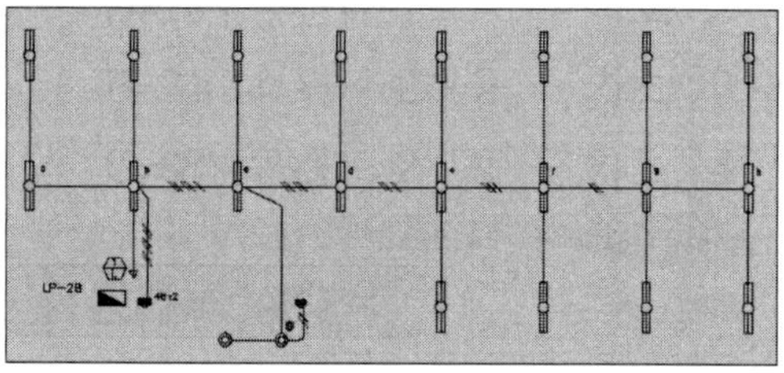

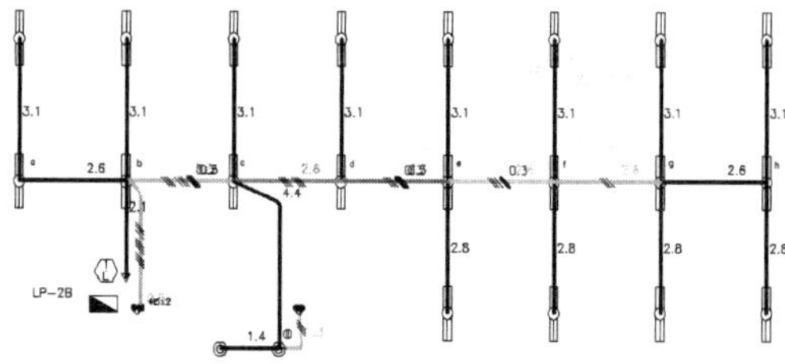

- 산출된 길이값을 견적서 프로그램의 산출서에 입력한다.

⑥ 산출된 값을 견적서의 산출조서에 입력한다.

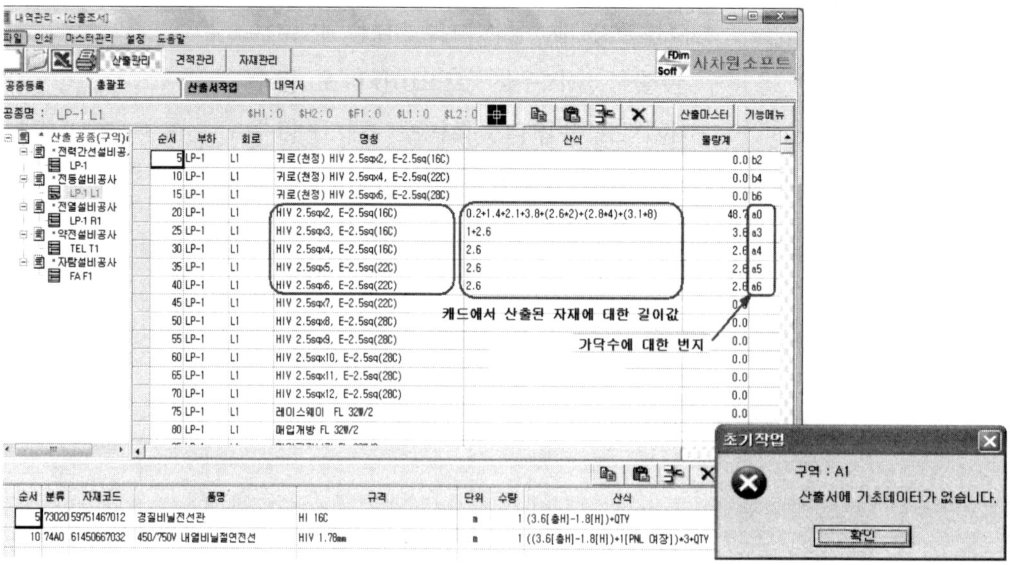

㉠ 를 선택하면 가닥수별로 설정된 번지 2가닥 : a0, 3가닥 : a3, 5가닥 : a5 등에 캐드에서 산출된 길이값이 자동 입력된다.

㉡ 위 그림 우측 아래 메세지는 캐드의 물량산출 번지에 해당되는 가닥수가 없을 때 나타나며 무시한다.

㉢ 귀로배관인 경우는 산출 화면의 "1"에 놓고 귀로로 하여 산출하고 견적서 산출 화면의 명칭의 귀로(천정) 비고란에 "a1"으로 하면 산식에 의하여 수직 부분의 물량이 자동 계산된다.

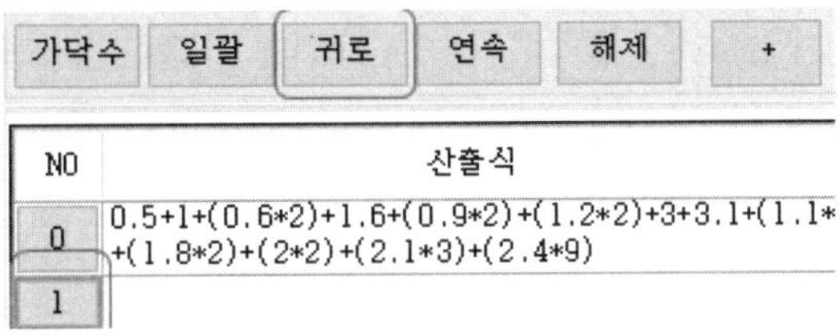

⑦ 등기구 및 스위치, 콘센트 등의 수량을 산출한다. : 단축키 EA

㉠ 단축키 EA 또는 를 선택하면 아래와 같이 블록 수량 산출 화면이 나타난다.

· 초기 수량 산출때는 기존 산출된 블록을 마우스 우측 기능 메뉴의 전체데이터 삭제를 이용하여 삭제 후 작업을 한다.

㉡ 선택을 선택 후 산출 영역을 선택한다. : 1번

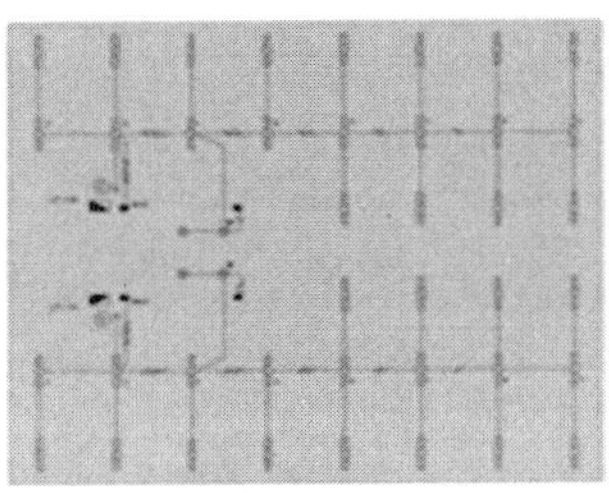

산출 영역선택

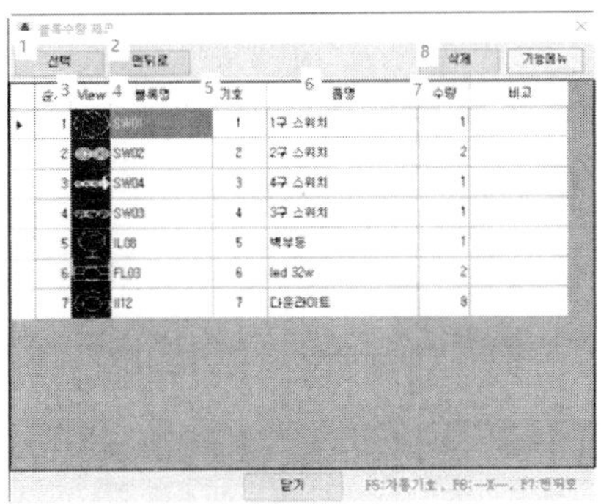

산출 화면

㉢ 블록명에 블록 이미지(View) 및 수량이 나타난다. : 3, 7번

해당 블록명을 더블클릭하면 캐드에서 해당 심벌을 확인해도 된다.

㉣ 기호를 입력한다. : 5번(*기구를 산출하여 물량산출조서에 입력하는 방법 참조)

㉤ 심벌에 대한 품명 입력하여 다음 심벌수량 산출 때 참고한다. : 6번

㉥ 불필요한 블록은 선택 후 상부의 “맨뒤로”를 선택하면 뒤로 보내진다. : 2번

㉦ 산출된 수량을 견적서의 산출서에 입력한다.

[기구를 산출하여 물량산출조서에 입력하는 방법]

- B-08 : 형광등 → 기호 : 1 → 산출조서 비고란에 1로 입력한다.
- B-18 : 다운라이트 → 기호 : 2 → 산출조서 비고란에 2로 입력한다.
- B-24 : 스위치 2개용 → 기호 : 3 → 산출조서 비고란에 3로 입력한다.
- C-08 : 콘센트 2개용 → 기호 : 4 → 산출조서 비고란에 4로 입력한다.

기능메뉴 설명

기능메뉴 선택 또는 마우스 우측 이용

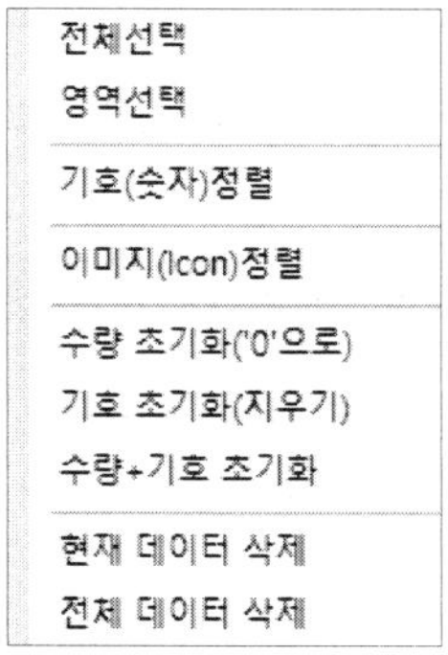

- 전체, 영역선택 : 전체 또는 영역선택 수량을 산출
- 기호(숫자) 정렬 : 기호 우선으로 정렬된다.
- 이미지 정렬 : 이미지를 재 정렬한다.
- 수량 초기화(0으로, 지우기) : 산출된 수량을 삭제 또는 초기화
- 수량+기초 초기화 : 타입을 초기화
- 현재, 전체 데이터 삭제 : 현재 또는 전체 데이터 삭제

⑧ 물량산출조서에서 설정 완료 후 를 선택하면 산출 기구 수량이 자동 입력된다.

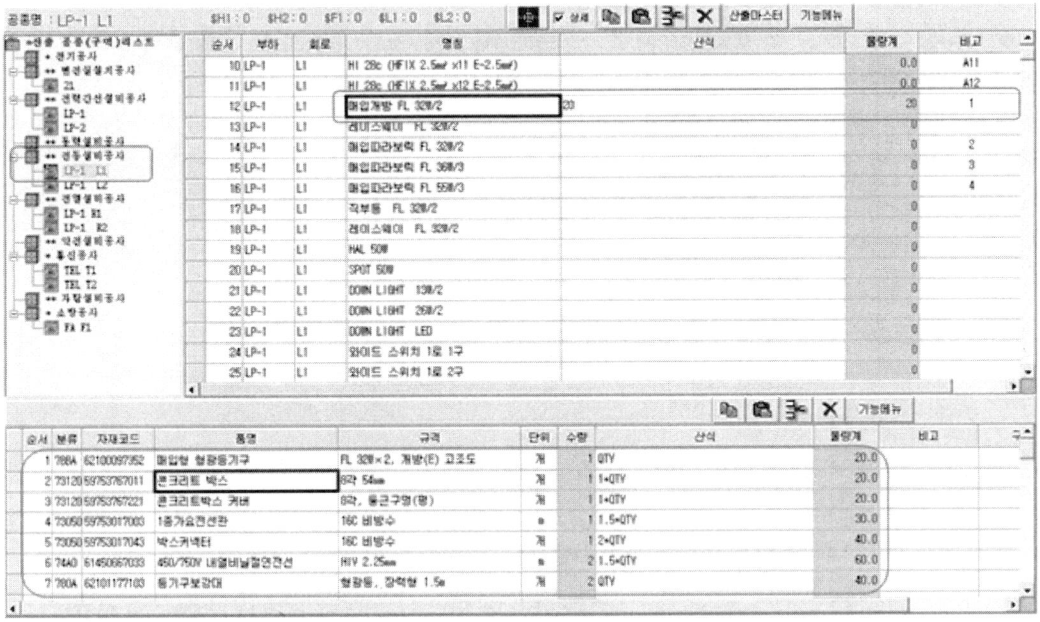

㉠ 산출된 기구를 견적서의 산출조서에 입력 : 비고란에 캐드와 동일한 기호를 붙인다.

㉡ 산출서 하단에 조명기구에 대한 주자재 및 부속자재가 등록되어 있다.

⑨ 위와 같이 기호 입력은 첫 번째 회로를 산출할 때 한번만 입력해 놓고 다음 회로작업할 때는 현재 회로를 복사하여 사용하기 때문에 반복하여 설정할 필요는 없다.

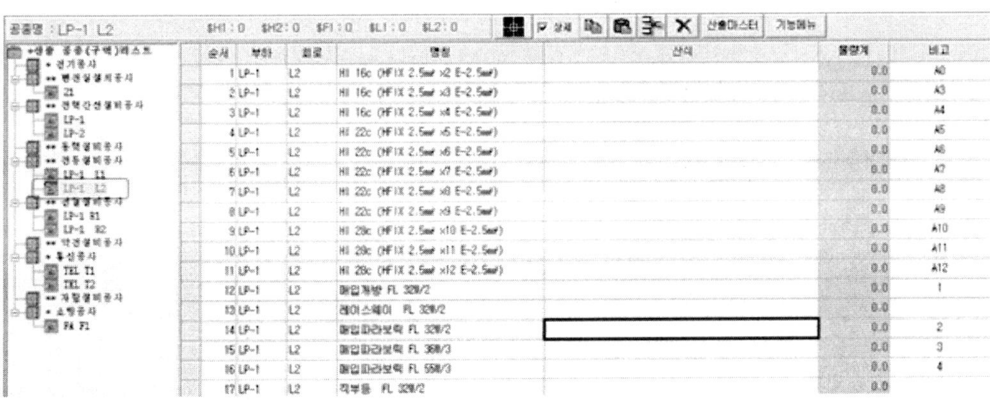

㉠ 좌측 카테고리 해당 회로를 선택 후 마우스 우측을 선택하여 복사하여 이름을 바꾼다.

(5) 전열설비 평면도 산출하기

물량을 산출하기 전에 가능하면 객체연결(단축키 : GG) 및 중복블록 제거(단축키 : EB)를 한 후 산출을 한다.(기능메뉴 참조)

① CAD 명령창에 물량산출 단축키 CW을 입력하면 객체 물량산출 화면이 나타난다.

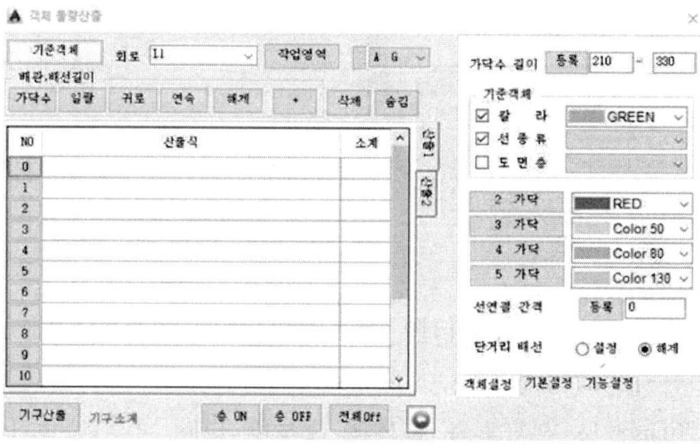

② 층 OFF 기능을 이용하여 건축도면을 안보이게 한다.

③ 배관 배선의 각각의 객체를 연결한다. : 단축키 - GG를 입력 후 산출할 대상물을 선택한다.

연결 전

연결 후

④ 기준 객체를 선택한다. : CAD에서 산출할 배관 배선 중 한 개의 객체를 선택한다.

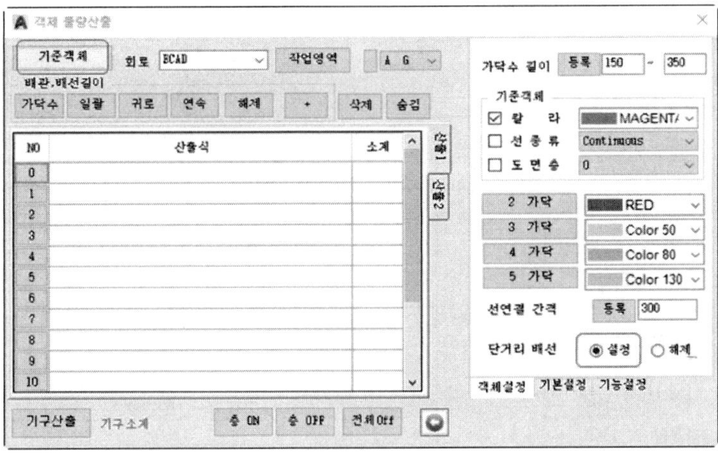

㉠ 기준 객체에 대한 색상 및 선 종류, 도면층이 나타난다. : 색상 및 선종류 체크

㉡ 일반적으로 천정부분은 색상 기준이며, 바닥 및 노출은 선종류 기준이다.

㉢ 배관 길이 산출은 단거리 배선을 설정으로 하여 최단 거리로 산출한다.

⑤ 회로 번호를 입력한다. : R1 - 생략 가능

⑥ 가닥수 또는 일괄 중 하나를 선택한다. : 일괄 선택

전선 가닥수가 없는 경우는 가닥수 또는 일괄 모두 가능하다.

㉠ 해당 가닥수를 선택 후 산출할 대상물을 선택한다. : 가닥수 표시 2 선택

⑦ 도면에서 산출할 회로의 영역을 선택한 후 엔터한다.

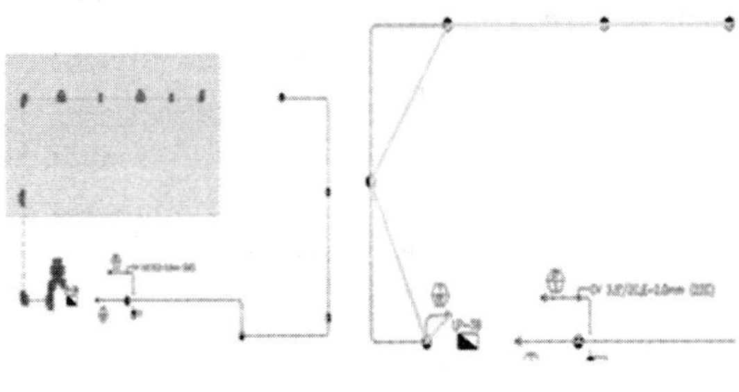

산출이 완료 되었다.

⑧ 귀로 선택을 이용하여 분전반 귀로간 배선을 산출한다.

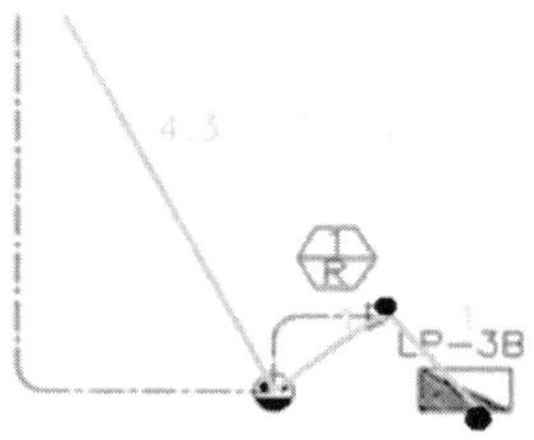

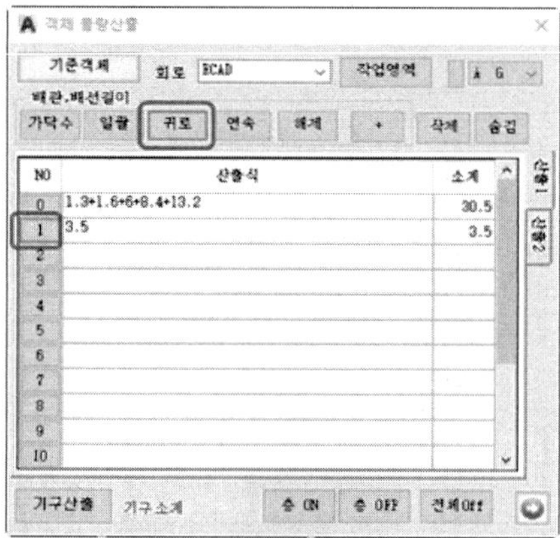

㉠ 귀로를 선택한다.

㉡ 기준점 지정 : 분전반 선택

㉢ 다음점 지정 : 귀로 화살표 선택

㉣ 다음점 지정 : 선택을 완료 하였으면 엔터하면 길이값이 산식에 입력이 된다.

㉤ 연속해서 할 경우는 해당 회로의 화살표 끝부분을 선택하면 된다.

⑨ 설정이 완료 후 산출조서의  를 선택하면 산출된 기구 수량이 자동 입력된다.

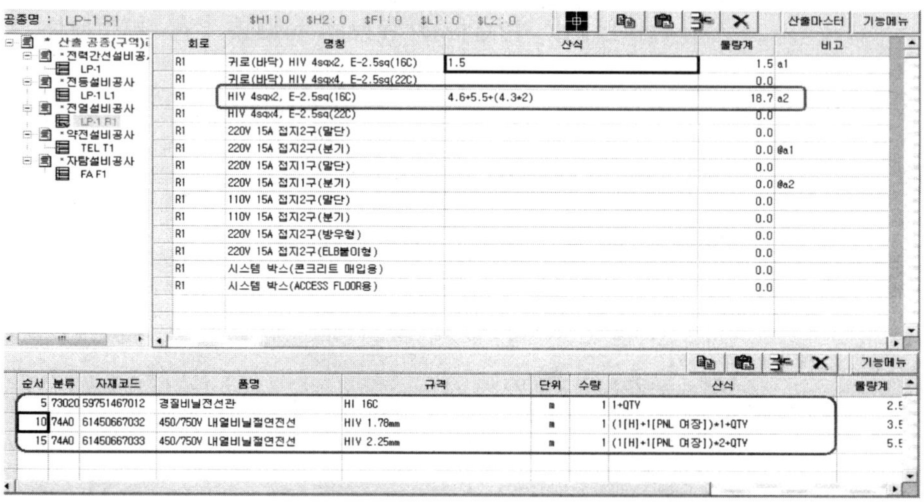

(6) 객체 물량산출 화면 설명

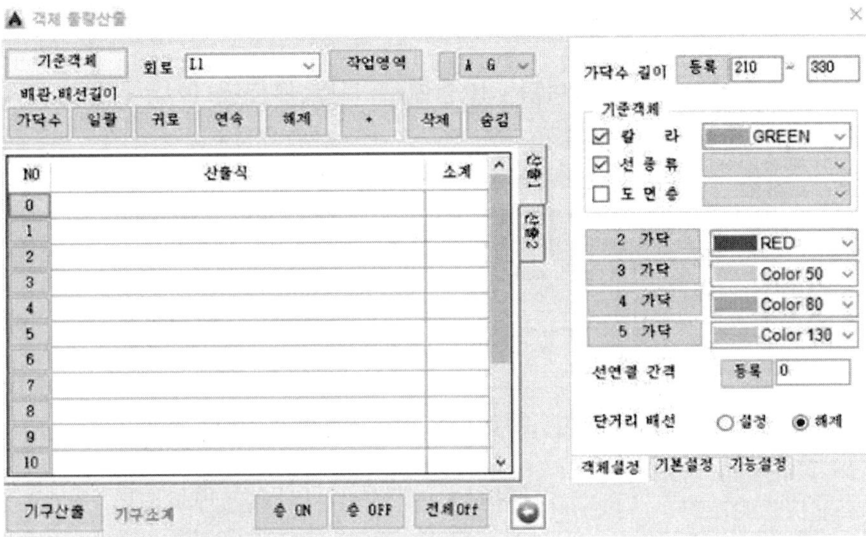

(가) 객체 설정 화면 설명

① 정렬 : 산출된 길이값을 같은값끼리 모아서 보여준다.

② 삭제 : 산출된 길이값을 삭제한다.

③ 숨김 : 도면에서 산출된 대상물을 안보이게 한다.

㉠ 다시 보이게 할 때는 작업영역을 이용한다.

④ 소계 : 산출된 길이값을 합계로 보여준다.

⑤ 전체 Off : 현재 도면의 Layer 중 Lock된 것을 Unlock 상태로 변경한다.

⑥ + : 산출 후 추가로 길이값을 직접 입력할 때 사용한다.

⑦ 기구 산출 : 개별로 블록 수량을 산출할 때 사용한다.

㉠ 산출 대표블록을 선택 후 영역을 감싸면 가닥수 선택란의 "N"에 수량이 입력된다.

⑧ 층 ON 층 OFF : 선택된 도면층(Layer)을 보이게 또는 안보이게 할 때 사용

⑨ 가닥수 길이 등록 : 물량산출의 가장 기본인 전선 가닥수 길이를 등록한다.
실제 가닥수 길이의 10[%] 내외로 설정이 되며 직접입력 가능하다.

⑩ 2가닥, 3가닥, 4가닥 : 가닥수 별로 산출된 배관 및 배선의 색상을 설정

6가닥 이상은 2 가닥 을 선택하여 설정할 수 있다.

⑪ 선 연결 간격 : 끊어진 선을 연결할 때 선간 간격을 설정

⑫ 단거리 배선 설정, 해제 : ㄱ, ㄴ형태의 배관 길이를 최단거리로 산출 여부를 설정

1 산출 누락부분 산출 방법

산출 후 누락된 부분을 다시 산출할 때 사용한다.

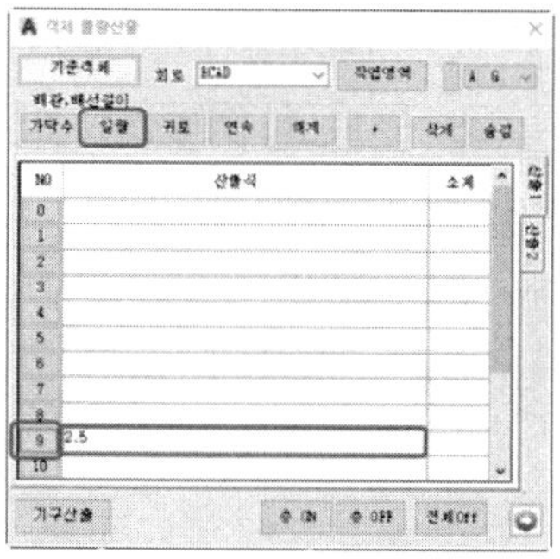

산출 설정 화면

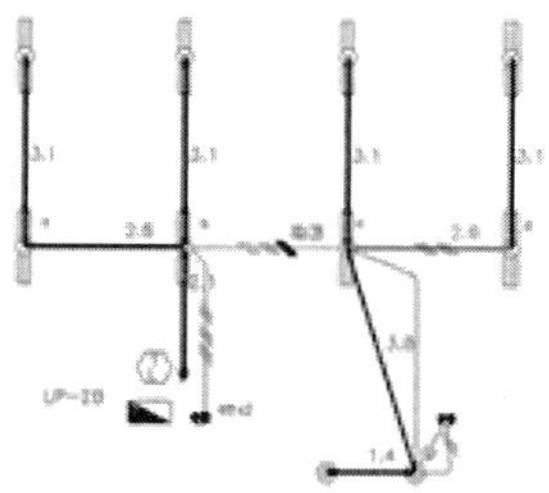

누락부분

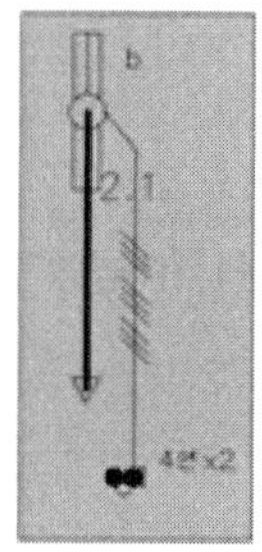

객체 선택

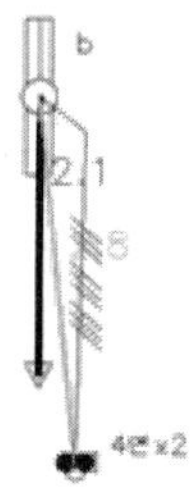

산출 완료

① 해당가닥수를 선택한다. : 9 선택

② 일괄 선택 후 누락된 해당 객체를 선택 후 엔터하면 최단거리로 산출이 완료되었다.

2 산출한 수량을 부분 해제하는 방법

길이를 산출 후 산출된 대상물을 해제할 때 사용한다. 해제를 선택 후 해제할 대상물을 선택하면 산식 창에서 선택된 길이값이 삭제된다.

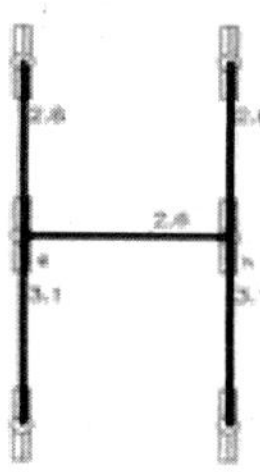

해제 전

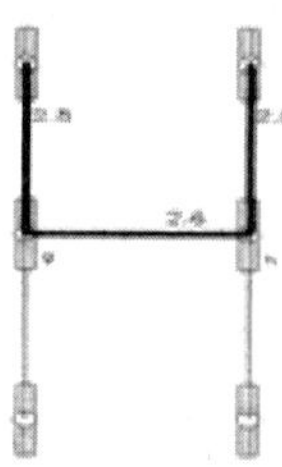

해제 후

3 건축 도면 등 대상물 ON, OFF하는 방법

필요에 따라 건축 레이어를 안보이게 또는 보이게 한다.

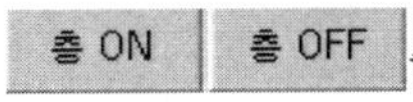
층 OFF를 선택한 후 숨길 건축 도면층을 선택한다.

① 아래 그림과 같이 선택된 건축 도면층이 사라진다.

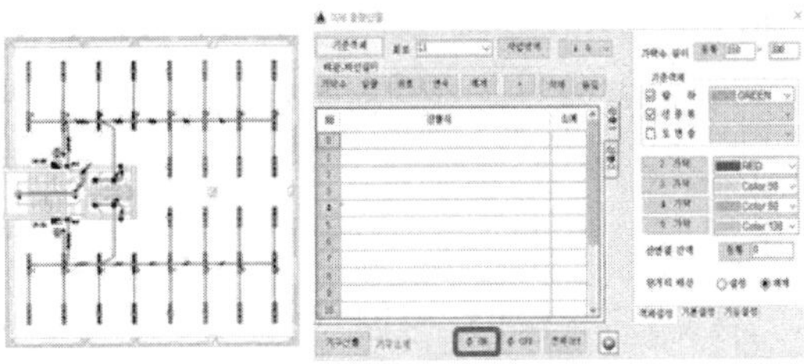

층 ON

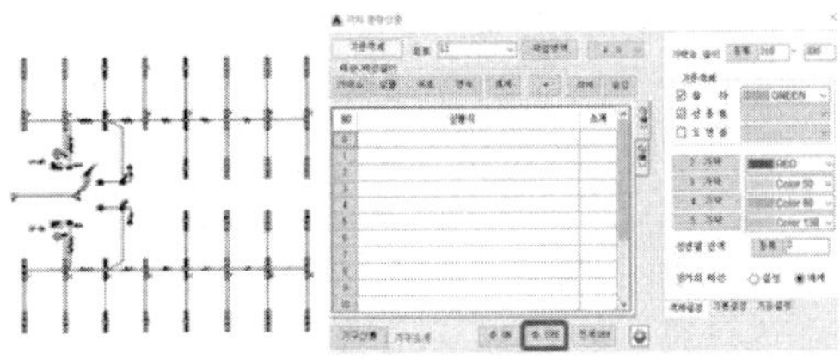

층 OFF

② 층 ON을 선택하면 숨겨진 대상물이 나타난다.

4 끊어진 배관 및 배선 연결 방법

끊어진 선을 연결하여 단일 객체로 만든다. : 단축키 → GG

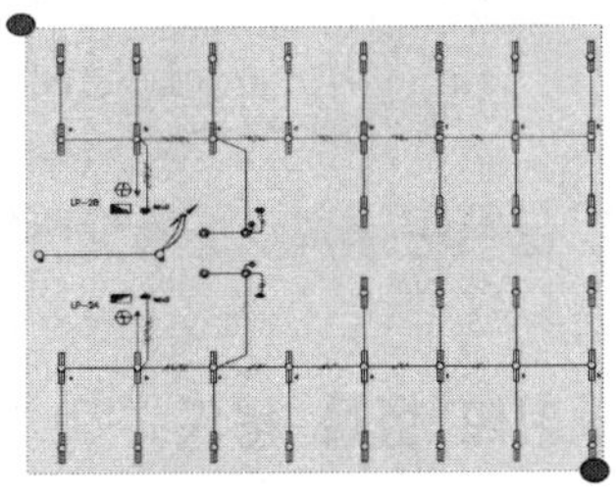

전체 선택

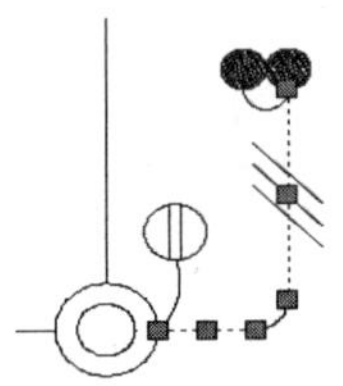

선택 전

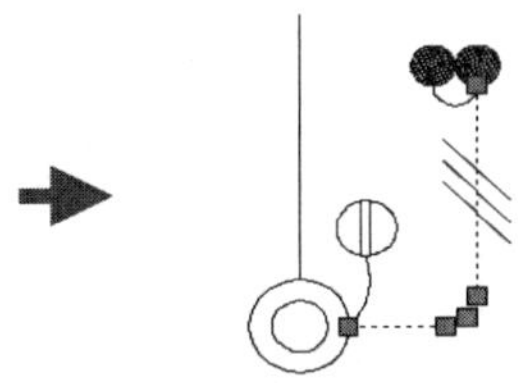

선택 후

① 명령어 GG를 입력한다.

② 연장 및 조인할 객체(선, 호, 폴리선)선택 [옵션 : 높이(H)/간격(D)/레이어(T)]: 첫 번째 지점을 선택

③ 반대 구석 지정 : 반대편 지점을 선택 후 엔터한다.

④ 우측 그림과 같이 객체가 하나로 결합이 된다.

㉠ 일부 객체가 결합이 안 된 경우는 다시 객체를 선택한다.

5 중복블록 제거 및 끊어진 배관연결

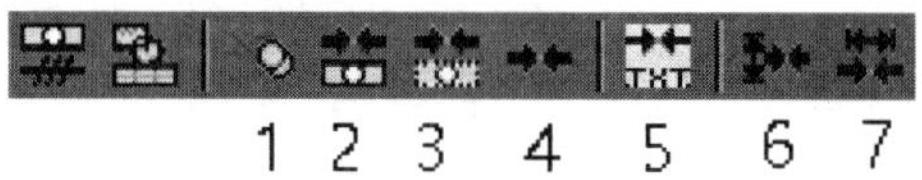

① 중복된 블록 제거 방법

중복된 블록을 삭제한다. : 단축키 → EB

㉠ 명령어 EB를 입력하고 산출할 도면 전체를 선택한 후 엔터한다.

㉡ 00개 중복된 객체가 삭제 되었습니다.

②, ③ 전체선 연결 및 블록선 연결

㉠ 객체 선택 : 연결할 선 중 한 개를 선택한다.

㉡ 연장 및 조인할 객체(선, 호, 폴리선)선택 [옵션 : 높이(H)/간격(D)/레이어(T)] : 연결할 영역을 선택한다.

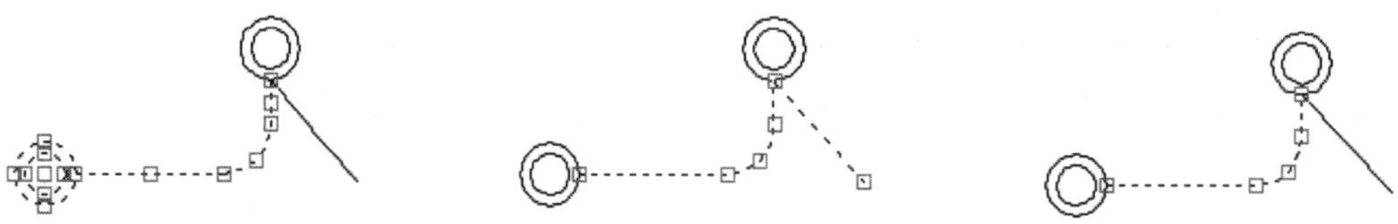

연결 전 GG로 연결 경우 블록선 연결 경우

④ 개별 선 연결 : 개별로 선을 연결할 때 사용하며 주로 끊어진 선을 연결할 때 사용

⑤ 문자선 연결 : 전화, TV, 소방등과 같이 배선사이에 문자가 있어 끊어진 경우 연결

㉠ 배선 사이에 입력된 대표문자를 선택한 후 엔터한다.

㉡ 작업영역을 선택 후 엔터하면 선이 연결된다.

㉢ GG 명령을 이용하여 선을 붙인다.

⑥ 선 연결(조인) 높이 설정 : 서로 마주쳐서 연결될 선과 선의 높이값을 설정값이 너무 크면 다른 선과 연결될 수도 있으며, 가능한 값을 작게한다.(1 정도) 또한 값이 너무 작으면 연결이 안 될 수도 있다. 이런 경우는 개별 선 연결 기능을 이용하면 된다.

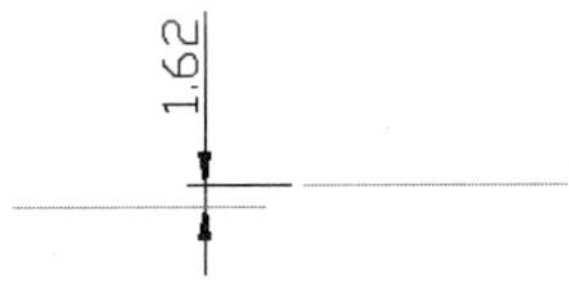

⑦ 선 연결(조인) 폭 설정 : 끊어진 선을 연결할 때 사용하며 선과 선의 폭 값을 입력치수 또는 Dist 명령이나 선 연결 간격을 이용해도 된다.

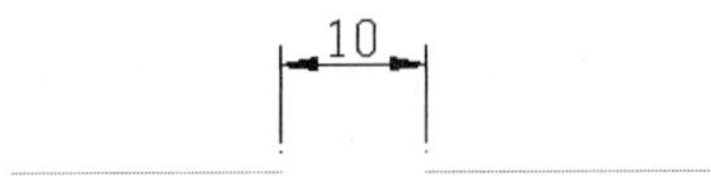

(나) 기본 설정 화면 설명

① 가닥수 기준 객체 : 가닥수에 대한 기준을 설정한다.

② 교체선 색상 : 산출된 배관 및 배선의 색상을 설정한다.

③ 호 길이 등록 : 호로 그려진 배관 및 배선 길이의 최소값을 설정한다.

④ 블록명 : 산출할 기구의 블록명을 나타낸다.

⑤ 문자높이 : 산출한 길이값에 대한 문자의 높이를 설정한다.

⑥ 산출값 할증 : 1 : 1도면이 아닌 도면인 경우에 길이값을 보정 때 사용하며 기본값은 100이다.

(다) 기능 설정 화면 설명

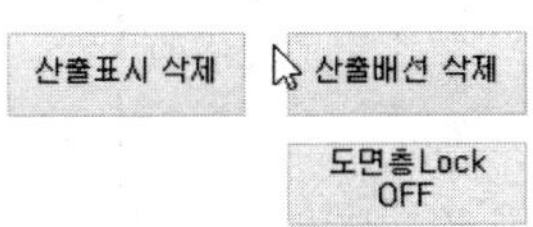

① 산출 표시 삭제 : 산출된 심벌 위에 나타나는 체크표시를 삭제

② 산출 배선 삭제 : 연속, 직선으로 산출된 선 및 길이값을 삭제

③ 도면층 Lock OFF : 잠겨진 도면층을 해제한다.

(라) 작업 영역 화면 설명

산출된 대상물을 회로별로 나타낸다.

① 숨김 : 선택한 부하명을 도면에서 안보이게 한다.

② 보기 : 선택한 부하명을 도면에서 보이게 한다.

③ 삭제 : 선택한 부하명을 삭제한다.

④ 객체 초기화

1.4 견적서 작성

산출서 또는 표준공종을 이용한 경우는 아래와 같이 내역서가 작성되어 나타난다.

(1) 화면 설명

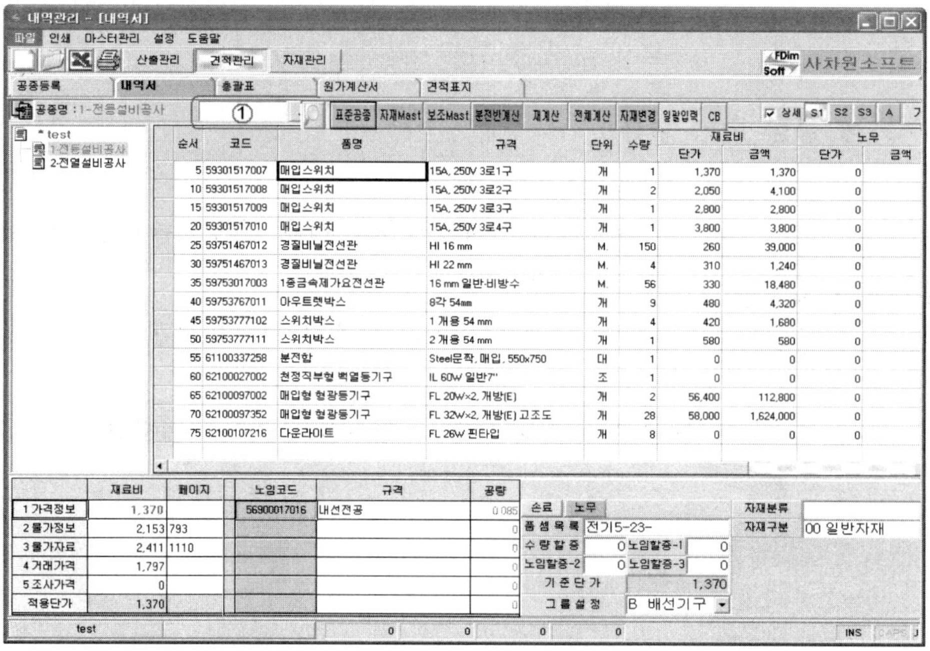

① 코드, 품명, 규격을 이용하여 해당자재를 쉽게 찾아 입력할 수 있다.
② 표준공종 : 배전반 공사에 주로 사용하며 주자재에 부속자재를 링크하여 사용한다.
③ 자재 Master : 입력할 자재 전체를 보여주며 자재를 선택하여 내역서에 입력한다.
④ 보조 Master : 자주 사용하는 자재를 등록해 놓고 사용할 때 사용한다.
 · 주로 수배전공사 견적시 사용
⑤ 분전반 계산 : 분전반 견적시 MCCB 및 ELB에 대한 수량을 입력 후 분전반 계산을 선택하면 박스 크기, 부스바 무게, 부속자재 등이 자동으로 내역서에 입력된다.
⑥ 재계산 : 내역서 작업 완료 후 재계산 한다. - 새로운 자재 입력 및 수량 변경시 꼭 재계산을 하여야 한다.
⑦ 전체 계산 : 전체 공종을 재계산 한다.
⑧ 자재 변경 : 선택한 자재를 변경한다. : 단축키 - F7
⑨ 일괄 입력 : 현 공사에 사용한 전체 자재에 대한 단가, 공량 등을 수정할 때 사용한다.
⑩ CB : 분전반 기본 설정값을 보여준다.
⑪ S1, S2, S3, A : 내역서 화면을 구분하여 볼 수 있다.(A : 항목 전체)
⑫ 기능 : 각종 기능을 이용하여 내역 작업을 다양하게 변경할 수 있다.
⑬ 가격정보, 물가정보 : 자재에 대한 단가 및 페이지를 나타낸다.
⑭ 노임코드, 규격 : 자재에 대한 코드 및 공량 등을 나타낸다.
⑮ 손료, 노무 : 재계산시 각종 손료 및 노무비의 값이 변하지 않게 고정시킬 때 손료 또는 노무항목을 들어가게 한 후 재계산하면 값이 변하지 않는다.
⑯ 품셈 목록 : 자재의 인건비에 대한 목록 및 할증을 나타낸다.
⑰ 기준 단가 : 최초 설정된 값을 나타낸다.
⑱ 그룹 설정 : 물량 집계표에 설정된 그룹별로 자재를 집계할 때 사용한다.
⑲ 자재 분류 : 철거, 재사용 등을 구분
⑳ 자재 구분 : 손료를 산출하기 위한 구분

(2) 내역서 작성

산출서를 이용하여 내역서를 작성하는 경우 최초 작업때는 순 재료비만 나타난다.

순서	코드	품명	규격	단위	수량	재료비		노무	
						단가	금액	단가	금액
5	59301517007	매입스위치	15A, 250V 3로1구	개	1	1,370	1,370	0	
10	59301517008	매입스위치	15A, 250V 3로2구	개	2	2,050	4,100	0	
15	59301517009	매입스위치	15A, 250V 3로3구	개	1	2,800	2,800	0	
20	59301517010	매입스위치	15A, 250V 3로4구	개	1	3,800	3,800	0	
25	59751467012	경질비닐전선관	HI 16 mm	M.	150	260	39,000	0	
30	59751467013	경질비닐전선관	HI 22 mm	M.	4	310	1,240	0	
35	59753017003	1종금속제가요전선관	16 mm 일반-비방수	M.	56	330	18,480	0	
40	59753767011	아우트렛박스	8각 54mm	개	9	480	4,320	0	
45	59753777102	스위치박스	1 개용 54 mm	개	4	420	1,680	0	
50	59753777111	스위치박스	2 개용 54 mm	개	1	580	580	0	
55	61100337258	분전함	Steel문짝, 매입, 550x750	대	1	0	0	0	
60	62100027002	천정직부형 백열등기구	IL 60W 일반7"	조	1	0	0	0	
65	62100097002	매입형 형광등기구	FL 20W×2, 개방(E)	개	2	56,400	112,800	0	
70	62100097352	매입형 형광등기구	FL 32W×2, 개방(E) 고조도	개	28	58,000	1,624,000	0	
75	62100107216	다운라이트	FL 26W 핀타입	개	8	0	0	0	

	재료비	페이지	노임코드	규격	공량
1 가격정보	1,370		56900017016	내선전공	0.085
2 물가정보	2,153	793			0
3 물가자료	2,411	1110			0
4 거래가격	1,797				0
5 조사가격	0				0
적용단가	1,370				0

① 산출서를 이용하여 내역서를 작성 후 다시 산출 작업을 하고 내역서로 들어오면 수정된 값이 나타나지 않는다. 이러한 경우는 내역서 화면에서 마우스 우측을 선택하여 산출데이터 읽기를 아래와 같이 해야만 변경된 자재가 입력된다.

② 주의할 사항은 현재 작성된 내역서는 초기화 된다.

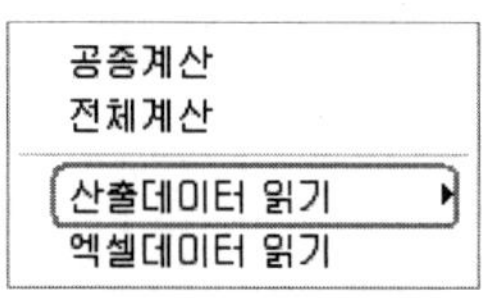

- 현 공종 읽기 : 현공종만 읽어온다.
- 전체 공종 읽기 : 전체 공종
- 재계산 또는 전체계산을 하면 인건비 및 각종 손료가 계산되어 나타난다.

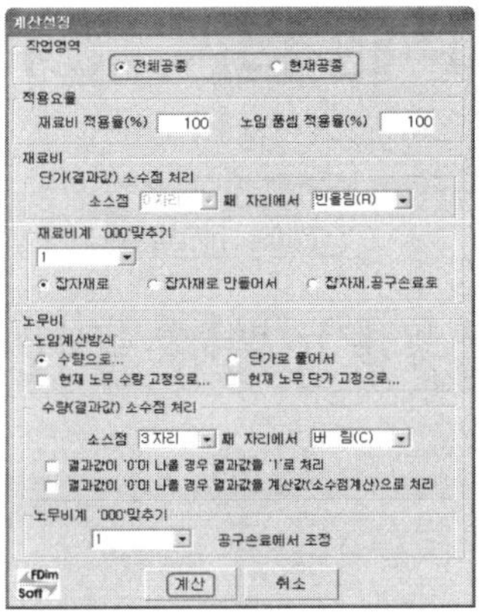

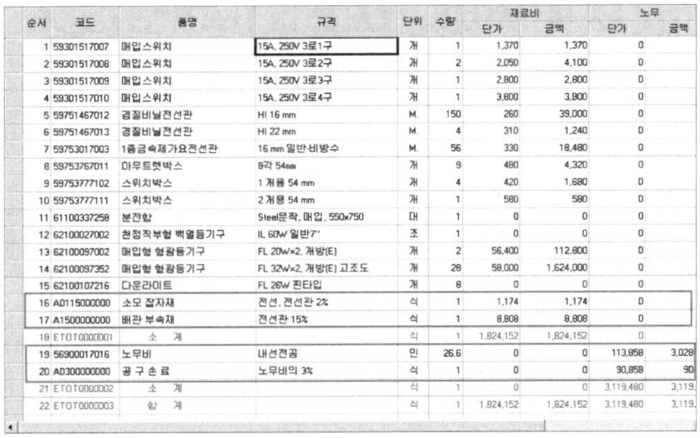

전체 계산 설정 화면　　　　　　　　　　　계산 완료 화면

(3) 자재마스터를 이용 새로운 자재를 추가 방법

(예 : 경질비닐전선관 HI 28[mm] - 100[m])

① 내역서 또는 자재 Master 화면의 찾기에 경질비닐 경질비닐이라고 입력한다.

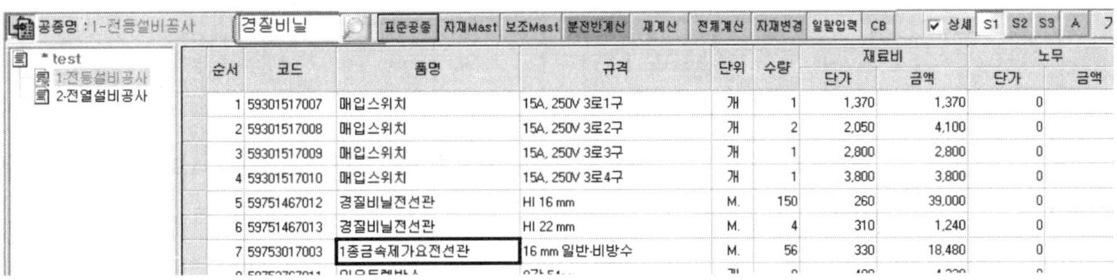

② 자재 마스터 화면에서 입력할 자재에 수량을 입력 후 확인을 선택하면 입력이 된다.

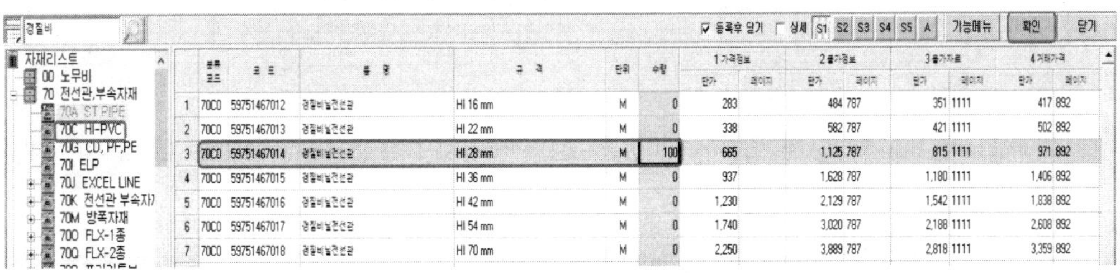

③ 내역서에서 마우스가 선택된 위치에 자재가 입력되며 꼭 재계산을 해야만 한다.

(4) 유사한 자재를 복사하여 입력하는 방법
(HI 36C 전선관 추가하는 방법)

① 복사할 자재 HI 28C를 선택한다.

순서	코드	품명	규격	단위	수량	재료비		노무	
						단가	금액	단가	금액
1	59301517007	매입스위치	15A, 250V 3로1구	개	1	1,370	1,370	0	
2	59301517008	매입스위치	15A, 250V 3로2구	개	2	2,050	4,100	0	
3	59301517009	매입스위치	15A, 250V 3로3구	개	1	2,800	2,800	0	
4	59301517010	매입스위치	15A, 250V 3로4구	개	1	3,800	3,800	0	
5	59751467012	경질비닐전선관	HI 16 mm	M.	150	260	39,000	0	
6	59751467013	경질비닐전선관	HI 22 mm	M.	4	310	1,240	0	
7	59751467014	경질비닐전선관	HI 28 mm	M.	100	610	61,000	0	
8	59753017003	1종금속제가요전선관	16 mm 일반·비방수	M.	56	330	18,480	0	

② 기능키 F6을 선택 또는 마우스 우측을 선택하여 복사한 후 붙여넣기 한다.

순서	코드	품명	규격	단위	수량	재료비		노무	
						단가	금액	단가	금액
1	59301517007	매입스위치	15A, 250V 3로1구	개	1	1,370	1,370	0	
2	59301517008	매입스위치	15A, 250V 3로2구	개	2	2,050	4,100	0	
3	59301517009	매입스위치	15A, 250V 3로3구	개	1	2,800	2,800	0	
4	59301517010	매입스위치	15A, 250V 3로4구	개	1	3,800	3,800	0	
5	59751467012	경질비닐전선관	HI 16 mm	M.	150	260	39,000	0	
6	59751467013	경질비닐전선관	HI 22 mm	M.	4	310	1,240	0	
7	59751467014	경질비닐전선관	HI 28 mm	M.	100	610	61,000	0	
8	59751467014	경질비닐전선관	HI 28 mm	M.	100	610	61,000	0	
9	59753017003	1종금속제가요전선관	16 mm 일반·비방수	M.	56	330	18,480	0	

③ 기능키 F7을 선택 또는 자재변경을 선택하면 나타나는 자재 마스터 화면에서 교체할 자재한다.

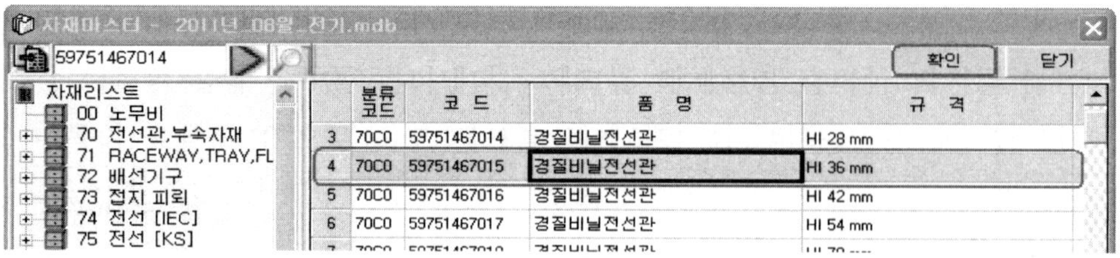

④ 자재를 선택 후 엔터 또는 확인을 선택하면 자재가 변경된다.

순서	코드	품명	규격	단위	수량	단가	금액	단가	금액
5	59751467012	경질비닐전선관	HI 16 mm	M.	150	260	39,000	0	
6	59751467013	경질비닐전선관	HI 22 mm	M.	4	310	1,240	0	
7	59751467014	경질비닐전선관	HI 28 mm	M.	100	610	61,000	0	
8	59751467015	경질비닐전선관	HI 36 mm	M.	100	860	86,000	0	
9	59753017003	1종금속제가요전선관	16 mm 일반·비방수	M.	56	330	18,480	0	

1.5 기타 견적서 작성 기능[총괄표, 원가계산서]

(1) 총괄표 작성

작성된 공종별 금액 및 합계금액이 나타난다.

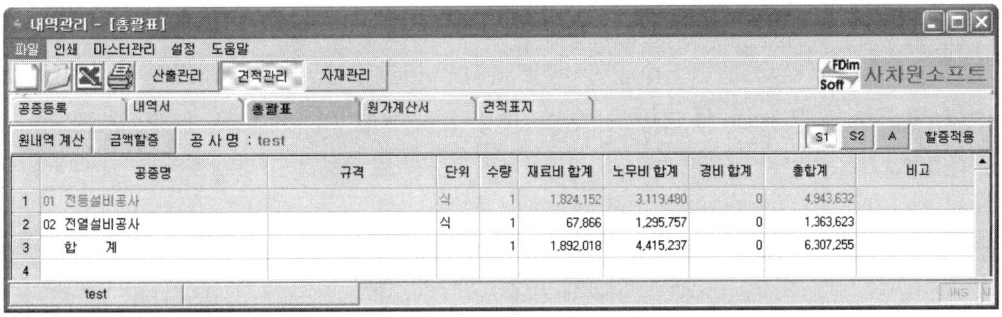

① 금액할증(그룹별, 자재단가별)을 할 경우는 금액 할증을 선택한다.

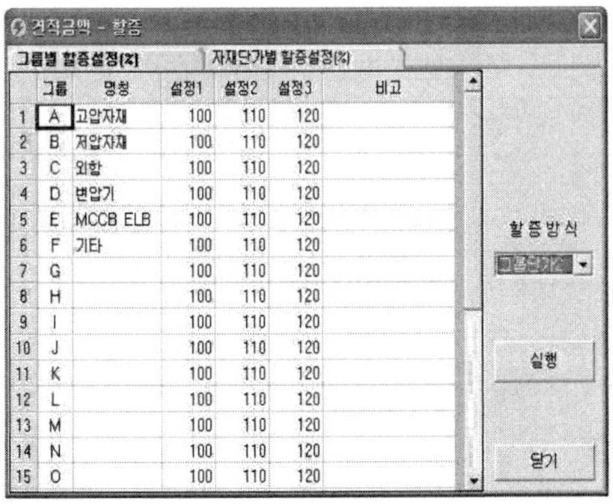

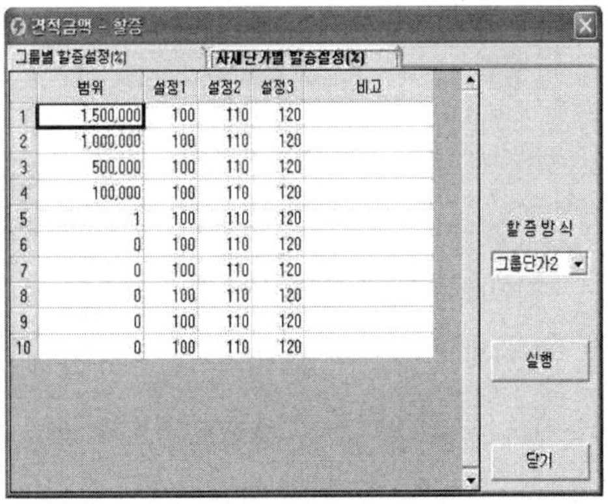

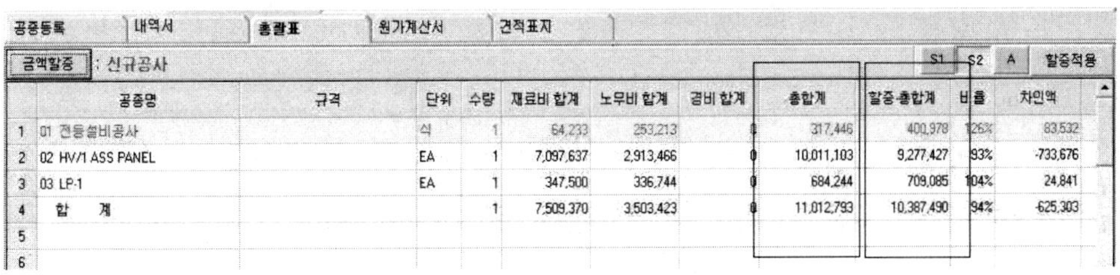

② 할증방식을 선택 후 실행을 선택하면 아래와 같이 총괄표에 할증된 금액이 나타난다.

· 작업방법은 그룹별 할증 설정 참조

(2) 원가 계산서 작성

내역서 작성을 완료 후 직접 공사비(직접 재료비 및 직접 노무비)를 이용하여 간접비(경비, 일반 관리비, 이윤 등)을 계산하여 총 공사금액을 산출한다.

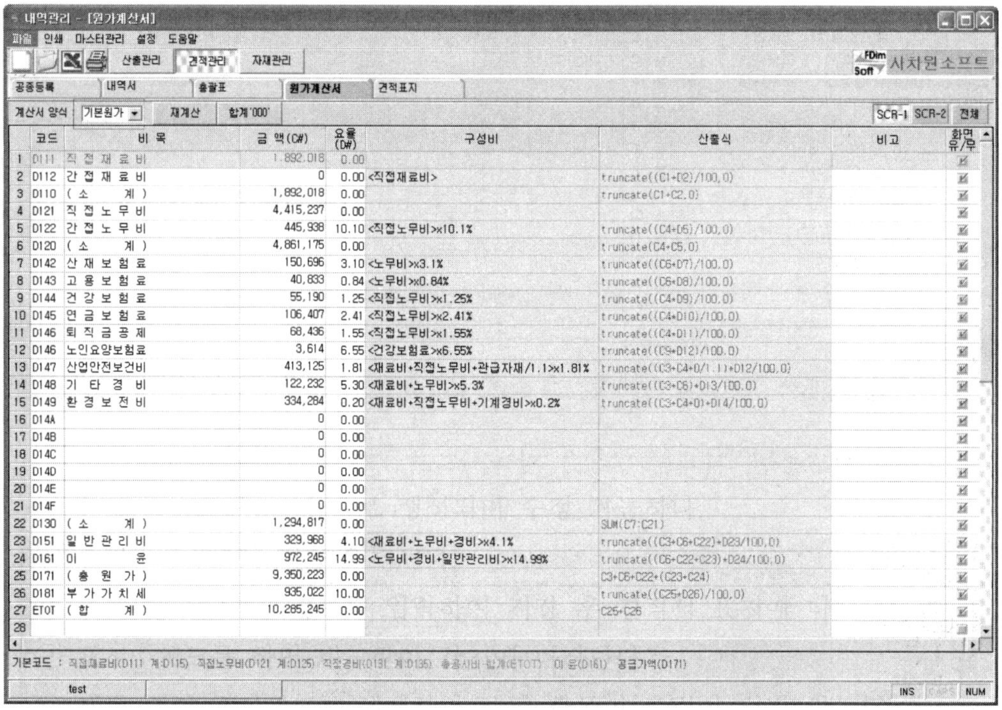

① 비목에 대한 적정요율을 수정하여 공사금액을 조정할 수가 있다.

② 비목에 대한 구성비를 보여준다.

③ 비목에 대한 계산식을 나타낸다.

④ 각 비목의 출력 유무를 나타낸다. - 체크를 해제하면 출력이 되지를 않는다.

⑤ 비목의 요율을 "0"으로 하고 체크를 해제하면 해당비목은 출력이 안 된다.

※ 기능메뉴 설명

① 계산서 양식 : 계산서 양식을 미리 설정 후 적용할 수 있다.

　㉠ 기본 원가 : 기본 설정된 원가 계산서

　㉡ 설치 원가 : 자재관리 → 원가 계산서에 설정된 설치 원가를 가져온다.

　㉢ 초기 원가 읽기 : 자재관리 → 원가 계산서에서 설정된 양식을 가져온다.

② 재계산 : 원가 계산서를 작성한 후 내역서를 다시 수정한 경우 재계산 한다.

③ 합계 '000' : 합계금액을 설정된 단위에서 0으로 맞춰준다.

1. 10. 100. 1,000. 10,000 자리까지 항목 중 이윤 금액에서 맞춘다.

④ 산식을 수정할 경우는 우측상단 SCR-2를 선택하면 나타나는 산출구문 항목에서 수정한다.

(3) 견적서 표지 작성

내역서 작성 작업을 완료 후 견적서 앞표지를 만드는 작업이다.

① 공사금액 표시방법을 설정한다.(원가 계산서 방식, 총괄 방식)

㉠ 표지 확인 후 다시 내역서를 수정한 경우는 반드시 재계산을 하여야 한다.

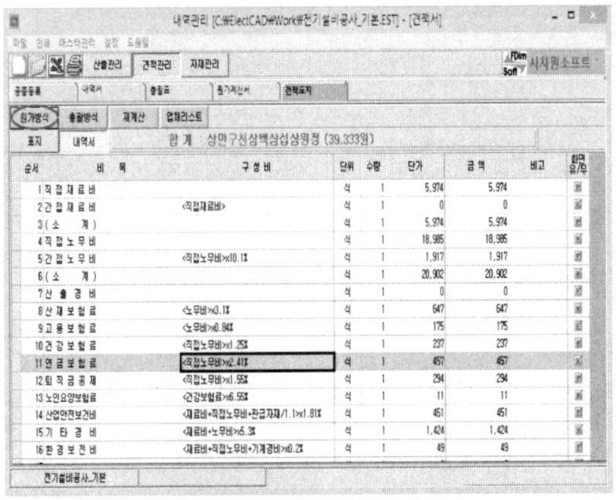

원가 계산서 방식

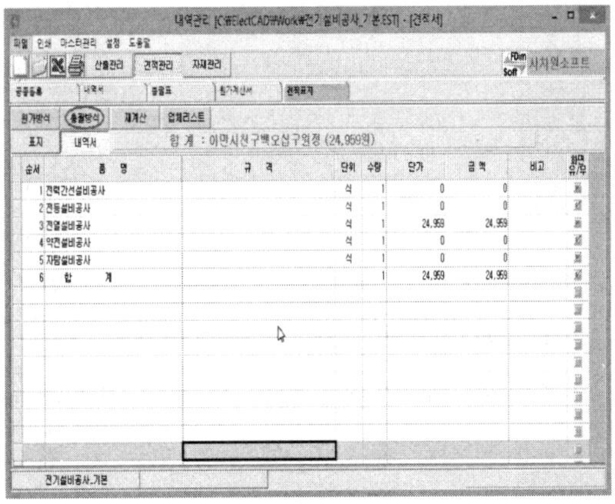

총괄표 방식

② 견적서 표지를 설정한다.

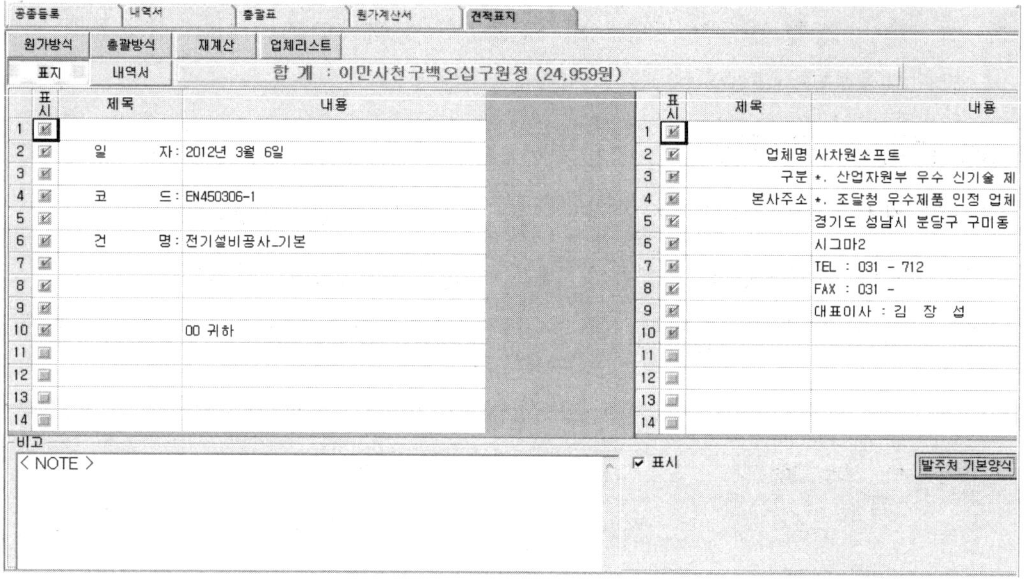

㉠ 일자 및 코드는 자동으로 생성되며 수정 가능하다.

㉡ 건명 : 공사명이 자동 입력된다.

㉢ 업체리스트 : 회사정보를 입력하여 저장 후 견적서 표지에 나타낸다.

㉣ 표시 : 체크를 하면 비고란이 갑지에 나타난다.

㉤ 제목 옆의 표시체크를 해제하면 해당 항목이 출력이 되지 않는다.

제5편

Elect Panel
견적서 작성

제1장

공종등록 및 내역서 작성

1.1 공사 등록 및 환경 설정

(1) 바탕 화면의 Elect CAD 폴더의 견적서 아이콘 을 실행한다.

아래와 같이 메인 화면이 나타난다.

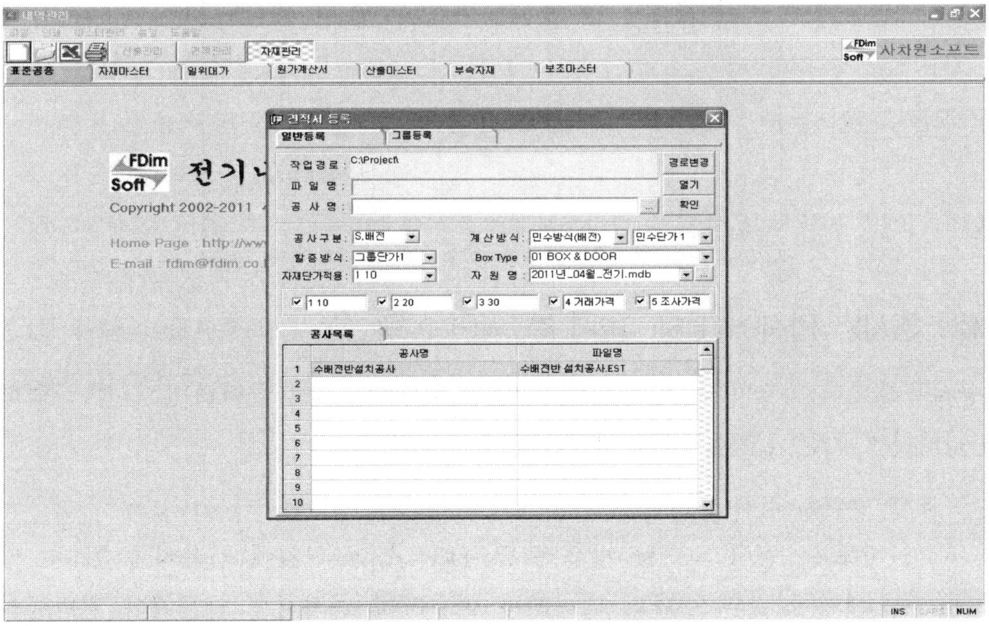

① 파일 : 신규 견적등록 및 견적서 실행, 기본 환경설정

② 인쇄 : 견적 작업 완료 후 각종 양식을 인쇄한다.

③ 마스터 관리(자재 관리) : 전체 자재 마스터, 공사 마스터 등 견적에 필요한 database

④ 설정 : 견적 작업에 필요한 각종 설정(각종 손료, 공종 리스트, 배전반 부속자재 등)

⑤ 산출관리 : 일반 전기공사의 물량산출을 할 때 사용

⑥ 견적서 : 일반 전기공사 및 수배전반의 견적서 작성을 할 때 사용

⑦ 자재관리 : 전체 자재 마스터, 공사 마스터 등 견적에 필요한 database

(2) 견적서를 열거나 새 파일을 선택하면 아래와 같은 등록화면이 나타난다.

(3) 공사명 입력 : TEST 입력 후 확인 선택

공사목록으로 바로가기 : 공사목록 하단의 공사명을 더블클릭하면 견적 작업화면이 나타나며 기본 설정은 아래 사항들을 참고한다.

① 공사 방위치 등록

㉠ 일반등록 : 공사 저장할 방을 C:₩, D:₩ 등의 위치에 사용자화 할 수 있고 CAD에서 작도된 도면의 데이터를 이용하여 견적서를 만들때와 일반공사를 견적할 때 사용한다.

㉡ 그룹등록 : 미리 만들어 놓은 공사폴더에 자동 저장되게 하여 견적 하고자 할 때 사용하며 저장위치는 아래와 같다. - 주로 수배전반에서 사용
C:₩ElectPanel₩Work

② 본 공사 작업을 하기 전에 샘플 공사 파일을 이용하여 연습 후 작업을 하면 편리하며 예제 공사는 아래 파일을 참고한다.
C:₩ElectPanel₩Work₩수배전반설치공사.EST

③ 각종 설정설명은 아래사항들을 참고한다.

㉠ 작업경로 : 공사를 저장할 방위치를 지정하며 변경할 경우는 경로변경을 선택하여 경로를 할 수 있다.

- 특히 CAD에서 작성된 데이터를 이용하여 견적서를 작성할 경우는 CAD에서 데이터(00.cwg 파일)을 저장한 방과 견적작업을 하는 방이 같아야 한다.

㉡ 공사구분 : 전기 또는 배전을 선택한다.

㉢ 자재단가 적용 : 최저 단가 또는 적용할 단가를 설정한다.

㉣ 계산방식

- 관수방식 : 일반적으로 전기공사에 적용한다.
- 민수방식[배전], 관수방식[배전] : 수배전반공사에 적용한다.

㉤ Box Type : 수배전반 견적서 분전반 박스 타입을 설정한다.

㉥ 자원명에서 적용할 자재 Data를 선택한 후 확인한다.

㉦ 적용할 자재 단가를 선택한다. 최저 단가로 할 경우는 하단의 가격정보, 물가정보 등의 좌측부분을 체크 한 자재만으로 적용하며 내역서의 일괄입력의 기준단가로도 변경가능하다.

㉧ 명칭을 변경 후 

자원명 옆의 버턴을 누르면 변경된 상태로 유지가 된다.

㉨ 하단의 공사목록은 최근에 사용한 공사목록을 나타내며 지울 경우는 Delete 키를 이용하여 삭제한다.

(4) 공종명을 등록한다.

① 견적관리를 선택한다.

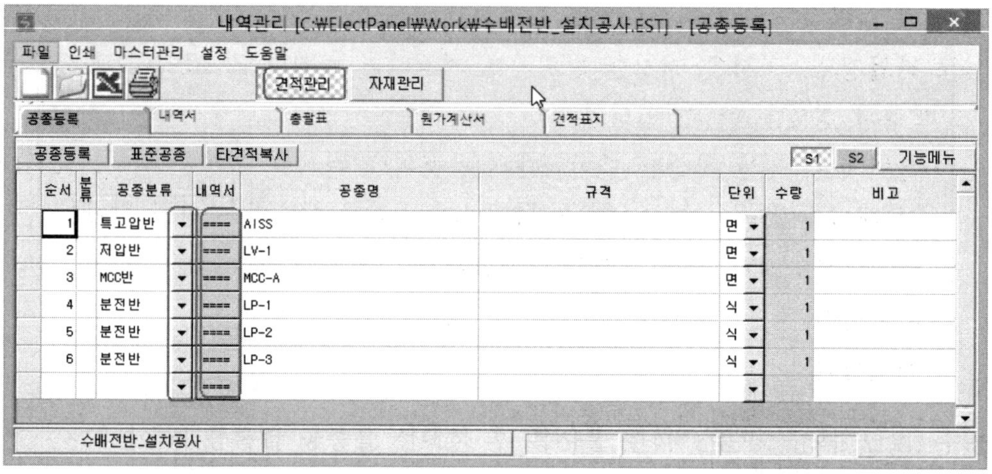

② 공종등록을 선택하고 공종분류를 선택하여 판넬에 대한 분류(특고압반, 저압반, MCC, 분전반 등등)를 선택한다.

㉠ 공종명을 선택 후 직접 또는 표준공종, 타견적복사, 기능메뉴를 이용하여 등록한다.

③ 공종명 순서 바꾸는 방법 및 공종 분류하는 방법

㉠ 공종순서는 내역에 있는 현재번호를 옮길 위치번호로 바꾸면 된다.

㉡ 하위분류는 분류에 1, 2, 3 등 숫자를 입력하면 된다. 표시가 없는 항목이 최우선이며 그 다음 분류부터 1, 2, 3으로 입력하면 낮은 번호가 하위공종이 된다.

㉢ 표준 공종 이용 : 미리 만들어 놓은 표준 공종을 이용하여 작업한다.

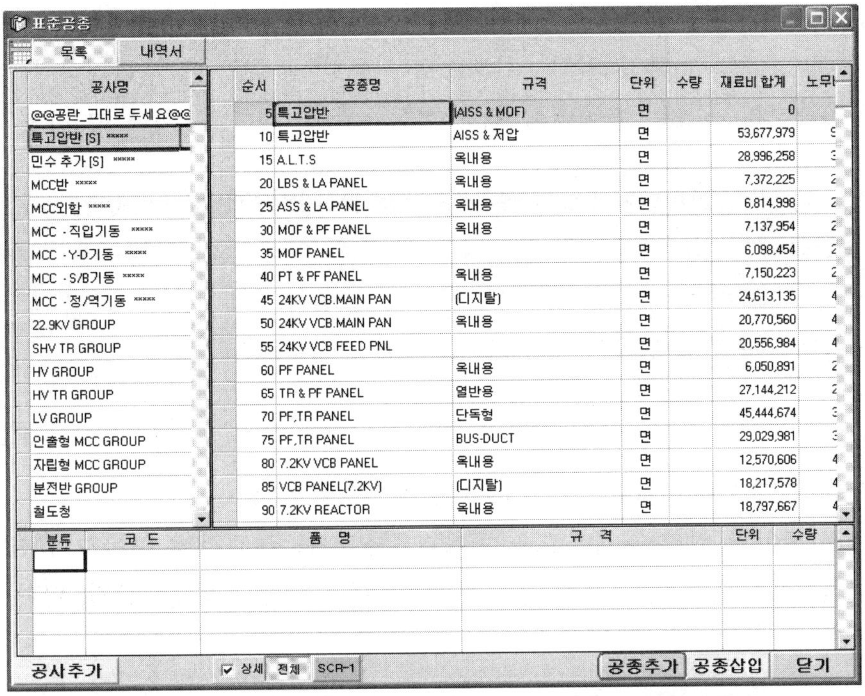

- 등록할 공종에 수량을 입력하거나 선택 후 공종추가를 선택한다.
- 공사 추가 : 좌측 카테고리에 있는 하위목록 전체를 등록한다.
- 공종 추가 : 맨 아래로 등록이 된다.
- 공종 삽입 : 선택한 공종의 위로 삽입된다.
- 새로운 공종을 추가는 자재관리 → 표준 공종에 추가하여 사용한다.

④ 타 견적복사 이용 : 타 공사의 견적서에서 필요 공종을 이용할 때 사용

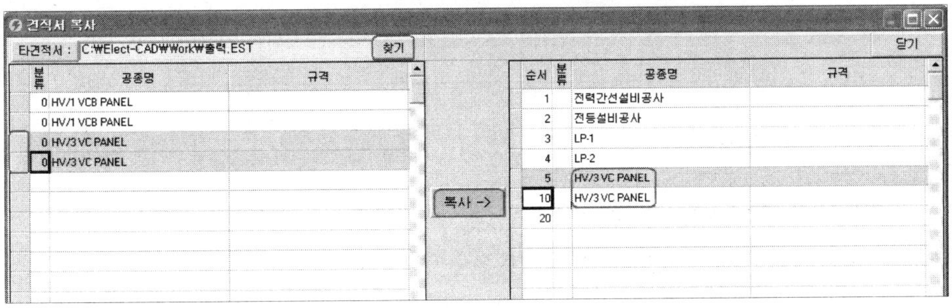

- 찾기를 선택하여 적용할 공사를 선택하고 복사할 대상을 선택한다.
- 복사를 선택하면 우측에 선택된 공종이 복사된다.
- 닫기를 하면 공종등록이 완료된다.

⑤ 기능메뉴를 이용하여 등록하는 방법

㉠ 표준 공종 → 기본값 읽기 : 기본으로 사용할 공종을 미리 설정하여 사용

· 자재관리 → 표준 공종에서 해당 항목을 체크 후 사용해 놓고 사용

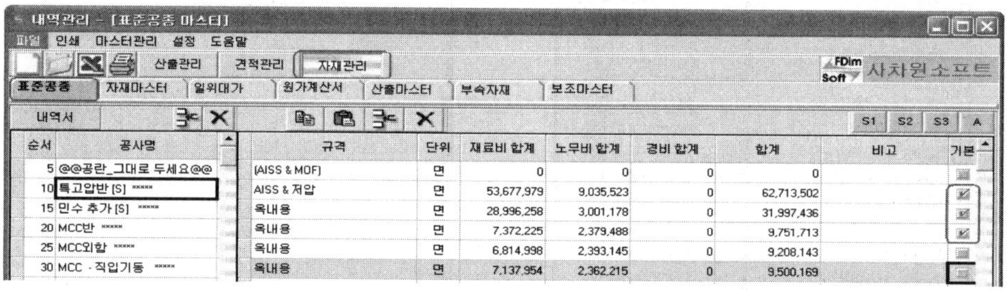

기본값 읽기를 선택하면 설정된 공종이 등록된다.

㉡ 엑셀데이터 읽기 → 엑셀로 만들어진 내역서를 견적서에 등록하여 사용

· 엑셀에서 등록할 공종을 선택한 후 복사를 한다. : 품명, 규격, 단위, 수량

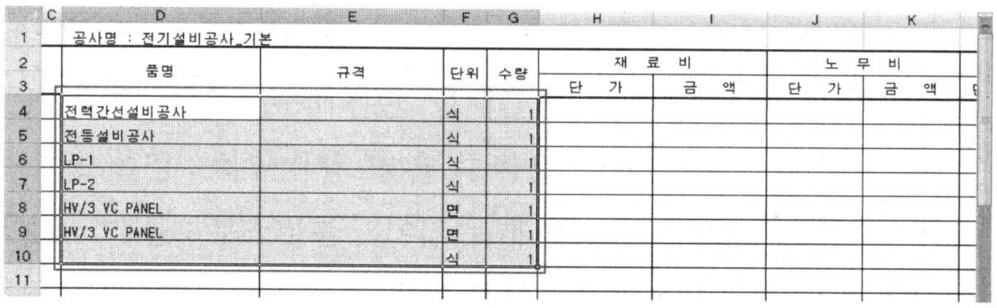

· 기능메뉴의 엑셀데이터 읽기를 선택한다.

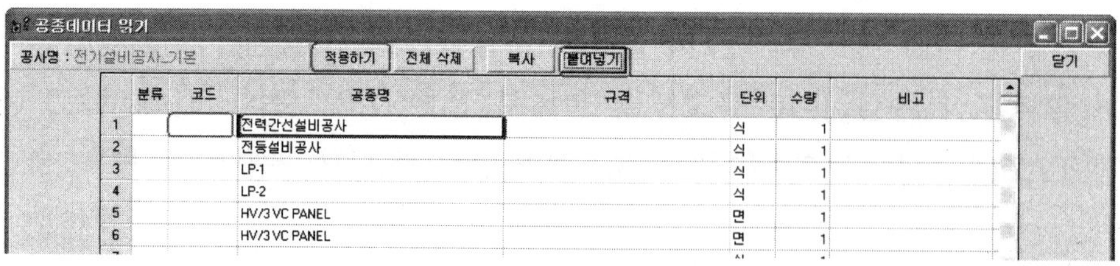

· 붙여넣기 할 칸을 선택한다.

코드 : 공종에 코드가 있는 경우

공종명 : 코드가 없고 공종명만 있는 경우

· 붙여넣기를 선택한다. : 복사한 공종이 입력된다.

· 적용하기를 선택하면 공종등록이 완료된다.

(5) 견적서 기본 설정 설명

메인 화면 좌측상단의 파일을 선택한다.

새파일 열기 다른 이름으로 저장 견적관리 환경설정 파일경로 종료

· 새 파일 : 새로운 공사를 등록할 때 사용한다.
· 열기 : 이미 견적작업을 한 공사를 작업할 때 사용한다.
· 다른 이름으로 저장 : 유사 공사를 작업할 때 사용한다.
· 견적관리 : 새로운 공사를 등록할 때 사용한다.
· 환경설정 : 견적작업시 필요한 기본 환경을 설정한다.
· 파일경로 : 견적서 등록화면을 나타낸다.

① 견적관리

견적한 DATA를 관리할 때 사용한다.

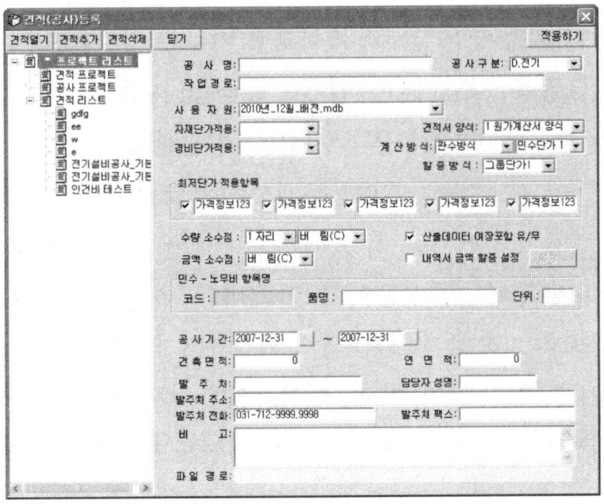

② 환경설정

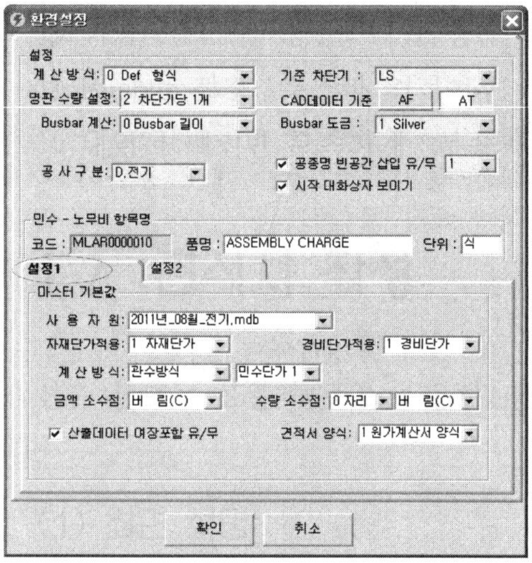

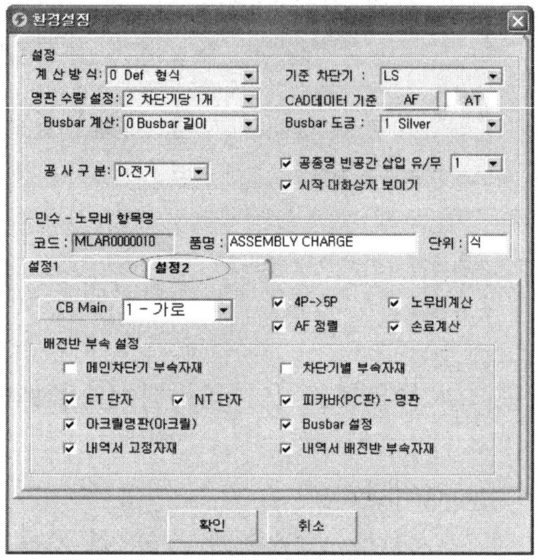

㉠ 계산방식 : 견적서에 적용한 각종 계산 방식을 설정한다.
- Def : 일반 전기공사
- MCP, BBK 등등 : 수배전반 업체들의 사용자화된 공사를 할 때 적용

㉡ 명판수량 설정 : 차단기당 명판 수량을 설정한다.

㉢ Bus Bar 계산 : 부스바를 길이, 무게 또는 1식으로 표현할 때 사용

㉣ 공사구분 : D.전기 - 전기공사, S.배전 - 수배전반공사 적용 때 사용

㉤ 민수-노무비 항목명 : 민수공사시 인건비의 명칭에 표시할 품명을 입력한다.
- 인건비 명칭의 기본값은 ASS'Y CHARGY로 표시 됨

㉥ 기준차단기 : 분전반 견적 작업시 적용할 차단기의 기본 메이커 설정

㉦ CAD데이터 기준 : CAD에서 분전반 결선도를 읽어 들여서 견적할 때 AF로 하면 차단기를 AF기준으로 작성하고 AT 기준으로 하면 AF/AT까지 작성한다.

㉧ Busbar 도금 : 분전반 견적시 부스바 도금 형태를 설정한다.

㉨ 공종명 빈공간 삽입 유/무 : 상위공종과 하위공종을 구분하기 위하여 하위공종의 앞부분을 띄는 공간을 설정

㉩ 시작 대화상자 보이기 : 견적서 실행할 때 견적서 등록화면 실행여부 설정

설정-1 : 일반 설정

① 사용자원 : 견적서에 적용 할 자재마스터를 설정

② 자재단가 적용 : 견적서에 적용할 기본 단가 적용 - 견적서의 일괄입력에서 수정 가능

③ 최저 단가 : 여러개 단가 중에서 금액이 가장 작은 단가로 적용

④ 자재단가 1, 2, 3 : 지정한 단가로 적용

⑤ 계산방식 : 관수방식 : 일반 전기공사에 적용

민수방식(배전) : 수배전반공사의 민수공사

관수방식(배전) : 수배전반공사의 관수공사

⑥ 민수단가 1, 2, 3 : 수배전반공사시 설정 → 배전반 부속자재의 부스바무게 기준을 설정한다. - 작업 중 수정 가능

⑦ 금액 소수점 : 견적서에서 금액 소수점 처리 기준 설정

⑧ 수량 소수점 : 견적서에서 수량 소수점 처리 기준 설정

⑨ 산출데이터 여장포함 유/무 : 전기공사의 배선 여장 포함 여부 설정

⑩ 견적서 양식 : 견적서 표지 양식을 원가계산서 또는 총괄표 양식으로 설정

㉠ 원가계산서 양식 : 관급 공사로 적용시 사용한다.

㉡ 총괄표 양식 : 민수공사로 적용시 사용한다.

설정-2 : 수배전반공사의 분전반 자동 견적 관련 설정

① CB Main : 분전반 견적시 메인 차단기의 방향 설정 - 분전반 크기와 관련되며 기본값은 가로이며 세로로도 설정 가능

② 4P → 5P : 용량이 같은 4P 차단기 두 개를 배치시 적용

③ AF정렬 : 같은 용량 AF별로 정렬

④ 노무비계산 : 노무비 계산여부 설정

⑤ 손료계산 : 손료 계산여부 설정

⑥ 메인차단기 부속자재 : 메인차단기에 대한 부속자재 산출[특정 스타일 분전반]

⑦ 차단기별 부속자재 : 차단기에 대한 부속자재 산출[특정 스타일 분전반]

⑧ ET단자 : 접지단자 견적여부 설정

⑨ NT단자 : 중성선 단자 견적여부 설정

⑩ 아크릴명판(아크릴) : 아크릴 명판 견적여부 설정

⑪ 내역서 고정자재 : 분전반 견적시 고정으로 따라오는 자재 사용여부 설정
설정 → 분전반 부속자재 → 고정자재에 있는 자재

⑫ 피카바(PC판)-명판 : 메인 명판 견적여부 설정

⑬ Busbar 설정 : 부스바 견적여부 설정

⑭ 내역서 배전반 부속자재 : 부속자재 설정

1.2 견적서 작성

산출서 또는 표준 공종을 이용한 경우는 아래와 같이 내역서가 작성되어 나타난다.

(1) 화면 설명

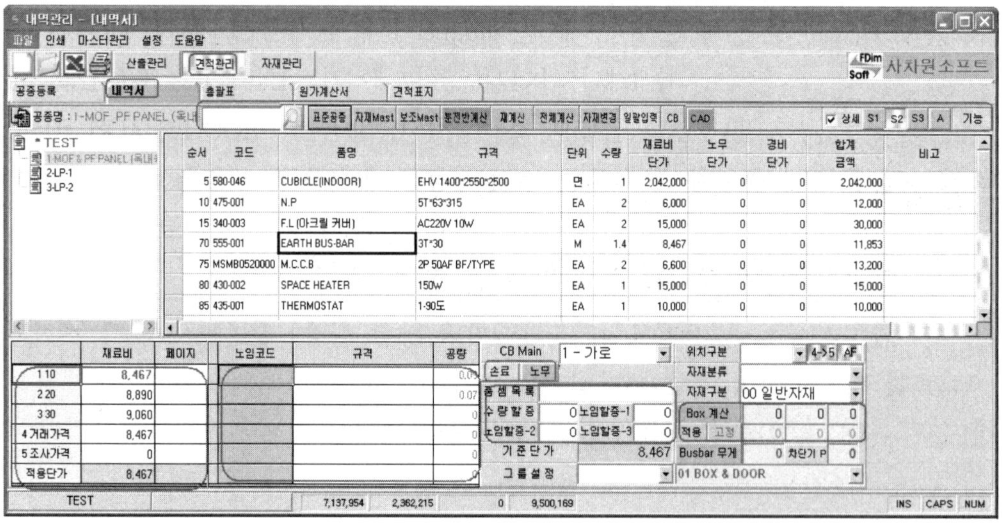

① 코드, 품명, 규격을 이용하여 해당자재를 쉽게 찾아 입력할 수 있다.

② 표준 공종 : 각 공종별로 주자재에 대한 부속자재를 링크하여 사용한다.

③ 자재 Master : 자재 전체를 보여주며 해당 자재를 선택하여 내역서에 입력한다.

④ 보조 Master : 자주 사용하는 자재를 등록해놓고 사용할 때 사용한다.
· 주로 수배전공사 견적시 사용

⑤ 분전반 계산 : 분전반 견적시 MCCB 및 ELB에 대한 수량을 입력 후 분전반

계산을 선택하면 박스크기, 부스바 무게, 부속자재 등이 자동으로 내역서에 입력된다.

⑥ 재계산 : 내역서 작업 완료 후 재계산을 한다. - 새로운 자재 입력 및 수량 변경시 재계산을 하여야 한다.

⑦ 전체 계산 : 전체 공종을 재계산한다.

⑧ 자재 변경 : 선택한 자재를 변경한다.- 기능키 F7

⑨ 일괄 입력 : 현 공사에 사용한 자재 전체에 대한 단가, 공량 등을 수정할 때 사용

⑩ CB : 분전반 기본 설정값을 보여준다.

⑪ CAD : 캐드에 그려진 분전반 결선도를 읽어 들여서 견적서를 작성한다.

⑫ S1, S2, S3, A : 내역서 화면을 다양하게 볼 수 있다.(A : 항목 전체를 다 나타낸다.)

⑬ 기능 : 각종 기능을 이용하여 내역 작업을 다양하게 변경할 수 있다.

⑭ 가격정보, 물가정보 : 자재에 대한 단가 및 페이지를 나타낸다.

⑮ 노임코드, 규격 : 자재에 대한 코드 및 공량 등을 나타낸다.

⑯ CB Main : 분전반 박스 계산시 메인 차단기 설치 형태, 기본값은 가로

⑰ 손료, 노무 : 재계산시 각종 손료 및 노무비의 값이 변하지 않게 고정시킬 때 손료 또는 노무항목을 들어가게 한 후 재계산하면 값이 변하지 않는다.

⑱ 품셈 목록 : 자재의 인건비에 대한 목록 및 할증을 나타낸다.

⑲ 기준단가 : 최초 설정된 값을 나타낸다.

⑳ 그룹성정 : 물량집계표에서 설정된 그룹별로 자재를 집계할 때 사용한다.

㉑ 위치구분 : 분전반 견적시 선택된 차단기의 위치를 구분한다.

- Main1, 2 : 메인 차단기를 나타낸다.
- Main1N, 2N : 3상 4선식인 경우에 메인을 3P로 사용한 경우의 메인 차단기
- Sub1, 2 : 분기차단기
- Sub1N, 2N : 3상 4선식인 경우에 분기차단기를 3P로 사용한 경우
- CBKit 등등 : 특수 분전에 사용

※ 구분의 끝에 1과 2는 한 분전반에 메인이 두 개인 경우 상은 1, 하는 2로 구분

① 자재분류 : 철거, 재사용 등을 구분

② 자재구분 : 손료를 산출하기 위한 구분

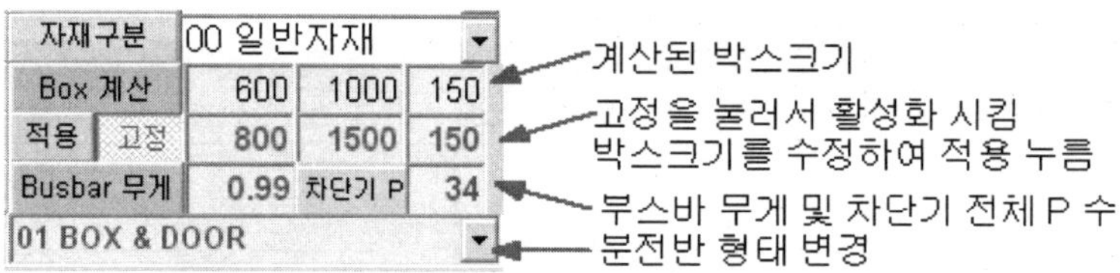

③ Box 계산 : 버턴을 누르면 분전반 견적서에서 박스 크기를 산출한다.

④ 적용, 고정 : 수동으로 박스 크기를 정하여 내역서에 적용할 때 고정을 눌러서 Box 크기를 수정 후 적용을 선택하면 내역서에 현재값 크기의 박스로 적용된다.

⑤ Busbar 무게 : 분전반 견적시 Busbar 무게

⑥ 차단기 P : 인건비를 산출에 따른 차단기 전체 P수

⑦ 01 BOX & DOOR : 분전반 견적서 박스 재질을 설정한다.

㉠ 설정 → 배전반 부속자재 설정 → Box 종류에서 설정하며 이곳에서 박스에 대한 재료비도 설정 할 수 있다.

(2) 표준 공종을 이용하는 경우(AISS 판넬 견적)

표준 공종을 이용한 경우는 아래와 같이 내역서가 작성되어 나타난다.

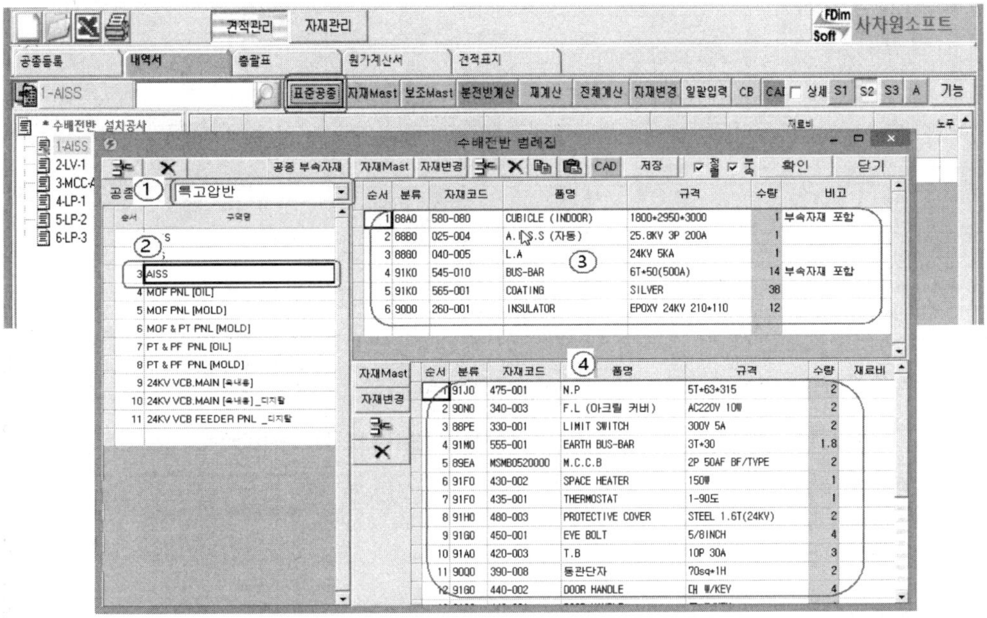

① 표준 공종을 선택하면 나타나는 수배전반 범례집 화면에서 공종 : 특고압반, 구역명 : AISS를 선택하고 주자재 및 부속자재를 확인 후 확인을 선택하면 내역서 작업이 완료된다.

② 필요에 따라 자재변경(단축키 F7) 또는 수량을 변경 후 재계산을 한다.

(3) 분전반 견적서 작성방법(보조 마스터를 이용)

메인 MCCB 4P 225AF-1, 분기 MCCB 4P 100AF-2, ELB 2P 30AF-10

① 보조 마스터를 열어서 메인 MCCB 4P 225AF-1, 분기 MCCB 4P 100AF-2를 입력한다.

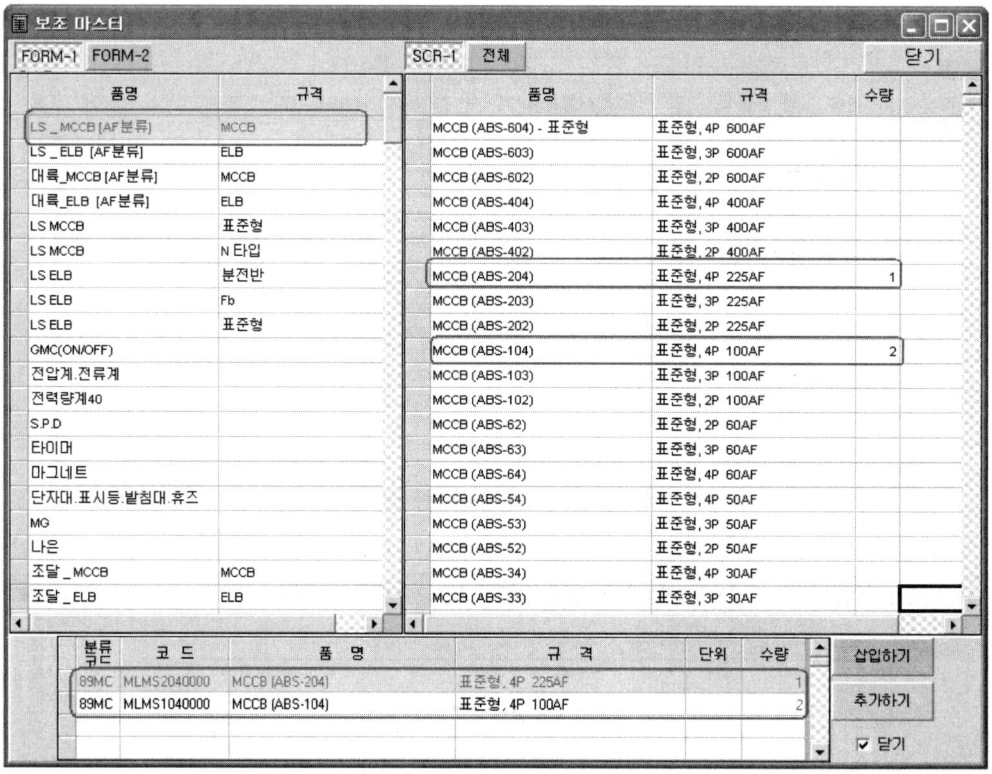

㉠ 좌측 차단기 종류에서 LS_MCCB를 선택한다.

㉡ MCCB 4P 225AF-1, MCCB 4P 100AF-2개를 입력하면 아래에 선택된 자재가 입력된다.

② 보조 마스터를 열어서 ELB 2P 30AF-10개를 입력한다.

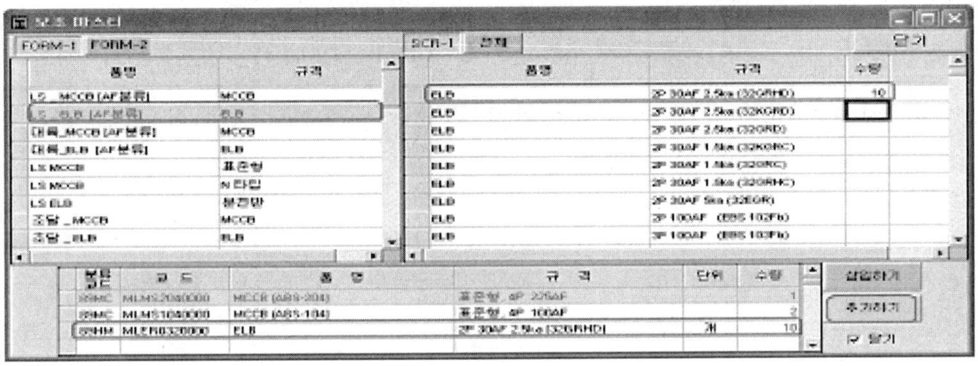

㉠ 좌측 차단기 종류에서 LS_ELB를 선택한다.

③ ELB 2P 30AF-10개를 입력하면 아래에 선택된 자재가 입력된다.

④ 추가하기를 선택하면 내역서에 입력이 완료된다.

⑤ 입력된 내용을 검토 후 분전반 계산을 선택하면 박스 및 부속자재, 인건비 등이 자동 산출된다.

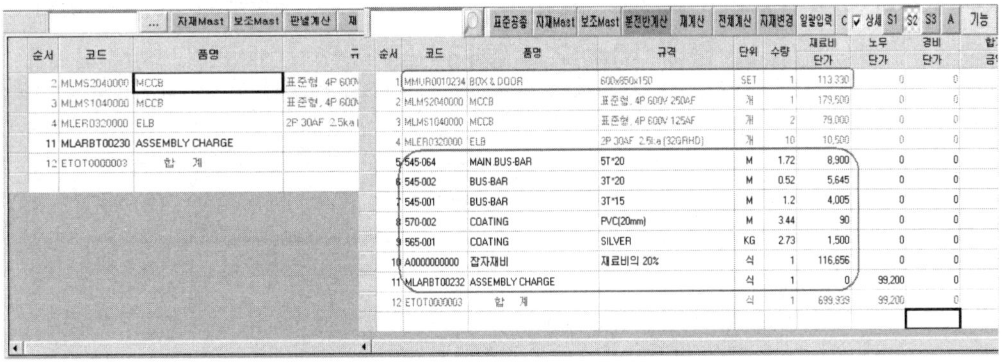

초기 입력된 화면 분전반 계산 후 화면

㉠ 잡자재비 및 인건비는 아래 메뉴에서 조정할 수 있다.

- 잡자재비 : 메뉴의 설정 → 손료설정에서 조정할 수 있다.
- 인건비(ASSEMBLY CHARGE) : 메뉴 설정 → 배전반 부속자재설정 → 부스바 무게의 인건비(P당)

(4) 분전반 견적 방법 - 〔표준 공종 이용〕

표준 공종에 차단기를 미리 입력해 놓고 분전반 견적을 한다.
메인 MCCB 4P 225AF-1, 분기 MCCB 4P 125AF-2, ELB 2P 30AF-10

① 내역서에서 표준 공종을 선택하면 나타나는 수배전반 범례집 화면에서 해당 자재를 찾아 수량을 입력한다.

② 입력이 완료되었으면 확인을 선택하면 아래와 같이 내역서에 등록이 된다.

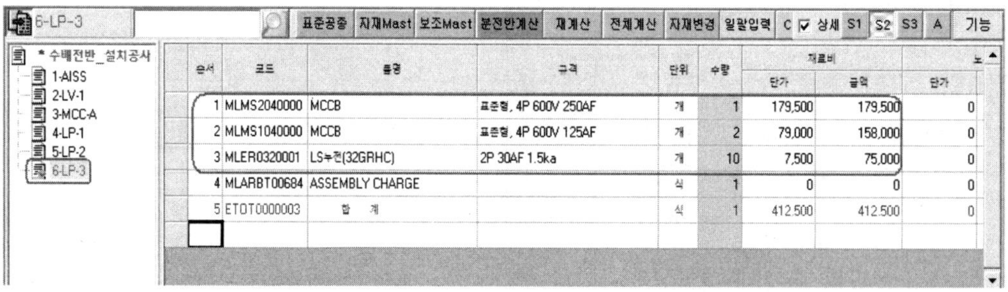

③ 분전반 계산을 선택하면 견적이 완료된다.

㉠ 손료 및 노무비를 수정 후 재계산을 하면 값이 원위치 된다.

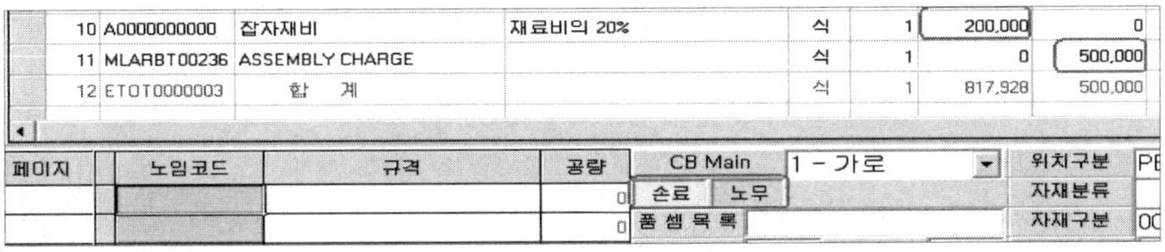

· 손료 및 노무비 고정 시키고자 할 때는 손료 또는 노무를 눌러놓고 재계산을 한다.

㉡ 박스크기를 수동으로 입력할 때는

· 고정을 누른다.
· 크기를 수정한다.
· 적용을 누르면 내역서의 박스 규격이 자동으로 바뀐다.

(5) 분전반 견적방법(자재 마스터를 이용하여 직접 입력)

메인 MCCB 4P 225AF/225AT-1, LS배선(ABS-32C) 2P 30AF 2.5ka-10EA

① MCCB를 입력하기 위하여 자재Mast 를 선택하여 아래와 같이 자재를 찾아 입력한다.

㉠ 찾기에 MLMS204 입력 후 엔터한다.

㉡ 우측 자재 수량에 1을 입력 후 확인을 선택 자재가 입력된다.

② LS배선(ABS-32C) 2P 30AF 2.5ka-10EA를 찾아서 입력한다.

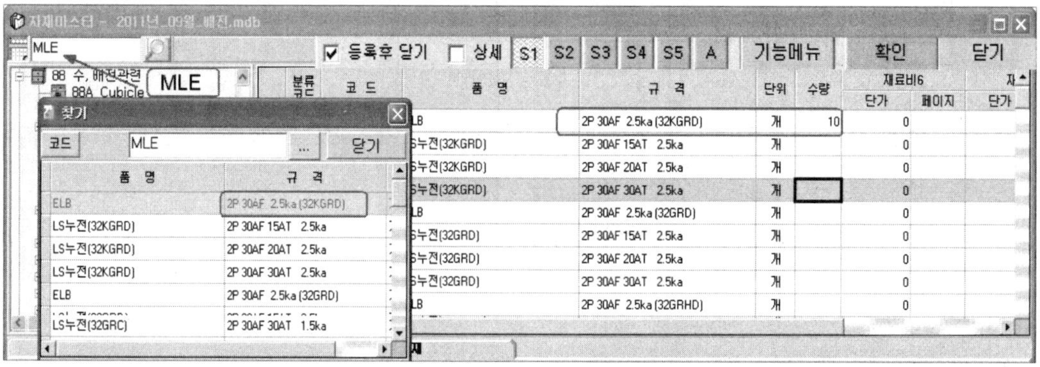

㉠ 찾기에 MLE 입력 후 엔터하면 찾기 창이 나타나며 해당 자재를 찾는다.

㉡ 우측 자재 수량에 10을 입력 후 확인을 선택하면 자재가 입력된다.

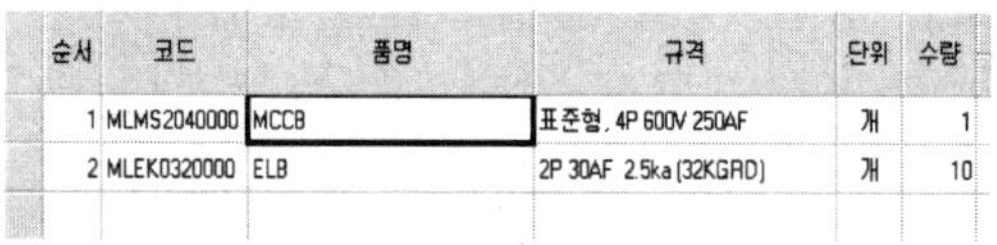

초기 입력된 화면

분전반 계산 후 화면

③ 입력된 내용을 검토 후 분전반 계산을 선택하면 박스 및 부속자재, 인건비 등이 자동 산출된다.

☞ 분전반 견적 작업을 반복하여 작업을 할 때는

① 해당 분전반을 선택 후 마우스 우측을 선택하여 복사를 한 후 붙여넣기를 한다.

② 공종명(부하명) 수정을 이용하여 새로운 이름을 입력한다.

③ 차단기 수량을 수정 한 후 **분전반계산**을 선택하면 새로운 내역서가 완성된다.

☞ 판넬명 옆에 박스 크기 입력하기

① 해당 판넬을 선택 후 마우스 우측을 선택하여 공종명 부하명(수정)을 선택한다.

② 공종명 바꾸기 창에서 불러오기 버튼을 선택한다.

③ 내역서의 박스 크기가 입력된다.

④ 확인을 선택하면 분전반에 크기가 입력된다.

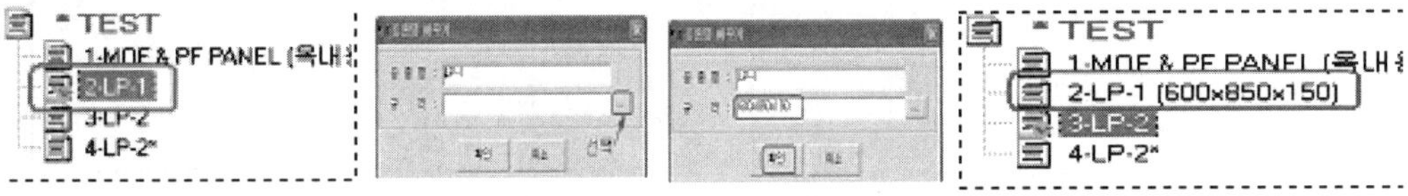

1 2 3 4

1.3 기타 견적서 작성 기능 [총괄표, 원가 계산서 작성]

(1) 총괄표 작성

작성된 공종별 금액 및 합계금액이 나타난다.

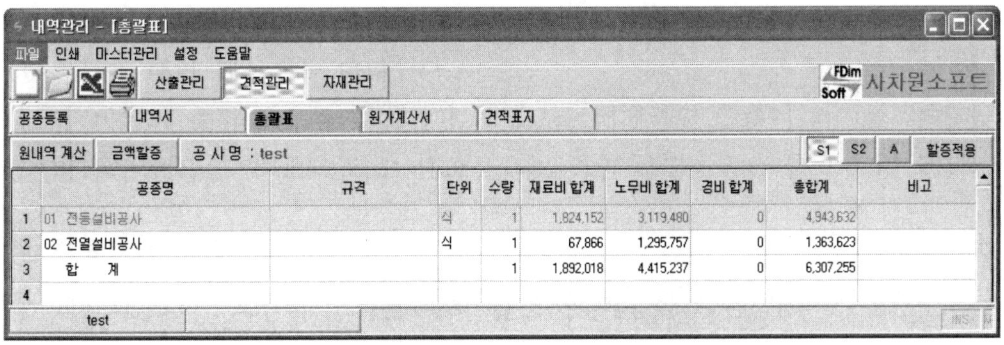

	공종명	규격	단위	수량	재료비 합계	노무비 합계	경비 합계	총합계	비고
1	01 전등설비공사		식	1	1,824,152	3,119,480	0	4,943,632	
2	02 전열설비공사		식	1	67,866	1,295,757	0	1,363,623	
3	합 계			1	1,892,018	4,415,237	0	6,307,255	
4									

① 금액할증(그룹별, 자재단가별)을 할 경우는 금액 할증을 선택한다.

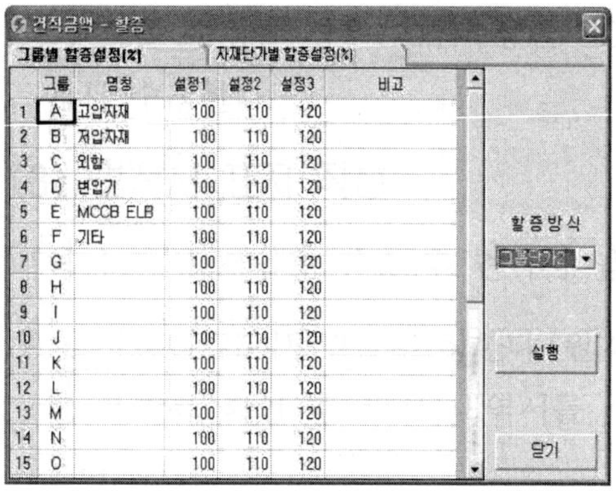

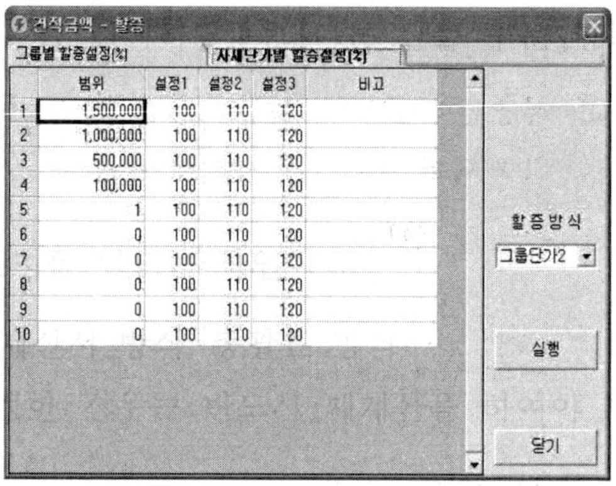

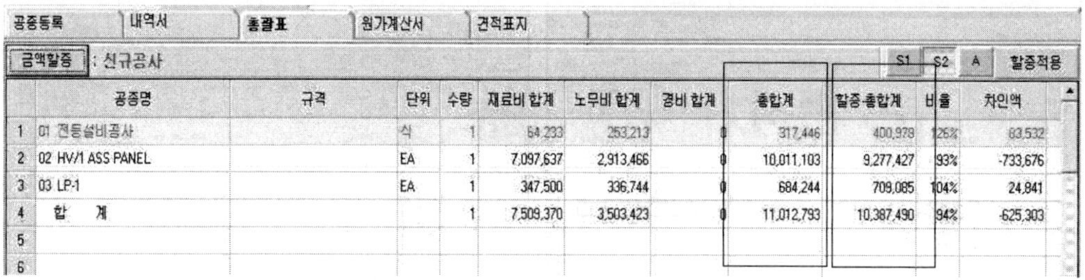

② 할증방식을 선택 후 실행을 선택하면 아래와 같이 총괄표에 할증된 금액이 나타난다.

· 작업방법은 그룹별 할증 설정 참조

(2) 원가 계산서 작성

내역서 작성을 완료 후 직접공사비(직접재료비 및 직접 노무비)를 이용하여 간접비(경비, 일반관리비, 이윤 등)을 계산하여 총 공사금액을 산출한다.

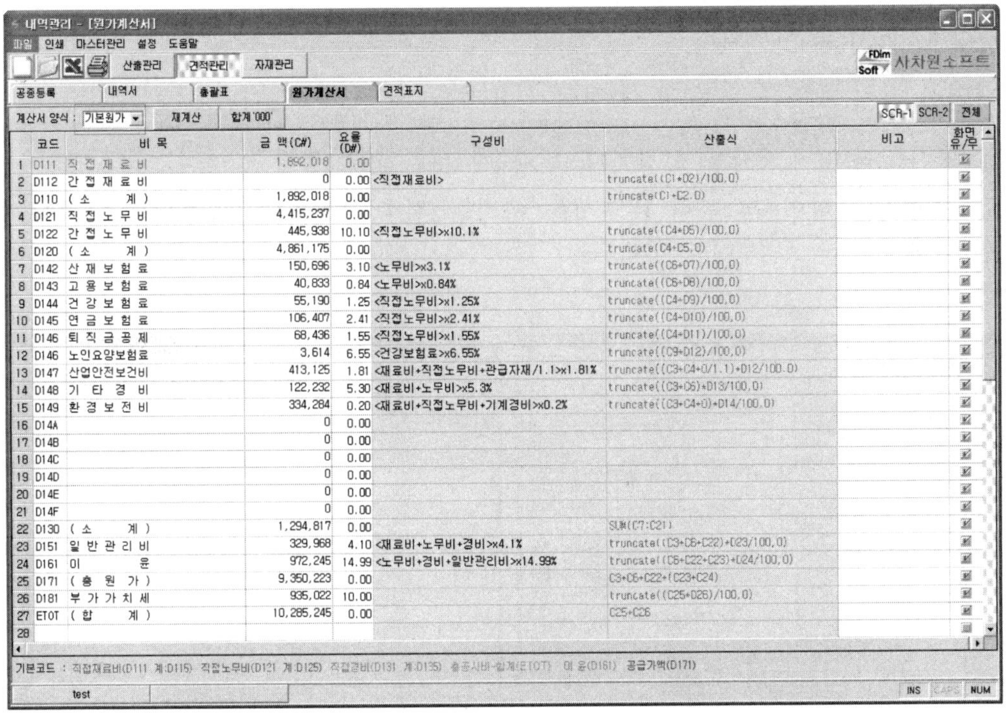

① 비목에 대한 적정요율을 수정하여 공사금액을 조정할 수가 있다.

② 비목에 대한 구성비를 보여준다.

③ 비목에 대한 계산식을 나타낸다.

④ 각 비목의 출력 유무를 나타낸다. - 체크를 해제하면 출력이 되지를 않는다.

⑤ 비목의 요율을 "0"으로 하고 체크를 해제하면 해당비목은 출력이 안 된다.

※ 기능메뉴 설명

① 계산서 양식 : 계산서 양식을 미리 설정 후 적용할 수 있다.

㉠ 기본원가 : 기본 설정된 원가 계산서

㉡ 설치원가 : 자재관리 → 원가 계산서에 설정된 설치원가를 가져온다.

㉢ 초기원가 읽기 : 자재관리 → 원가 계산서에서 설정된 양식을 가져온다.

② 재계산 : 원가 계산서를 작성한 후 내역서를 다시 수정한 경우 재계산 한다.

③ 합계 000 : 합계금액을 설정된 단위에서 0으로 맞춰준다.

1. 10. 100. 1,000. 10,000자리까지 항목 중 이윤 금액에서 맞춘다.

④ 산식을 수정할 경우는 우측상단 SCR-2를 선택하면 나타나는 산출 구문 항목에서 수정한다.

(3) 견적서 표지 작성

내역서 작성 작업을 완료 후 견적서 앞표지를 만드는 작업이다.

① 공사금액 표시방법을 설정한다.(원가 계산서 방식, 총괄표 방식)

㉠ 표지를 확인 후 다시 내역서를 수정한 경우는 반드시 재계산을 하여야 한다.

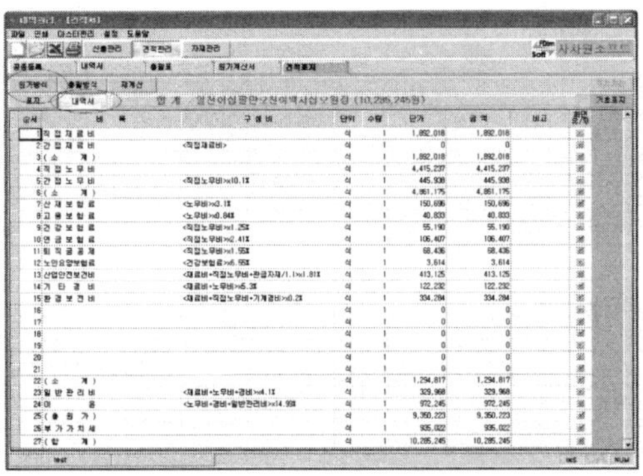

원가 계산서 방식

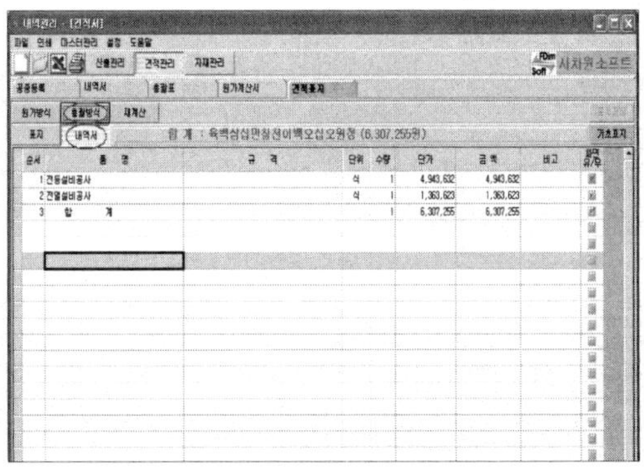

총괄표 방식

② 견적서 표지를 설정한다.

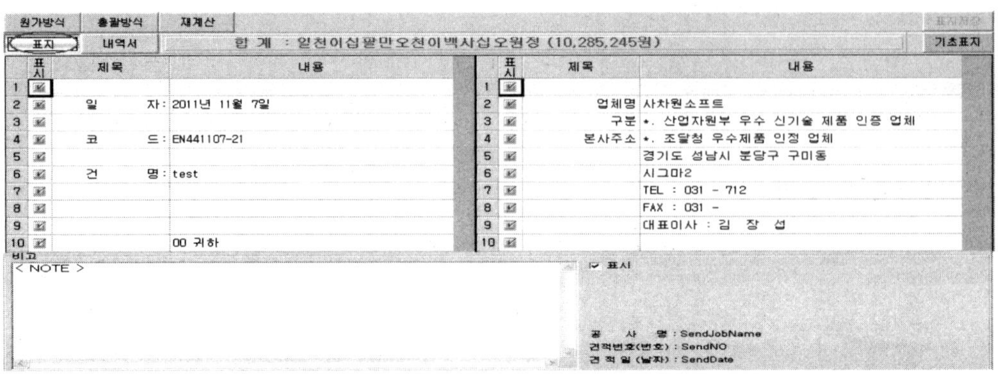

㉠ 일자 및 코드는 자동으로 생성되며 수정 가능하다.

㉡ 건명 : 공사명이 자동 입력된다.

㉢ 기초표지 : 회사정보를 입력한 후 표지 저장을 선택하면 다음 공사부터 적용이 된다.

㉣ 표시 : 체크를 하면 비고란이 갑지에 나타난다.

㉤ 제목 옆의 체크를 해제하면 출력이 되질 않는다.

제6편

견적서 공통
(Elect CAD, Elect Panel)

견적서 공통 [Elect CAD, Elect Panel]

제1장

(1) 기타 기능 메뉴

(가) 마우스 우측 사용 기능 메뉴

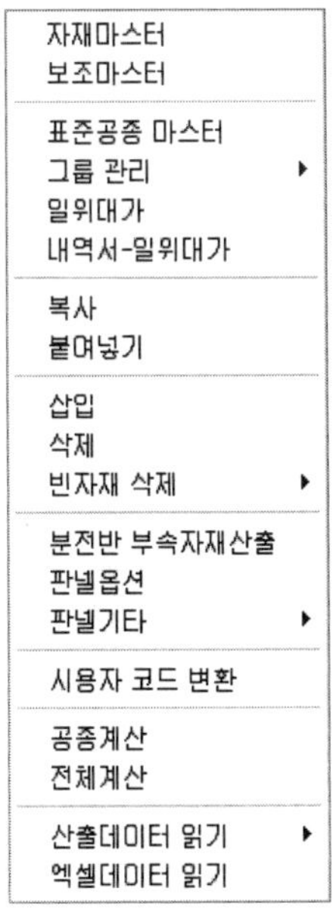

① 자재 마스터를 불러와서 자재를 삽입한다.
② 자주 사용하는 자재를 미리 등록해놓고 사용할 때 사용한다.
③ 자주 사용하는 공종을 미리 등록해놓고 사용(주로 수배전반)
④ 내역서에 적용된 일위대가를 푼다.
⑤ 일위대가를 등록해놓고 사용한다.
⑥ 적용된 표준 공사마스터를 풀어서 내역서 작성시 사용한다.
⑦ 선택된 자재를 복사한다.
⑧ 선택된 자재를 복사하여 붙여넣기 한다.
⑨ 선택된 자재를 삽입한다. 선택된 항목의 위로 삽입된다.
⑩ 선택된 자재를 삭제한다.
⑪ 할증 후 또는 자재단가가 "0"인 자재를 삭제한다.
⑫ 분전반 부속자재를 산출한다.
⑬ 분전반 견적서 작성시 간격 등을 설정한다.
⑭ 차단기단기 비교표, Box 중분류 교체
⑮ 선택된 자재를 특정 코드로 일괄 교체한다.
⑯ 현 공종만 재계산한다.
⑰ 전체 공종을 재계산한다.
⑱ 작성된 산출조서를 불러온다.
⑲ 엑셀로 작성된 내역서를 읽어들여 견적서를 작성한다.

(나) 기능 메뉴 

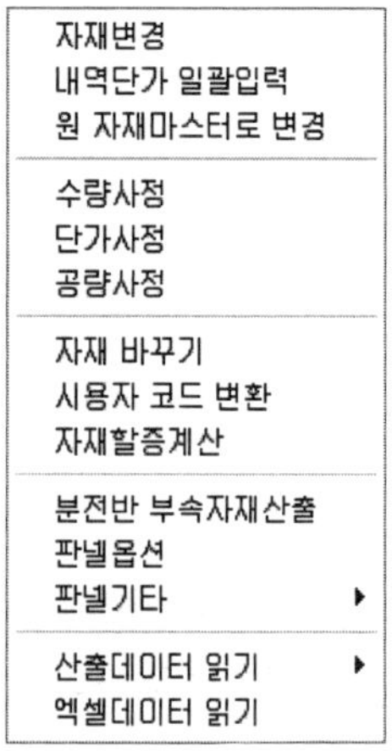

① 선택된 자재를 변경한다. 기능키 F7
② 단가를 일괄 변경시 사용한다.
③ 자재 마스터를 변경할 때 사용한다.
④ 내역 수량을 가감할 때 사용한다.
⑤ 내역서의 단가를 가감할 때 사용한다.
⑥ 내역서의 공량을 사정할 때 사용한다.
⑦ 적용된 자재를 전체공종 또는 현 공종에서 바꿀 때 사용한다.
⑧ 사용자코드로 바꿀 때 사용한다.
⑨ 할증 전 또는 할증 후로 자재를 계산할 때 사용한다.
⑩ 분전반 견적시 차단기에 대한 부속자재를 자동으로 생성한다.
⑪ 분전반 견적서 작성시 간격 등을 설정한다.
⑫ 차단기 단기 비교표, Box 중분류 교체한다.
⑬ 작성된 산출조서를 불러온다.
⑭ 엑셀로 작성된 내역서를 읽어들여 견적서를 작성한다.

(다) 마우스 우측 사용 기능 메뉴 설명

① 자재 마스터

전체 자재 Database이며 내역서에 자재를 입력할 때 사용한다.

㉠ 사용방법은 마스터 관리의 자재 마스터 참조

② 보조 마스터

자주 사용하는 자재를 등록해놓고 사용할 때 주로 분전반 견적시 사용한다.

㉠ 사용방법은 마스터 관리의 보조 마스터 참조

③ 표준 공종 마스터

수배분전반에 사용하는 각종 Panel을 미리 등록해놓고 사용

㉠ 사용방법은 마스터 관리의 표준 공종 참조

④ 그룹관리

일위대가로 작성된 내역서를 내역서 형식 또는 물량집계 형식을 이용한다.

㉠ 그룹 풀기 : 항목 단위별로 자재를 나타낸다.

㉠ 그룹 압축 : 항목 적용된 자재를 집계하여 나타낸다.

⑤ 일위대가 : 마스터 관리의 일위대가 참조

일위대가를 등록해놓고 사용한다.

㉠ 해당 항목을 더블클릭 또는 선택 후 공종삽입을 선택하면 입력이 된다.

⑥ 내역서 일위대가

현 공사에 사용한 일위대가를 보여주며 일위대가 내역서를 수정 후 재계산하면 수정된 내용으로 내역서가 작성된다.

⑦ 복사하기

선택된 자재를 현 공종 또는 타 공종에 복사할 때 사용한다.

순서	코드	품명	규격	단위	수량	재료비		노무		경비		합계
						단가	금액	단가	금액	단가	금액	단가
1	59751467012	경질비닐전선관	Hi 16 mm	M.	154	260	40,040	0	0	0	0	260
2	59350317205	콘센트	매입·접지형, 15A 250V 1구	개	4	850	3,400	0	0	0	0	850
3	59350317206	콘센트	매입·접지형, 15A 250V 2구	개	9	1,120	10,080	0	0	0	0	1,120
4	59753777111	스위치박스	2개용 54 mm	개	13	580	7,540	0	0	0	0	580
5	61100337258	분전함	Steel문작, 매입, 550x750	대	1	0	0	0	0	0	0	0
6	A0115000000	소모 잡자재	전선, 전선관 2%	식	1	1,601	1,601	0	0	0	0	1,601
7	A1500000000	배관 부속재	전선관 15%	식	1	12,012	12,012	0	0	0	0	12,012
8	ETOT0000002	소 계		식	1	0	0	2,739,631	2,739,631	0	0	0
9	ETOT0000003	합 계		식	1	555,601	555,601	2,795,917	2,795,917	0	0	0
10	A0300000000	공구손료	노무비의 3%	식	1	0	0	90,858	90,858	0	0	79,795

㉠ 복사할 자재를 선택한다. : F5 또는 화면 순서 좌측 칸을 드래그 한다.

㉡ 자재 한 개를 복사할 때는 F5를 누르면 선택된 자재가 복사된다.

㉢ Ctrl+C도 가능하다.

⑧ 붙여넣기

순서	코드	품명	규격	단위	수량	재료비		노무		경비		합계
						단가	금액	단가	금액	단가	금액	단가
1	59751467012	경질비닐전선관	HI 16 mm	M.	154	260	40,040	0	0	0	0	260
2	59350317205	콘센트	매입·접지형, 15A 250V 1구	개	4	850	3,400	0	0	0	0	850
3	59350317206	콘센트	매입·접지형, 15A 250V 2구	개	9	1,120	10,080	0	0	0	0	1,120
4	59350317205	콘센트	매입·접지형, 15A 250V 1구	개	4	850	3,400	0	0	0	0	850
5	59350317206	콘센트	매입·접지형, 15A 250V 2구	개	9	1,120	10,080	0	0	0	0	1,120
6	59753777111	스위치박스	2개용 54 mm	개	13	580	7,540	0	0	0	0	580
7	61100337258	분전함	Steel문작, 매입, 550x750	대	1	0	0	0	0	0	0	0
8	A0115000000	소모 잡자재	전선, 전선관 2%	식	1	1,601	1,601	0	0	0	0	1,601
9	A1500000000	배관 부속재	전선관 15%	식	1	12,012	12,012	0	0	0	0	12,012
10	ETOT0000002	소 계		식	1	0	0	2,739,631	2,739,631	0	0	0
11	ETOT0000003	합 계		식	1	555,601	555,601	2,795,917	2,795,917	0	0	0
12	A0300000000	공구손료	노무비의 3%	식	1	0	0	90,858	90,858	0	0	79,795

㉠ F5로 자재를 선택하여 복사 후 F6를 선택하면 붙여넣기가 된다.

㉡ 붙여넣기 할 지점을 선택 후 붙여넣기 한다. - 선택된 항목의 위로 삽입된다.

㉢ Ctrl+V로도 가능하다.

⑨ 삽입

자재 마스터에 없는 자재를 직접 입력할 때 사용한다.

㉠ 선택된 자재의 위로 빈칸이 생성되며 자재를 직접 입력한다.

⑩ 삭제

F5로 자재를 선택 또는 드래그하여 선택 후 자재를 삭제할 때 사용한다.

⑪ 빈 자재 삭제

할증 후 또는 자재 단가가 0인 자재를 삭제할 때 사용한다.

⑫ 분전반 부속자재 산출

분전반 견적서 작성때 차단기 수량을 변경 후 부속자재를 산출한다.

⑬ 판넬 옵션

분전반 견적서 작성 차단기에 각종 값을 수정하여 사용할 수 있다.

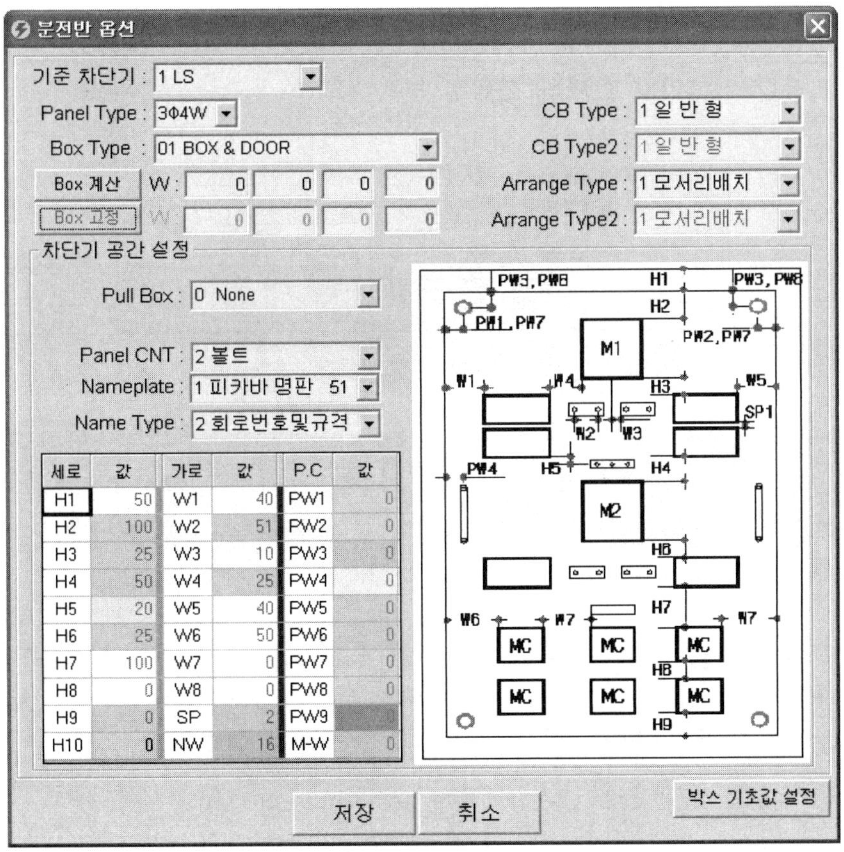

⑭ 판넬 기타

㉠ 차단기 단가 비교표

차단기 단가를 업체별(LS, 현대등)로 변경하여 내역서를 만들 때 사용하며 분전반 전체 계산을 한 후 실행하여야 한다.

· 현재 단가를 선택한다.

· 적용할 차단기의 업체를 선택한다.

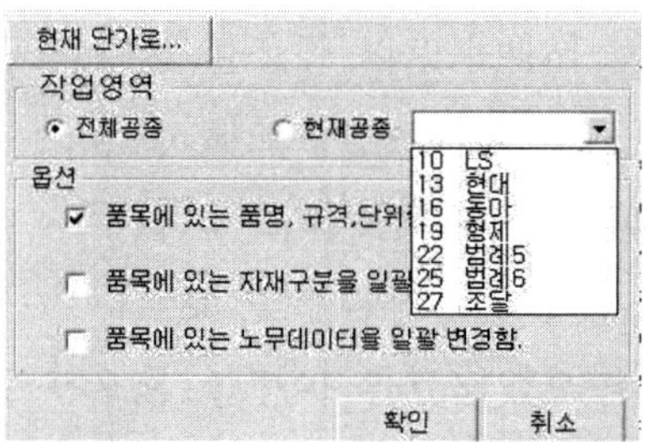

· 바꿀 차단기 업체명을 선택 후 전체 공종 또는 현재 공종을 선택하고 확인한다.

예) 현대 MCCB→LS MCCB로 교체된 내역서 화면

순서	분류	코드	품명	규격	단위
5	89HB	MHMS0520000	MCCB	표준형, 2P 600V 50AF	EA
10	89HB	MHMS0620000	MCCB	표준형, 2P 600V 60AF	EA
15	89HB	MHMS1020000	MCCB(HiBS-102)	2P 100AF (HiBS-102)	EA
20	89HB	MHMS2020000	MCCB	2P 225AF (HiBS-202)	EA
25	89HB	MHMS4020000	MCCB	2P 400AF (HiBS-402)	EA
30	89FA	MLMS6020000	MCCB=	표준형, 2P 600V 600AF	EA
35	89FA	MLMS8020000	MCCB=	표준형, 2P 600V 800AF	EA
40	89HB	MHMS0330000	MCCB	표준형, 3P 30AF (HiBS-33	EA
45	89HB	MHMS0530000	MCCB	표준형, 3P 600V 50AF	EA
50	89HB	MHMS0630000	MCCB	표준형, 3P 600V 60AF	EA

<변경 전 현대 MCCB>

순서	분류	코드	품명	규격	단위
5	89FA	MLMS0520000	배선용차단기(ABS-3	2P 600V 50AF	EA
10	89FA	MLMS0620000	MCCB	표준형, 2P 600V 60AF	EA
15	89FA	MLMS1020000	MCCB	표준형, 2P 600V 100AF	EA
20	89FA	MLMS2020000	MCCB	표준형, 2P 600V 225AF	EA
25	89FA	MLMS4020000	MCCB	표준형, 2P 600V 400AF	EA
30	89FA	MLMS6020000	MCCB=	표준형, 2P 600V 600AF	EA
35	89FA	MLMS8020000	MCCB=	표준형, 2P 600V 800AF	EA
40	89FA	MLMS0330000	MCCB	표준형, 3P 600V 30AF	EA
45	89FA	MLMS0530000	MCCB	표준형, 3P 600V 50AF	
50	89FA	MLMS0630000	MCCB	경제형, 3P 600V 60AF	EA

<변경 후 LS MCCB>

㉡ Box 중분류 교체

분전반 Box를 다른 종류의 Box로 교체시 사용한다.

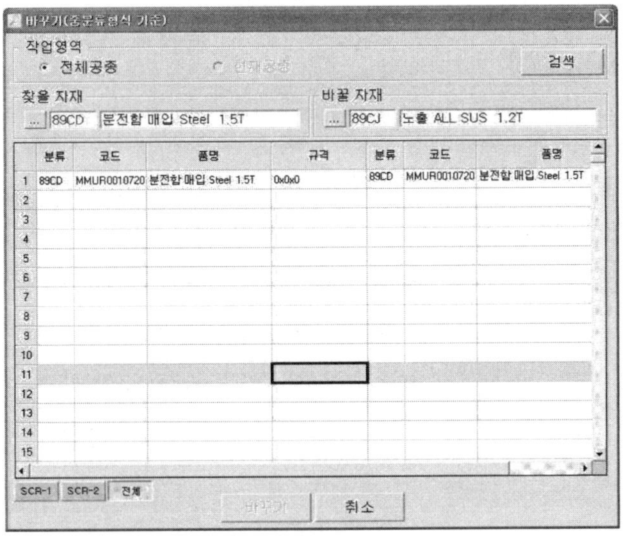

교체할 분전반을 선택 후 바꿀 자재를 찾아서 바꾸기를 선택한다.

⑮ 사용자 코드변환

선택된 자재의 코드를 사용자 코드로 바꿀 때 사용한다.

바꿀 자재를 선택 후 명령을 실행하면 "MMUR"로 시작하는 코드로 바뀐다.

⑯ 공종계산 

수량, 단가 등을 수정 후 공종 금액을 재계산 할 때 사용한다.

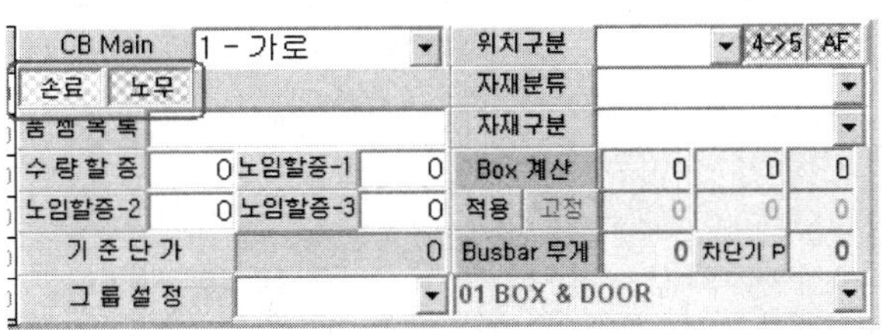

손료 및 노무비를 변하지 않게 할 경우는 재계산을 하면 금액이 자동 계산되어 바뀌므로 손료 또는 노무를 누른 상태에서 재계산을 하여야 한다.

⑰ 전체 계산

내역서 작성 완료 후 재료비 또는 노무비를 조정할 때 사용한다.

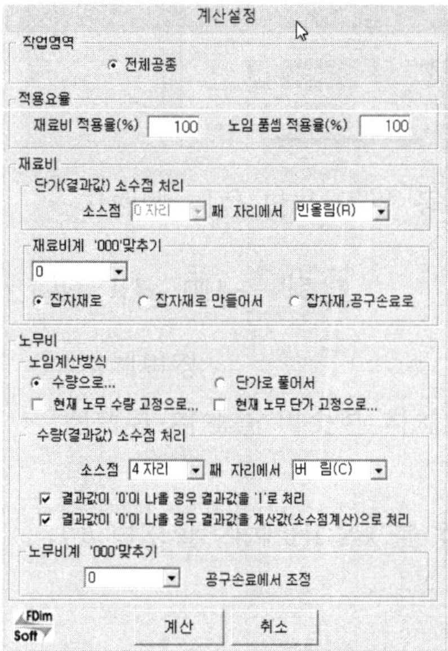

㉠ 적용할 공종을 선택한다.

㉡ 적용할 요율을 설정한다.

㉢ 재료비 수량 소수점 자리를 맞춘다.

㉣ 재료비 소계 끝자리 금액을 지정한 자리에서 "0"으로 맞춘다.

㉤ 노무비를 수량으로 나타낸다.

㉥ 노무비를 단가로 풀어서 나타낸다.

㉦ 노무 수량을 고정시킨다.

㉧ 노무단가를 고정시킨다.

㉨ 인공 수량의 소수점 처리 방법을 나타낸다.

㉩ 설정한 자릿수에서 반올림 또는 내림한다.

㉪ 체크시는 1이하 수도 영향을 받는다.

㉫ 노무비 끝자리 금액을 지정한 자리에서 "0"으로 맞춘다.

㉬ 설정이 완료되었으면 계산을 선택한다.

⑱ 산출 데이터 읽기

물량 산출조서를 작성한 세부 자재를 내역서로 불러온다.

㉠ 현 공종 산출 데이터 읽기 : 현 공종만 불러온다.

㉡ 전체 공종 산출 데이터 읽기 : 전체 공종을 불러온다.

㉢ 기존값이 초기화가 되므로 꼭 확인 후 를 선택한다.

㉣ 내역서 작성 작업을 완료 후 다시 산출서를 수정한 경우는 꼭 산출 데이터 읽기를 실행해야만 수정한 값이 적용된다. 기존 작성된 내역서는 초기화 된다.

⑲ 엑셀데이터 읽기

엑셀로 만들어진 내역서를 견적서에 등록하여 사용한다.

㉠ 엑셀에서 등록할 공종의 내역을 복사한다. : 코드, 품명, 규격, 단위, 수량을 포함하여 복사하며 코드가 없는 경우는 품명부터 복사한다.

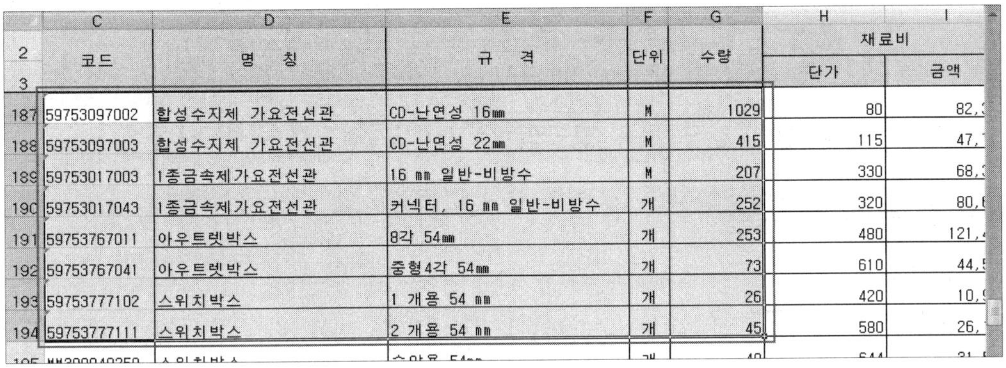

	C	D	E	F	G	H	I
2	코드	명 칭	규 격	단위	수량	재료비	
3						단가	금액
187	59753097002	합성수지제 가요전선관	CD-난연성 16㎜	M	1029	80	82,
188	59753097003	합성수지제 가요전선관	CD-난연성 22㎜	M	415	115	47,
189	59753017003	1종금속제가요전선관	16 ㎜ 일반-비방수	M	207	330	68,
190	59753017043	1종금속제가요전선관	커넥터, 16 ㎜ 일반-비방수	개	252	320	80,
191	59753767011	아우트렛박스	8각 54㎜	개	253	480	121,
192	59753767041	아우트렛박스	중형4각 54㎜	개	73	610	44,
193	59753777102	스위치박스	1 개용 54 ㎜	개	26	420	10,
194	59753777111	스위치박스	2 개용 54 ㎜	개	45	580	26,

㉡ 기능 메뉴의 엑셀데이터 읽기를 선택한다.

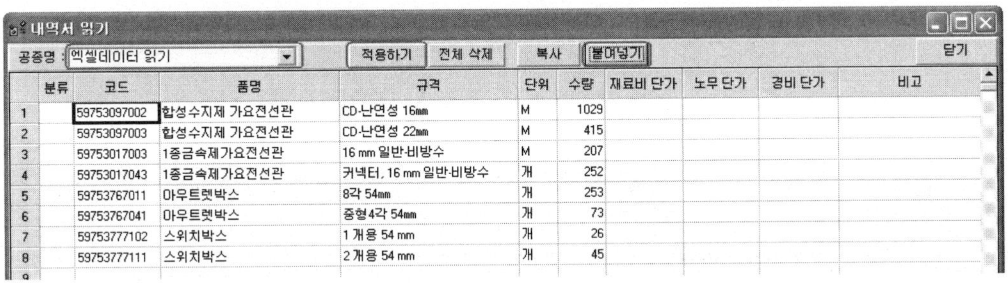

	분류	코드	품명	규격	단위	수량	재료비 단가	노무 단가	경비 단가	비고
1		59753097002	합성수지제 가요전선관	CD-난연성 16㎜	M	1029				
2		59753097003	합성수지제 가요전선관	CD-난연성 22㎜	M	415				
3		59753017003	1종금속제가요전선관	16 mm 일반-비방수	M	207				
4		59753017043	1종금속제가요전선관	커넥터, 16 mm 일반-비방수	개	252				
5		59753767011	아우트렛박스	8각 54㎜	개	253				
6		59753767041	아우트렛박스	중형4각 54㎜	개	73				
7		59753777102	스위치박스	1 개용 54 mm	개	26				
8		59753777111	스위치박스	2 개용 54 mm	개	45				

㉢ 공종명을 선택한다.

㉣ 붙여넣기할 칸을 선택한다.

- 코드 : 공종에 코드가 있는 경우
- 품명 : 코드가 없는 내역서인 경우

㉤ 붙여넣기를 선택하여 엑셀에서 복사한 내역을 입력한다.

㉥ 적용하기를 선택하면 내역서에 입력이 완료된다.

㉦ 전체 삭제를 선택한 후 타 공종의 내역서를 반복하여 입력한다.

㉧ 닫기를 선택하면 내역서에 입력이 완료된다.

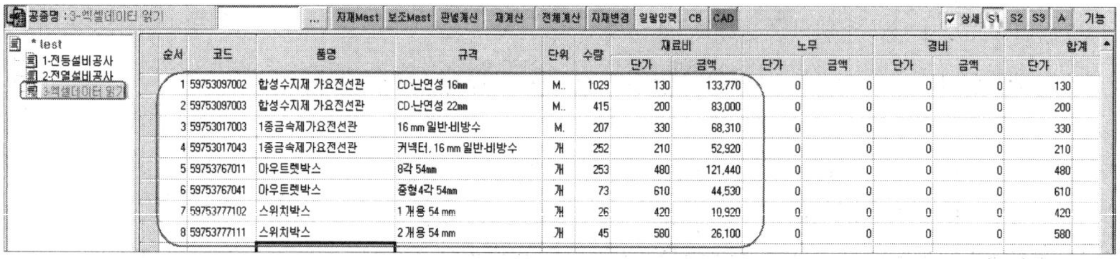

* 자재에 대한 단가 공량 등은 일괄입력에서 자재변경을 하여 사용한다.

(라) 기능 메뉴 기능

① 자재변경

선택한 자재를 비슷한 자재로 교체한다.(HI 28C →HI 36C 전선관 교체하는 방법)

㉠ 변경할 자재 HI 28C를 선택한다.

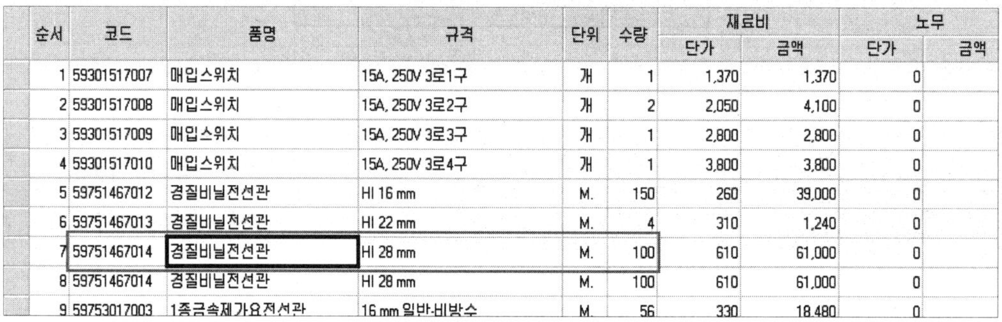

㉡ 기능키 F7을 선택 또는 자재변경을 선택하면 나타나는 자재 마스터 화면에서 교체할 자재를 선택한다.

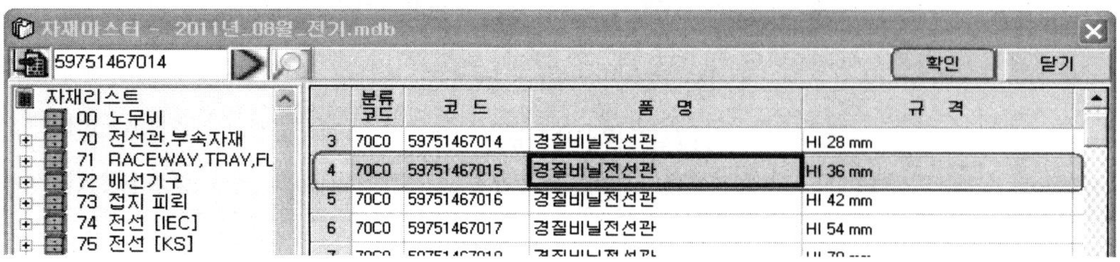

㉢ 자재를 선택 후 엔터 또는 확인을 선택하면 자재가 변경된다.

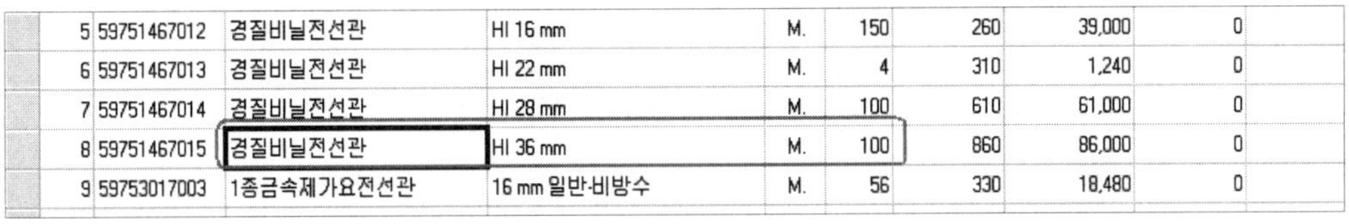

② 내역단가 일괄 입력

자재에 대한 단가를 일괄 입력할 때 사용하며 단가를 수정 후 현재 단가적용을 선택하면 내역서에 적용된다.

㉠ 현재 단가적용 : 단가 수정 후 내역서의 전 공종에 현재 수정된 단가로 적용 된다.

㉡ 자재 재정렬 : 코드 또는 품명으로 자재를 정렬하며 내역서의 자재만 보인다.

㉢ 마스터 읽기 : 기존 단가는 초기화되고 원 마스터 단가를 불러온다. 사용자원을 바꾼 경우에도 적용한다.

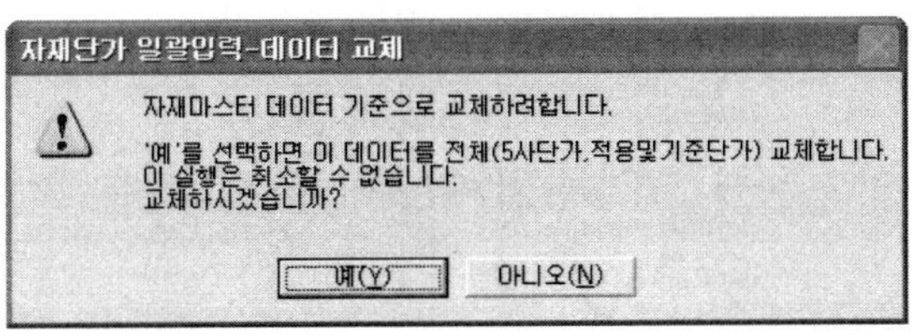

㉣ 단가사정 : 재료비 및 노무비를 변경하며 재료 할증란에 적용한 요율이 표시된다.

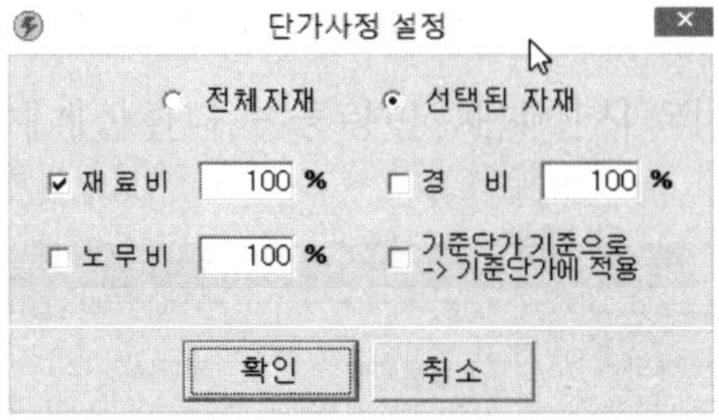

ⓜ 기준단가 : 내역서에 적용한 단가 전체를 변경하여 적용할 때 사용하며 적용할 단가를 설정 후 확인을 선택하면 된다.

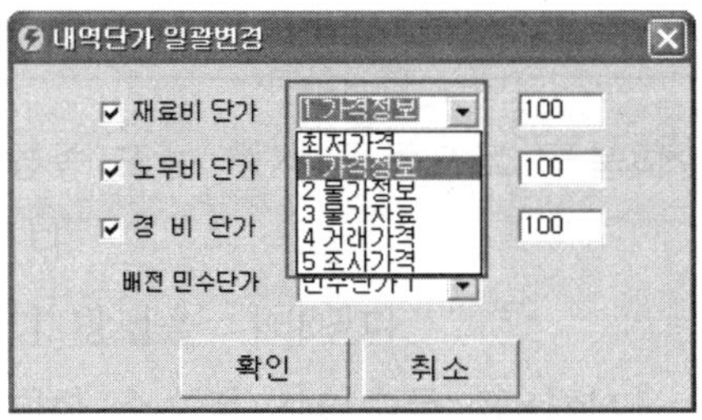

ⓑ 자재교체 : 선택한 자재를 교체한다. : 내역서의 자재교체와 동일한 방법이다. 교체할 자재를 선택 후 F7 또는 자재교체를 선택 후 대상물을 찾아서 엔터하면 된다.

ⓢ 기능메뉴 :

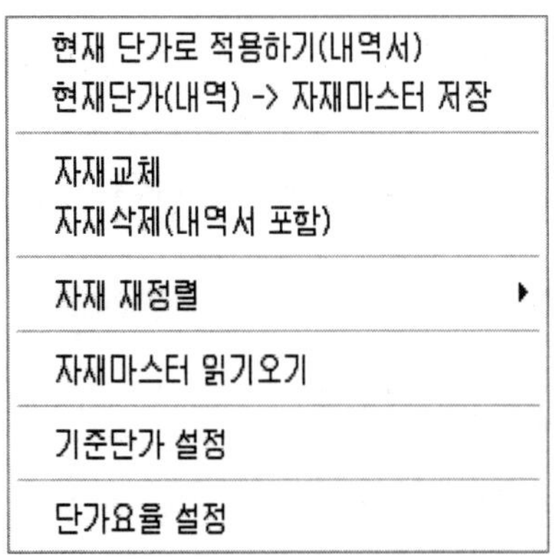

: 수정된 내용으로 내역서에 적용한다.
: 현재의 단가를 주 자재 마스터에 저장한다.
: 선택된 자재를 교체한다.
: 선택된 자재를 모든 내역서에서 삭제한다.
: 코드, 품명으로 정렬한다.
: 마스터 읽기와 같다.
: 기준단가와 같다.
: 단가사정과 같다.

· 자재 삭제(내역서 포함) 유의 할 사항

③ 수량사정

내역서의 수량을 가감할 때 사용한다.

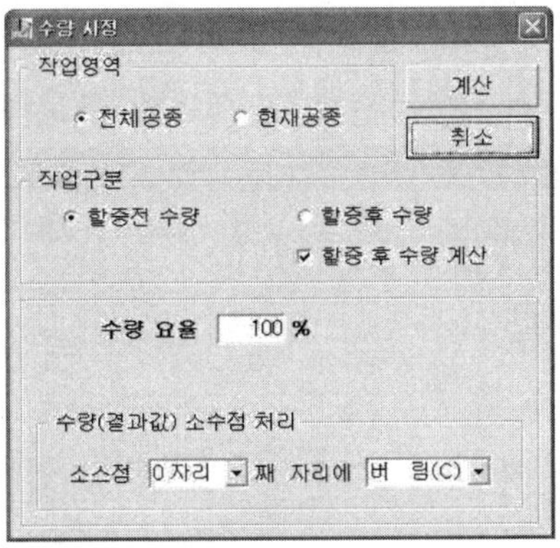

④ 단가사정

내역서의 단가를 가감할 때 사용한다.

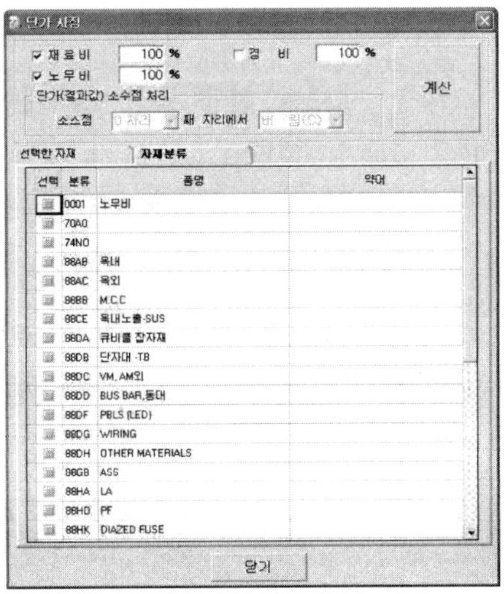

선택한 자재 자재 분류

⑤ 공량사정

자재에 대한 공량을 재계산한다. - 공량만 재계산시 적용

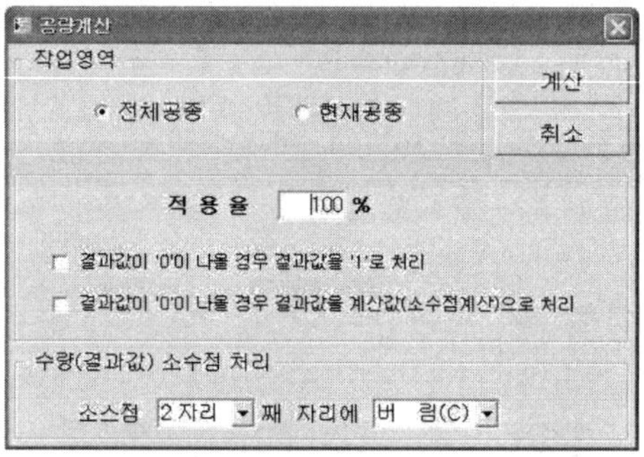

㉠ 작업영역을 전체 공종 또는 현재 공종으로 구분하여 작업한다.

㉡ 적용요율을 설정한다.

㉢ 결과값에 대한 처리 방법을 나타낸다.

㉣ 적용할 수량값에 대한 소수점 자리수를 표시한다.

⑥ 자재 바꾸기

㉠ 사용된 자재를 특정 자재로 바꿀 때 사용한다. 예) 아연도 16C → HI16C

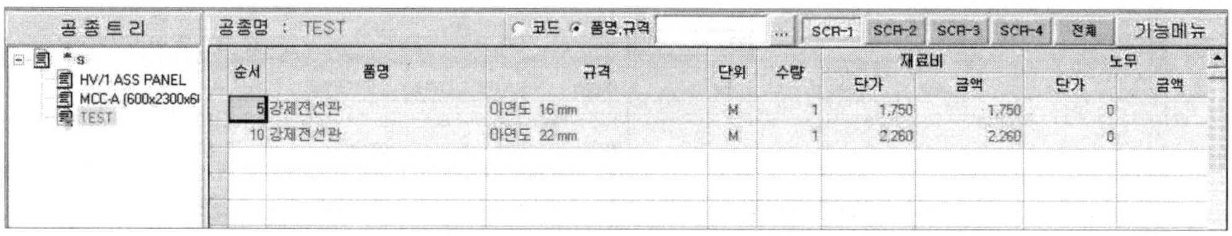

㉡ 교체할 자재를 선택 후 기능 메뉴의 자재 바꾸기를 선택한다.

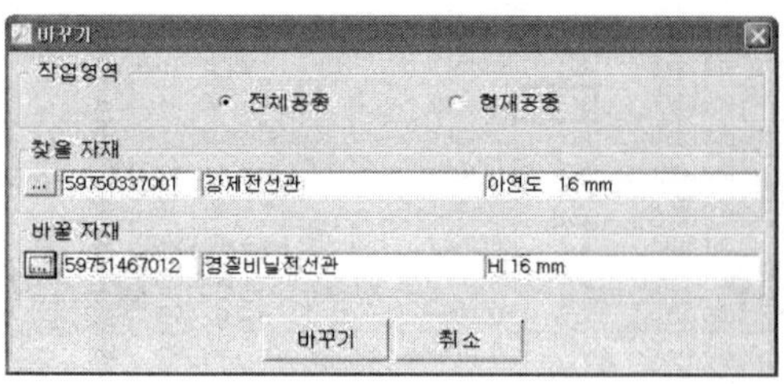

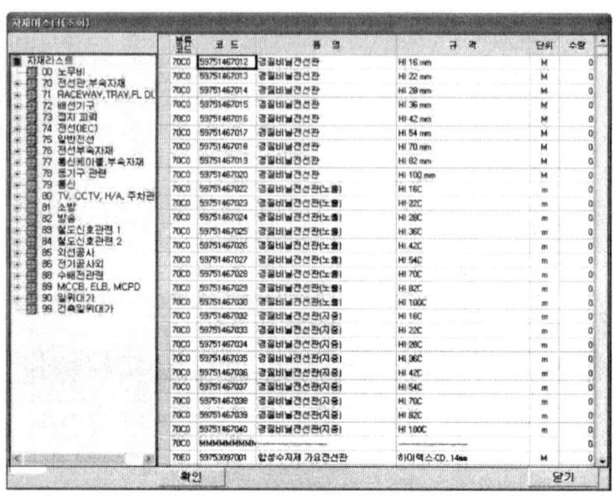

⑦ 사용자 코드변환

기존 코드를 사용자 코드로 변환한다. : 마우스 우측 기능 메뉴 참조

⑧ 자재할증계산

내역서 작성시 입력된 자재의 수량을 할증 전 또는 후로 계산해준다.

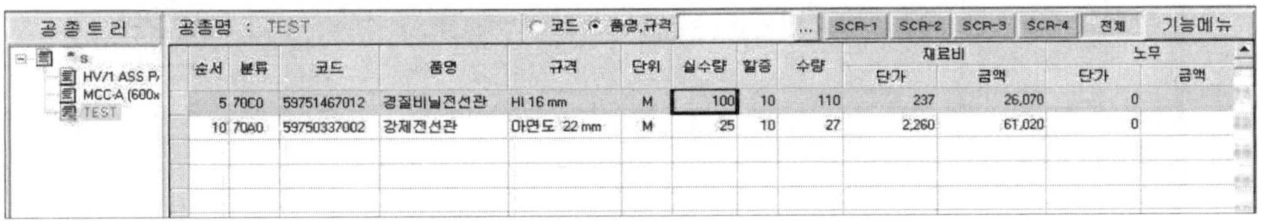

위 그림과 같이 실 수량 또는 수량에 자재를 입력한 후에 아래와 같이 한다.

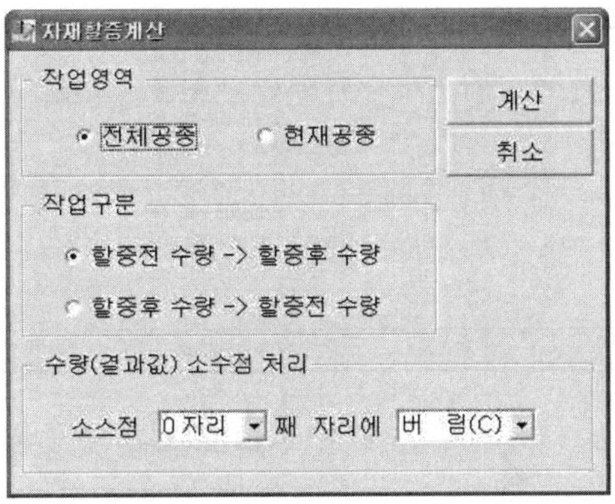

㉠ 작업영역을 전체 공종 또는 현재 공종으로 구분하여 작업한다.

㉡ 물량을 직접 산출하여 입력한 경우에 적용한다.

㉢ 공 내역서를 가지고 내역서를 만들 때 적용한다.

㉣ 공 내역서인 경우 이미 할증된 수량이므로 꼭 이 작업을 수행하여야 한다.

㉤ 적용할 수량값에 대한 소수점 자리수를 표시한다.

⑨ 분전반 부속자재 산출 : 마우스 우측 기능 메뉴 참조

⑩ 판넬 옵션 : 마우스 우측 기능 메뉴 참조

⑪ 판넬 기타 : 마우스 우측 기능 메뉴 참조

⑫ 산출데이터 읽기 : 마우스 우측 기능 메뉴 참조

⑬ 엑셀데이터 읽기 : 마우스 우측 기능 메뉴 참조

(2) 인쇄하기

내역서 작업을 완료 후 인쇄를 한다.

(가) 견적 품의서 작성

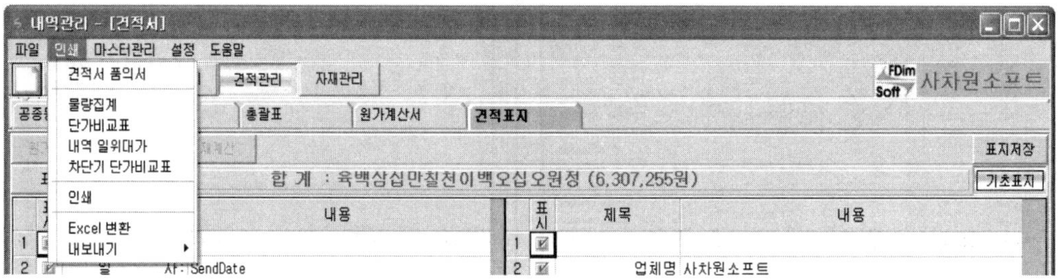

견적작업 완료 후 원가계산을 하기 위하여 비목별로 검토한다.

파일→환경설정→품의서 형식의 원내역<>제출, 실행내역<>제출을 선택하여 비교 할 수 있다.

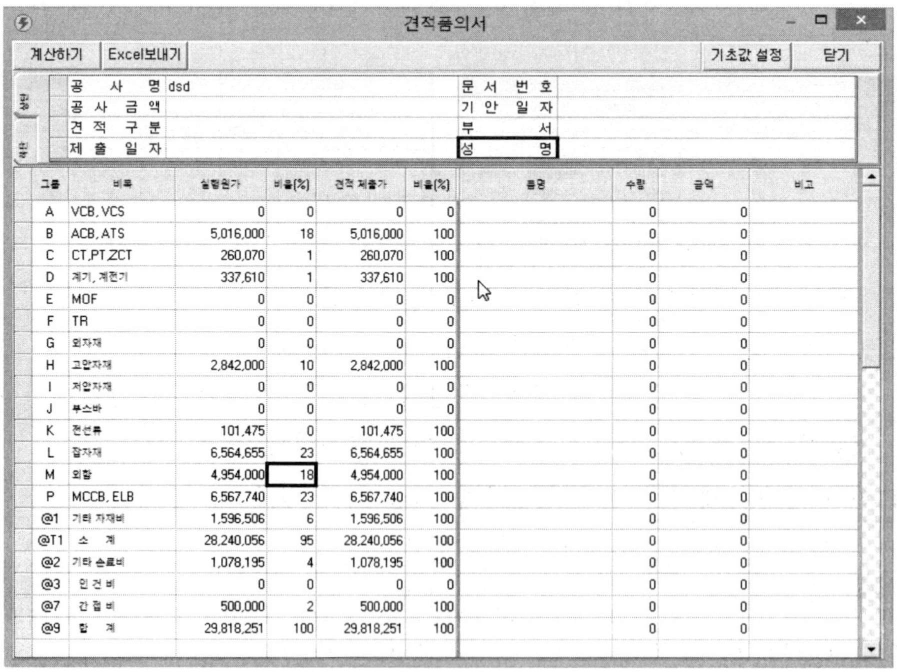

그룹	비목	실행원가	비율(%)	견적 제출가	비율(%)	품명	수량	금액	비고
A	VCB, VCS	0	0	0	0		0	0	
B	ACB, ATS	5,016,000	18	5,016,000	100		0	0	
C	CT,PT,ZCT	260,070	1	260,070	100		0	0	
D	계기, 계전기	337,610	1	337,610	100		0	0	
E	MOF	0	0	0	0		0	0	
F	TR	0	0	0	0		0	0	
G	외자재	0	0	0	0		0	0	
H	고압자재	2,842,000	10	2,842,000	100		0	0	
I	저압자재	0	0	0	0		0	0	
J	부스바	0	0	0	0		0	0	
K	전선류	101,475	0	101,475	100		0	0	
L	잡자재	6,564,655	23	6,564,655	100		0	0	
M	외함	4,954,000	18	4,954,000	100		0	0	
P	MCCB, ELB	6,567,740	23	6,567,740	100		0	0	
@1	기타 자재비	1,596,506	6	1,596,506	100		0	0	
@T1	소 계	28,240,056	95	28,240,056	100		0	0	
@2	기타 손료비	1,078,195	4	1,078,195	100		0	0	
@3	인 건 비	0	0	0	0		0	0	
@7	간 접 비	500,000	2	500,000	100		0	0	
@9	합 계	29,818,251	100	29,818,251	100		0	0	

계산하기를 선택하면 비목별로 금액이 나타나고 Excel 보내기를 선택하면 엑셀로 변환하여 사용할 수 있다.

(나) 물량 집계표 작성

공종별 또는 그룹별로 물량을 집계한다.

① 전체 공종 : 전체 공종을 집계한다.

② 부분 공종 : 선택 된 공종별로 집계한다.

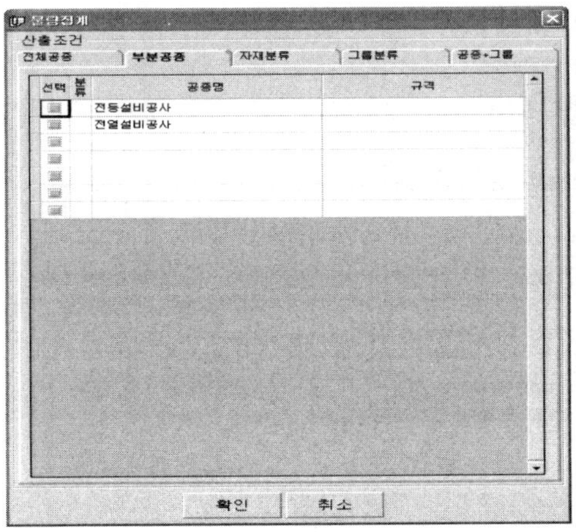

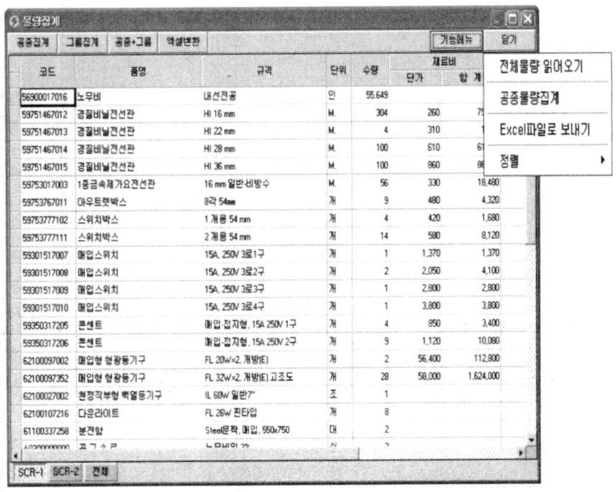

전체 공종 또는 해당 공종을 선택 후 확인을 하면 집계가 되며 화면 우측상단 기능 메뉴를 이용하여 Excel 및 각종 기능을 이용하여 사용할 수 있다.

① 자재 분류 : 분류 코드별로 집계한다.

해당 분류코드를 선택 후 확인을 하면 집계가 되며 화면 우측 상단 기능 메뉴를 이용하여 Excel 및 각종 기능을 이용하여 사용 할 수 있다.

① 그룹 분류 : 비목별로 집계한다.(설정 → 총괄금액 할증 설정 참조)

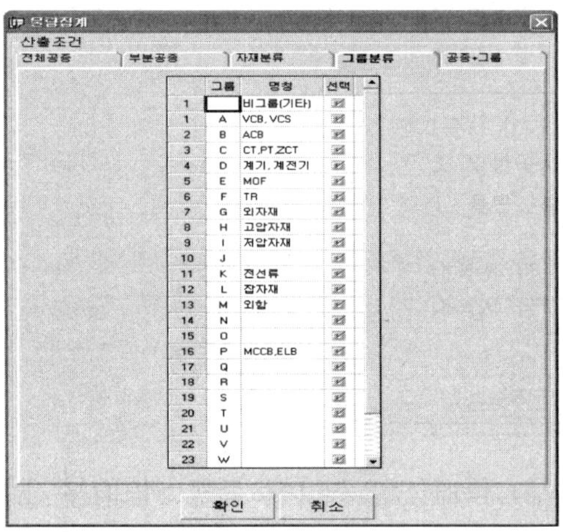

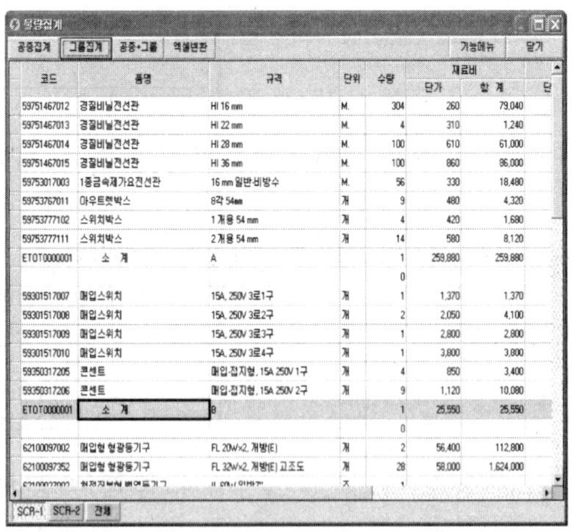

해당 그룹(비목)을 선택 후 확인을 하면 집계가 되며 화면 우측 상단 기능 메뉴를 이용하여 Excel 및 각종 기능을 이용하여 사용할 수 있다.

② 공종+그룹 : 공종별로 비목을 구분하여 집계한다.

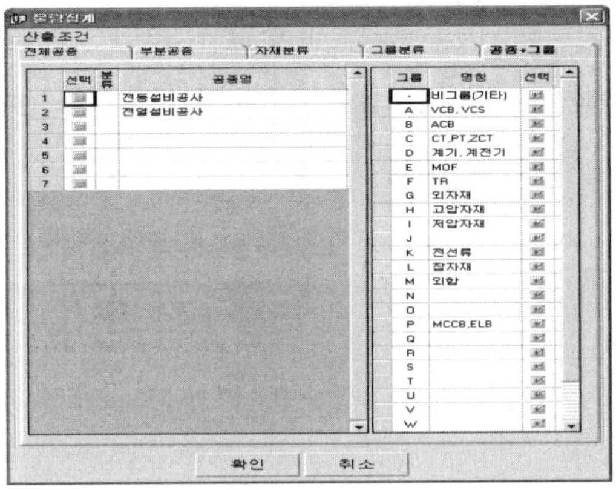

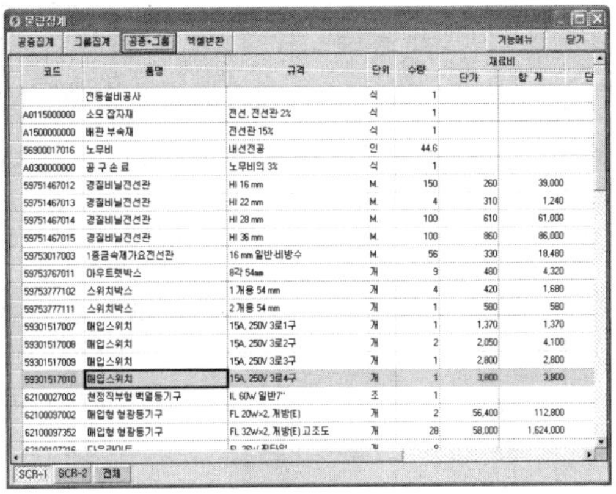

해당 공종을 선택하고 그룹(비목)을 선택 후 확인을 하면 집계가 되며 화면 우측 상단 기능 메뉴를 이용하여 Excel 및 각종 기능을 이용하여 사용할 수 있다.

(다) 단가 비교표 작성

현 공사에 적용된 자재수량 전체를 항목별로 나타낸다.

재정렬 : 사용된 자재를 자재코드, 품명 및 규격, 분류코드로 분류하여 정렬할 때 사용한다.

(라) 내역 일위대가

내역서에 사용한 일위대가의 목록 및 내역을 나타낸다.

(마) 차단기 단가 비교표

차단기에 대한 업체별 단가를 나타낸다.

(바) 인쇄

해당 항목을 선택하여 프린트를 이용하여 직접 인쇄를 하며 하단의 리포트 편집을 이용하여 해당 파일을 수정하여 편집도 가능하다.

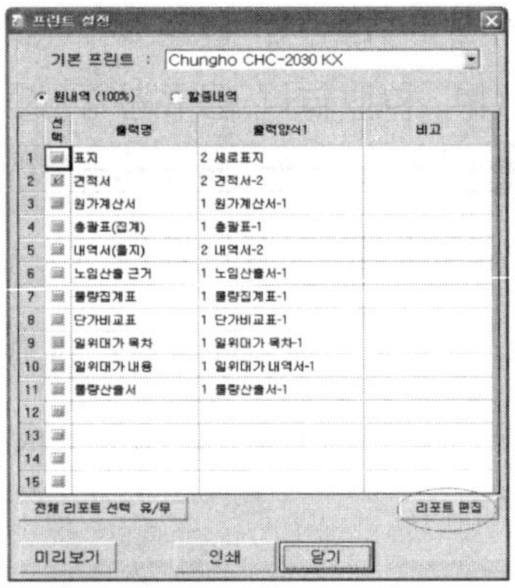

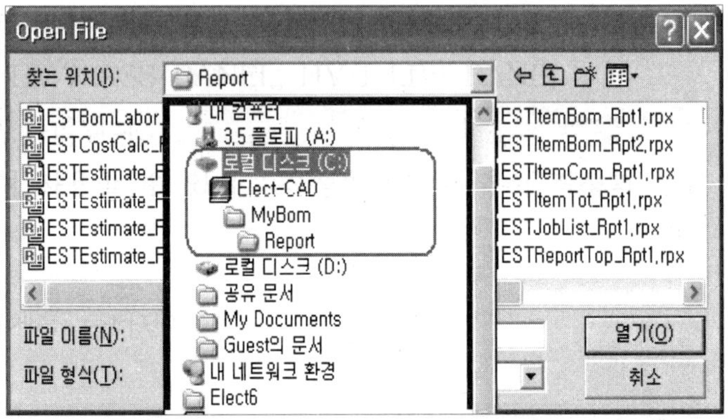

(사) Excel로 변환 

해당 항목을 선택하여 엑셀 저장을 선택하여 사용한다.

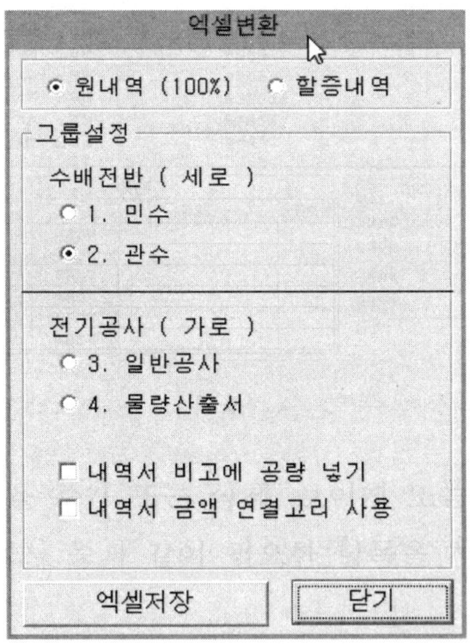

① 원내역 : 할증하지 않은 상태의 내역서로 변환한다.

② 할증내역 : 총괄표에서 금액할증을 한 상태로 변환한다.

③ 그룹설정

㉠ 수배전반(세로) : 세로 형태로 내역서 작성

- 민수 : 민수공사로 변환시 적용
- 관수 : 관수공사 폼으로 변환시 적용

㉡ 전기공사(가로) : 가로형태로 내역서 작성

· 일반공사 : 물량산출서 제외한 내역서 형태로 작성

· 물량산출서 : 물량산출서 포함하여 내역서 작성

㉢ 내역서 비고에 공량 넣기 : 비고란에 공량을 넣고자 할 때 체크한다.

㉣ 내역서 금액 연결고리 사용 : 해제시 엑셀 쉬트간에 수식없이 단독으로 구성

(아) 내보내기 : 옵션

(3) 마스터 관리

견적서 작성에 필요한 각종 Database를 나타낸다.

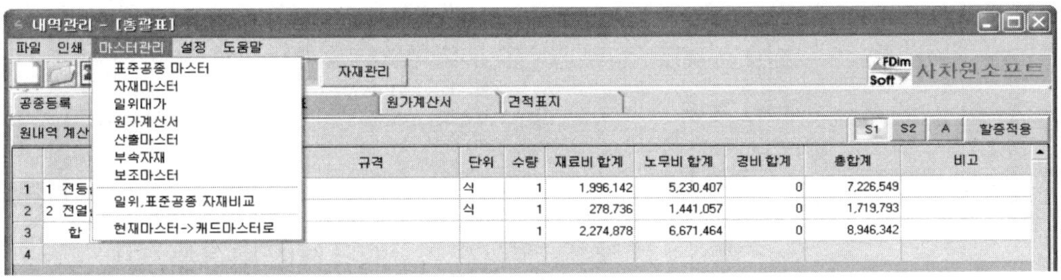

(가) 표준 공종 마스터

수배전반공사와 같이 필요한 공종을 일위대가 형태로 만들어놓고 사용한다.

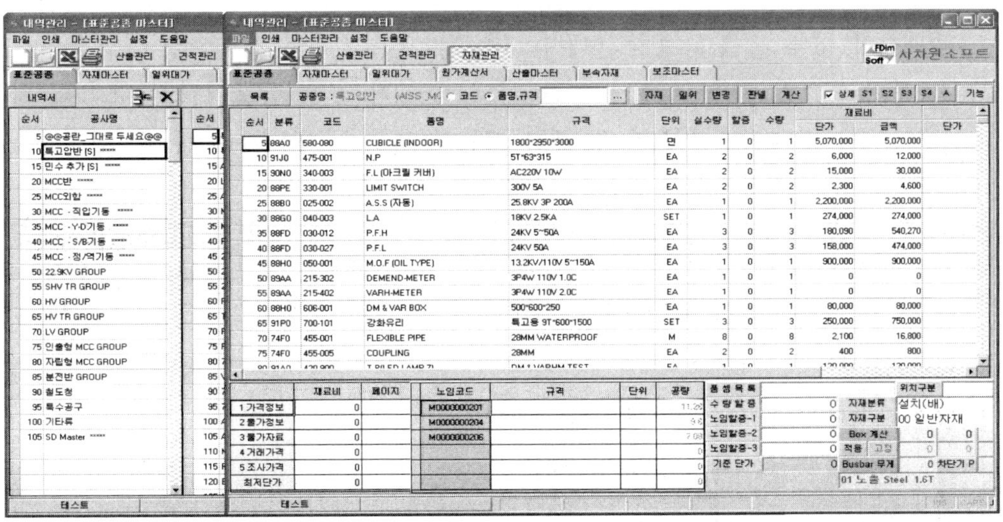

목록표　　　　　　　　　　　　내역서

① 사용하는 품목의 대분류를 나타낸다. 예) 특고압반, 저압반 등등

② 중분류를 나타낸다. 예) HV/1 ASS PANEL, HV/1 LBS PANEL

③ 중분류에 대한 내역서를 나타낸다.

㉠ 내역서를 사용자화하여 사용할 수 있다. : 작성방법은 내역서 작성과 동일

(나) 자재 마스터

견적작업에 필요한 자재 전체를 나타낸다.

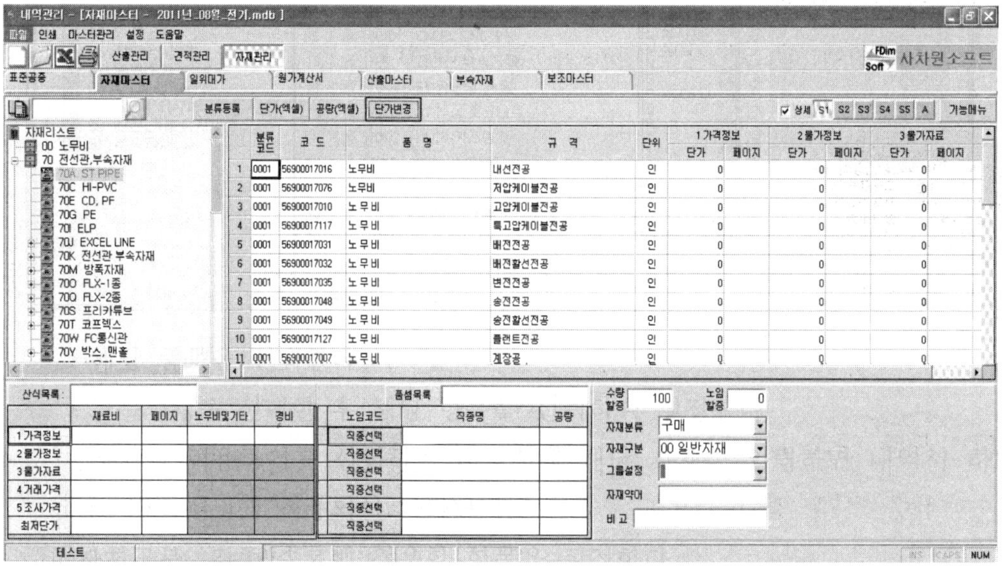

① 자재분류 등록

자재분류 리스트 항목을 추가 또는 삭제, 보이게 또는 안보이게 한다.

전기공사와 수배전반공사 등과 같이 필요한 항목을 사용자화 할 수 있다.

㉠ 자재항목을 선택(체크 표시)하면 좌측 리스트에 선택된 항목이 나타난다.

· 보기를 더블클릭하면 전체 선택 또는 해제할 수 있다.

㉡ 전체보기, 대분류, 중분류로 항목을 볼 수 있다.

㉢ 추가할 경우 Insert로 추가 후 코드 및 품명을 입력하면 된다.(선택자재 아래로 항목이 추가되며 품명 입력 후 닫기 후 타항목(표준공종 등)으로 이동 후 열면 보인다.

㉣ 공량요율 : 자재에 공량을 일률적으로 적용할 때 사용한다.

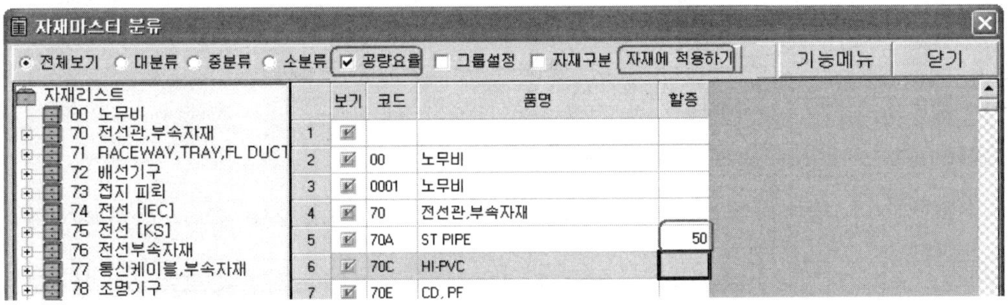

· 해당 분류를 선택한다.

· 할증 요율을 입력한다.

· 자재에 적용하기를 선택하면 현재 적용된 요율대로 내역서에서 인공이 계산된다.

㉤ 그룹설정 : 내역서 작성 후 설정된 그룹별로 금액은 증감 할 때 사용된다.
설정 → 총괄금액 할증설정에 설정된 자재별 할증 항목을 설정할 수 있다.

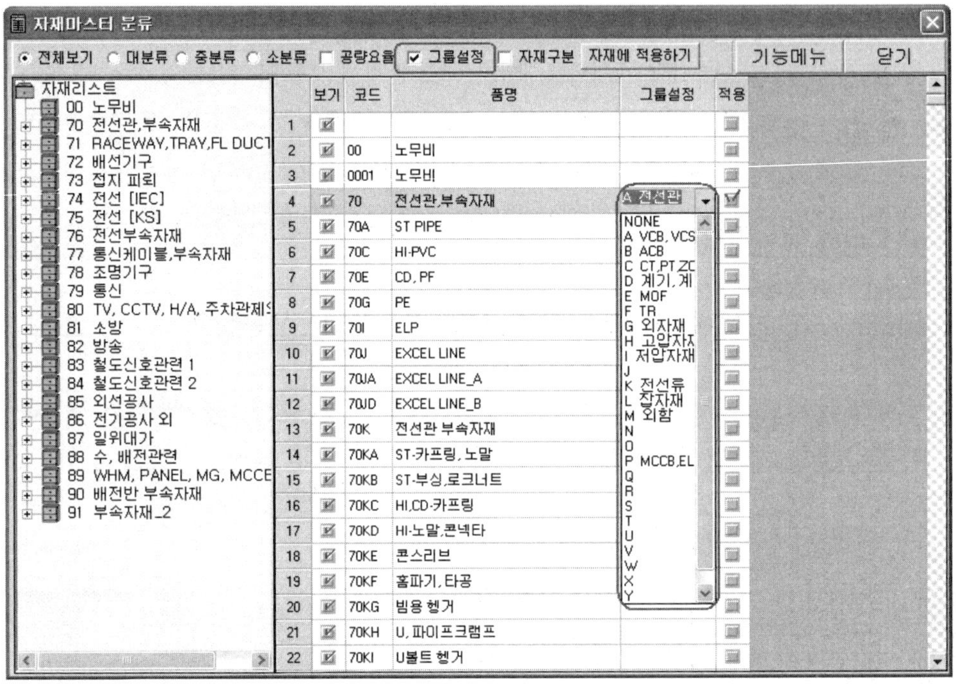

· 해당 품목을 선택한다.

· 그룹설정을 선택한 후 해당 항목을 선택하여 설정한다.

· 자재에 적용하기를 선택하여 내역서에 해당 자재를 입력하면 내역서 하단의 그룹설정에 적용되어 나타난다.

ⓑ 자재구분 : 각종 손료에 적용할 항목을 설정한다.

· 해당 품목을 선택한다.

· 자재구분을 선택한 후 해당 항목을 선택하여 설정한다.

· 자재에 적용하기를 선택하여 내역서에 해당 자재를 입력하면 내역서 하단의 자재그룹에 적용되어 나타난다.

② 단가(엑셀)

엑셀을 이용하여 자재비를 일괄 입력할 때 사용한다.

㉠ 마스터 읽기를 선택하면 전체 자재가 나타난다.

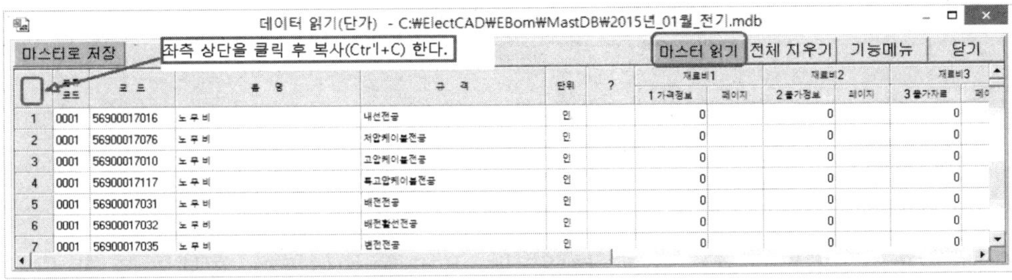

㉡ 좌측 상부를 클릭하여 불러온 내역서를 복사(컨트롤+C)하여 엑셀에 붙여넣기(컨트롤+V)를 한다.

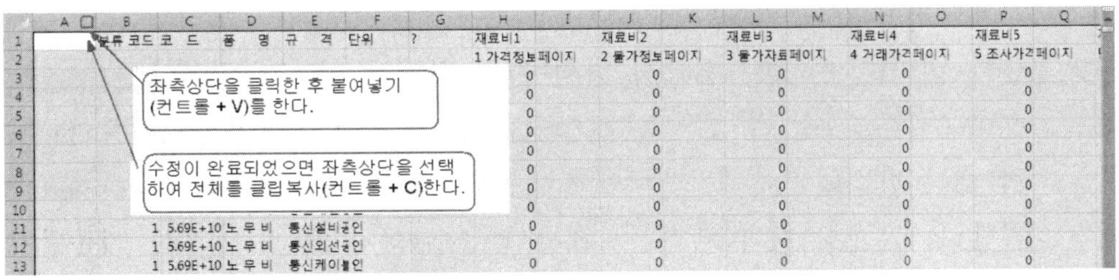

· C:₩ElectCAD₩EBom₩ExcelData.xls를 이용해도 된다.

· 데이터 읽기 화면 상단의 분류코드, 코드 등등을 엑셀에서도 똑같이 해야 한다.

㉢ 엑셀에서 작업이 완료되었으면 내용을 복사하여 읽기 화면에 다시 붙여넣기 한다.

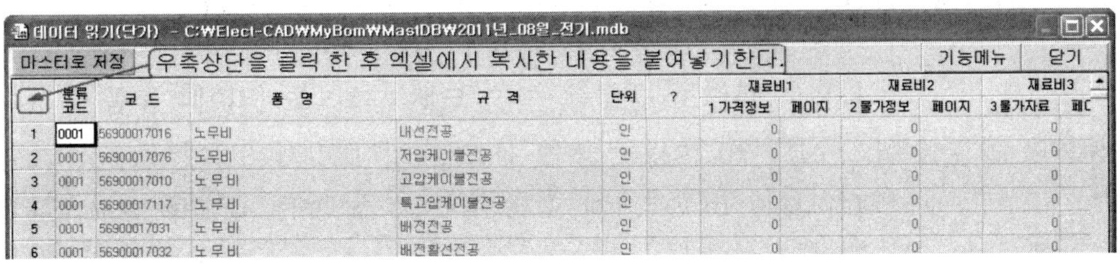

엑셀에서 직접 작성한 경우는 수평으로 2줄을 추가한 후 붙여넣기 한다.(상부의 코드, 품명, 재료비, 가격정보 등에 붙여넣기가 됨)

㉣ 마스터로 저장을 선택한다.

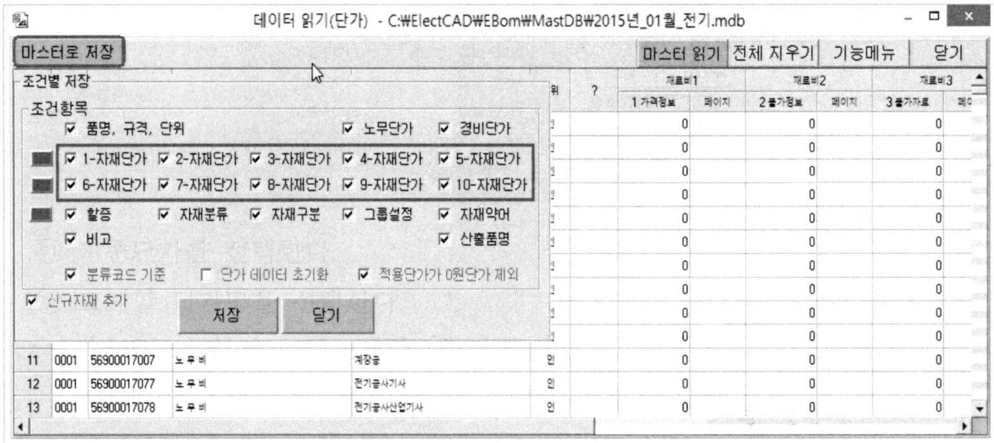

· 품명, 규격, 단위 : 체크시 현재대로 바뀐다.

· 자재단가 : 체크시 현재 단가로 바뀐다.

· 단가 데이터 초기화 : 체크시 변경 전엔 단가가 있고 변경 후엔 단가가 없으면 0원으로 됨, 즉 모든 단가가 초기화 된 상태에서 변경단가로 바뀜(주의 해야 함)

· 적용단가가 0원 단가 제외 : 체크시 변경 단가가 0원인 경우는 기존단가를 유지함.

· 신규 자재 추가 : 체크시 신규 자재가 추가됨(신규 자재가 있는 경우 사용)

· 전체 자재 추가 : 체크시 전체 자재가 추가됨

· 할증 : 전선관 및 전선의 자재 할증 적용

· 자재분류, 자재구분, 그룹설정, 자재약어 : 체크시 해당사항 적용

· 분류기준 : 체크시 분류코드 기준으로 적용(기본값 체크)

㉤ 기본사항 설정이 완료 후 저장을 선택하면 등록이 완료된다.

③ 공량(엑셀)

엑셀을 이용하여 노무비 공량을 일괄 입력할 때 사용한다.

㉠ 기능 메뉴의 자재 마스터 읽어오기를 선택하면 자재 전체가 나타난다.

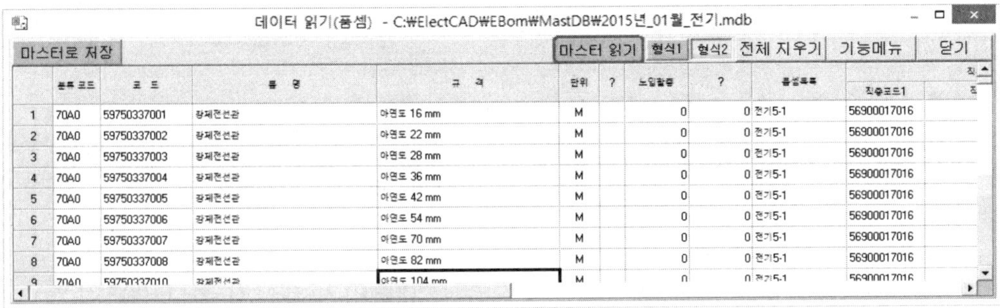

㉡ 좌측 상부를 클릭하여 불러온 내역서를 복사(컨트롤+C)하여 엑셀에 붙여 넣기(컨트롤+V)를 한다.

㉢ 엑셀에서 작업이 완료되었으면 내용을 복사하여 읽기 화면에 붙여넣기 한다.

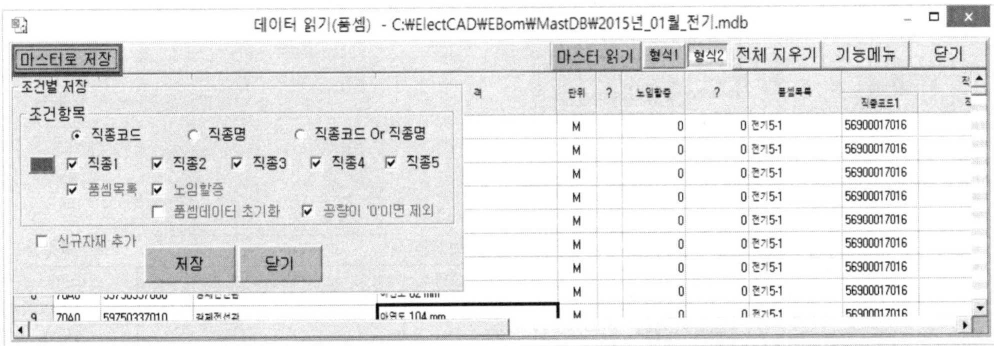

㉣ 읽기 화면 좌측 상단의 마스터로 저장을 선택 후 아래를 설정한다.

- 직종 코드 : 내선전공, 배전전공 등 직종 코드를 기준으로 등록 함.
- 직종명, 직종 코드 Or 직종명 : 직종명 또는 직종 코드를 기준으로 등록 함.
- 직종 : 자재에 대한 직종 수만큼 체크한다.
- 품셈 데이터 초기화 : 체크 기존 품셈을 초기화 시킨다.
  - 공량이 0이면 제외 : 체크시 변경 공량이 0인 경우 기존공량을 유지함.

㉤ 해당 항목을 선택 후 저장을 선택하면 등록이 완료된다.

④ 단가 변경

자재 마스터의 물가정보, 물가자료 등등의 전체 자재 단가를 일괄 교체한다.

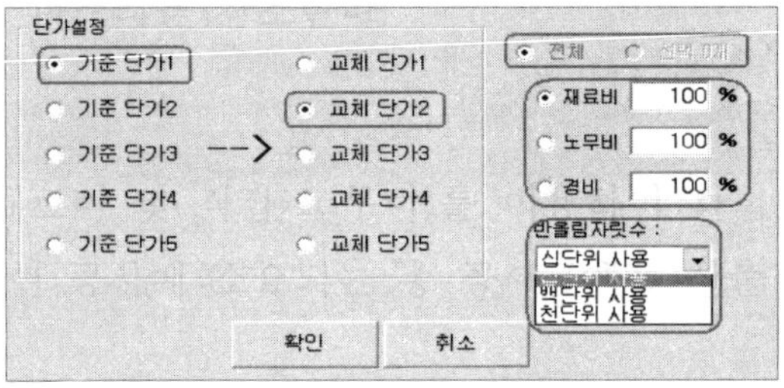

㉠ 기준단가를 선택한다.

㉡ 교체할 단가명을 선택한다.

- 전체 : 자재 전체를 교체할 때 사용
- 선택 0개 : 현 자재 마스터에서 선택한 자재만 교체

㉢ 재료비, 노무비, 경비 등의 적용 요율을 선택한다.

㉣ 반올림자릿수 : 교체단가의 단가 단위를 설정한다.(일, 십, 백, 천원)

㉤ 설정을 완료했으면 확인을 선택한다.

*** 선택한 자재 단가 교체방법**

① 교체할 자재를 선택한다.

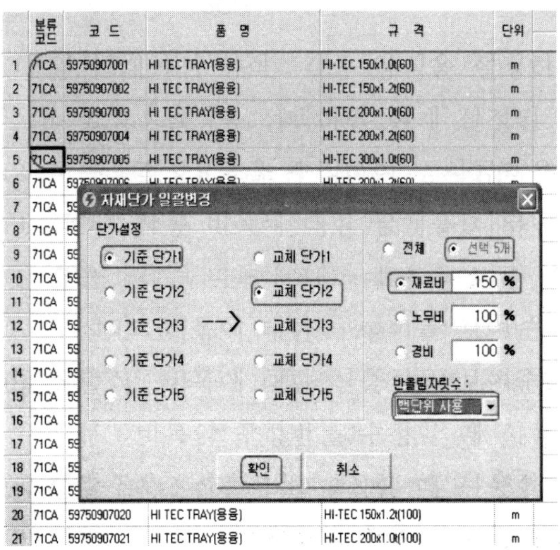

㉠ 기준단가1 → 기준단가2 선택한다.

㉡ 선택된 자재가 5개로 표시되었다.

㉢ 재료비 150[%], 반올림단위 백단위로 설정

② 확인을 선택하면 나타나는 화면에서 확인을 선택한다.

③ 아래와 같이 교체가 되었다.

	분류코드	코드	품명	규격	단위	1 가격정보		2 물가정보		3 물가자료	
						단가	페이지	단가	페이지	단가	페이지
1	71CA	59750907001	HI TEC TRAY(용융)	HI-TEC 150x1.0t(60)	m	12,510		18,800		13,840	
2	71CA	59750907002	HI TEC TRAY(용융)	HI-TEC 150x1.2t(60)	m	11,150		16,700		16,290	
3	71CA	59750907003	HI TEC TRAY(용융)	HI-TEC 200x1.0t(60)	m	10,910		16,400		15,940	
4	71CA	59750907004	HI TEC TRAY(용융)	HI-TEC 200x1.2t(60)	m	13,060		19,600		19,930	
5	71CA	59750907005	HI TEC TRAY(용융)	HI-TEC 300x1.0t(60)	m	13,580		20,400		20,350	
6	71CA	59750907006	HI TEC TRAY(용융)	HI-TEC 300x1.2t(60)	m	16,180		22,080	725	23,950	
7	71CA	59750907007	HI TEC TRAY(용융)	HI-TEC 400x1.2t(60)	m	19,170		22,930	725	25,310	

㉠ 12,500*1.5=18,750 → 18,500

㉡ 11,150*1.5=16,725 → 16,700으로 적용

* 자재 개별로 공량 입력 방법

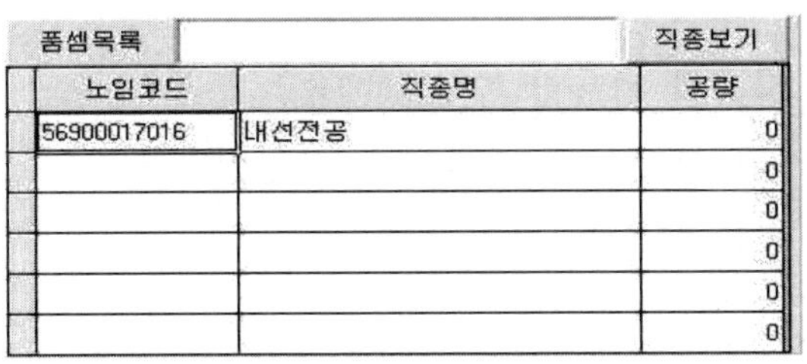

① 노임코드를 입력할 자재를 선택한다.

② 노임코드의 빈칸을 선택하면 노무 마스터 화면이 나타난다.

③ 해당 규격을 선택 후 확인을 선택하면 규격이 입력된다.

④ 노임코드가 입력되면 공량을 입력한다.

(다) 일위대가

자재를 일위대가 형태로 저장하여 사용을 한다.

① 사용방법은 자재 마스터를 참조한다.

(라) 원가 계산서

직접 공사비(직접 재료비 및 직접 노무비)를 이용하여 간접비(경비, 일반 관리비, 이윤 등)을 계산하여 현 공사에 소요되는 총 공사금액을 산출한다.

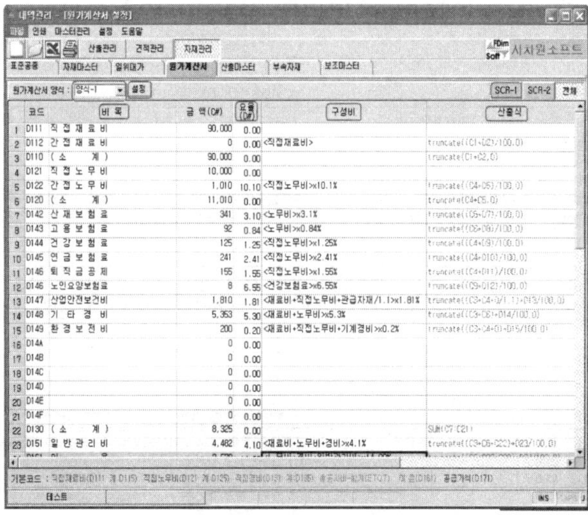

SCR-1 화면

SCR-2 화면

① 원가 계산서 양식 : 각종 양식을 설정하여 사용할 수 있다.

㉠ 설정 : 설정을 선택하면 현재 설정된 양식으로 내역서에 적용된다.

② 비목 : 적정요율을 수정하여 공사금액을 조정할 수가 있다.

③ 금액 : 각종 비목에 대한 금액을 나타낸다.

④ 요율 : 각종 비목에 대한 요율을 변경 적용할 수 있다.

⑤ 구성비 : 비목에 대한 구성비를 보여준다.(구문에서 수정하여야 한다.)

⑥ 산출식 : 비목에 대한 산출식을 보여준다.(산출구문에서 수정하여야 한다.)

⑦ 구문 : 비목의 구성비를 수정할 때 사용한다.

⑧ 산출구문 : 산출식을 수정할 때 사용한다.(산출식을 수정하여 사용자화 한다.)

⑨ 화면 유/무 : 각 비목의 출력 유무를 나타낸다.(체크를 해제시 출력이 안된다.)

㉠ 비목의 요율을 "0"으로 하고 체크를 해제하면 해당비목은 출력이 안 된다.

(마) 산출 마스터

목록별로 자재를 묶어 Database화 하여 물량을 산출한다.

① 대분류, 중분류, 소분류, 세부항목으로 구분한다.

② 자재를 추가할 경우는 위 순서대로 찾아가서 자재를 추가한다.

③ 새로운 항목을 추가할 경우는 Insert 키를 눌러서 항목을 추가할 수 있다.

④ 소분류의 명칭은 세부항목에 명칭을 입력 후 명칭 양쪽으로 화살표를 입력하면 ← HIV 3.5sq x3, 3상 → 소분류 명칭에 자동 등록된다.

⑤ 세부항목의 물량계는 하부 산식에서 “QTY”로 표시된다.

⑥ 맨 아래쪽의 세부항목 자재는 기능 메뉴의 자재 마스터를 이용하여 등록하면 된다.

⑦ 산식 : 스위치, 콘센트 등에 대한 수직길이를 자동계산 할 때 사용한다.

㉠ (3.6[층H]-1.8[H])*QTY → 3.6 1.8 : 층 및 설치높이, [층H][H] : 층의 기호

㉡ ((3.6[층H]-1.8[H])+1[PNL 여장])*QTY → [PNL 여장] : 판넬 내부여장 길이

㉢ [ ]는 값에 대한 설명을 나타내며 계산은 되지 않는다.

⑧ 하단의 기능메뉴를 이용하여 값을 수정한다.

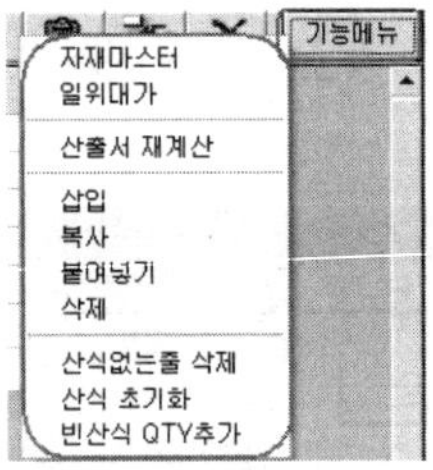

- 자재를 추가 또는 삭제 할 수 있다.
- 빈 산식 QTY추가로 산식에 QTY를 추가할 수 있다.

(바) 부속자재

① 캐드에서 작성된 데이터로 내역서를 만들면 부속자재가 자동으로 입력된다.

◉ CAD데이터 부속자재 ○ 수배전반데이터 부속자재

순서	분류코드	코드(주자재)	품명(주자재)	규격(주자재)	분류코드	코드(부자재)	품명(부자재)	규격(부자재)
6	78115	62100017806	천정직부형 형광등기구	FL 20W×3+IL 고조도,갓등(G:3)	73120	59753767011	아우트렛박스	8각 54mm
9	78120	62100017892	천정직부형 형광등기구	FL 40W×2, 무갓(E)	73120	59753767011	아우트렛박스	8각 54mm
15	80012	58200297103	TV 유니트	쌍방향, 직렬분기형	73120	59753777111	스위치박스	2 개용 54 mm
24	78116	62100017854	천정직부형 형광등기구	FL 40W×1+IL, 갓등(E:고마크)	73120	59753767011	아우트렛박스	8각 54mm
30	78116	62100017855	천정직부형 형광등기구	FL 40W×2+IL, 갓등(E:고마크)	73120	59753767011	아우트렛박스	8각 54mm

② 수배전반 견적시 주자재를 입력하면 부자재가 자동으로 입력되게 할 때 사용한다.

○ CAD데이터 부속자재 ◉ 수배전반데이터 부속자재

순서	분류코드	코드(주자재)	품명(주자재)	규격(주자재)	분류코드	코드(부자재)	품명(부자재)	규격(부자재)
5	89CA		분전함 노출 Steel 1.6T		88DA	61100117506	DOOR HANDLE	PUSH TYPE(L)
10	89CB		분전함 노출 Steel 2.0T		88DA	61100117506	DOOR HANDLE	PUSH TYPE(L)
15	89CC		분전함 노출 Steel 2.3T		88DA	61100117506	DOOR HANDLE	PUSH TYPE(L)
20	89CD		매입함(SUS 카바 1.2T)		88DA	61100117506	DOOR HANDLE	PUSH TYPE(L)
25	89CE		매입함(SUS 카바 1.5T)		88DA	61100117506	DOOR HANDLE	PUSH TYPE(L)
30	89CF		매입(Steel2.3T/SUS카바1.5T)		88DA	61100117506	DOOR HANDLE	PUSH TYPE(L)

③ 새로운 부속자재를 입력하는 방법은 주자재 항목을 선택 후 기능 메뉴의 자재를 선택하여 입력할 자재를 찾아서 입력한다.

④ 부자재 코드를 선택 후 기능 메뉴의 자재를 선택하여 부속자재를 입력하면 된다.

예) 주자재 : 매입형광등, 부속자재 : 아우트렛박스로 만들 경우

○ CAD데이터 부속자재 ◉ 수배전반데이터 부속자재

순서	분류코드	코드(주자재)	품명(주자재)	규격(주자재)	분류코드	코드(부자재)	품명(부자재)	규격(부자재)
125	89M0		누전 차단기	ELB	88ZI	MM8ZI086900	400A 받침대	
130	89M[illegible]		누전 차단기	ELB	88ZI	MM8ZI086900	400A 받침대	
	78BA	62100097004	매입형 형광등기구	FL 20W×4, 개방(E)	70YA	59753767021	아우트렛박스	8각 75mm

① 주자재의 항목을 선택한 후 화면 우측 상단의 자재 마스터를 열기한다.

② 입력할 매입형광등을 찾아 선택 후 확인하면 주자재에 입력이 된다.

③ 부자재의 항목을 선택 후 자재 마스터에서 박스를 찾아 입력하면 된다.

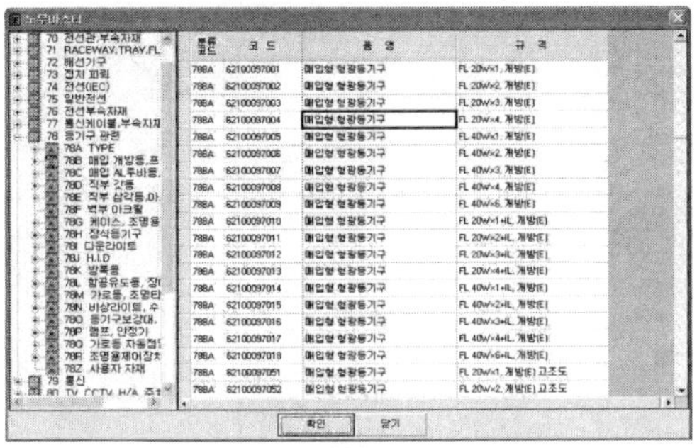

주자재 입력

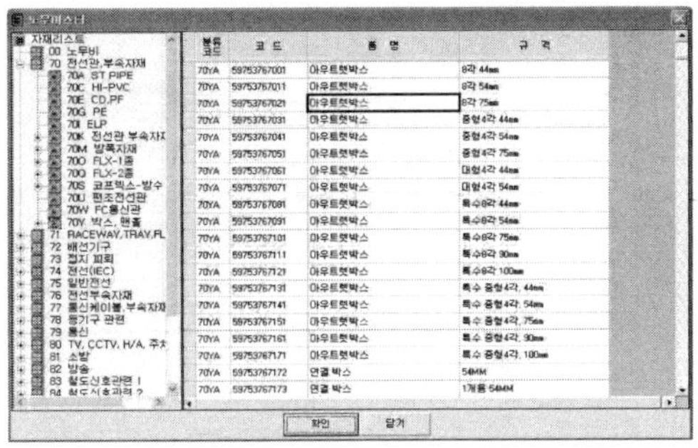

부속자재 입력

(사) 보조 마스터

자주 사용하는 자재를 등록해놓고 사용할 때 사용한다.

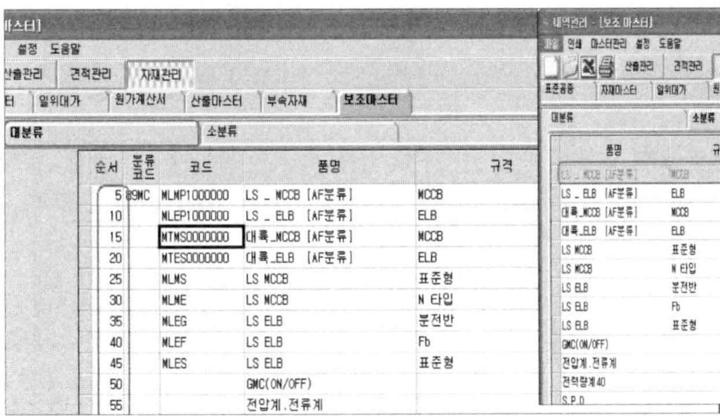

대분류 화면

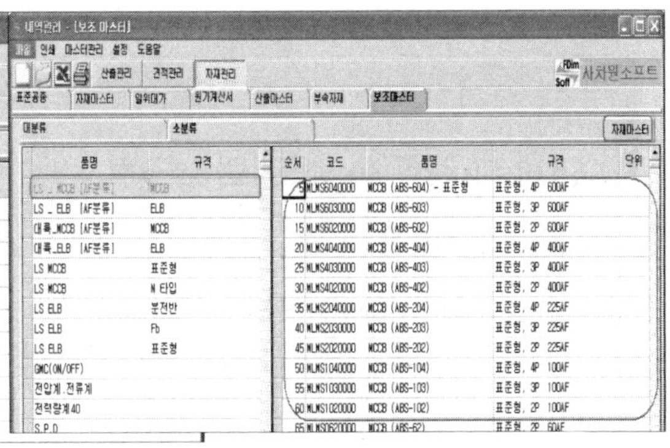

소분류 화면

새로운 항목을 입력하는 방법은 아래와 같다

① 대분류에 품명 및 규격을 직접 입력한다.

② 소분류에서 입력할 항목을 선택 후 자재마스터를 이용하여 자재를 입력한다.

③ 대분류 및 자재의 순서는 순서의 번호를 바꾸면 된다.

㉠ 55번 자재를 맨위로 가게 → 55를 1로 바꾼다.

㉡ 50번 자재를 맨위에서 두 번째 가게 → 50을 5번과 10번 사이의 번호로 바꾼다.

(아) 일위, 표준 공종 자재 비교표

일위대가 및 표준 공종에 사용한 자재 전체를 나타내준다.

	분류코드	코드	품명	규격	단위	실수량	할증	수량	1가격정보	페이지	2물가정보	페이지
1	88B0	010-006	L.B.S(자동)	24KV 3P 630A	EA				2568000		0	
2	88B0	020-002	A.L.T.S	24KV 630A GAS TYPE	EA				22300000		0	
3	88B0	025-002	A.S.S (자동)	25.8KV 3P 200A	EA				2200000		0	
4	88B0	025-004	A.I.S.S (자동)	25.8KV 3P 200A	EA				2200000		0	
5	88FD	030-002	POWER FUSE (INDOOR)	25.8KV 200AF	EA				250000		0	
6	88FD	030-003	P.F UNIT	F:1A	EA				70000		0	
7	88FD	030-004	P.F UINT	F:3 ~ 200A	EA				65000		0	
8	88FD	030-012	P.F.H	24KV 5~50A	EA				180090		0	
9	88FD	030-016	P.F.H	24KV 200A	EA				406800		0	
10	88FD	030-024	P.F.L	24KV 20A	EA				131910		0	
11	88FD	030-027	P.F.L	24KV 50A	EA				158000		0	
12	88FD	030-030	P.F.L	24KV 100A	EA				216200		0	
13	88FD	030-041	P.F.L	3.6KV 10A	EA				65780		0	
14	88G0	040-001	L.A	4.5KV 2.5KA	SET				162000		0	
15	88G0	040-003	L.A	18KV 2.5KA	SET				274000		0	
16	88H0	050-001	M.O.F (OIL TYPE)	13.2KV/110V 5~150A	EA				900000		0	
17	88D0	055-201	V.C.B(DRAWOUT/TYPE)	7.2KV 400A 8KA	EA				2493000		0	
18	88D0	055-202	V.C.B(DRAWOUT/TYPE)	7.2KV 630A 12.5KA	EA				3222000		0	
19	88D0	055-300	V.C.B(DRAWOUT/TYPE)	24KV 630A 12.5KA	EA				9504000		0	
20	88D0	060-009	V.C (D/T) W/PF	3.6KV 200A LATCH	EA				2053900		0	
21	88G0	070-001	SURGE ABSORBER	18KV 5KA	SET				315000		0	
22	88G0	070-003	SURGE ABSORBER	3.6KV 5KA	SET				243000		0	
23	88LA	090-101	A.C.B(DRAWOUT/TYPE)	4P 630A S/TYPE	EA				2935000		0	
24	88LA	090-107	A.C.B(DRAWOUT/TYPE)	4P 1250A S/TYPE	EA				3531000		0	
25	88LA	090-111	A.C.B(DRAWOUT/TYPE)	4P 2000A S/TYPE	EA				4750000		0	
26	88LA	090-113	A.C.B(DRAWOUT/TYPE)	4P 2500A S/TYPE	EA				5988000		0	

(자) 현재 마스트 → 캐드 마스터로

견적서에 사용중인 자재 마스터를 캐드의 자재 마스트로 덮어씌우기 한다.
C:₩ElectCAD₩ECad₩EMastDB.mdb을 선택 후 저장한다.

(4) 각종 설정관리

견적 작업에 필요한 기본 설정값을 설정한다.

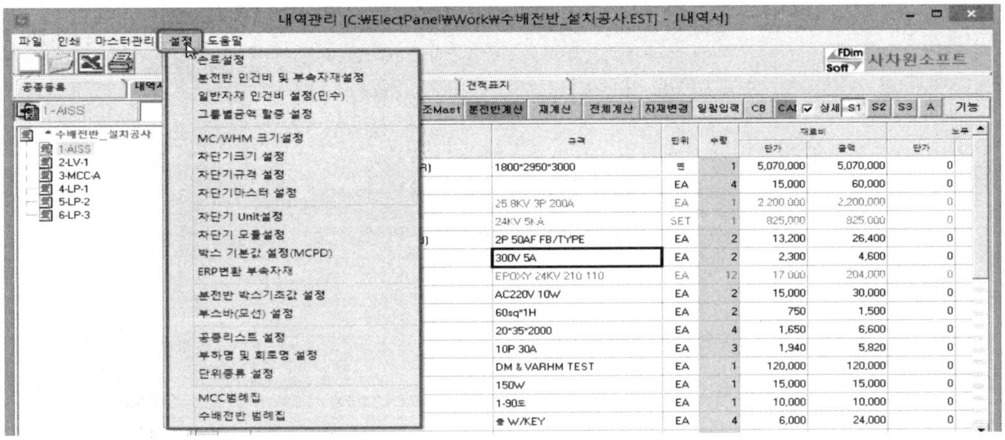

(가) 손료 설정

전선관 부속품비, 잡자재비, 공구손료 등의 요율을 설정한다.

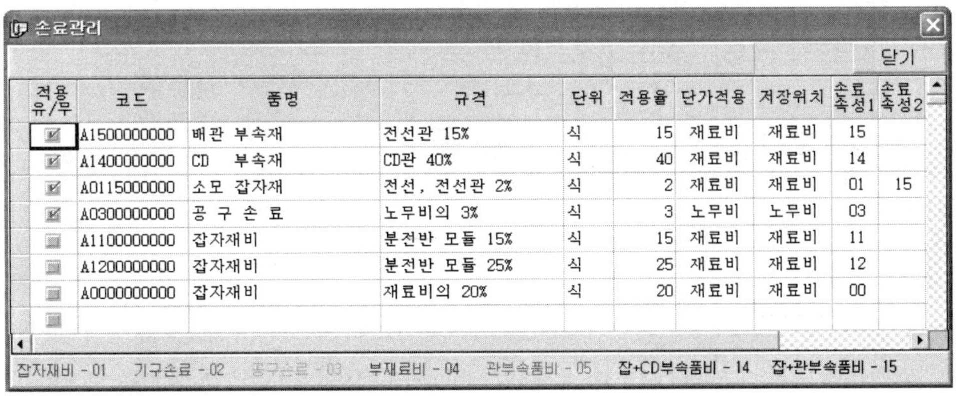

손료관리

적용 유/무	코드	품명	규격	단위	적용율	단가적용	저장위치	손료 속성1	손료 속성2
☑	A1500000000	배관 부속재	전선관 15%	식	15	재료비	재료비	15	
☑	A1400000000	CD 부속재	CD관 40%	식	40	재료비	재료비	14	
☑	A0115000000	소모 잡자재	전선, 전선관 2%	식	2	재료비	재료비	01	15
☑	A0300000000	공 구 손 료	노무비의 3%	식	3	노무비	노무비	03	
☐	A1100000000	잡자재비	분전반 모듈 15%	식	15	재료비	재료비	11	
☐	A1200000000	잡자재비	분전반 모듈 25%	식	25	재료비	재료비	12	
☐	A0000000000	잡자재비	재료비의 20%	식	20	재료비	재료비	00	

잡자재비 - 01　기구손료 - 02　공구손료 - 03　부재료비 - 04　관부속품비 - 05　잡+CD부속품비 - 14　잡+관부속품비 - 15

① 각각의 항목에 적용 유/무를 체크하여 내역서에 적용한다.

② A1500 - 일반 전기공사의 전선관 부속품비

③ A1400 - 일반 전기공사의 CD 부속재비

④ A0115 - 일반 전기공사의 소모 잡자재비

⑤ A0300 - 일반 전기공사의 공구손료 항목

⑥ A1100, A1200 - 특수 분전반의 잡자재비

⑦ A0001 - 수배전반공사의 잡자재비

손료 속성은 자재의 구분을 나타내며 자재에 손료가 적용이 되지 않을때는 자재 관리의 자재 마스터에서 자재구분을 설정해야 한다.

(나) 분전반 인건비 및 부속자재 설정

수배전반 견적시 박스의 종류, E.T단자, N.T단자, 명판, 부스바무게, 고정자재 등을 내역서에 자동 입력되게 설정한다.

① Box 종류 설정 : 박스기초값 설정의 Box Type 설정시 적용된다.

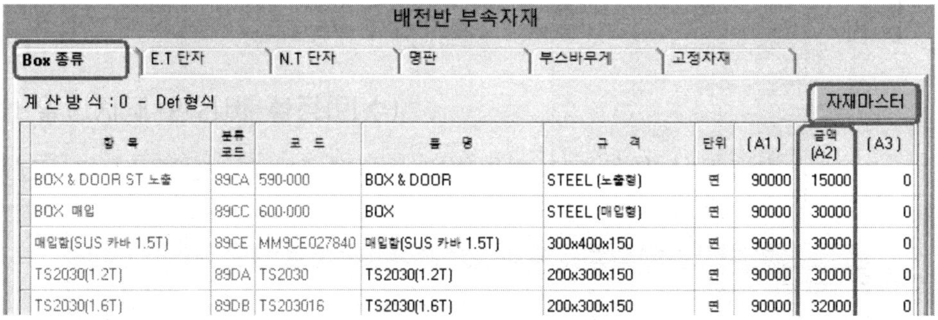

㉠ 자재 마스터를 이용하여 분전반 그룹을 등록하여 사용한다.

㉡ 금액을 수정하여 박스 금액을 조정할 수 있다.

② E.T단자, N.T단자, 명판 설정

㉠ E.T단자 : 접지단자(E.T)를 내역서에 자동 입력한다.

㉡ N.T단자 : 중성선단자(N.T)를 내역서에 자동 입력한다.

㉢ 명판 설정 : 분전반 명판을 차다단기 수량에 따라 자동 입력한다.

㉣ 자재 마스터를 이용하여 추가 또는 수정할 수 있다.

③ 부스바 무게 설정

분전반에 들어가는 부스바 관련 사항을 자동 계산하여 내역서에 입력한다.

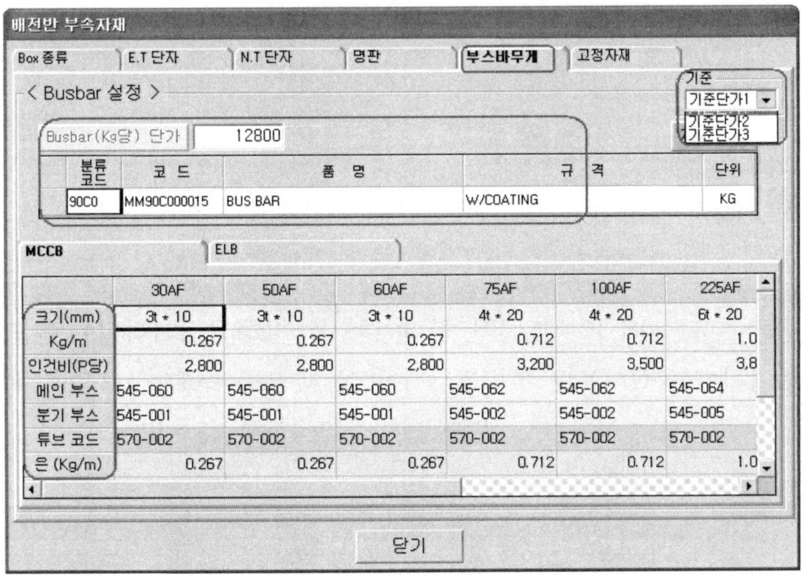

㉠ 기준단가 1, 2, 3 : 부스바 및 차단기 P에 대한 금액을 3단계로 조정할 수 있다.

㉡ 내역서 화면 좌측 하단 공사명을 클릭한 후 계산방식에서 값을 설정하고 내역서에서 전체 계산을 하면 값이 적용된다.

㉢ Busbar(kg당) 단가 : Kg당 부스바 금액을 설정한다.

파일 → 환경설정 → Busar 계산에서 길이, 무게, 무게(식)으로 설정하여 사용한다.

㉣ 인건비(P당) : 분전반 견적서 차단기의 P당 인건비를 설정한다.

㉤ 메인부스, 분기부스, 튜브코드 : 차단기의 부스바 및 튜브에 대한 자재코드 설정 해당 자재코드를 변경하면 내역서에 적용된다.

④ 고정자재 설정

㉠ 분전반에 들어가는 고정 자재를 등록해놓고 내역서에 자동 입력한다.

ⓛ 우측 설정을 체크하면 내역서에 반영이 된다.

ⓒ 자재 마스터를 이용하여 추가할 수 있다.

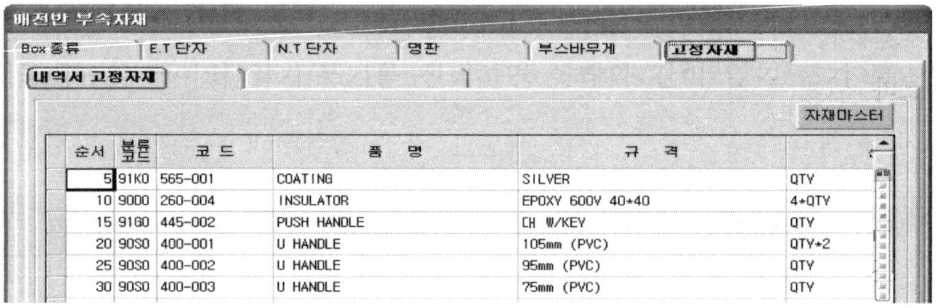

(다) 일반자재 인건비 설정(민수)

MCCB 및 ELB외의 자재에 대하여 인건비를 설정하여 사용한다.

① 자재마스터를 이용하여 등록하며 분류코드 또는 코드를 등록하여 사용한다.

② 계산방식에서 단가 1. 2. 3을 설정하여 재 계산하면 된다.

(라) 총괄금액 할증 설정

총괄표에서 그룹 또는 단가별로 금액을 조정하며 그룹별 자재 집계표도 만든다.

① 설정된 그룹은 자재관리의 자재 마스터의 분류등록에서 그룹설정에서 사용한다.

(마) MC / WHM 크기 설정

분전반 크기 자동계산에 따른 마그네트, 계량기 등의 크기를 입력하여 사용한다.

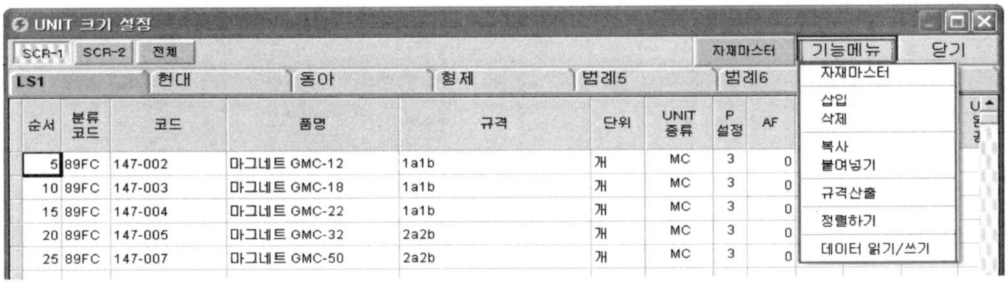

(바) 차단기 크기 설정

차단기 크기, 이격거리 등등을 입력하여 분전반 견적시 Box 크기 및 부스바 길이 계산시에 적용되는 매우 중요한 설정이며 견적서 및 CAD부분에서 공통으로 적용되며 분전반 박스 기초값 설정화면을 참조한다.

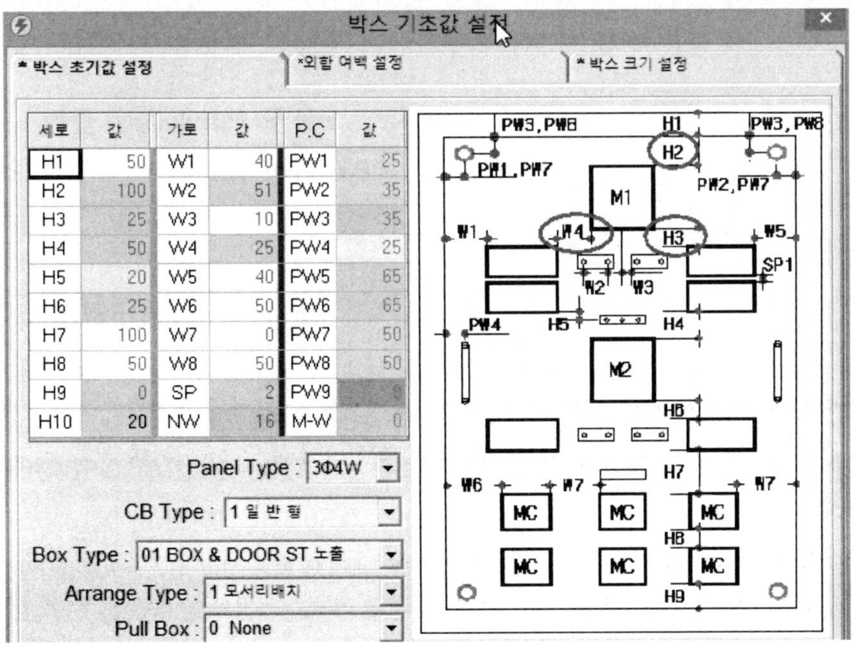

① 업체별로 차단기 이격거리값이 상이하므로 작업 전에 체크 후 작업하여야 만 한다.

[1] 신규 차단기를 입력 방법

① 기능메뉴의 데이터 읽기/쓰기를 선택하면 아래와 같이 읽기/쓰기 화면이 나타난다.

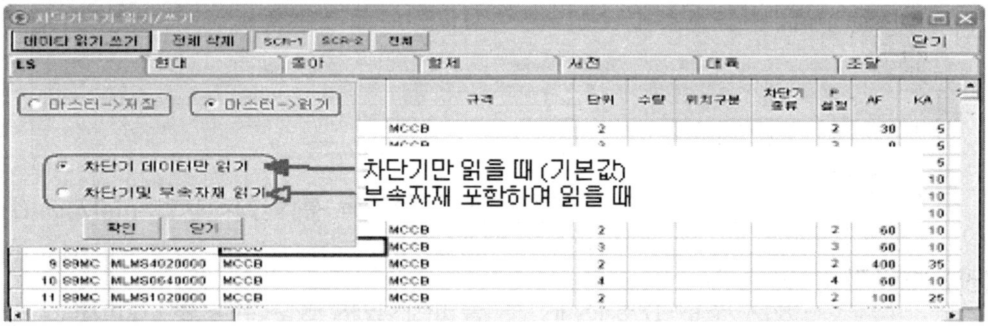

㉠ 마스터→읽기를 선택하여 자재를 읽어 들인다.

② 좌측 상단을 선택하여 클립복사를 한 후 엑셀에 붙여넣기 하여 수정한다.

③ 현재화면 및 차단기 기본설정 화면에 있는 자재는 전체 삭제를 이용하여 삭제한다.

④ 엑셀에서 각종 값들을 수정 후 복사하여 다시 현 위치에 붙여넣기 한다.

㉠ 자재를 복사하여 엑셀에서 수정 후 붙여넣는 방법은 자재 마스터의 단가(엑셀)을 참조.

⑤ 데이터 읽기, 쓰기를 선택 후 마스터→저장을 선택하고 확인을 하면 작업이 완료된다.

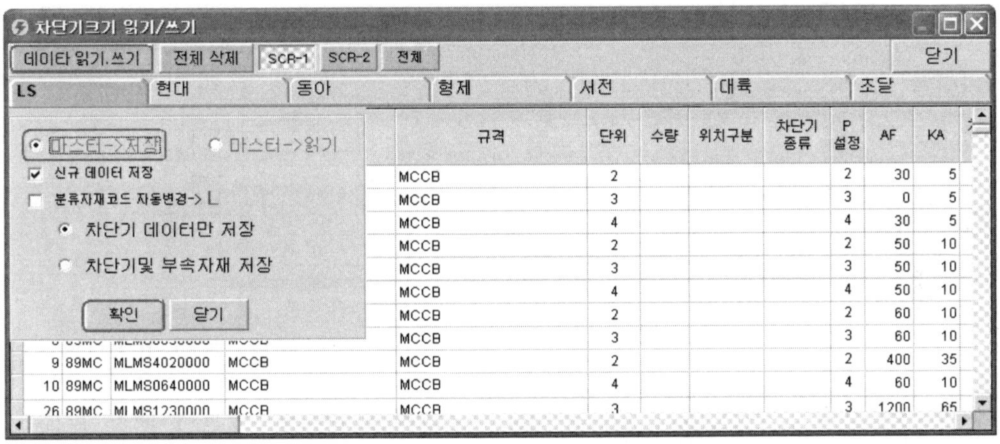

㉠ 신규 데이터 저장 : 신규 데이터 저장시(기본값 체크)

㉡ 분류 자재코드 자동저장→L : 설정된 이니셜로 자동 변경시 적용한다.

- 자재코드에 제조사 이니셜을 만들기 않았을 때 적용하며 이니셜은 즉 구분은 차단기 마스터 설정의 구분에서 수정 가능하다.

㉢ 차단기 데이터만 저장 : 차단기 데이터만 저장시(기본값 체크)

㉣ 차단기 및 부속자재 저장 : 차단기 부속자재도 함께 저장시

* TIP : **차단기 자재코드 구성도**

MLMS1041000→MLMS 104 1000

M : 수동, L : 제조사 H(현대) D(동아) T(대륙), M : MCCB E(ELB).

S(표준형) E(경제형) H(고차단형) L(한류형)

104 : 4P 100AF, 1000 : 100AT

MLMS1041000 MLMS 104 1000 : 수동, LS, MCCB, 표준형, 4P100F, 100AT

MLME1040750 MLME 104 0750 : 수동, LS, ELB, 경제형, 4P100F, 75AT

HHME1040750 MLME 104 0750 : 수동, 현대, ELB, 경제형, 4P100F, 75AT

HHMH804800 MLME 804 8000 : 수동, 현대, MCCB, 고차단형, 4P100F, 75AT

② 차단기 부속자재 등록 방법

선택된 자재의 하단에 부속자재를 등록하여 견적서를 자동 작성할 수 있다.

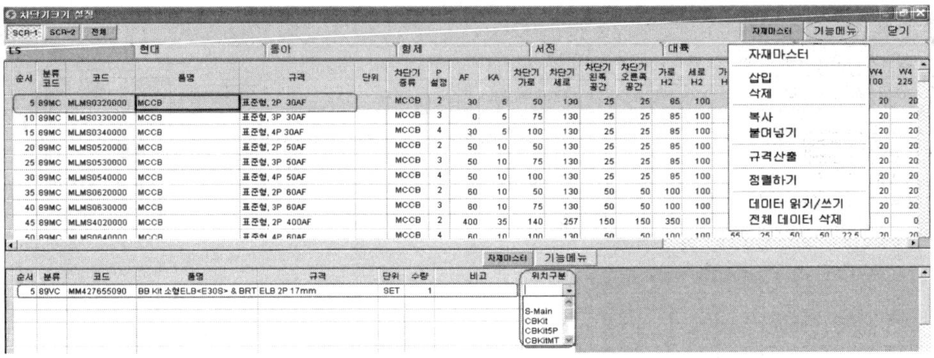

① S-Main : 2차 차단기를 메인인 경우 적용

② CBKit : 차단기가 분기인 경우 적용

③ CBKit5p : 용량이 같은 차단기 4P를 두 개 사용인 경우 적용

④ CBKitMT : 차단기가 메인인 경우 적용 TOP－세워서 배치(일반적)

⑤ CBKitMW : 차단기가 메인인 경우 적용 WIDTH－옆으로 배치

⑥ Other : 그 외의 자재

⑦ Board : Kit에서 일반으로 변경시 Kit 자재 삭제

⑧ PBox

(사) 차단기 규격 설정

분전반 결선도를 캐드에서 읽어 들여 견적서에 자동 등록하기 위한 기본 차단기 설정한다.

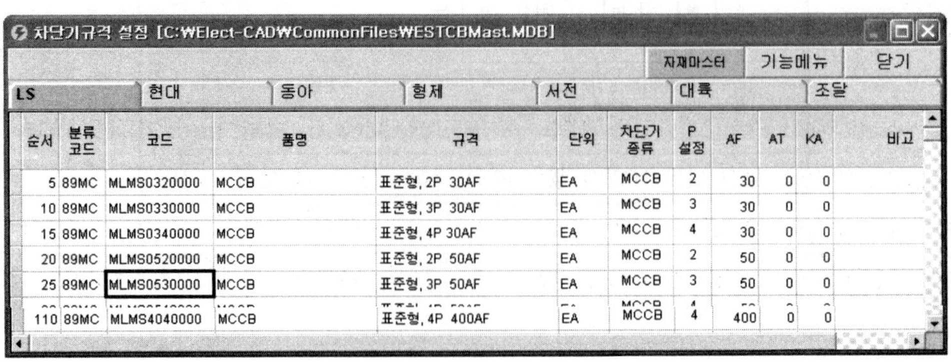

(아) 차단기 마스터 설정

차단기 크기 설정의 제조사별 구분을 설정한다.

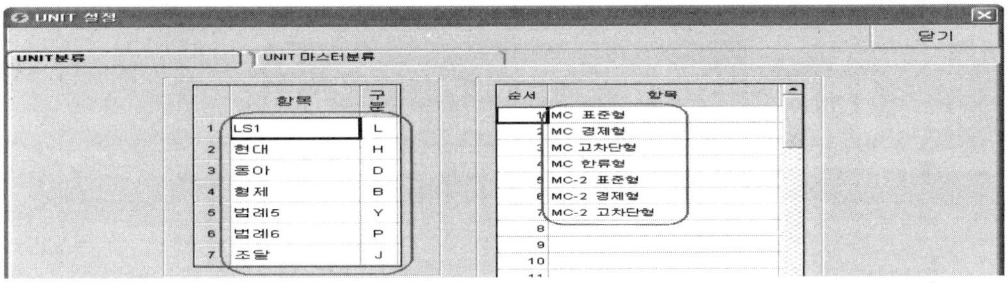

(자) 차단기 모듈 설정

분전반 형태가 모듈 부스바를 이용하여 제작할 때 자동 견적이 되게 설정한다.

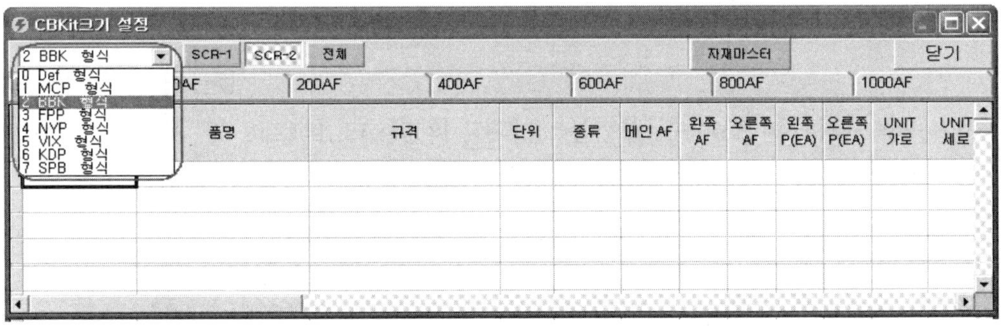

(차) 박스 기본값 설정(MCPD)

박스의 크기값을 미리 설정해 놓고 해당 박스를 내역서에 자동 입력한다.

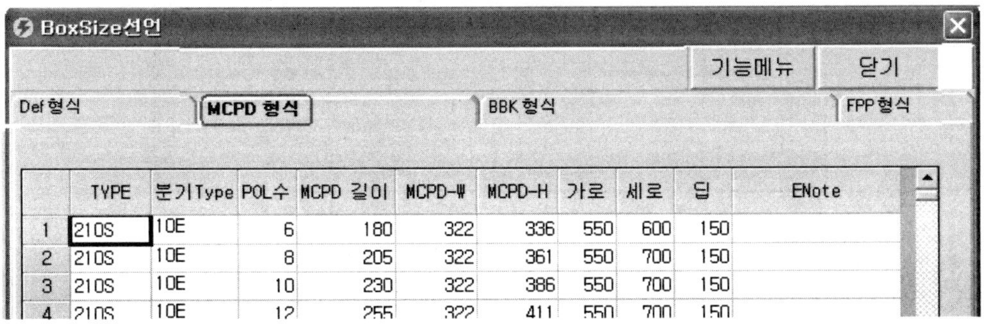

(카) ERP변환 설정

옵션사항

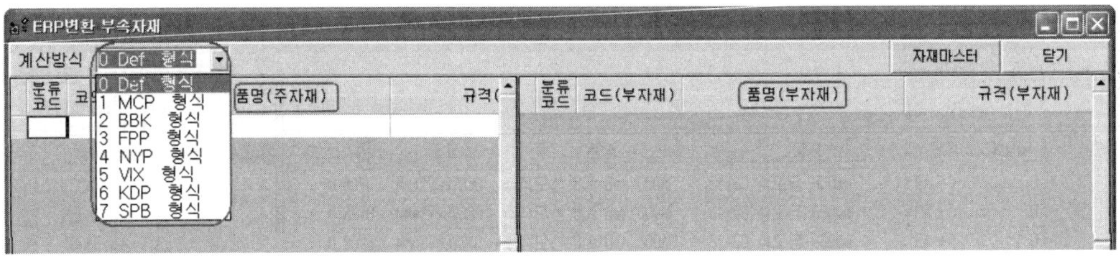

(타) 분전반 박스 기초값 설정

차단기 크기값을 기초로 하여 분전반 Box크기 계산시 활용한다.

① 외함 여백설정 및 박스 크기 설정

차단기 간격띄우기값 및 각종 홀의 위치를 나타낸다

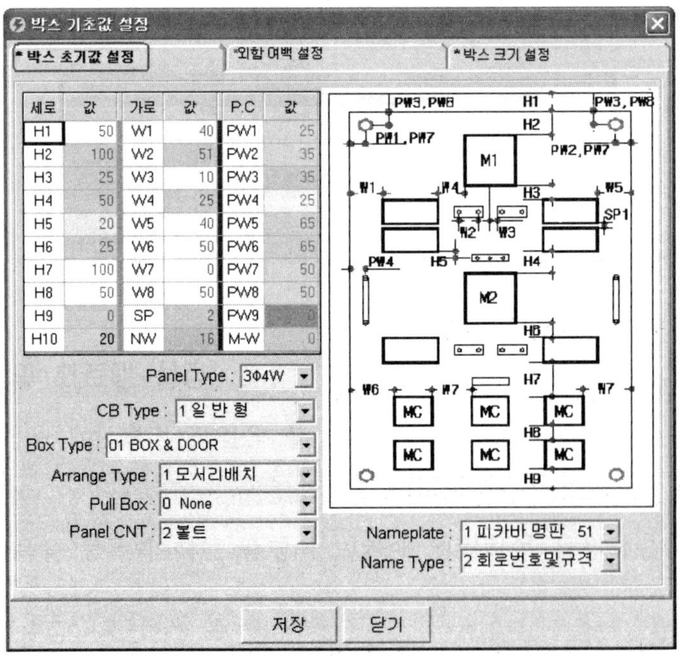

② 외함 여백 설정

메인 차단기와 분기 차단기의 크기에 따라 박스의 폭을 자동 계산하고, 계산된 길이 및 폭 값의 조건값을 설정한다.

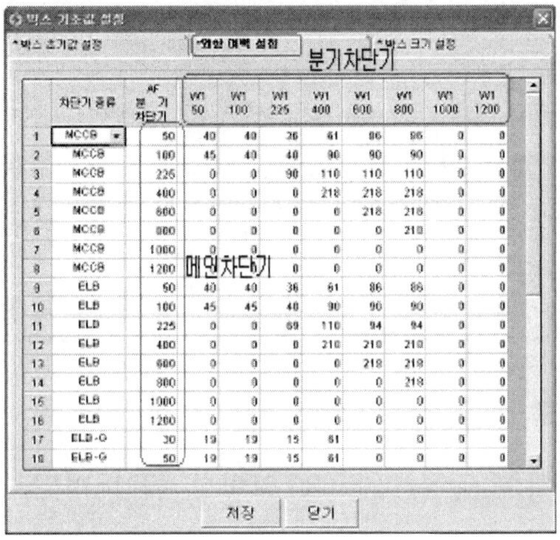

③ 박스 크기 설정

박스의 가로 및 세로의 크기값의 간격을 설정할 수 있으며 화면 좌측 상단의 기초값 설정을 선택하여 값을 입력하여 사용한다.

현재값은 50단위 간격값을 나타낸다.

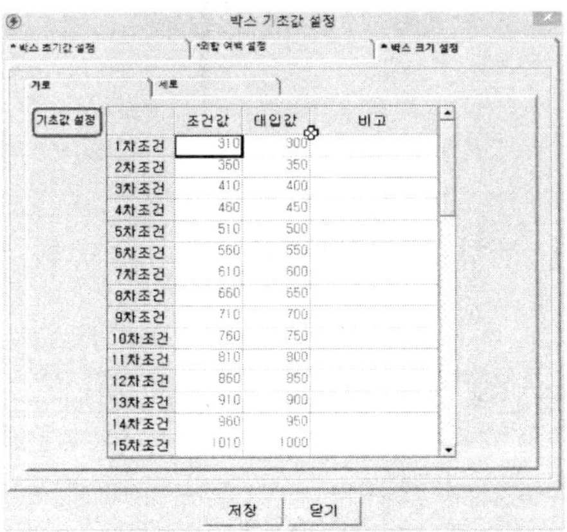

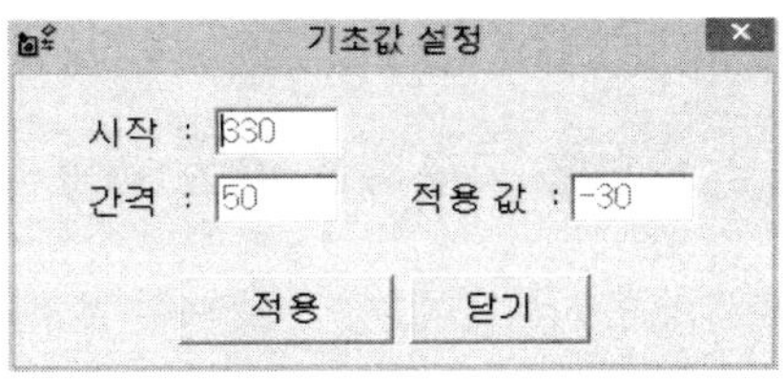

(파) 부스바(모선) 설정

특수 분전반의 메인차단기에 대한 모선 부스바의 크기를 설정한다.

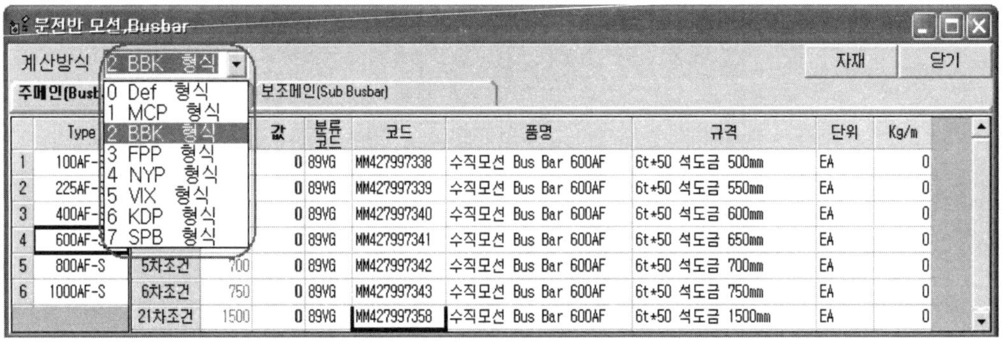

(하) 공종리스트 설정

최초 견적 작업시 공사의 종류(공종)을 입력할 때 미리 등록해 놓고 사용한다.

① Insert를 이용하여 중간에 삽입할 수 있다.

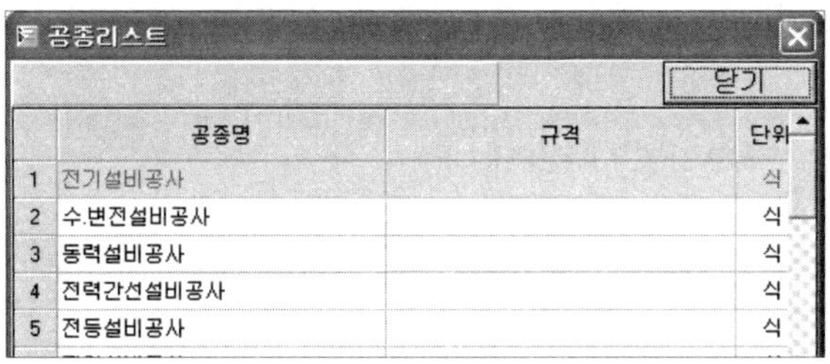

(거) 부하명 및 회로명 설정

산출조서를 이용하여 견적 작업을 할 때 부하 및 회로명을 미리 등록해 놓고 사용한다.

① 새로운 항목을 등록할 때는 품명의 빈칸에 입력하여 사용하면 된다.

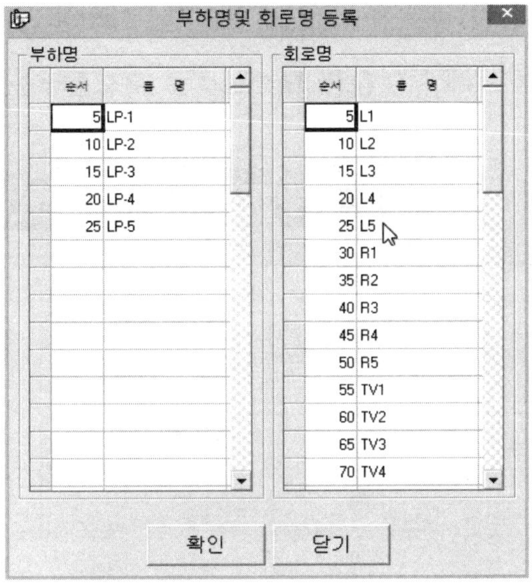

(너) 단위종류 설정

자재에 대한 단위를 미리 설정해 놓고 사용한다.

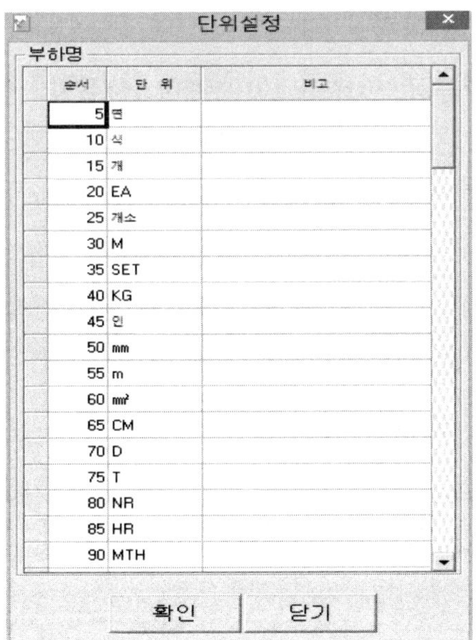

(더) MCC 범례집 설정

MCC반 견적 및 도면 작도시 사용한다.

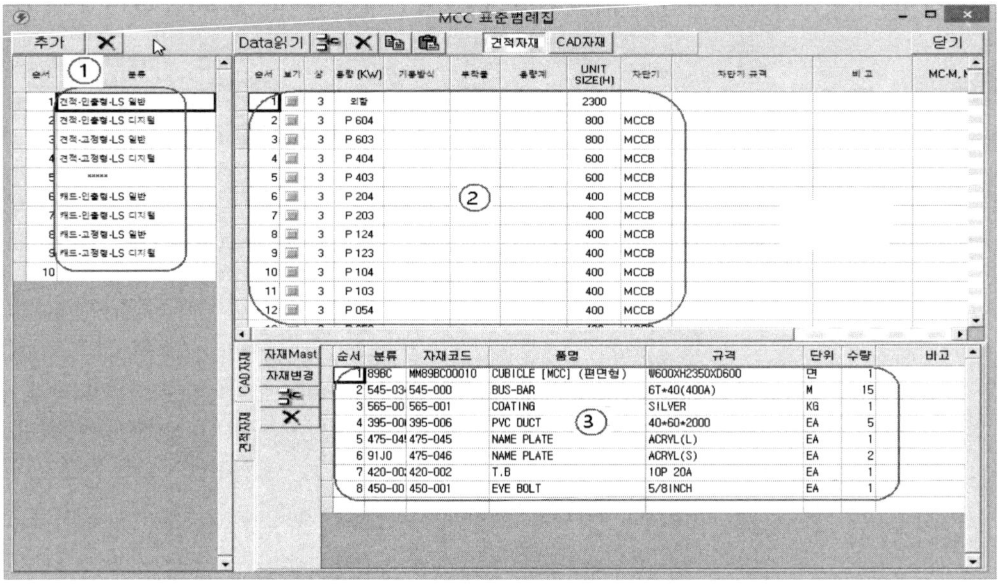

① 분류 : 인출형, 고정형 타입을 나타낸다.

② 유니트 및 기동방식을 나타내며 P : Main 차단기, M : MCCB, E : ELCB 이다.

③ 상부 유니트에 대한 자재를 나타낸다.

(라) 수배전반 범례집 설정

수배전반 견적시 표준공종으로 등록해놓고 사용한다.

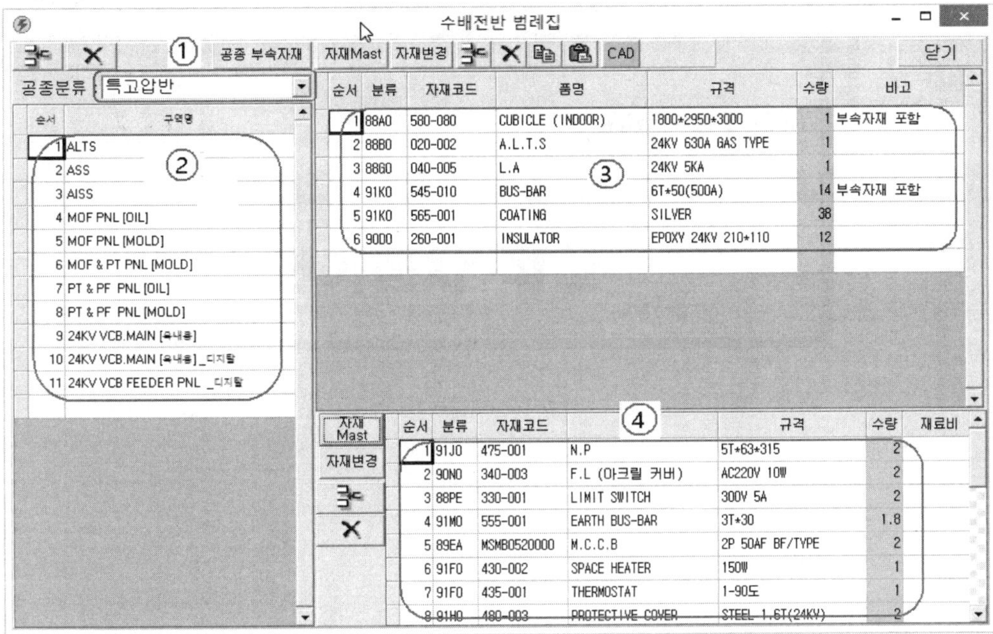

① 공종분류 : 특고압반, 고압반, 변압기반, 분전반 등등을 등록하고 견적시 공종분류 선택시 사용한다.

② 구역명 : 공종분류에 대한 세부공종으로 각각의 판넬명을 등록한다.

③ 구역명에 대한 주자재를 등록해서 사용한다.

④ 주 자재에 대한 부속자재를 등록해서 사용한다.

⑤ 주 자재를 복사하여 타 구역명에 이용할 경우는 해당자재의 순서 좌측을 선택하면 흑색으로 자재가 변한것을 확인 후 을 이용하여 복사 후 붙여넣기를 하여야만 한다.

⑥ 단 MCC반은 MCC 범례집 설정을 이용하여야만 한다.

(5) 도움말

(가) 사용자 등록

회사의 기본 사항을 입력하여 사용하며 등록된 내용은 엑셀 양식에 적용된다.

제7편

전기공사 적산

제1장

전기 적산의 개요

발주처의 요구에 따라 설계사나 시공자가 관계법령에 따라 도면, 시방서 등에 작성된 각종 재료의 수량, 단가 등의 경비를 조사하여 공사비를 산출하는 것을 말한다.

(1) 전기공사 견적 흐름도

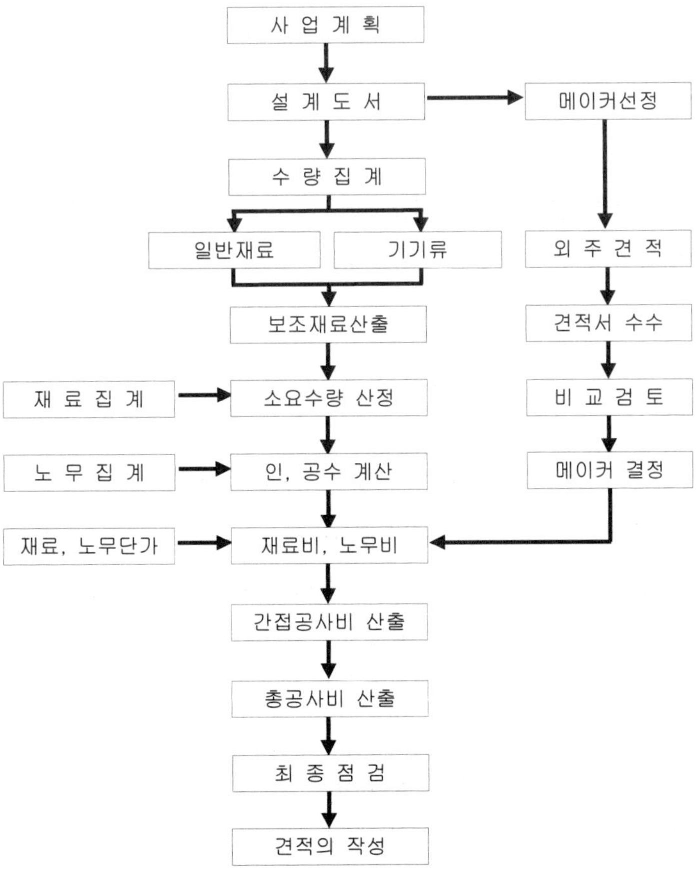

(2) 원가계산방식에서 공사비 구성체계

원가계산방식에서 예정가격의 구성비목은 공사목적물을 시공하는데 소요되는 재료비, 노무비, 경비, 일반관리비 및 이윤으로 구성되며, 현재 우리나라의 공사비 구성 체계는 아래의 그림과 같다.

- 총공사비
  - 총원가
    - 순공사원가
      - 재료비
        - 직접재료비
        - 간접재료비
        - 작업설, 부산물 등
      - 노무비
        - 직접노무비
        - 간접노무비
      - 경비
        - 직접경비
        - 간접경비
    - 일반관리비(순공사원가×일반관리비율)
    - 이윤([노무비+경비+일반관리비]×이윤율)
  - 손해보험료(총원가×손해보험요율)
  - 부가가치세액([총원가+손해보험료]×10%)

(가) 재료비

내역서상의 자재비 금액

(나) 노무비

① 직접노무비 : 내역서상의 노무비 금액

② 간접노무비 : 직접노무비에 해당 요율을 곱한 금액

(다) 경비

① 산재보험료 : 노무비에 해당 요율을 곱한 금액

② 산업안전 보건관리비

㉠ (재료비+직접노무비)에 해당 요율을 곱한 금액

㉡ (재료비+직접노무비+지급자재비[부가세제외])에 해당 요율을 곱한 금액

※ 지급자재비가 있는 경우 ㉠×1.2와 ㉡를 비교 후 적은 금액 적용

③ 기타경비 : (재료비+노무비)에 해당요율을 곱한 금액

④ 가설공사비 : 산출조서상의 가설 공사비

⑤ 기계경비 : 산출조서상의 기계경비

⑥ 퇴직공제부금비 : 직접노무비에 해당요율을 곱한 금액

⑦ 고용보험료 : 노무비에 해당요율을 곱한 금액

⑧ 건강보험료 : 직접노무비에 해당요율을 곱한 금액
⑨ 연금보험료 : 직접노무비에 해당요율을 곱한 금액

(라) 일반관리비

순공사비(재료비+노무비+경비)에 해당 요율을 곱한 금액

(마) 이윤

(노무비+경비+일반관리비)에 해당 요율을 곱한 금액

(바) 부가가치세

① 일반적인 사항 재료비에 10%를 곱한 금액
② 국민주택 규모 초과, 생활편익시설 등
(재료비+노무비+경비+일반관리비+이윤)에 10%를 곱한 금액

(3) 공사의 종류

공사의 종류 즉 공종은 건물의 용도 또는 발주처의 요구에 따라 다른 경우가 있으나 일반적으로 아래와 같이 구분하여 작성한다.

(가) 전기공사

① 전력인입설비공사
② 수변전설비공사
③ 전등설비공사
④ 전력간선설비공사
⑤ 동력설비공사
⑥ 전열설비공사
⑦ 피뢰침 및 접지공사
⑧ 항공장애등 설비공사
⑨ 옥외설비공사
⑩ 주차관제 설비공사
⑪ 기 타

(나) 정보설비공사

① 전화설비공사

② 방송설비공사

③ 인터폰 설비공사

④ 전기시계설비공사

⑤ TV 공청설비공사

⑥ CCTV 설비공사

⑦ 출퇴근표시설비공사

⑧ 이동통신 중계설비공사

⑨ AM, FM 중계설비공사

⑩ H/A시스템 설비공사

⑪ 기 타

(다) 소방설비공사

① 자동화재탐지설비공사

② 비상경보설비공사

③ 비상방송설비공사

④ 자동화재속보설비공사

⑤ 유도등설비공사

⑥ 비상조명등설비공사

⑦ 비상콘덴트설비공사

⑧ 무선통신보조설비공사

⑨ 기타

제2장

물량산출

정부 등 공공기관 및 건설공사에서 수행하는 전기, 정보통신, 소방분야의 견적업무에 필요한 적정한 예정가격을 산정하기 위한 일반적인 기준을 제공하는데 있다.

(1) 적용기준

① 수량은 M.K.S 단위를 적용한다.

② 수량의 단위 및 소수위는 표준품셈 단위표준에 의한다.

③ 곱하거나 나눗셈에 있어서는 기재된 순서에 의하여 계산하고 분수는 약분법을 쓰지 않으며, 각 분수마다 그의 값을 구한 다음 전부의 계산을 한다. 단, 계산은 1회 곱하거나 나눌 때마다 소수 3째 자리에서 반올림하여 소수 2자리까지 구한다.

④ 전기재료의 할증률 및 철거 손실률

표 2-1 전기재료의 할증률 및 철거 손실률

종 류	할증율(%)	철거손실율(%)
전 선(옥외)	5	2.5
전 선(옥내, 구내)	10	-
케이블(옥외)	3	1.5
케이블(옥내, 구내)	5	-
전선관 배관	10	-
합성수지파형전선관 (파상형경질폴리에틸렌전선관)	3	-
동대 · 동봉	3	1.5

⑤ 공구손료

공구손료는 일반공구 및 시험용 계측기류의 손료로서 공사중 상시 일반적으로 사용하는 것을 말하며, 직접노무비의 3%까지 계상한다.

⑥ 잡품 및 소모재료

직접 재료비(전선, 케이블 및 배관자재비)의 2~5%까지 계상한다. (전기품셈 부분)

전선관 부속재 적용 비율 : 전선관의 15% 적용

⑦ 할증의 중복 가산 요령

W=P×(1+a1+a2+a3+……+an)

W : 할증이 포함된 품　　　　　　P : 기본품

a1~an : 품 할증 요소

수량의 계산은 지정 소수위 이하 1위까지 구하고, 끝수는 4사 5입 한다.

(2) 물량산출 기본

(가) 견적 전 주의할 사항

① 현장설명 및 현장 조사

② 도면, 시방서, 관련법규 참조

③ 건축공법 및 공정의 확인

㉠ 현장위치 및 현장 상황

㉡ 연면적, 구조, 층수 등 건축개요 파악

㉢ 각층별 천정고와 층고 파악

㉣ 천정, 바닥, 벽 등의 건축마감표 참조

④ 기기의 메이커 결정

⑤ 타 공종과의 공사 한계

(나) 공사내역서의 작성

① 수량산출서의 작성법

㉠ 공종별, 층별, 도면별, 분전반별, 회로별로 산출·집계한다.

㉡ 공수는 적용표준품셈에 의거 실 수량에만 적용하여 산출한다.

㉢ 외주가공품은 별도 부표(제품원가계산)로 작성한다.

② 공사내역서 작성

수량산출 및 일위대가 작성이 완료되면 수량에 단가를 곱하여 내역서를 작성한다. 내역서의 기본 양식은 아래 표와 같다.

표 2-2 내역서 양식

품 명	규 격	단위	수량	재료비		노무비		경 비		계		비고
				단가	금액	단가	금액	단가	금액	단가	금액	

(다) 전기공사 견적 방법

① 도면을 보고 축척으로 물량을 구한다.

② 산출물량에 따른 인건비 등을 계산한다.

③ 견적의 구성

㉠ 도면 - 견적시 산출한 도면으로 산출했는지 표기해야 하고, 자신이 견적을 하면서 시스템을 고려하여 수정한 것을 표기한다.

㉡ 견적서 우선 마감 기기공종들에 대한 견적을 받아야 한다. 정부 및 공공공사일 경우 3개사 이상의 견적서가 필요하다.

㉢ 단가산출서 - 보통 물가자료나 물가정보, 적산자료 등의 견적용 참고자료를 활용하여 언제 산출한 자재의 단가인지를 첨부하여 참고하도록 한다.

㉣ 수량산출서 - 앞에서 고려한 사항들을 바탕으로 수량산출서를 작성하여 할증(도서지역, 운반비, 고소작업, 위험지역 등) 및 할인을 적용해야 한다.

㉤ 공량산출서 - 자재의 산출에 따른 공량을 산출하고, 이 때 할증에 대한 물량은 공량의 산정에서 제외한다.

㉥ 정부노임 단가표 - 정부가 발표하는 전년도, 상반기 또는 하반기 노임단가를 첨부해야 언제 기준인지를 알 수 있다.

㉦ 할증구분 - 할증을 어떤 것에 하였는지 표기한다.

㉧ 장비산출서 - 장비에 대한 산출식 및 장비 투입량을 산정한다.

(라) 수량산출

① Scale(축척자)를 이용하여 산출 방법

㉠ 산출은 수평부분을 먼저 산출한 다음 수직거리를 산출함을 원칙으로 한다.
(배관거리=수평거리+수직거리)

㉡ 수평거리는 항상 배관공사가 가능한 최단거리를 원칙으로 하여 산출한다.

㉢ 산출이 완료된 구간은 거리를 명기 또는 체크표시를 한다.

② 내역서 작성

㉠ 자재할증이 있는 자재는 해당요율을 가산한다.

㉡ 배선과 배관류는 잡재료비를 계상한다.

제3장

전기공사 물량산출

(1) 일반사항

(가) 배관 배선공사

1 기자재의 설치높이

① 전력용 Panel Board : 바닥에서 1,800mm

② 세대분전반 : 바닥에서 1,800mm

③ Switch류 : 바닥에서 1,200mm

④ 각종전열, 전화, TV Receptacle : 바닥에서 300mm(방적형은 800mm)
(단, 방우형/세탁기용/냉장고용/조리용 제외)

⑤ 벽부등 및 벽부형 Speaker : 바닥에서 2,500mm

⑥ 접지단자반 : 바닥에서 800mm

2 배관자재 물량산출 적용기준

① 전선관 부속재로 일괄 적용되는 품목
ex) 각종 Coupling, Locknuts & Bushing류, Connector 단, Flexible Connector 는 별도 계상한다.

② 잡자재비로 일괄 적용되는 품목 : Wire Connector

③ Plica Tube : 동력공사에 적용(개소당 1m)

④ Flexible Tube

㉠ 고장력 방수 : 지하층 노출배선의 경우 적용

㉡ 고장력 비방수 : 이중 천정속 배선 및 지상층 노출배선에 적용

⑤ 이중천정내부의 후렉시블은 이중천정(H : 300 이상시) 높이+10%할증
ex) 이중천정고가 300mm라면 후렉시블은 330mm적용

⑥ 경량칸막이에는 박스설치용 박스지지가대를, AL폼을 사용하는 곳에는 3개층마다 슬라브박스 수량만큼의 AL폼 가대를 산출한다.
ex) 20층 건물이라면 20/3=7개층×슬라브 1층당 Con′c박스 수량

⑦ 공박스를 사용시 맹카바를 적용한다.(예 : 시스템 에어콘 리모콘용 공배관)

⑧ 보강철물은 Box의 Wall설치를 위해 Box에 부착하는 철근과 Wall Open개소의 근보강을 위한 철근을 포함하며 Box의 크기에 따라 아래와 같이 적용한다.
㉠ 보강철물 200×200 개소당 “소형” 적용(재료비+가공비)
㉡ 보강철물 500×500 개소당 “중형” 적용(재료비+가공비)

3 배선 여장의 적용

배선은 Box 및 함 내에서 배선접속을 위하여 여유를 주어야 하는데 함의 크기에 따라 적용할 수 있으나 일반적으로 다음과 같이 적용할 수 있다.

① 4각, 8각, 스위치 Box내(스위치, 콘센트 등 배선기구류) : 100mm
② 세대분전반, 통합단자함 내 : 500mm
③ TV분배기함, 중간단자함 등 벽부형 단자함류 : 1,000mm
④ 분전반, 계량기함 등 전력관련 함류 : 1,000mm
⑤ MCC, Cubicle, H/E 등 자립형 Rack류 : Rack높이+1,000mm
⑥ Motor, Pump류 : 500mm
⑦ 조명기구 내 : 200mm
⑧ 주차 검지기 Box 내 : 500mm
⑨ 기타 : Box에서 마감기구까지 배선여장을 충분히 산출한다.

(2) 전기공사 공종별 물량산출

(가) 공통사항

1 배관의 산출

① 매입배관 : 최단거리 산출(직선산출) 직선구간에 Pit 등 직선이 어려운 경우는 꺽어서 산출한다.

② 노출배관 : 직각거리로 산출(직각산출)한다. 노출배관 지지금구류는 Con′c Gun Pin(3/8″), Steel Rod(3/8″), Hanger로 산출한다.

③ 입상/입하 배관은 건물 층고, 보의 높이 등을 파악하여 적용한다.

④ 동일 벽체내 거리가 0.5m 이하인 경우 해당 벽체 내에서 수평배관으로 간주

하여 산출한다.

⑤ 수평거리의 측정은 0.5m 단위로 측정하고, 산출 집계는 정수로 한다.

⑥ 배관의 재질은 도면에 명기된 재질을 기준으로 산출한다.

⑦ 도면 표기가 모호한 경우

㉠ 노출배관 : 아연도 전선관

㉡ 매입배관 :

· 단위세대내 : Hi-Lex CD

· 기타의 장소 : Hi PVC 전선관

㉢ 지중배관 : ELP Pipe(파상형 전선관)

⑧ 건축 단면도상의 레벨차를 확인하여 수량산출시 Up/Down 차이를 반영한다.

⑨ 수량산출은 회로별 산출을 원칙으로 한다.

(나) 수변전설비공사

1 견적범위

① 인입공사 : 한전 책임분계점~Cable Head까지

② 수변전실공사 : Cable Head 2차~수배전반까지

③ 적용장비 : 수배전반, 변압기, 발전기, 전기실내 Bus Duct

④ 접지단자함~전기실내 접지공사(접지단자함 포함)

(다) 전력간선공사

1 견적범위

① 전기실내 배전반 차단기 2차측~M.C.C, 동력분전반, 각종 분전반, 세대 계량기함 및 이에 유사한 함까지 포함하여 적용한다.

② 세대계량기함~세대분전반 1차측 결선까지 적용한다.

③ 접지모선~분전반까지의 접지선

④ M.C.C반 및 M.C.P Panel 및 전력간선용 Bus Duct

2 수량산출

① 배전반 및 분전반 내 Cable 여장을 산출한다.

② 벽부 노출형 분전반의 경우 벽고정용 자재를 산출한다.

③ Terminal의 적용

㉠ 접지전선 10m^2 이상 적용한다.(6m^2 이하는 소모 잡자재로 처리)

④ 정화조용 간선은 정화조 Panel 1차측 결선까지 적용한다.

⑤ Snow melting용 간선은 전원반 1차측 결선까지 적용한다.

⑥ 여장의 적용

㉠ Cubicle, M.C.C 내 : Cubicle/M.C.C 높이+1,000mm

㉡ 분전반, 계량기함 : 1,000mm

(라) 동력공사

1 수량산출

① 설비 Control Panel이 부착된 동력설비는 1차측 전원공급으로 산출한다.
ex) 급수용 부스터 펌프, 냉온수시, 보일러 등

② 기동방식에 따른 배선 가닥수를 확인한다. (Y-Δ기동의 경우 6가닥)

(마) 전등설비공사

1 견적범위

① 분전반 2차측~전등부하까지

② 아파트공사의 경우 옥외공사와 동별 공사 구분

㉠ 옥외 : 옥외분전반에서 공급되는 전등부하 일체

㉡ 동별 : 동 분전반에서 공급되는 전등부하 일체

2 수량산출

① 배선기구는 "Wide" Type으로 산출한다.

② Box의 적용

㉠ 2방출 이하 : 8각 Con'c Box (54mm)

㉡ 3방출 : 4각 Con'c Box (54mm)

㉢ 4방출 이상 : 4각 Con'c Box (75mm)

㉣ PVC Con'c Box의 깊이는 모두 75mm로 적용한다.

㉤ 스위치 3구 이하 : 스위치 Box (1개용 44mm)

㉥ 스위치 6구 이하 : 스위치 Box (2개용 44mm)

㉦ PVC 스위치 Box의 깊이는 모두 54mm로 적용한다.

* 도면 및 시방서에 의거 산출해야 한다.

(바) 전열설비공사

1 견적범위

① 분전반 2차측～전열부하까지

② 아파트공사의 경우 옥외공사와 동별 공사 구분

㉠ 옥외 : 옥외분전반에서 공급되는 전열부하 일체

㉡ 동별 : 동 분전반에서 공급되는 전열부하 일체

2 수량산출

① 배선기구는 "Wide" Type으로 산출한다.

② Box의 적용

㉠ 1방출 : 스위치 Box(승압용)

㉡ 2방출 : 4각 Outlet Box(54mm)

㉢ Steel Box는 Box Cover(콘카바) 또는 W/Cover로 산출하고, PVC Box는 일체형으로 산출한다.

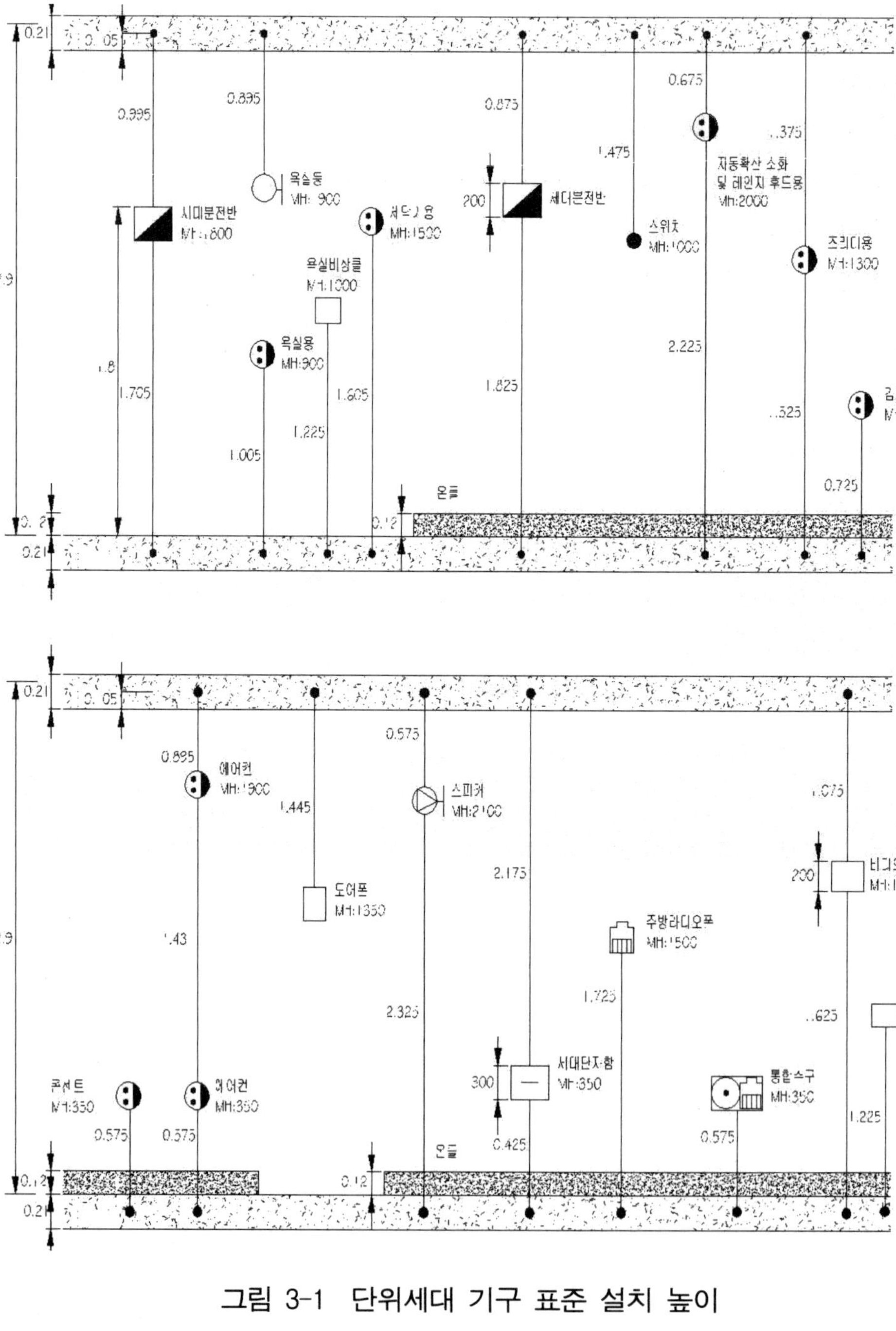

그림 3-1 단위세대 기구 표준 설치 높이

(사) 소방설비공사

1 견적범위

① 지하층 비상전원반에서 화재경보세트(중계기 포함)까지 배관 · 배선공사

② 화재경보세트(중계기 포함) 상호간 배관 · 배선공사

③ 중계기에서 감지기까지 배관 · 배선공사

④ 비상전원반 또는 PM(PO)분전반에서 유도등까지 배관 · 배선공사

2 배관 및 기구 수량산출

① 배관, 배선 및 배관부속 자재의 수량산출은 단위세대 전기공사 및 전력간선공사를 참조한다.

② 감지기용 박스는 감지기용 전용박스로 산출한다.

③ 화재경보세트는 내장형 또는 단독형으로 구분하여 산출한다.

④ 비상콘센트함은 내장형 또는 단독형으로 구분하여 산출한다.

⑤ 감지기, 유도등, 비상전원반 및 중계기는 규격별로 산출하며, 중계기는 입력회로수를 기준으로 한다.

⑥ 풀박스는 규격별로 산출하며, 소화전 옆에 부착되는 것은 별도로 산출한다.

3 전선수량 산출(여장)

① 감지기

㉠ 화재경보세트 인출 : 가닥당 0.5m

㉡ 비상전원반 인출 : 가닥당 0.5m

㉢ 감지기(박스와 박스 구간당) : 가닥당 0.1m

② 유도등

㉠ 분전반 인출 : 가닥당 0.5m

㉡ 유도등(박스와 박스 구간당) : 가닥당 0.1m

③ 비상콘센트

㉠ 분전반 인출 : 가닥당 0.5m

㉡ 비상콘센트함 : 가닥당 0.5m

(아) 통신설비공사

전열설비공사와 유사하며 아래 통신용 수구설치 및 UTP 케이블 설치 인공을 참조한다.

표 3-1 통신용 수구 설치 인공

(단위 : 인공수/m당)

구 분	규 격	단위	통신내선공	비 고
전화수구	8Pin 모듈라잭(1구)	개	0.063	
	8Pin 모듈라잭(2구)	개	0.076	
TV 수구	종단형(매입형)	개	0.076	
통합수구	8Pin(1구)+TV	SET	0.139	
	8Pin(2구)+TV	SET	0.152	
TV 콘넥터	5C	개	0.0475	
	7C	개	0.0665	
	10C	개	0.076	

표 3-2 UTP 케이블 설치 인공

(단위 : 인공수/m당)

구 분		cat.3, cat.5, cat.5E		cat.6, STP, FTP		비 고
		통신내선공	통신케이블공	통신내선공	통신케이블공	
0.5mm	2P		0.017		0.020	
	3P		0.017		0.020	
	4P		0.017		0.020	
	25P		0.025		0.03	
	50P		0.035			
	75P		0.05			
	100P		0.05			
	150P		0.07			
	200P		0.09			
0.9mm	3P	0.015				

제4장

물량산출 예제

(1) 전등설비공사 물량산출

E-CAD를 활용하여 도면 작도 및 자동으로 물량 산출하는 방법을 학습하였으며 수동으로 물량산출하는 방법을 습득한다.

본 예제의 건축물 조건은 다음과 같다.

① 건축물 골조 층고 : 4m

② 건축물 천장고 및 마감 : 0.5m / 텍스마감

③ 건축물 바닥 마감 : 20mm 바닥몰탈 후 아스타일 마감

④ 벽면마감 : 사무실 수성페트, 화장실 타일 마감

⑤ 관련도면은 다음과 같다.

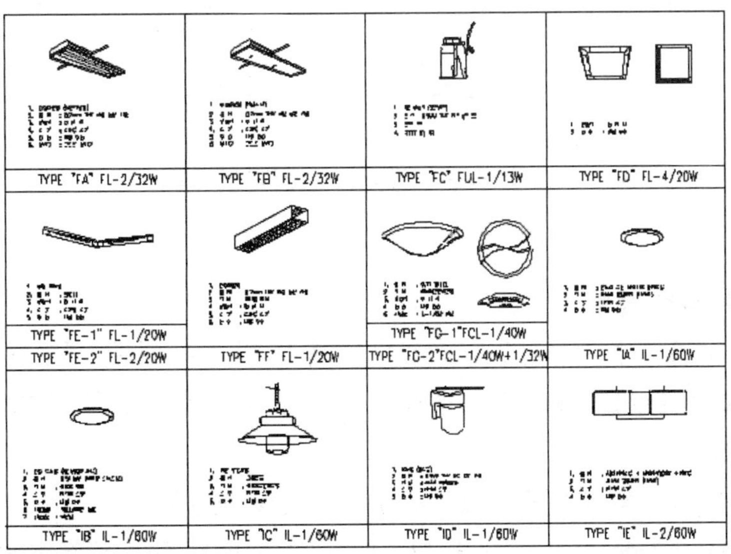

그림 4-1 조명기구 종류

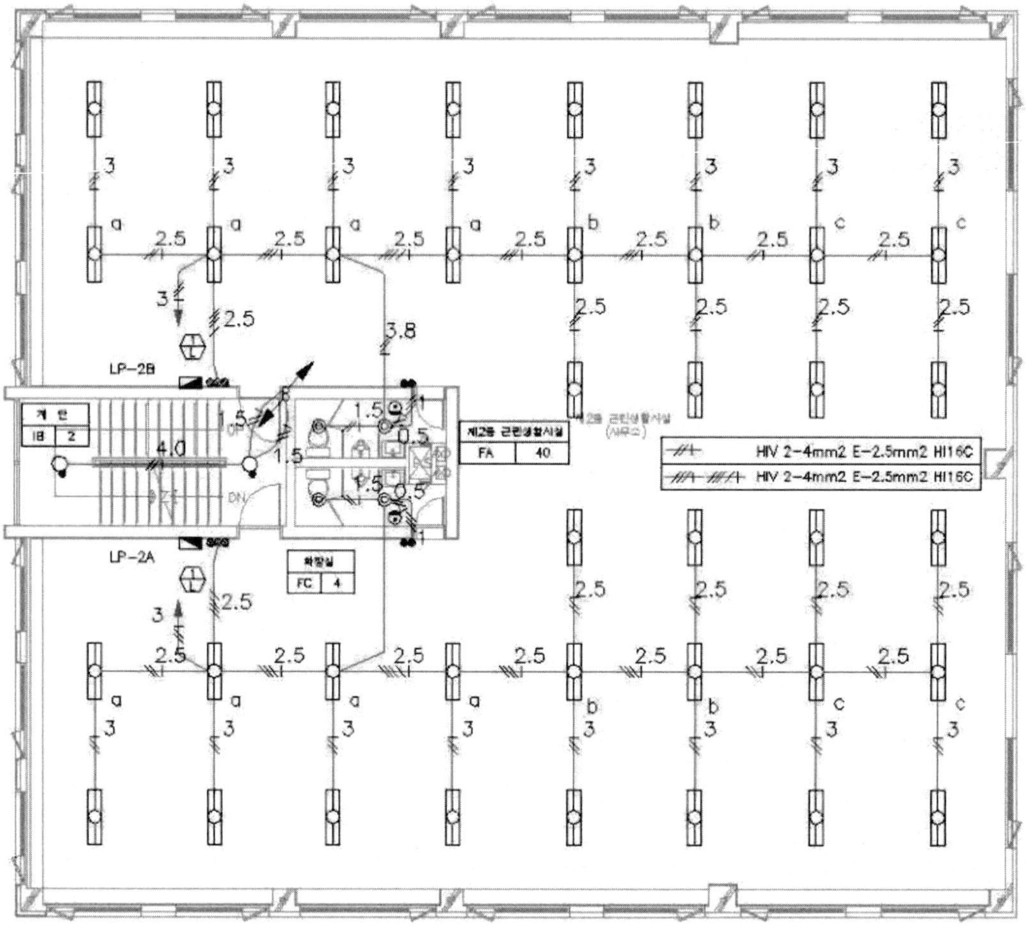

2층 전등설비 평면도
SCALE : 1/120

그림 4-2 전등설비 평면도 예

* **물량산출 작업 방법**

① 건축물의 마감과 시공성을 고려하여 산출이 필요한 배관, 배선재의 재질을 선정하는데 이때에는 사전에 도면과 시방서의 내용을 충분히 숙지하는 것이 바람직하다.

② 건축물의 층고를 확인하여 입상, 입하 길이를 결정한다.

③ 건축물의 마감에 따라 도면에 명시되지 않는 배관재의 필요성 여부를 검토한다.

④ 설계도의 배관규격과 가닥수를 확인한다.

⑤ 산출서의 작성은 다음의 순서로 작성하는 것이 좋다.

㉠ 해당 분전반의 명기

㉡ 회로번호에 따라 구분

㉢ 배관재 규격에 따라 산출(작은 규격부터)

㉣ 배선재 규격에 따라 산출

㉤ 배관부속재 산출

㉥ 조명기구 종류별 수량 산출

㉦ 배선기구 종류별 물량 산출

㉧ 기타 필요한 물량 산출

⑥ 아래와 같이 물량 산출조서를 참고하여 다른 회로도 산출을 학습한다.

표 4-1 물량 산출조서

회로명	공종	품 명	산 식	단위	가닥	합계	할증	할증계	비고
[공종]	02	전등설비공사							
LP-2B									
		HFIX 2-2.5mm^2, E-2.5mm^2(HI 16C) 매입							
		HFIX 3-2.5mm^2, E-2.5mm^2(HI 22C) 매입							
		HFIX 4-2.5mm^2, E-2.5mm^2(HI 22C) 매입							
L-1		HI 16C	(3*8)+(2.5*7)+(3.5+1.5+0.5)+(3+3)	m	1	53	10%	58	
		HI 22C	(2.5*4) + (2.5)	m	1	12.5	10%	13	
		FLEX 16C(고장력)	(22개소*0.7)	m	1	15.4	10%	16	
		HFIX 2.5mm^2	(3*53)+(4*2.5*4)+(5*2.5)+(3*15.4)	m		257.7	10%	283	
		box 8각 54mm	21	EA		21		21	
		box 4각 54mm	1	EA		1		1	
		SW Box 1개용 54mm	2	EA		2		2	
		TYPE "FA" FL-2/32W	20	EA		20		20	
		TYPE "IA" IL-1/60W	2	EA		2		2	
		SW 2구	1	EA		1		1	
		SW 3구	1	EA		1		1	

(2) 전열설비공사 물량산출

산출에 필요한 건축물 조건은 다음과 같다.

① 건축물 골조 층고 : 4m

② 건축물 천장고 및 마감 : 0.5m / 텍스마감

③ 건축물 바닥 마감 : 20mm 바닥몰탈 후 아스타일 마감

④ 관련도면은 다음과 같다.

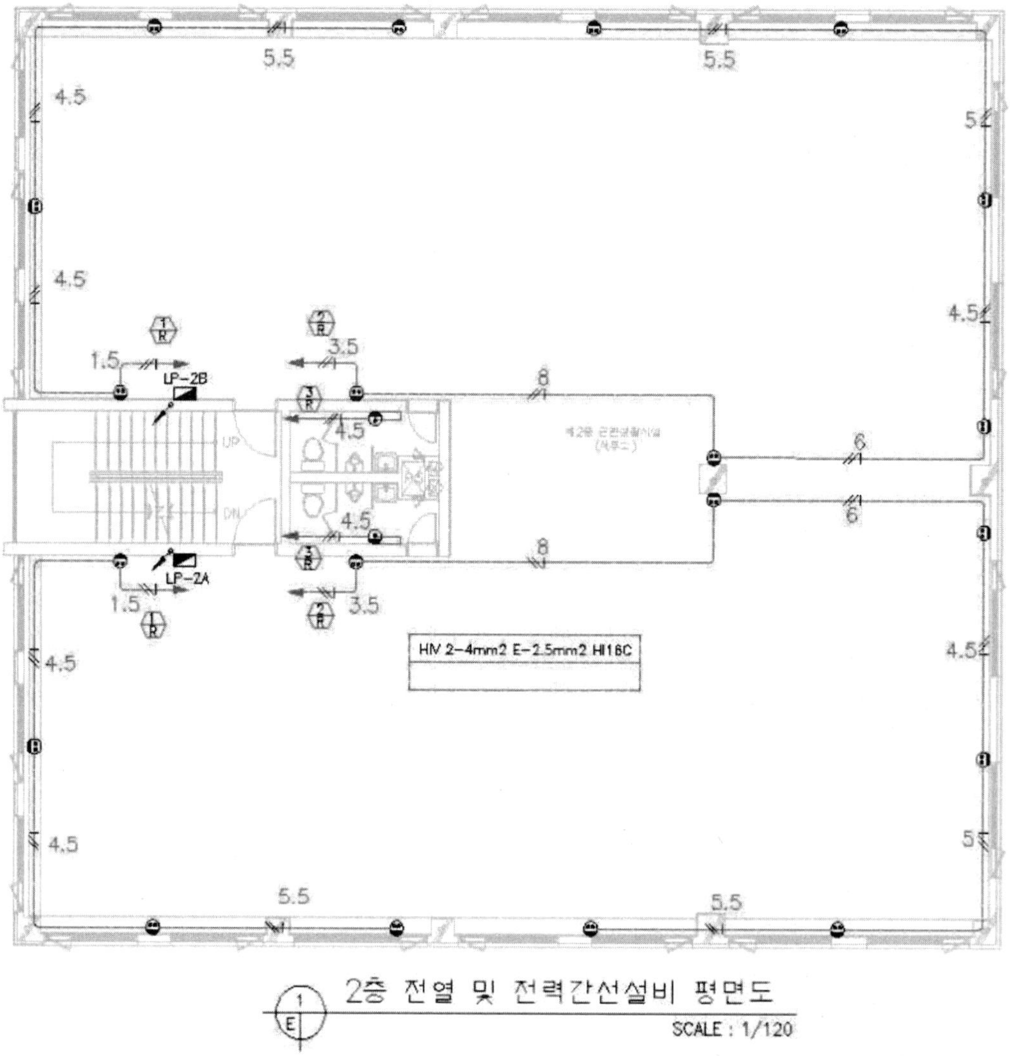

그림 4-3 전열 및 전력간선설비 평면도 예

＊ 물량산출 작업 방법

① 건축물의 벽체마감과 시공성을 고려하여 산출이 필요한 배관, 배선재의 재질을 선정하는데 이때에는 사전에 도면과 시방서의 내용을 충분히 숙지하는 것이 바람직하다.

② 콘센트의 설치높이를 정하고 입상입하를 고려한다.

③ 설계도의 배관규격과 가닥수를 확인한다.

④ 산출서의 작성은 다음의 순서로 작성하는 것이 좋다.

㉠ 해당 분전반의 명기

㉡ 회로번호에 따라 구분

㉢ 배관재 규격에 따라 산출(작은 규격부터)

㉣ 배선재 규격에 따라 산출

㉤ 배관 부속재 산출

㉥ 배선기구 종류별 수량 산출

㉦ 기타 필요한 물량 산출

⑤ 아래와 같이 물량 산출조서를 참고하여 다른 회로도 산출을 학습한다

표 4-2 물량 산출조서

회로명	공종	품명	산식	단위	가닥	합계	할증	할증계	비고
[공종]	03	전열설비공사							
LP-2B									
		HFIX 2-4mm², E-4mm²(HI 16C) 매입							
R-1		HI 16C	(1.5+4.5+4.5+5.5)+(4*0.3+1)+(3*0.3)	m	1	14.6	10%	16	
		HIV 2.5mm²	(2*14.6)	m		29.2	10%	32	
		SW Box 2개용 54mm	3	EA		3		3	
		SW Box 1개용 54mm	1	EA		1		1	
		REC 접지 2구	4	EA		4		4	

참고문헌

[1] 제도-통칙(도면작성의 일반 코드), KSA0005, 2014. 한국산업표준, 지식경제부 기술표준원

[2] CAD를 이용한 전기설계실무. 김순기, 김영달, 송영복, 정상철 공저. 도서출판 말굽소리. 2004.

[3] 전기설비설계. 이해기, 안병록, 김득중, 박재원, 박종복 공저. 도서출판 태영문화사. 2011.

[4] 전기·정보통신 표준품셈. 건설연구원. 2019. 01.

[5] CAD 도면 작성을 위한 포맷과 원칙, KSF1541. 2010. 12. 10. 한국산업표준, 지식경제부 기술표준원

[6] CAD 도면 작성을 위한 레이어 원칙과 기준, KSF1542, 한국산업표준, 지식경제부 기술표준원

전기실무자의 E-CAD 설계 · 내역(견적) 작성 및 검토를 위한

전기설비CAD 설계

2024. 1. 10 인쇄
2024. 1. 11 발행

판 권
소 유

저 자 : 전기응용기술사 박종복 저
발행자 : 이진권
발행처 : 도서출판 **태영문화사**

주 소 : 서울특별시 강서구 초원로 38
전 화 : 2661-8751
F A X : 2661-8798
등 록 : 1998년 11월 12일 제 2-2682호

정가 23,000원

ISBN 978-89-6354-317-8